顺应国际承包市场的变化
迎接"十二·五"的挑战

"十二·五"时期,是中国转变经济增长方式的关键时期,能源、资源消耗与生态环境保护在经济发展中的地位日益突出。"十二·五"规划明确提出:"到2015年,单位国内生产总值能源消耗降低16%,单位国内生产总值二氧化碳排放降低17%"。建筑行业是耗能大户,在"十二·五"时期面临转型与调整多重挑战,需要解决产业政策、发展环境等诸多问题。

随着绿色与生态建筑概念的提出国际建筑市场已经发生了巨大变化。从2011年度ENR全球最大225家国际承包商的情况来看2011年的225家承包商的海外业绩仍然主要来自欧洲(941.83亿美元)、亚洲和澳洲 (766.4亿美元)、中东 (724.34亿美元),分别占据24.5%、20%和18.9%的份额。从行业状况看,225家最大国际承包商在交通运输(1090亿美元,占28.4%)、石油化工(893.2亿美元,占23.3%)和房屋建筑类(830.26亿美元,占21.6%)营业额仍居于行业排名前三位,合计占比达到73.3%。从地区市场状况看,通过对比,拉丁美洲和加勒比海地区营业额(340.5亿美元)增长率位居增幅榜首,相比去年增长了25.6%,非洲(605.9亿美元)、亚洲和澳洲(766.4亿美元)增长幅度排名次之,分别增长了6.7%和4.7%。但由于受主权债务危机影响,225家企业在欧、美承包工程市场受到比较大的冲击,市场份额相比去年分别下降了7.1%和6.9%;从行业领域上看,交通运输、石油化工和房屋建筑受项目融资和主权债务危机影响尤其明显,交通运输(1090亿美元)、石油化工(893.2亿美元)和房屋建筑类项目 (830.26亿美元) 份额分别下降了3.05%、2.35%和3.56%。尽管近三年国际承包工程业务因金融危机出现了不同程度的萎缩,但是2010年全球225家最大国际承包商的国内营业总额为6877.1亿美元,较上年提高了10.8%。

《建造师》19就中国建筑企业如何抓住绿色及生态建筑兴起之势,显身于国际建筑市场做了专题探讨,并同时刊出一批国际工程案例。希望能对广大读者有所裨益。

从这些成功的案例中也许能发现中国建筑业顺应国际承包市场变化,转变建筑经济增长方式的亮点。

图书在版编目(CIP)数据

建造师 19/《建造师》编委会编. — 北京：中国建筑工业出版社，2011.12
ISBN 978-7-112-13771-8

Ⅰ.①建… Ⅱ.①建… Ⅲ.①建筑工程—丛刊
Ⅳ.①TU-55

中国版本图书馆CIP数据核字(2011)第235793号

主　　编：李春敏
特邀编辑：李　强　吴　迪
发　　行：杨　杰

《建造师》编辑部
地址：北京百万庄中国建筑工业出版社
邮编：100037
电话：(010)58934848
传真：(010)58933025
E-mail：jzs_bjb@126.com

建造师 19
《建造师》编委会　编
*
中国建筑工业出版社出版、发行(北京西郊百万庄)
各地新华书店、建筑书店经销
北京朗曼新彩图文设计有限公司排版
世界知识印刷厂印刷
*
开本：787×1092毫米　1/16　印张：15½　字数：490千字
2011年12月第一版　2011年12月第一次印刷
定价：35.00元

ISBN 978-7-112-13771-8
(21589)

版权所有　翻印必究
如有印装质量问题，可寄本社退换
(邮政编码100037)

特别关注

1	建筑行业十二五时期的新挑战	常　健
4	奋力把改革开放推向前进	谢明干
9	国际保障性住房政策经验借鉴及中国的路径选择	朱　娜　彭　翱
14	国际工程承包：经验与问题分析	年文超

市场观察

19	金融服务贸易自由化条件下中国金融业竞争力的现状和发展趋势	姚战琪
24	世界经济走向与中国宏观政策选择	卢周来
28	石油战争从政治风险看中国石油企业在利比亚的风险管理控制	薛一飞

专题研究

32	国际劳务输出的"功夫"在国内	陈庆修
36	亚洲发展中国家劳务输出政策研究	李　沁
41	我国企业走出去面临的新问题及对策建议	程伟力
45	国有建筑企业人才短缺问题研究	刘　毅
50	浅谈建筑施工企业劳务现状与发展对策	张劲松

案例分析

55 建筑业转变经济发展方式的一个亮点
——中国建筑业协会建造师分会　　　　王增彪

61 中央电视台新台址电视文化中心酒店精装修项目管理
　　　　　　　　虎志仁　徐晶晶　杨俊杰

70 梅江会展中心项目施工总承包管理实践与探讨　　唐浩

78 LS电缆敷设工程项目的质量控制　　　　顾慰慈

84 浅谈铁路客运专线绿色环保施工
——关于哈大客运专线绿色环保施工的探索和实践
　　　　　　　　　　　　　张为华

88 大跨度高耸结构钢结构+设备整体提升施工技术
　　　　　　　　王清训　兑宝军　李文兵

94 略论国际工程案例及其分析　　　　杨俊杰

100 国际工程承包的风险管理案例及启示　任海平　詹伟

107 如何进行国际工程项目风险防控
——以中国海外工程公司波兰A2高速公路项目为例
　　　　　　　　　　　　　姜和

112 从委内瑞拉输水项目探索国际工程项目属地化管理实践
　　　　　　　　　　　马宁　杨俊杰

119 Y国卡马郎加火力发电站3×350MW工程总承包项目管理
　　　　　　　　　　　　　李春华

127 珠海咸期应急供水工程施工项目动态管理　　谢东

本社书籍可通过以下联系方法购买：
本社地址：北京西郊百万庄
邮政编码：100037
发行部电话：(010)58934816
传真：(010)68344279
邮购咨询电话：
(010)88369855 或 88369877

企业管理

135 建筑集团企业内部经营业绩考核的难题及对策研究

李丽娜

144 国有企业治理结构研究　　　　　　　　　蔡建洲

149 保障房市场化运作下建筑企业BT模式的思考与探索

刘　菁

155 落实科学发展观加强涉外项目的履约索赔管理

远　凯

安全管理

159 从国际铁路特大事故看工程项目安全管理的重要性

赵丹婷　段启扬

163 香港建筑业安全管理制度的构建与实施　　姜绍杰

成本管理

167 实施战略成本管理提升项目履约能力　　　罗　宏

171 浅谈国际承包工程会计核算和财务管理　　彭玉敏

177 "零库存"材料管理模式下材料费成本核算管理研讨

张荣虎

179 建筑企业集团商业智能(BI)

——财务分析及决策支持系统的研究和应用　顾笑白

质量管理

183 施工项目管理中的质量管理小组活动　　　顾慰慈

工程法律

187 英美法系下施工索赔的法理依据研究　　刘　晖　徐卫卫

211 试论建筑工程合同风险防范　　孙　南　柳颖秋

海外巡览

215 印度国际劳务输出的发展现状对中国的启示

　　　　　　　　　　　　　　　　朱　娜　刘　园

223 "黄祸"论：扩大中俄劳务合作的绊脚石　　林跃勤

建造师风采

225 代表中国为安巴"充电"

　　——北京建工国际建设安巴30兆瓦电厂纪实　　刘　垚

227 为玉树援建护航

　　——记建工集团援建青海玉树工程建设前线指挥部党支部

　　书记兼副指挥李长晓　　张炳栋

建造师论坛

228 用科学发展观探索民用建筑EPC的发展之路　　张代齐

232 对市政咨询业学习与创新的几点思考　　马卫东

236 建筑施工企业拓展工程项目管理业务的思考　　李永治

封面图片：北京建工集团承建全国人大机关办公楼

2011年"鲁班奖"工程（杨超英摄影）

《建造师》顾问委员会及编委会

顾问委员会主任： 姚　兵

顾问委员会副主任： 赵春山　叶可明

顾问委员会委员(按姓氏笔画排序)：

刁永海	王松波	王燕鸣	韦忠信
乌力吉图	冯可梁	刘贺明	刘晓初
刘梅生	刘景元	孙宗诚	杨陆海
杨利华	李友才	吴昌平	忻国梁
沈美丽	张　奕	张之强	吴　涛
陈英松	陈建平	赵　敏	赵东晓
赵泽生	柴　千	骆　涛	高学斌
商丽萍	常　建	焦凤山	蔡耀恺

编委会主任： 丁士昭

编委会委员(按姓氏笔画排序)：

习成英	王要武	王海滨	王雪青
王清训	王建斌	尤　完	毛志兵
任　宏	刘伊生	刘　哲	孙继德
肖　兴	杨　青	杨卫东	李世蓉
李慧民	何孝贵	陆建忠	金维兴
周　钢	贺　铭	贺永年	顾慰慈
高金华	唐　涛	唐江华	焦永达
楼永良	詹书林		

海外编委：

Roger.Liska(美国)

Michael Brown(英国)

Zillante(澳大利亚)

建筑行业十二五时期的新挑战

常 健

(国家发改委，北京 100035)

摘 要：十二五时期,是中国转变经济增长方式的关键时期,能源与资源消耗与生态环境保护在经济发展中的地位日益突出。建筑行业是耗能大户,在十二五时期面临转型与调整多重挑战,需要解决产业政策、发展环境等诸多问题。为此,应加大建筑行业转型机制的调查与研究,抓住机遇,应对挑战。

关键词：建筑业,十二五,节能减排,政策建议

十二五规划明确提出："到2015年,单位国内生产总值能源消耗降低16%,单位国内生产总值二氧化碳排放降低17%。"我国是建筑业大国,现有430亿 m^2 建筑总量,每年完成的建筑总量约为20亿 m^2,约占全球建筑总量的50%。建筑能耗在我国总能耗比重已超过30%,随着城市建设飞速发展,建筑业能耗所占比重还会上升。面对十二五规划能耗降低16%的硬指标,建筑业所面临的严峻挑战尤为突出。

国家提出减排降耗目标,是在我国经济持续高速发展,能源与资源瓶颈逐渐加大,温室气体排放常年高居世界第二,外界对于我国过度消耗资源、环境日益恶化纷纷加以指责,国内面临人口、资源与环境的巨大压力的情况下提出的,暂且不说减排降耗指标是否实际,对于我们赖以生存的地球来说,减排降耗刻不容缓。十一五减排降耗目标没有实现,为我们敲响了警钟,面对十分严峻的形势,我们应加快建筑行业转型与调整,从制度上保障减排降耗目标得以实现。

一、建筑业实现减排目标存在的问题

十一五时期,我国开展了相当规模的建筑节能工作,主要采取先易后难、先城市后农村、先新建后改建、先住宅后公建、从北向南逐步推进的策略。但到目前为止,建筑节能仍然停留在试点层面上,尚未扩大到整体,原因包括：

1.缺乏建筑节能减排意识

建筑行业普遍存在节能环保意识薄弱的状况,建筑商与用户对于建筑的节能性、经济性缺乏清楚的认识。由于多数建筑统一供暖,没有实行分户计量,加之能源价格偏低,用户很难调动购买节能建筑的积极性。建筑商更关注建筑的地段、价格、环境等销售需求,忽视节能指标。建筑行业主管部门在追求经济发展速度,忽视经济发展质量的指导思想下,推动建筑节能的动力不足。

2.执行建筑节能标准不到位

地区间建筑节能标准制定与执行均不平衡,北方开动早、进展快,南方起步晚、进展滞后。经济发达地区进展较快,经济落后地区进展较慢。大多地区将执行建筑节能工作的重点放在建筑设计阶段,忽视建筑施工阶段节能材料使用的有效监管,在建筑验收阶段更是走走过场,使许多建筑节能试点项目达不到预期效果。

3.缺乏有效的激励机制

建筑节能相关的支持政策还不完善,国家在财政、税收、金融、环保、能耗等有关方面,还没有形成一套完备的激励机制。目前建筑节能仍然是行政部门主导,通过试点摸索经验,尽管如通风、遮阳、太阳能等技术水平已经很高,但建筑成本也不低,缺乏政策支持条件,如财政补贴、贴息贷款、税收减免

等具体政策缺失,无法调动建筑商从事节能建筑的积极性。

4.建筑节能行政管理体制不顺

目前建筑节能管理体制不完善,监管职能不明确。建筑节能综合规划和决策体制尚未建立,没有形成完整的产业规划和产业政策。建筑节能的法律、法规还不完善,执行力度不够。建筑节能考核评价体系尚未建立,缺乏考核约束指标。在建筑节能资质认证、质量认证等方面还做得不够。

5.统计指标体系不完善

现行的统计指标体系中,建筑节能指标不充分,一些与节能相关的指标,在国家统计局的指标体系中没有法律地位。一些节能环保指标还不属于《统计法》范围内的指标,数据收集受到一定影响,一些地方和部门,依据《统计法》拒绝提供节能环保方面的统计数据,一些节能环保统计数据没有法律地位,在采集过程中没有经费保障,数据质量也保证不了。没有完备的指标体系的支持,对于我们发展建筑节能、控制污染、保护环境,都是盲目的,缺乏科学性的。

6.既有建筑节能改造难以启动

我国目前有300多亿m^2建筑需要节能改造,这些工作又涉及供热体制、资金、技术、产权、法律、法规等各个方面,建筑节能改造难以启动,是造成建筑行业能耗居高不下的根本原因。

7.过度依赖行政管理,缺乏市场机制

减排降耗目标的落实措施单一,仅靠与地方领导签订责任书,没有市场机制作为保障,单靠行政命令是不行的。怎样让它实现减排降耗目标呢?靠罚款吗?且不说企业交了罚款,污染物排放的事实已经形成,减排降耗目标没有达到,而且我们罚款的数额实在不高,很难用这种经济杠杆来约束这些企业,提高罚款金额,又会减少企业的利润,致使企业关门,地方领导又不干。只有探索新的市场机制来保障减排降耗任务的实行,减排降耗指标的交易机制是一个不错的选择,这种制度在减排降耗总量不变的前提下,允许排污降耗需求大的企业去购买排污降耗指标,这样既鼓励做得好的企业挖掘潜力,把多余的降耗指标变现为经济利益,还鞭策做得不好的企业,让他们增加成本,减少利润,日子难过,但又不至于关门,过快影响地方经济,还可以为产业结构调整,稳定地方经济赢得一些时间。

二、对于减排降耗成效的反思

中央对于减排降耗工作高度重视,但十一五执行结果却不理想,这一方面说明减排降耗工作任务之艰巨,是多年形成的老问题,积重难返。另一方面说明我们的建筑节能体制还存在一定问题。

1.要加强宏观调控,从源头上实现减排

循环经济的三个原则,第一项就是减量化,减量化包括两个含义,一个是减少对能源、资源的使用;另一个是减少污染物的排放。许多国家的实践证明,从减量化入手,也就是从源头上控制高污染行业,能起到事半功倍的效果。说到建筑节能,也是要从源头抓起,这个源头一个是现有高耗能建筑的节能改造,一个是新建筑的绿色设计。现有高耗能建筑节能改造工作晚推展一年,就会增加15%的能耗,对十二五规划的实施带来压力。新建筑做不到绿色设计、绿色建造,每年新增20亿m^2建筑,同样会对十二五规划的实施带来压力。我们多年喊宏观调控,要求压制钢铁、电解铝、水泥行业的生产能力,总是收效甚微,我们的行政命令变得越来越不起作用,国家在财政、金融、外贸等方面的政策还远远跟不上宏观调控的愿望。我国的污染物排放主要来自于发电厂、钢铁、建材、化工、造纸等行业,仅钢铁一项,2006年产量达6 533万t,其中就有83%要出口海外。钢铁的上游行业有一项是焦炭,炼焦的SO_2排放是任何行业都比不上的。这么多高污染、高耗能的产品要卖到海外,可给我们留下的并不简单是贸易平衡,而是大量的污染物。想到这些,我们的外贸政策是不是要反思一下了。

2.要加快发展循环经济,在过程中实现减排

循环经济还有两个原则,一个是再利用,另一个是资源化。意思是将传统产业链条最终的废弃物反复利用起来,以减少对环境的污染。我们那么多的钢铁企业,现在都在搞循环经济的应用技术,其中钢厂利用高炉煤气发电的应用技术已经成熟,这样做,既利用了热源发电,又减少温室气体的排放。有些企业的发电能力不仅能够自给自足,还能供应外界,可是钢厂发电上网存在一些问题,上网卖电价低,买电价高,这种政策影响企业发展循环经济的积极性,循环不经济已经成为发展循环经济过程中的主要问题。

三、推进建筑节能的几点建议

1.建立并完善建筑节能管理体制

我们讲以科学发展观为统领,就是要将生态环境、自然资源与经济发展摆在同等重要的地位。资源与环境日益受到重视,在经济建设中的地位日益提高,而建筑节能管理体制尚未建立起来。建筑主管部门管理职能重经济建设,轻节能降耗,重行政管理,轻市场调控。建议整合国家城乡建设部建筑节能与科技司同其他相关司局的行政设置,构建既有建筑节能改造与新建筑绿色设计建造的两套管理体系。做到抓既有建筑节能改造,抓新建筑节能建造都各司其职,提高管理成效。

2.建立减排指标的交易制度,用市场机制实现减排目标

减排任务是一项十分艰巨的任务,单靠政府行为不行,要建立减排指标的交易制度,用市场机制来达到减排的目的。建议全面推行减排指标、排污权等的市场交易,从总量上严格控制减排目标,在不同行业和不同地区之间,形成奖优罚劣的公平交易机制。环保达标好的企业,可将指标卖给其他企业,既获得了收益,又可以促使其把减排工作做得更好。污染排放差的企业,通过购买减排指标,既增加了生产成本,又降低了利润,还会受到极大的环保压力,同时还不至于立即关门,给地方财政和社会就业带来过大影响,为地方产业结构调整赢得一些时间。

3.大幅度提高能耗费,建立严格的奖惩制度

我国能源消耗增长速度快,增长幅度大,同经济持续高速发展有一定关系,但是,能耗费过低,对能耗监管不到位,也是造成能耗居高不下的主要原因,企业交能耗费感到轻轻松松,个人交供暖费感到轻轻松松,就不会对降耗任务那么上心,就不会对节能住宅那么上心。如果任由这种制度继续下去的话,我们的节能任务是无法完成的。因此建议,国家大幅度提高能耗费数额,建立严格的奖惩制度,该罚的一定要狠罚,该奖的一定要重奖,只有在每一道关口都达到节能目的,我们的降耗任务才能得以实现。

4.建立建筑节能政策支持体系

建立财政、金融、税收、环保等政策支持体系。对于建筑节能项目给予财政补贴,降低节能材料的使用成本;对于建筑节能项目给予贴息贷款利率,鼓励建筑商投资建造绿色生态建筑;对于建筑节能项目采用优惠税率或税后返还,提高建筑商承接节能建筑的积极性;加大能耗费征收力度,大幅提高公共供暖费用,促使居民选择节能环保型住宅;加大建筑节能改造的资金投入,采用市场机制拓展投资渠道。

5.改革建筑节能指标体系

建筑节能指标体系,对于科学决策十分重要,目前节能指标还很不完备,许多指标还不具备法律地位,一些节能指标无法收集或收集很困难,绿色建筑指标体系的推动还没有到位,面对严峻的资源与生态形式,面对紧迫的降耗任务,我们应当加快制定与节能目标相适应的统计指标体系。因此建议,尽快完善绿色建筑统计指标体系,尽快确定涉及环境保护及循环经济等相应的统计指标的合法地位,确保相应指标长期稳定的采集,为科学决策提供充实的依据。

6.加强宏观调控,从源头上实现减排

国家应提高宏观调控在实现减排降耗工作中的作用,宏观调控不仅是用于遏制经济过热,同时它还能在源头上遏制高耗能、高污染产业的发展,从而事半功倍地达到减排降耗的目的。因此建议,针对电力、冶金、建材、化工、造纸、纺织等高耗能、高污染行业,对山西、山东、江苏等污染物高排放地区实行重点调控措施,以行政手段,配合财政、金融、法律等手段,达到宏观调控目标,达到减排降耗目标。

参考文献

[1]常健.我国发展循环经济的近期目标.北京:人民出版社,2006.
[2]常健.赴上海、江、浙、安徽调研报告.北京:高教出版社,2006.
[3]温家宝.政府工作报告.2011.
[4]十二五国民经济和社会发展规划.2011.

特别关注

奋力把改革开放推向前进

谢明干

(国务院发展研究中心世界发展研究所,北京 100010)

胡锦涛同志在"七一"重要讲话中指出:"我国过去30多年的快速发展靠的是改革开放,我国未来发展也必须坚定不移依靠改革开放。"他强调:"当前,我国发展中不平衡、不协调、不可持续问题突出,制约科学发展的体制机制障碍躲不开、绕不过,必须通过深化改革加以解决。我们一定要坚定不移坚持党的十一届三中全会以来的路线方针政策,坚定信心,砥砺勇气,坚持不懈把改革创新精神贯彻到治国理政各个环节,奋力把改革开放推向前进。"

认真学习和积极贯彻落实胡锦涛同志的讲话精神,坚决破除一切妨碍科学发展的思想观念和体制机制弊端,奋力把改革开放推向前进,是摆在全党和各级政府面前的重大而紧迫的任务。

一、深化改革具有极大的现实意义和紧迫性

"十二五"是改革的攻坚时期。不加快深化改革,就会贻误这个重要的战略机遇期,使我国的科学发展遇到更多更严重的阻碍,甚至可能使已取得的改革和发展成果丧失掉。

例如加快转变经济发展方式,这个任务早在20世纪80年代就提出来了(那时称转变经济增长方式),但是由于必要的相应改革如生产要素价格体制改革、投资体制改革、干部监督考核体制改革等没有跟上,以致转变步履蹒跚,高投资、高消耗、高污染、滥开发的粗放型增长方式一直没有多大改变,甚至还愈演愈烈。目前我国GDP增速已位于世界前列,而GDP单位能耗却高达世界平均水平的3倍。

再如收入分配体制改革,由于财税体制改革、国有企业改革尤其是垄断行业体制改革等不到位,居民收入分配差距不但没有缩小反而不断扩大,基尼系数已逼近0.5,成为世界上收入分配差距最大的国家之一,这也是我国目前社会生活中的一个突出问题。

又如社会保障和社会管理体制改革,由于过去思想重视不足,决策不够科学,工作也不大得力,致使积聚的欠账和问题越来越多,群众反映强烈,社会矛盾加剧。近几年各地的群发事件增加很快,2009年已达到20多万件,严重影响社会稳定和制约经济发展。

又如行政管理体制改革,"政企分开"、"依法行政"、"发挥市场在资源配置中的基础性作用"、"建设服务型政府"等要求已提出了许多年,文件讲话里也都有,但在实际经济、社会生活中,政府部门仍然掌握着资源配置的大部分权力,以致设租寻租、权钱交易的贪腐现象到处蔓延,贪腐人数、贪腐金额呈不断增大之势。有专家估计,目前约有20%~30%的国民财富落入了贪腐分子的腰包。行政管理体制改革虽然也年年提,但是没有多少实质性行动(不久前颁布关于政务公开的文件是一个重要突破),现在许多部门和地方政府仍然常常"越俎代庖",直接去指挥或干预微观经济活动,上项目、发贷款、给优惠、强令企业"归大堆"等。在应对金融危机冲击时,在抑制通货

膨胀时,这个"看得见的手"特别活跃,行政干预明显增多,"看不见的手"则被忽视,市场的作用相对式微。

改革滞后不仅直接制约我国国内的科学发展,也影响到我国的对外开放和在国际上的形象。要顺应国际情势的变化,进一步深化外贸体制改革,促进外贸发展方式转变,提高我国对外开放水平。我国政治体制改革和民主与法制建设相对滞后,也在一定程度上不利于国际形象的改善和国家统一大业的推进。

总之,大力推进各领域的改革,有着极大的现实意义和紧迫性,是顺乎潮流、合乎人心的大事。形势逼人,时不可待,现在该是以更大的决心和勇气,奋力把改革开放事业推向前进的时候了。如果再耽误下去,我们的经济、政治、社会、文化发展势必会倒退好多年。

二、近些年改革进展不大、徘徊不前的原因

原因之一是改革的难度比过去显著加大了。过去的改革,主要是给生产力"松绑",把生产力从计划经济的桎梏中解放出来,如农村实行家庭联产承包责任制、开放集贸市场、提高农副产品收购价格,城市实行扩大企业自主权和多种经济成分共同发展等,极大地激发起广大人民群众投入生产建设的积极性。现在要进行的深化改革,其深度和广度都大大提高了,主要是要引导生产力科学地发展,即保持平衡、协调、可持续地发展,而且不仅是经济体制改革,还包括政治、社会、文化体制改革,遇到的问题比过去多得多了,也复杂得多了。有的问题是改革进展到一定程度时出现的。如城市住房,过去基本上是依靠政府分配,现在基本上依靠市场,于是就出现了一个房价问题。又如收入分配,过去是"共同贫穷",现在是收入普遍增加,在走向"共同富裕"的道路上出现了收入差别扩大的问题。有的问题是改革不到位造成的。如政府职能转变,转了多少年都没有真正转到服务上来,还是习惯于行政干预、包揽代替。有的问题是由于缺乏条件、缺乏经验长期未能解决。如社会保险水平低、覆盖面小,是因为还缺乏充足的财力;政治体制改革缓慢,是因为缺乏经验、看不准……如何在我们这个有十多亿人口的发展中大国实现现代化,建设富强、民主、文明、和谐的社会主义国家,任务非常艰巨,困难非常多,需要长期不懈的努力,特别是需要坚韧不拔地深入改革,排除前进路上的各种体制机制障碍。

原因之二是社会上有两部分人抵制或反对深化改革。这些人为数不很多,但能量不小,不可忽视。一部分是既得利益部门与群体。过去的改革,大大促进了经济、社会的发展,基本上实现了"小康",使几乎每个社会成员都得到了实实在在的利益,都真心实意地拥护和支持改革开放。但是,随着改革的深入、经济的发展,以及社会环境的变化,人们获得的利益大小、难易的差别就凸显出来,对改革的态度也就发生了变化。一些人因为在劳动、资本、技术、管理方面有优势而发家致富,并且由于"马太效应"而越来越富,他们对这种状况很满足,希望就这样安安稳稳地赚钱过日子,害怕深化改革会给自己带来新的困难和风险,不赞成改革继续向前推进。还有一些依靠垄断资源而获得高额收入的人,特别是那些通过不正当或非法途径攫取大量灰色收入、黑色收入的巨富,为维护自己的既得利益和取得更大的利益,极力反对改革的深化。另一部分是怀恋高度集中统一的僵化体制的人。他们中间的大多数人,认为改革开放的许多方针政策是"资本主义"的,经济、社会、文化等领域出现的某些问题或缺点是改革开放造成的,是发展市场经济引起的,因而对改革开放持反对的态度,更反对改革的不断深入,而主张恢复计划经济时期的那一套做法。极少数人则仇视现行的社会制度和改革开放,甚至叫嚷要搞第二次"文化大革命",要为"四人帮"翻案。

原因之三是干部中存在着懈怠和畏难情绪。他们中不少人,对改革进入"深水区"顾虑重重,怕乱、

怕得罪人,采取躲、绕、推、拖的态度。也有些人本来精神就懈怠,不思进取,多一事不如少一事,知难而退,口头上挂着"改革",实际行动却止步不前。更有甚者,不学无术却胡作非为,借改革之名干反改革之事。最近报载一例:湖北黄山市硬把十来家亏损企业塞给"中国十大名牌服装企业"之一"美尔雅",令它兼并或捆绑上市,致使"美尔雅"陷入了巨额亏损、奄奄一息的境地。还有的人为维护其既得利益,阻碍改革的进程,或蓄意误导公众把改革搞乱搞垮,或借"改革"之机谋取个人私利。

"明知虎山险,偏向虎山行"。排除深化改革所遇到的困难和阻力,关键在于当政者要有清醒的政治头脑和前瞻的战略眼光,以及"不入虎穴,焉得虎子"的决心和勇气。当然,全面、科学和缜密的设计也是十分重要和必不可少的。

三、关于如何深化改革的若干思考

1.统一思想认识,搞好"顶层设计"

这是深化改革的关键。要通过宣传、学习、讨论,使全党和全体干部都充分认识深化改革的历史必然性和现实必要性,增强深化改革的责任感和紧迫感,树立起几个观念:一是深化改革,可能有风险;但不深化改革,矛盾更多更尖锐,风险也更大。正如邓小平当年所说:不改革,就死路一条。我们现在也处在这样的生死关头。二是党的十六大提出到2020年建成完善的社会主义市场经济体制的目标,到现在已来日无多(8年),而不少全局性的关键性的改革目前进展不大甚至尚未起步,任务十分艰巨,时间迫在眉睫,应该立即行动起来,松不得,也拖不得。三是现在的形势是:不仅"发展是硬道理",改革也是硬道理;不仅"发展是党执政兴国的第一要务",改革也是党执政兴国的第一要务。发展和改革,不能单打一,也不能先发展后改革,而应该把两者密切结合起来,统筹协调,使之相辅相成、互相促进。四是深化改革不只是深化经济体制改革,而是"全面推进各领域改革",亦即"大力推进经济体制改革,积极稳妥推进政治体制改革,加快推进文化体制、社会体制改革,使上层建筑更加适应经济基础发展变化,为科学发展提供有力保障"。五是经济体制改革必须坚持市场化取向,充分发挥市场在资源配置中基础性作用,防止走计划经济的老路。

考虑到深化改革的难度大,牵涉面广,矛盾和问题互相交叉,有的甚至牵一发而动全身,建议在党中央、国务院的直接领导下,成立一个顶层设计领导小组,深入调查研究,发动专家学者、干部职工和广大人民群众反映问题,献计献策。指定若干研究实力比较强的单位(如中国经济体制改革研究会,国务院发展研究中心,中国社会科学院,国家发改委宏观经济研究院,中共中央党校等)分别研究起草一份深化改革设计方案,交由领导小组研究,汇总成一个初稿,再扩大范围讨论,广泛征求意见,反复修改。最后送国务院、党中央审查,全国人大审议通过后试行。

2.强化法治建设,特别是加快司法体制改革

这是深化改革的突破口。因为:第一,在过去30多年的改革开放进程中,制定、颁布了不少改革政策措施,但由于多数只停留在原则、计划、要求上,没有细化到具体目标、内容、时间、责任人,也没有上升到法律、法规层面,以致可操作性不强、约束性也不大。加上缺乏经常性的监督检查,不少已流于形式,没有落到实处,收不到应有效果。第二,司法执法是国家、社会正常运行和改革顺利进行以及保护人民群众生命财产与正当权益的重要保证,但我国目前司法不严、执法不力的现象很普遍,司法执法机关经常受到行政干预和"人情"干扰,法院的判决往往得不到执行,即使执行也大打其折扣,因而在很大程度上降低了司法的权威和威慑力,使人民群众对法治、对改革缺乏信心。第三,法治建设和司法体制改革,既是经济体制改革的保障,也是政治体制改革的重要组成部分之一。健全的法制和功能正常的司法是政治系统制度化与法制化的主导力量,是建设民主政治的前提。所以无论是经济体制改革,还是政治体制、社

会体制、文化体制改革,以法治建设和司法体制改革作为深化改革下一步的突破口是比较适宜的,它遇到的阻力比较小,绝大多数人都拥护。广大人民群众尤其对官员以权谋私、贪赃枉法、腐化堕落、卷款外逃,对"黑社会"欺压百姓、无良奸商坑害消费者、各个领域的假冒伪劣等,无不恨之入骨;对那些"庸官"、"昏官"怕办事、少办事、办坏事也早就强烈不满。通过改革强化法治,严厉打击各种违法行为和歪风邪气,牢固树立法律的尊严与权威;通过改革建立健全规章制度,克服干部队伍中的官僚主义与慵懒之风,必将大快人心、大鼓正气、大振精神,大大提高党和政府在人民群众中的威望。这方面改革搞好了,也就为以法治国、依法办事和推进其他改革,如政府机构改革、行政管理体制改革、民主选举等打下良好的基础。

司法体制改革中,有一个重要问题值得研究,就是如何保持司法的独立性和公正性,摆脱法律之外的任何干预。为此,建议地方法院一律与当地党政脱钩,所有业务和人事关系都归属上一级法院直接领导。

3. 针对阻碍加快转变经济发展方式的体制机制因素进行改革

这是深化改革的一个重点。诚如许多学者所指出,加快转变经济发展方式的最大阻碍是一些现行的体制机制因素。粗放型发展方式之所以盛行不衰,投资率降不下来(2010年达到48.6%的历史高位),产能过剩不断扩大(钢铁、水泥、电解铝、平板玻璃、化工、造船等行业尤为严重),能源资源消耗高和环境污染生态恶化之趋势遏制不住,其根本原因是许多干部片面追求高GDP和高投资。这同资源价格形成机制、财税金融体制、投资体制、土地制度、政府职能和干部考核制度不合理有密切关系。尽管中央反复强调要加快转变经济发展方式,注重全面协调可持续发展,《十二五规划》提出全国GDP增长目标也只有7%,但许多地方实际上仍然把速度放在第一位,有24个省区市提出的目标为10%或10%以上。

今年上半年全国除北京市GDP增速为8%外,其他省区市的增速均在8%以上,不少地方还超过了两位数。北京市由于首钢停产、调控房市车市、整顿市场环境增速有所减缓,但因为狠抓了创新和产业升级,财政收入增长、能耗下降、污染减少、就业和居民收入增加,实现了减速增效,为全国各地转变经济发展方式作出了榜样。有关部门应抓紧研究,积极推进有关改革,为加快转变经济发展方式增添动力、扫清障碍、创造条件。要运用税收和价格杠杆,大力促进资源的节约使用和合理开发、扶持节能产品的生产和推广、鼓励资源综合利用和循环使用。对矿产资源的开采,应科学规划、合理安排,资源税的征收应改从量计征为从价计征,以增加税收和遏制乱采乱挖。要严格控制向重化工项目贷款,禁止向各种"形象工程"贷款,贷款项目必须保证盈利和还款付息,而且把这个责任具体落实到人。要建立健全节能减排和保护环境的法规与制度,对违反者严惩不贷。

土地是最宝贵最重要的资源,同建设和民生息息相关。目前土地的使用和管理很混乱,问题很大。不少地方在城镇化进程中,为了取得高额的财政收入,以低价强行取得农村土地,再以高价转手于搞房地产或建"开发区"、高尔夫球场,这实际上是对农民的一种"剥夺"。许多农民因失去土地陷入了贫困,而高价把土地卖给开发商又大大推高了住房价格,这对农民和城镇居民的利益都造成损害,既加剧经济结构失衡,又加剧城乡差距悬殊,恶化社会矛盾,应当作为一个重要问题,连同农村土地产权问题、土地承包与流转问题、城镇化与提高农民收入问题,以及中央财权与地方财权如何划分问题、政府职能转变问题等,综合研究解决。

4. 围绕保障和改善民生、促进社会和谐的要求进行改革

这是深化改革的另一个重点。目前这方面存在的问题很多,归纳起来是两个:一个是社会保障(包括教育、医疗、失业、劳动、养老、保障房等保障)薄弱。在这些方面，群众反映强烈、呼声很高，应加快改革步伐，政府工作重点和财政支出应更多地转到这些方面来，不能让民众老是等待、失望。房价居高不下，说明问题积重难返，是多种因素（包括片面追求GDP和投资、搞"土地财政"、保障房廉租房奇缺、炒地炒房、官员贪腐等）形成的综合征，微调不行，要下重药，要加强改革和法治。当前可采取的措施是：加快保障性住房建设并保证公平分配，限购限贷，严厉打击官商勾结寻租等，也可以考虑限价限利（香港对有的公共事业的利润率上限有明确的规定），目前房地产行业的利润率太高，深圳有的别墅的利润为成本的百分之两千多。许多事实表明，建筑行业是贪腐重灾区之一，"豆腐渣工程"比比皆是，一般建筑的寿命只有二三十年（国外为近百年甚至100多年），杭州、盐城、武夷山三座大桥倒塌，寿命亦只有十几二十年（而上世纪茅以升建的钱塘江大桥，计划寿命为50年，至今已使用了74年），其原因一是权钱交易行贿受贿，二是偷工减料质量低劣。建筑管理体制改革也是刻不容缓，否则必将出现更多更严重的后果。

另一个是收入分配差距悬殊且持续扩大。这是目前社会矛盾的一个焦点，两极分化现象已十分明显。据联合国有关资料，我国占总人口20%的最富裕阶层所占有的收入或消费份额达到50%，而占总人口20%的最贫穷阶层只占有收入或消费份额为4.7%。这还只是讲当年的收入，如果计入已有财产和实际享受到政府提供的公共物品和服务，实际差距就更大了。邓小平同志早在1993年就强调指出："分配的问题大得很，……要利用各种手段、各种方法、各种方案来解决这些问题。"发达国家在解决这些问题上有不少成功经验值得我们借鉴。结合我国的国情，我们除了应在初次分配上健全有关法规和制度，并建立劳资协商制度，适时调整劳动收入的比重外，还必须着重在再次分配改革上下工夫，加强税收和福利调节，包括尽快建立对个人收入和财产的登记与监控制度；健全和严格执行对高收入者个人所得税的征收制度；建立对低收入者实行减税、补贴、增加福利的制度等。还要继续加强扶贫工作和大力发展慈善事业，宣传和鼓励各种形式的慈善活动，降低办慈善事业的门槛，同时也要建立相关的法规加以引导与监督。特别是要下决心改革垄断行业的收入分配制度，避免和其他行业的差距过大；国有企业的盈利应大部分（国外一般约为60%）上缴财政，其余留给企业用做技术改造和工资福利。

5.加快推进行政管理体制改革,建设服务型政府

这是深化改革的保证。我国政府现在的权力太大太全，事事要安排、要管理、要落实，又缺乏民主程序，难免出现决策不科学、安排不周到、顾此失彼、事倍功半的情况，也很难杜绝以权谋私、违法乱纪的现象。一定要加快行政管理体制改革，实行政经分开、政资分开、政企分开、政事（事业单位、中介组织）分开，把政府的职能从直接插手微观经济活动转到宏观调控、管理监督和服务上来，把全能政府转变为有限政府，把管束型政府转变为服务型、法治型政府。一方面，政府要为企业的健康发展、公平竞争创造有利环境，为社会安定和谐创造有利条件；另一方面，政府要为广大人民群众不断提供更多更好的公共产品和服务。政府机构要精简，人员要精干，职责要分明，办事要依法循章，实行小政府、大部制、一门式服务，做到廉洁、勤政、务实、高效。这些，既是当前落实各项深化改革的政策措施、加快转变经济发展方式的需要，又是积极推进政治体制改革、建设民主政治的突破口和重要方面。这也是一场革命，一场深刻的革命，是政府自己革自己的命。每个公职人员都应该树立这样的观念：权力是人民授予的，权力要用来为人民服务，做人民需要的、对人民有利的事情，不可以随意管束民众、支使民众，更不可以凭借权力欺压民众、贪污浪费公帑——人民的血汗钱。凡事都要充分反映民意、广泛集中民智，按民主程序办事，不可以搞家长式的"一言堂"、"长官意志"。吏治不严，法纪不彰，一切言辞都是空谈。必须有严格的监督和考核制度。®

国际保障性住房政策经验借鉴及中国的路径选择

朱 娜[1]，彭 翱[2]

(1.中南财经政法大学，武汉 430073；2.Brenau University, U.S.A)

一、保障性住房相关含义及其政策发展

1.保障性住房及其政策的内涵

保障性住房在西方国家也被称为公共住房，它是指由政府主导的设定供应对象、限定建筑标准、购买价格或租金标准，为社会中低收入人群解决住房问题，具有社会保障性质的住房。保障性住房是一国政府为了实现"住有所居"的目标，通过各种手段满足人民群众的住房需求而在住房领域进行的社会保障。目前，中国的保障性住房主要由廉租房、公共租赁住房、经济适用房、限价商品住房和棚户区改造安置住房构成，其中以廉租房和经济适用房为主体，公共租赁房为辅助。

与商品性住房相比，保障性住房的最大区别在于其"保障性"。"保障"的特性强调住房并不遵守市场自由交易的价格波动，其成为居民的生活"必需品"，并且对中低收入人群具有"居住保障"的作用，以此维持社会的稳定和公平。保障性住房的建立是一项政府行为，通过设定具体标准审核中低收入人群，为符合标准的困难群体提供建造面积较小的住房，同时，政府严格设定价格标准使其维持在弱势群体可以接受的价格范围内。

保障性住房政策正是政府及相关部门为建造保障性住房而制定的一系列制度安排和措施，它是对中国市场化房地产市场机制的重要补充，也是中国社会保障体系建立的一项重要组成。完善的保障性住房政策能够预防保障性住房在生产建设中可预见的问题，同时对于一国的经济发展和社会稳定能起到不可替代的促进作用。

2.中国保障性住房政策的不足和缺陷

住房问题是关系到社会和谐稳定的民生问题。保障性住房政策在中国运行10年以来，对于中国经济的发展和社会的稳定起到了至关重要的作用，它对于解决广大中低收入人群的住房难问题发挥了十分有效的功能。但是相比于发达国家或地区，中国的住房保障制度仍然处于初始的发展阶段，表现出了保障范围有限、制度设计欠缺、配套设施不完善等问题和缺陷。

(1)住房保障制度设计存在缺陷

1)现行住房公积金制度难以保障中低收入群体的住房需求

住房公积金作为一种重要的政策性融资工具，在中国住房建设和社会保障体系建设的过程中占有十分重要的地位。公积金的根本目的在于社会保障性，通过缴存长期住房储蓄金达到促进住房分配的目的。但是现行的公积金制度已经难以支撑住房保障工作的展开。主要体现在两个方面：一是中国公积金实行"低存低贷"和"强制缴存"规则，使得住房公积金面临了强大的资金危险和较低的使用效率。过低的存款利率使得公积金积累始终面临严重贬值的风险，相较于高涨的房价涨幅，公积金存款越多，贬值越严重；二是由于住房公积金制度覆盖范围狭窄，城镇中的弱势群体在公积金制度范围之外，住房保障处于中空地带。

特别关注

2)缺乏完善的管理制度配套保障性住房的开展

对于保障对象的清晰界定和严格审查是保证住房保障制度有效开展的必备前提，任何过高或过低的界定标准都会使得稀缺的住房资源有效性大大降低，也会违背最初进行住房保障的公平原则。目前的管理制度问题主要集中于保障对象的准入和退出方面。中国对于保障对象的审查主要依靠收入证明等材料来界定，但是由于缺乏个人相关数据、未建立起有效的诚信体系，常会出现高收入家庭挤占保障住房指标的现象。同时，由于保障性住房实行终身制，一旦享有保障性住房基本不会涉及退出问题，这也使得一部分高收入群体持续享有住房保障。

(2)政策实施过程中落实不到位

1)地方政府建设保障房动力不足

保障性住房建设在地方并未取得十分有效的发展，"唯GDP"的官位思想使得住房保障制度先天动力不足。开展大规模保障性住房建设意味着可供出售的土地数量减少，保障性政策初期的负效应直接影响了当地经济收入的增长，对地方政府考核指标起到了一定的负面影响。由于缺乏先天的执行动力，保障性住房政策在地方执行过程中往往存在缓慢或停滞的状态。

2)政府金融支持力度不够

从世界范围来看，保障性住房的建设资金主要来自于政府财政收入、金融机构贷款、债券市场融资等金融支持方式实现。中国保障性住房的资金来源主要依靠政府财政补贴，由于严重依赖地方政府的财政预算，缺乏持续稳定、可循环使用的固定资金来源，且保障性住房融资渠道仅来源于银行融资，这些因素都大大加剧了住房保障制度在地方有效运行的难度。受制于保障性住房的建设量，住房市场供求关系严重失衡，直接缩小了社会保障的受众群体，只能维持一部分中低收入人群的住房需求，这也违背了最初进行住房制度改革的公平和民主原则。

3)保障性住房缺乏保障度

在保障性住房政策的现实执行中，对保障人群影响最直接的就是住房功能的严重变形。在中国不少地区都出现了受保人群放弃选购或租赁保障性住房的情况，这主要源于在现实建造保障性住房的过程中出现了房屋选址、户型、周边配套设施不齐全等问题，使得这些住房"既不经济，也不适用"。中国地方政府在进行保障性工程建造时，为了降低土地成本往往选址在距离市中心偏远的地区进行建造，居民交通成本过高、周围又缺乏完善的相关配套生活设施，使得保障性住房遭到居民的摒弃。

二、国外住房保障模式

近几十年来，主要发达国家和一些新兴市场国家均已建立起了完善的住房保障制度，并且基本在全社会实现了"住者有居"的保障目标，住房自有率较高。其中美国、英国、日本和新加坡在保障性住房发展模式上具有高度的典型性。通过比较分析四国成功的公共住房政策模式，我们发现其政策轨迹具有以下六个共同点：

1.住房保障基本目标和动因相似

发达国家均以政治、公平、安定作为建立保障性住房的基本动因，以满足城市居民的基本需求和基本生活需要作为建立保障性住房制度的基本目标。各发达国家(或地区)在建立住房保障制度的初期便规定了具有大众性的基本目标和动因。如美国住宅法规定"尽可能通过私人企业或政府支持使每个美国家庭有舒适的住房和适宜的居住环境"；新加坡政府提出了"居者有其屋"的保障口号，为所有无力在住房市场上购买房屋的居民提供公共住房(也称为组屋)。

2.建设多层次、多方面的住房保障体系

发达国家基于对社会公平和稳定的动因出发，十分重视对于保障性住房的建立。通过几十年的摸索，美、英、日等国家都建立起了完善的住房保障体系，通过多层次、多种形式的政策保障社会群体的住房和生活需求。一般而言，发达国家根据本国经济发展水平、居民收入水平及市场供求情况等多种因素制定符合实情的住房保障政策，以较小的支出成本获得最大的保障利益。低收入人群是发达国家保障性住房政策的首要和重点倾斜对象，中等收入人群享受一定的优惠和补贴，高等收入者遵循市场经济规律通过市场购买私有房屋。这样就严格划分了不同层次人群的保障需求和实施政策，相对减轻了政府的经济负担和运营成本。同时，发达国家通过多种措施和方式保障

中低收入群体的住房需求。主要表现为房租补贴、减免税款、廉租房或提供公共住房等方式。完善的住房保障体系明确了保障对象范围和合理的保障方式,这为一国社会保障体系的建立提供了强有力的支持,也同时保障着社会各阶层群体的福利。

3. 强有力的法律支持和保障

区别于一般的商品性住房,保障性住房不能依靠市场的自发调节作用,需要通过政府及法律的相关政策进行支持和保障。把保障性住房通过立法形式进行规定和规范,既能维持制度的权威性也能相对减少政策执行过程中的成本,健全的法律体系是发达国家住房保障体系中的重要一环。为了解决居民的住房问题,日本先后颁布住宅法40多部;新加坡于20世纪60年代颁布了《新加坡建屋与发展法》,确定了政府发展公住房的目标、方针,同时还颁布了《建屋局法》和《特别物产法》,进一步完善了新加坡的住房保障法律体系。

4. 多种多样的住房金融融资模式

政策性住宅金融是指为由政府主导的住房市场提供金融支持的途径,旨在调节住房贷款规模、提高贷款资金流动性,实现政府在住宅市场上的公平性。主要发达国家的公共住房都通过多种融资渠道实现有利的金融支持,这在很大程度上推动了当地保障性住房的建立和购买或租赁,有助于实现本国保障基本目标。概括而言,美国、日本、英国、新加坡分属于三种不同的住房金融融资模式:

(1)商业资本市场模式——以美国、英国为代表

商业资本市场模式是通过吸收活期定期存款、储蓄存款或者二级市场发放抵押贷款证券来对保障性住房市场提供资金支持的一种融资方式。美国是世界上商业银行开展住房金融业务最发达的国家,除了通过联邦住房贷款向中低收入者提供低息贷款外,大部分购买者还是依靠商业贷款买房。美国政府通过其所属的机构如联邦国民抵押协会、政府全国抵押贷款协会等向中低收入者提供购房贷款;同时,政府还对中低收入家庭进行信用担保,主要由联邦住房管理局和退伍军人管理局进行信用担保,当贷款人无力偿还贷款时,政府会偿还贷款金额全部或本息并将贷款抵押物拍卖。英国成立住房金融合作社,通过民间抵押贷款支持保障性住房的购买,并从20世纪80年代以后实行抵押贷款利息免税的政策,进一步促进了住房金融支持的发展。

(2)公共住房银行模式——日本的住宅金融公库

日本于1950年由政府建立了住宅金融公库,用于解决日本社会中低收入家庭无力购买住房的问题。住宅金融公库向贷款人群提供长期、低息的住房贷款,公库的贷款一般比商业银行贷款利率低30%左右,基本保证了中低收入人群获得贷款资金的能力。通过政府或财政吸收资金保证住房保障体系的建立是公共住房银行模式的突出特点。

(3)强制住房储蓄模式——新加坡的住房公积金制度

新加坡的保障性住房资金来源于政府的拨款和贷款,政府拨款的核心便是住房公积金。住房公积金是强制性储蓄方式,用于支付购房的首期贷款,不足的部分再由每月公积金偿还。这种强制住房储蓄模式保证了新加坡"居者有其屋"居住目标的实现,并在居民、政府和建屋发展局①三者之间形成了良好的循环。

5. 科学完善的保障性住房管理体制

科学的住房规划和完善的管理体制是保障性住房政策成功实施的有力保障。综合各发达国家住房保障体系,其住房管理体系的成功主要体现在三个方面:

(1)保障对象:首先重点向低收入人群倾斜

低收入人群对于住房生活的需求是最为迫切的,有效解决低收入家庭的住房问题是一项漫长和系统的工程。主要发达国家在制定保障性制度的初期都将解决重点放在低收入家庭阶层,优先解决低等收入群体的住房困难。中等收入人群依靠政府补贴或低息贷款,高等收入人群通过市场价格机制购买私人住房。美国对于低等收入家庭实行联邦政府抵押担保政策或者直接提供公共租房,日本则通过公房住宅和公营住宅直接向低收入者提供住房。

(2)科学合理的房屋发展计划

---

①建屋发展局(Housing Development Board,HDB)是由新加坡政府成立的专门负责新加坡居住新镇的规划、建立和发展的职能机构,主要负责新加坡公共住房的建造和管理。

特别关注

政府通过设定合理的住房保障体系总体目标和发展规划,专门设立职能部门进行管理是保障性住房健康发展的前提。日本为其保障性住房发展制定了国民住宅计划,每5年为一个实施阶段,该计划一直执行到2005年共10个五年计划。在国民住宅计划中,日本政府明确制定了住房实施目标、发展规划、住房标准等多项内容,并根据不同时期经济发展水平、居民经济承受能力等因素进行调整,成功引导了日本住房市场的保障性发展。

(3)严格的房屋准入和退出制度

完善的住房保障制度都建立了严格的住房准入和退出制度,首先严格限定保障性住房的保障范围,对中低收入人群进行经济数据调查,明确申请人群的真实有效性;然后建立严格的退出制度和措施保证其最终的实现。新加坡政府制定了严格的保障房准入规定并随着社会经济水平的上升调整收入顶限。在20世纪80年代只有月收入2 500新元以下的人群才能够申请公共住房,现在月收入上限已经调整至8 000新元。对于后来有能力购买私人住宅的保障人群必须严格执行退出制度,在符合出售人条件情况下旧组屋必须先退出来才能再次购买新组屋。

6.相似的保障制度演进过程

美国、英国、日本和新加坡在保障性住房制度上表现出了相似的演进路线。第一,保障性住房市场由最初的政府主导直接进行干预转变为现在的政府间接干预,越来越多地将住房交给市场为中低收入者提供住房保障;第二,保障性住房的投资主体由政府财政投入转向民间住房投资集团,住房金融逐渐依靠于市场私人企业提供融资保证;第三,住房产权逐渐私有化,各国不断提高住房自有率。截至1991年,英国的住房自有率已经达到66%。

三、借鉴国际经验完善中国住房保障政策的路径选择

1.明确保障性住房合理的比例模式

确定保障性住房开发比例、保障范围和发展模式有利于减少住房保障制度实施过程中的运行成本和资源浪费,也能够在一定程度上防止寻租的产生,从根本上保证社会公平和民主基本目标的实现。

(1)合理设定保障性住房比例和社保范围,努力实现全社会的公平和谐

根据发达国家的制度经验,对于保障性住房比例范围的确定是一个逐渐收缩的过程,一般都会经历从大规模保障向小范围、有重点的保障路径演变。根据中国社会科学院《2011年城市蓝皮书》的数据显示,到2009年中国城市中等收入阶层规模已达2.3亿人,占城市人口的37%,其中北京和上海的中等收入阶层达到了46%和38%。并且中等收入人群比例以每年3.8%的比例增长。中国城镇贫困人口约为5000万,全国贫困人口比例基本维持在6%左右。随着中国经济体制的改革发展,在近些年中我们所期望的"两头尖、中间宽"的"橄榄型"社会结构并不会出现,相反,中国社会中等收入阶层人数不断增加扩大从而更加加剧了城镇住房需求不足的现状,这对中国保障性住房制度的建立提出了更高的要求。因此,适时调整确定保障性住房比例和范围是具有重要现实意义的。在2020年以前实行逐渐扩大保障范围的发展模式能够使更大范围的中低收入家庭享受到住房保障,实现更大程度的社会公平,并避免由于户籍制度、支付能力等造成的社会"夹心层"的出现。

(2)建立科学的住房保障建设模式

科学的住房建设模式要求协调政府、开发商、承建商等多方参与主体的关系,制定可行的建筑方案并严格执行全过程。发达国家的保障性住房建设都坚持了"市场调配、政府主导"的原则,政府和开发商处于主体地位共同合作,住房的其他部分则交给市场自发调控。政府处于逐渐放开由直接干预向间接干预的转变。中国的保障性住房建设过程中缺乏专门性的住房管理机构,政府处于统管统抓的地位。并且在保障性住房管理过程中各个环节分属多个平行机构管理,程序复杂缺乏联系,通过建立大型的保障房管理机构能够统一房屋管理,预防腐败现象的产生。

综合各国的住房建设模式大都经历了从政府直接进行房屋建设向租金补贴的路径发展,初期通过直接进行大规模房屋建设解决供求缺口的问题到后来逐渐放开由市场解决调配,并不断提高住房的自由率和私有程度。目前,中国的住房保障模式以经济

适用房和廉租房为建设主体，政府直接参与建设过程，缺乏进行人头补贴的条件。但是从长远来看，逐步调整住房发展模式，通过设定多个阶段性计划最后满足居民对住房产权私有的需求是十分必要的。

2.严格执行保障性住房的准入退出制度

长期以来中国缺乏居民个人信用统计和各种经济数据的体系的建设，这对住房保障的准入环节增加了不透明性和不准确性。严格保障性住房的准入要求管理机构从两个方面审查申请人资格，严把住房准入关口。一方面，管理机构要认真确认申请者的个人经济状况，包括工资收入、工资外收入、家庭消费情况等与支付能力相关的经济数据；另一方面，还要扩大审查范围，审核工资、房屋、个人信用、税收等多个方面层次的信息，双重确认审核。

严格的准入需要强制执行的退出相配合。中国的退出制度长期处于一种较为模糊的状态，一方面缺乏清晰准确的法律规定，另一方面缺乏强有力的执行能力，这造成了部分保障性住房被高收入人群享有或被产权私有化后出售盈利的现实。因此，制定清晰的法律条文规制保障性住房退出制度，同时强化阶段性住房审查制度是今后中国住房保障体系完善的重要一环。

3.大力发展多样化的住房金融体系

住房金融体系是住房体系中的重要组成部分，是中国保障性住房持续健康发展的经济保证，能够确保保障性制度在较为宽松的环境下有效进行。中国的住房金融体系还未完全形成，资金来源单一、融资渠道狭窄，从长远来看会对住房制度的建设产生阻力，缺乏必要的金融支持能力。借鉴美国和日本的住房金融模式，中国可以采用混合式的融资形式——政府和民间共同参与。通过政府财政支持和民间金融机构如商业银行、大型贷款公司等为住房建设提供稳定、充足的资金供给，活跃抵押信贷二级市场，提供低息甚至免息的专项贷款，多渠道提高融资能力，以降低信贷门槛，促进住房保障体系的完善。

4.以信息公开化实现透明化住房保障

以条文规定强制性实行信息公开是十分必要的。只有将信息透明化、公开化，引入市场监督机制才能在很大程度上预防腐败、豆腐渣工程等问题的产生。将受保人的申请资料、申请过程、申请审批和申请结果等内容公开，允许任何个人和机构审查；同时公开开发商、承建商等建筑主体的招投标过程、建造中的经济支出、建造标准等数据保障房屋安全性、实用性和配套设施的完整性。明确公开信息的时间、地点、内容，举报的方式、地点、内容等信息，以人民监督实现真正意义的社会民主和公平。

参考文献

[1]王志忠.城市低收入群体住房保障政策研究.上海交通大学,2008.

[2]葛伶俊,张瑾.近年来住房保障制度研究综述.边疆经济与文化,2009,(2):80.

[3]张占录.中国保障性住房建设存在的问题.改革与发展,2011,(3):72-73.

[4]沈艳兵,杨森,杨宇翔.如何推进中国保障性住房建设.未来与发展,2010,(8):35.

[5]何元斌.保障性住房政策的经验借鉴与中国的发展模式选择.经济问题探索,2010,(6):164-166.

[6]张卫,梁平,赵迪.利用金融支持保障性住房建设.住房保障,2009,(12):56.

[7]杜文.发达国家住房保障制度建设的基本经验.经济体制改革,2005,(3):141.

[8]郭伟伟."居者有其屋"——独具特色的新加坡住房保障体系及启示.当代世界与社会主义,2008,(6):164.

[9]牟林娜.经济适用住房政策取向研究.山东大学,2010,(08):37.

[10]住房和城市建设部住房改革与发展司,中国建筑设计研究院,亚太建设科技信息研究院.国外住房数据报告NO.1.北京:中国建筑业出版社,2010.

[11]HDBInfoWEB.http://www.hdb.gov.sg/fi10/fi10321p.nsf/w/BuyingNewFlatEligibilitytobuynewHDBflat?OpenDocument#IncomeCeiling.

[12]冯念一,陆建忠,朱嫣.对保障性住房建设模式的思考.建筑经济,2007,(08):28.

[14]刘波.伦敦住房保障政策研究.理论学习,2010,(05):60-61.

特别关注

国际工程承包：经验与问题分析

牟文超

(中国社会科学院研究生院，北京 100102)

摘　要：本文分析了我国国际工程承包行业的发展历程和趋势，肯定了改革开放以来，我国国际工程承包行业取得的辉煌业绩，同时分析了该行业当前面临的政治、金融、制度和人力方面的风险和不足，并给出了相应的解决措施，对我国建筑企业实施"走出去"战略有一定的指导意义。

关键词：国际工程承包，"走出去"，资金，汇率，复合型人才

改革开放30年，我国工程企业积极实施国际化战略，"中国建设"在国际市场上占有越来越高的份额。国际工程承包，作为一项涉及因素较多、实施过程复杂的跨地区系统工程，市场竞争也越来越激烈，企业经营的风险也越来越高。从实践的角度，总结我国当前国际工程承包的特点和现状，分析我国国际工程承包企业面临的风险和存在的问题，并针对性地提出相关的建议，对我国国际工程承包企业降低、转移和分散风险，提高企业的国际市场竞争力有着积极的意义。

一、国际工程承包概述

国际工程承包，是指一个国家的工程承包商，通过自身的技术、资金、设备、人力、原材料等资源，应国外工程业主的委托，与其签订承包合同，并按规定的条件完成指定的工程任务。国际工程承包是随着全球经济一体化而产生的，其目的是通过国际合作，实现工程建筑资源的优化配置，促进世界各国共同发展。

同国内工程承包相比，国际工程承包因其工程业主来自于不同的国家，因此通常具有以下特点：

1. 跨国家建设的环境多样化

国际工程承包，不仅要包括一般工程承包所共有的设计、可行性分析、勘测、施工、设备调试等过程，还要涉及原料异地采购、境外人员培训、国外经营环境的磨合和适应等过程。因此，国际工程项目涉及政治、金融、技术、文化和地理等各方面因素的影响，工作量巨大，需要项目方有极强的资源整合能力。

2. 项目资金回收具有长期化

一般而言，国际工程规模较大，工程业主依靠国内的资金和资源无法完成，才委托国外工程承包商进行跨国建设。因此，国际工程项目涉及的资金规模较大，承建周期较长，回收期也较长。尤其是市

政工程项目的验收,要经过严格的审计和项目质量评估,会延长资金的回笼实践,这对国际工程承包方的资金实力和抵抗坏账风险的能力提出了较高要求。

3.竞标竞争激烈化

国际工程承包一般采用国际招标方式,审核条件较为严格。尤其是金融危机后,国际建筑市场有所衰退。然而全球经济开放的进程,促使建筑市场的上游和下游行业进一步开放,参与竞标的项目方越来越多,使得国际工程市场的竞争性更加激烈。因此,这对企业的议价能力和核心竞争力提出了极高要求。

4.产业分工体系不断深化

目前,国际工程市场的产业分工较为固定,工程管理和设计大多来自于欧美公司,工程设备主要由德国和日本等国家提供。这些公司大都拥有自己的技术专利,在资金、技术和管理品牌上形成垄断。发展中国家主要参与工程的施工、建设和调试等,处于产业链下游,主要依靠其劳动成本优势。

二、我国国际工程承包行业的发展

在过去30年中,我国国际工程承包行业经历了从"怕出去"到"想出去",最后到"争出去"的转变。从1978年起,在改革开放政策的指引下,以中国建筑工程总公司等企业为代表的行业先驱,抓住国际市场有利时机,率先开辟了中东地区市场,我国对外承包业务的发展初见成效。20世纪80年代,我国政府对国际工程承包企业给予正确的宏观政策指导,也在技术和资金等方面提供了有力支持。从此,我国国际工程承包产业进入了稳步发展的阶段。截止到1989年,我国累计签订对外承包工程和劳务合作合同额达115.6亿美元,完成营业额72.2亿美元。20世纪90年代以后,国际政治和经济环境不断变化,海湾战争、东南亚金融危机、911恐怖袭击等一系列事件,使我国对外承包业务受到很大冲击。我国企业在政府引导下,及时调整市场格局,基本形成了"亚洲为主、发展非洲、恢复中东、开拓欧美和南太"的多元化市场格局。与此同时,政策支持体系日趋完善,企业群体不断壮大,承揽和实施项目的能力不断增强,业务领域广泛,我国对外承包工程和劳务合作业务步入快速增长时期。从我国国际工程承包行业的发展来看,主要体现出以下趋势:

1.发展规模急剧扩大

截止到2010年,我国具有国际工程承包资质和条件的企业数目达到3 000多家,工程项目设计全球180多个国家和地区,总营业额达922亿美元,是1985年总营业额的150倍。"中国建设"在国际工程市场形成了巨大影响力,成为我国"走出去"战略的重要组成部分。

2.业务档次逐步提高

随着我国工程企业施工能力和技术的提高,国际工程的业务范围逐渐从施工为主,向项目投资、设备生产、材料供应或项目运营等整个产业链纵向延伸,加大BOT(建设-营运-移交)和PPP(公共部门与私人企业合作)等资本运营项目的参与力度,以投资带动工程总承包,获得了较高和较稳定的收益。

3.对主要经济体的投资增幅较大

我国国际工程承包市场主要为亚洲和非洲。近年来,亚洲和非洲政治环境不断动荡,以欧洲、美国和日本为代表的主要经济体受金融波动影响,对资金的需求加大,国内建筑资金相对不足,因此,我国国际工程承包企业在这些主要经济体投资力度加大。2010年,中国对欧盟的工程投资为59.63亿美元,同比增长101%;对东盟投资额为44.05亿美元,同比增长63.2%;对美国投资额为13.08亿美元,同比增长44%;对日本3.38亿美元,同比增长302%。然而,虽然在这些地区投资速度加快,但是亚洲和非洲仍是我国的主要工程投资市场。

综上所述,我国国际工程承包业务的质量不断提高,综合实力逐渐壮大,企业经营管理日益规范,这为我国国际工程承包企业继续打开国际市场奠定了基础。然而,随着国际经济环境的不断变化,尤其是2008年金融危机给全球建筑市场和资本市场带来的负面影响，我国国际工程承包行业也面临着一系列问题。

三、我国国际工程承包行业的风险和问题

国际工程承包所面临的多样性环境，和该行业本身的性质，决定了承包企业的运营面临着各种风险，这也是承包企业关注的核心问题。实践表明，很多跨国工程，因为对风险的预知和把握能力不足，不但得不到经济效益，还造成巨额亏损。尤其是2008年金融危机以后，国际政治和经济形势波动加剧，不稳定性因素较多。国际工程承包企业必须充分估计当前国际市场的风险，总结自身存在的问题，才有利于进一步推进国际化战略，确保企业的健康和稳定发展。从实践角度，国际工程承包企业面临的主要风险有：

1.国际政治局势波动，挑战与机遇并存

政治因素波及范围广，程度深，对企业经营会产生极大影响。我国的国际工程市场主要分布于亚洲和非洲。在国际金融危机爆发后，欧洲和美国投资大部分回流，亚洲和非洲市场空前扩大。然而，这些地区政治形势复杂多变，局部地区冲突和战乱不断。同时，经济大国在该市场上得竞争从未停止。例如2011年2月，利比亚发生武装冲突，导致我国在利比亚建设的50多项工程无限期搁浅，工程设备以及公司其他固定资产也受到严重损毁。按照当时的汇率计算，由此损失的项目预期收益高达一千多亿元人民币。政治风险属于不可控的系统风险，巨额损失，充分暴露了我国企业对国际上的政治风险的觉察及风险规避机制的缺失。

2.对汇率风险的把握能力不足

国际工程承包项目，施工周期长，工程投资大，并通常以外币计价。汇率具有随即波动性，所有国际工程承包商难以准确预测预期汇率，因此必须面对汇率风险。金融危机后，美元和欧元对亚洲、非洲等国家货币的汇率剧烈波动，给企业带来了巨大的汇率风险和损失。许多中国国际工程承包商，特别是以美元作为收支款项货币的项目，因未能采取有效的汇率风险规避措施，蒙受了重大的利润损失，甚至陷入亏损。这一是由于国家缺乏相关的政策支持，对企业因不可抗力风险造成的损失，没有相应的补偿和政策指导；二是企业本身缺乏专业的金融高级人才，无法把握金融动向和经济走势，因此也没有建立健全、谨慎的风险管理制度。

3.行业存在恶性竞争现象，缺乏有效的行业管理

随着国际工程承包市场的扩大，具有承包资质的企业不断增多，且同质化日益严重。企业间为了争夺市场，获取高额利润，不惜采用互相诋毁、腐败贿赂、竞相压价等非正常的竞争手段。表面上看，一些公司成为赢家，实际上，这损害了"中国建设"的国际声誉和国家形象。目前，我国国际工程承包行业管理，主要依靠企业自律。制度上缺乏强制规定，行业协会也没有建立相应的管理体系。因此，面对残酷的国际市场竞争，如何加强我国国际工程承包企业间的合作，实现互利共赢，共同发展，是一个值得继续研究的课题。

4.工程承包的业务水平整体偏低

一方面，我国国际工程承包企业主要以粗放型增长方式为主，依靠工程规模和数量提高营业收入，重"量"而不重"质"的问题较为突出。虽然我国企业在国际工程产业链上下游不断延伸，但是仍无法与发达国家以技术和资金为主的工程能力相抗衡，利润水平很难提升至发达国家的高度。另一方面，除几家大型央企，我国国际工程承包企业主要以中小企业为主，规模普遍较小，经营范围和施工能力有限，缺少品牌和资金方面的优势，无法较快的适应国际政治和经济形势的不断变化。

5.企业融资能力不足

资金是国际工程企业经营所关注的核心问题，是企业的血液。虽然我国拥有庞大的经济规模，但是国际工程企业在资金实力上并不占优势。这主要表现在三个方面。一是融资渠道窄。国有商业银行进行

巨额贷款时较为稳健和谨慎，需要相应的抵押或担保；政策性银行对国际工程承包企业的支持能力也有限；现行上市融资、发行债券的政策导向对建筑企业不利，难以通过债权和股权融资的渠道获得资金。二是融资成本高。目前，我国针对国际工程承包业务的贷款利率虽然比国内其他企业贷款利率要低，但远高于国际通行的工程承包贷款利率。三是融资担保和抵押困难。一方面，担保和抵押登记、评估的手续繁杂、环节多、费用高、随意性大等问题一直存在；另一方面，担保机构的资金并不充足，而且，风险补偿机制和业务监督机制也不完善。这直接造成了国际工程承包企业的资金短缺，阻碍了企业的业务拓展和接单能力的提高。

6. 缺乏专业工程管理人才

国际工程承包和建筑，涉及多种因素和资源，需要企业拥有极强的资源整合能力。优秀的项目管理人员，一是要掌握全面的知识结构，包括经济、金融、法律、建筑和设计等理论基础；二是要具有对环境的应变能力和创新能力，能够进行逻辑分析和解决问题，并及时总结经验；三是要善于与当地的政府、组织、社区以及员工的沟通和协调。这种复合型人才的缺乏，是我国国际工程承包企业面临的主要问题，也是我国企业与国外企业的主要差距之一。我国目前并没有形成完善的人才培养体系，即使在工程实践过程中，工程承包方也不重视人才培养计划，缺乏对人才的锻炼和有效利用，从而造成人力资源的巨大浪费。

四、我国国际工程承包问题的应对策略

面对国际工程承包市场中的风险和机遇，我国建筑企业在实施"走出去"战略的过程中，应提高风险意识，更加关注和改善企业的风险防范工作，建立健全的风险管理机制，提高企业管理水平，为立足于国际工程承包市场奠定坚实的基础。

1. 积极推进企业国际化发展战略

虽然金融危机和国际贸易保护主义，在一定程度上抑制了国际工程承包市场的发展，但是经济全球化进程是势不可挡的。在世界各国出台的经济复苏或刺激计划中，对基础设施建设和完善的投资力度很大。尤其是发展中国家，国内建筑市场发展迅速，利润较高，风险较小，致使一些国际工程承包企业将精力放回国内，不愿参与国际市场竞争。但是在经济全球化的今天，企业想保持可持续发展，必须积极开拓海外市场。尤其在后金融危机时期，新兴国家对基础设施建设需求高，产能少，是国际工程承包企业拓展市场的良机。因此我国企业应主动出击，积极参与国际建设，加强国际间交流和合作，实现自身的迅速发展。

2. 倡导银企合作，拓宽融资渠道

发展中国家基础设施建设的大量需求，与我国国际工程承包企业的资金不足之间的矛盾，短期内是难以解决的。资金问题作为我国建筑企业的"短板"，不能单纯的依靠政府或企业单方面进行解决。国家应积极倡导银企合作，在改善企业融资环境的基础上，支持企业建立银企关系，优化资金管理模式。一是要加大社会资金的募集力度，支持优秀企业上市，拓宽企业的融资渠道；二是要改善国内承包公司之间的合作方式，由完全竞争的关系，逐渐向协作和联合方式转变，从而加强我国国际工程承包企业在国际市场上竞标能力和议价能力，实现双方共赢。

3. 推进本土化策略，促进业务转型升级

为了更好地施行本土化策略，PPP（public-private-partnership，公私合营）的开发模式，逐渐被越来越多的企业所采用。一方面，投融资业务领域是当前国际承包市场的利润增长点，越来越多的国际工程承包商已经以此为契机开始施行业务转型；另一方面，各国政府部门也开始重视利用外资和私营资本发展本国经济。特别是在后金融危机时代，通过PPP模式，加快基础设施建设，已经成为各国政府部门的工作重点。据世界银行研究数据显示，全球每年基础设施投资和维护费用占全球GDP的2%左右，约一

万亿美元,这是一个巨大的市场。因此,国际工程承包商能否成功实施PPP项目,直接决定着公司的持续发展能力。应该注意的是,PPP项目具有投资规模大、周期长、风险高的特性,企业在实施过程中,将面临很大的挑战。

4.加强品牌建设,培养企业核心竞争力

品牌,是企业的标志;核心竞争力,是企业存在的基石。树立企业品牌,提升企业核心竞争力,应是企业的最终发展思路。一方面,企业应优化产业结构,拓展公司业务向产业链的上游和下游延伸,形成以核心业务为主的多元化业务整合能力,最终形成以咨询、勘测、设计、施工和后期运营为一体的综合性工程承包集团。另一方面,加大科技投入,大力培育自主核心技术,积极学习国外先进经验,提倡节能减排和绿色建筑理念,在技术上形成优势地位。同时,提升施工和建筑质量,不要一味追求工程规模和数量,在国际上树立中国建设"精、深、专"的良好品牌。

5.汇率风险

汇率风险的规避,主要在于工程合同的制定中。一是,企业应合理安排工程款的进度,尽量提前款项的支付;二是,尽量使用本币或者再金融市场上可以自由兑换的、稳定的货币作为结算货币;三是,增加合同中的保值条款,允许汇率在一个可承受的范围内波动,从而锁定汇率;四是,选择币种的优化组合方式支付,即"一篮子货币"方式,通过不同货币之间的涨跌,实现风险的抵消。同时,灵活运用远期外汇交易、外币掉期业务等金融衍生品,有效的对合同价值进行保值。这些政策的运用,根本上是要增强企业对金融形势的把握能力,并以此制定严谨的风险控制体系,核心措施是要吸引和培养专业的高端金融人才。

6.建立"以人为本"的用人机制

用人机制包括两个方面。一是选人机制,建立多层次、多渠道的人才选拔机制。尤其是金融危机后,用人成本有下降的趋势,企业应积极利用该机遇,网罗精英人才,积极开发工程项目本地的人力资源,推进外派机构属地化经营,从而为解决当地政治、经济和文化冲突提供良好条件。二是育人机制,从国际工程经营的角度来培养人才,通过岗位轮换方式,培养专业型和复合型人才。在高级人才的管理下,精心组织施工,提高功效,最大限度降低各种消耗,可以使大大减少各类风险对工程的影响。

五、结语

总之,国际工程承包的巨大市场,给我国建筑企业的发展提供了广阔的舞台,国家鼓励企业"走出去"的政策,更是给企业带来了发展的良好契机。虽然,我国国际工程承包行业取得了一定的光辉业绩,但是还存在着制度、业务和人力等方面的不足,海外市场的不确定性也给企业的经营带来了风险。如何把握住市场和政策良机,及时规避风险,优化经营模式,提升经营理念,值得每一个工程承包企业的认真思考,也是每一个工程承包企业担负的使命。只要能积极推进国际化发展战略,提升资金管理能力,加强品牌和人力资源建设,促进业务转型升级,同时努力吸收国外先进的管理经验,反省自身不足,定能在国际工程承包市场上占有一席之地,真正实现"走出去"的发展战略。

参考文献

[1]何谦,余威.影响中国企业国际市场进入模式选择的因素分析[J].商场现代化,2006,(2).

[2]吴研.跨国公司进入中国市场模式的演变及影响因素分析[J].黑龙江对外经贸,2008,(7).

[3]肖安华.探讨国际工程承包市场的风险和防范[J].科技与企业,2011,(7).

[4]谢军.基于企业国际经验的国外市场选择和进入模式研究.国际贸易问题,2007,(1).

[5]于建刚.国内工程承包和国际工程承包区别与联系[J].经济师,2008年6月.

[6]袁彬.后金融危机时代发展国际工程承包的对策[J].建筑,2011,(1).

金融服务贸易自由化条件下中国金融业竞争力的现状和发展趋势

姚战琪

(中国社会科学院财贸所副研究员,北京 100836)

摘　要:金融服务贸易自由化对东道国金融业竞争力的影响是直接和明确的,金融服务自由化通过特定渠道影响东道国金融业。中国在推动金融服务贸易自由化进程中是否会被外国金融服务机构主导,资本配置效率是否降低,中外金融竞争力有何差异,金融体系是否健全,是中国在推进金融服务贸易自由化过程中广受关注的焦点问题。通过比较分析,本文认为,在金融服务贸易自由化进程中,中国资本配置效率较低,金融竞争力与国外仍有差异,金融体系仍需不断完善。

关键词:金融服务贸易,资本配置效率,金融业竞争力

一、金融开放条件下中外资本配置效率的比较

资本配置效率是衡量金融竞争力的一个重要指标。西方金融发展理论认为,金融市场通过提高资本配置效率而促进经济增长。熊彼特在《经济发展理论》中,也指出了金融体系中金融机构运行导致的资本配置效率提高与经济发展的内在关联机制。资本配置效率提高意味着在全社会资本规模不变的条件下,资本能按照效率原则在各部门和企业之间高效流动,使金融资源配置到效益好和高效率的部门中,从而提高投资效益和要素生产率。

Wurgler(2000)定量化分析资本配置效率使用的方法是将各行业固定资产存量的增量与行业增加值增量进行统计回归,求出变量之间的弹性值,即为某个国家的资本配置效率。Wurgler(2000)对65个国家和地区的资本配置效率进行了深入考察和分析,结果表明,发达国家的资本配置效率明显高于发展中国家。在发达国家中,德国资本配置效率最高,为0.988,其次为中国香港0.948,新西兰0.896,法国0.893,丹麦0.853,英国0.812。在发展中国家中,印度为0.1,印度尼西亚为0.217,马来西亚为0.285,墨西哥为0.344,埃及为0.326,智利为0.294。

我们通过对中国39个行业、时间跨度从1996~2006年10年间的390组数据的面板数据的统计分析,对固定资产存量与产业增加值取对数,分析结果看出,中国资本配置效率很低,甚至低于印度。资本配置效率是金融体系的基本功能,在开放的金融体系中,发展中国家由于资本配置效率较低很容易导致金融风险增大和金融宏观调控难度加大。虽然在金融服务市场开放过程中,国内原来得不到正规金融体系支持的部门和行业的资金缺口可能通过流入的外国资本满足,从而提高了金融资源配置效率,但是掩盖了国内金融体系的问题,可能出现金融资产膨胀。另一方面,由于金融体系的脆弱性导致资金配置效率低下时,资金外逃出现非理性状态,恐慌性的资金避险外流易引发金融危机。

二、金融业竞争力的国际比较

1.中外金融机构竞争力比较:以银行业为例

(1)资产流动性

对中外银行机构资产流动性进行比较,四大国有商业银行以及两家上市股份制商业银行的现金资产比率和存贷比率明显低于外资银行,这说明与国外大银行相比,中国的商业银行头寸调度能力低。

存贷比率越高,表明银行的流动性越差,因为相对于稳定的资金来源而言,银行贷款越多,则银行可用资金越少。但这个指标也不能过低,因为过度的流动性是有机会成本的。汇丰和花旗银行存贷比率较高,和其资金来源途径较多有关。较低的贷存比,一方面是银行体系资产多元化的必然反映,符合金融发展和市场化的总体进程,以及与特定阶段金融管理与银行改革措施有关,另一方面表明我国体系存在资金闲置、使用效率降低,金融对经济支持力度有待进一步提高。

(2)创利效率和获利能力

对中外银行业获利能力的比较发现,除建设银行外,国有商业银行和股份制的资产利润率明显低于国外大银行且差距较大,这说明中国商业银行尽管拥有庞大的资产总额,但质量较差、获利能力较低。

建设银行、招商银行与国际先进银行资本利润率水平相差并不大,但农业银行资本利润率只有1.31%,这说明我国商业银行总体上同外资银行相比还存在较大的竞争劣势。

国有商业银行的利息收付率普遍低于国际银行,这一方面说明我国商业银行获利手段增加,更主要的原因却是相对于贷款利率,我国存款利率较低,投资途径有限,银行能够以很低的成本获得资金。

中国国有商业银行的人均利润远低于国外大银行和两家上市股份制商业银行,这反映出我国国有商业银行效益低下,主要是由于我国国有商业银行人员过多,冗员繁重所致。

(3)清偿效率

由于我国对建设银行、中国银行注资及不良资产剥离等措施,中国国有商业银行的资本充足率与以前相比有了较快的增长,但水平参差不齐,与国外大银行相比还存在一定的差距。

近年来四大国有商业银行的不良贷款率呈下降趋势。这同时也反映出我国的金融风险主要是银行风险,银行风险主要来自于处于改制过程中的四大国有商业银行。

(4)资产质量

对中外银行机构资产质量指标的对比,中外银行业不良贷款比例差距较大。虽然从20世纪90年代开始通过资产管理公司剥离国有银行不良贷款的做法在很大程度上改善了国有银行机构的资产质量,但是由于银行内控机制和风险管理机制的不到位,增量贷款中的风险贷款比重仍然较高,致使我国银行机构不良贷款比例仍较高,特别对资产规模较大、风险管理机制落后的中国农业银行,2005年不良贷款比例甚至高达26.17%。2005年花旗银行集团不良贷款比例仅为0.21%,汇丰集团为0.48%。

2.市场结构与金融机构效率和竞争力

(1)中国金融业市场结构和竞争环境

市场集中度是通过计算某产业市场上买方和卖方各自企业数及其在市场上的相对规模(即市场占有率)来反映市场结构中竞争程度或垄断程度的基本指标。使用市场集中度可以大致描述中国金融服务业市场中买卖双方竞争程度强弱和提供服务的企业市场力量大小。同时,因为中国金融改革实则是市场化改革的进程,主要改革内容是在原有的以国有金融机构为主体的体制内,金融组织体系基础上设立股份制和市场化金融机构的体制外金融制度推进过程,因此,该指标揭示的趋势也基本反映了中国金融市场化改革的成效。该指标不断降低,表明国有金融机构的市场份额逐渐降低,意味着政府控制的金融机构对金融服务市场的垄断程度开始下降,市场效率开始提高;反之,若该指标不降反升或基本不变,表明国有金融机构对市场的强垄断地位仍没有消除,市场效率较差。

对中国金融服务业的市场集中度的衡量可以通过 CR_4 和 CR_{10} 来表现。以商业银行服务业为例,在1996~2003年期间,中国商业银行业各项主要指标的 CR_4 值都在60%以上,其中资产的集中率高达80%以上,存款、贷款和机构的集中率也都在70%以上,这集中体现了四大国有商业银行长期以来所具有的市场垄断地位;比较 CR_{10} 与 CR_4 可发现,两指标在资产、资本和存贷款项目上的差别不大,基本上都在10个百分点左右,在分支机构方面的差别只有2~3个

市场观察

百分点,这说明市场主要的垄断力量仍然来自前四家大银行。但值得注意的是,CR_{10}与CR_4指数在净利润项上平均差别高达50%以上(由于营业收入与净利润两项与其他项的市场总额统计口径不同,因此与其他项不完全可比),这一方面反映出国有商业银行因高度垄断而造成的低效率事实,另一方面也说明新兴的股份制商业银行已成为国内银行市场主要的盈利主体,发挥着越来越重要的作用;从CR_4与CR_{10}各项指标值的期间动态变化来看,资本、存款和贷款在1997年以前都有较为明显的下降,1998年一度有重新集中的趋势,之后又继续下降。同时,资产、收入和净利润等项在期间内都存在一定的下降趋势,特别是净利润的CR_4指数在1996~1998年期间下降的很快。总之,中国商业银行市场结构正在经历一种从高度垄断到竞争程度不断增强的变化过程,但到目前为止,该市场的垄断程度仍然较高。我国证券服务业、保险服务业的市场结构基本上也保持了与银行业类似的以垄断为主,但是市场竞争不断加强的格局。

(2)金融开放环境下中外金融业市场结构和竞争效率对比

从国际对比来看,中国是亚洲国家中市场集中度最高的国家,CR_3达到0.55,远远高于平均水平0.36。同时我国也是外资银行所占比重最低的国家,可以认为外国银行进入尚未对我国带有垄断性质的市场结构造成实质性的影响。同时我国国内银行盈利率较高,这也是吸引外国金融机构进入的主要动机之一。

由于银行业市场存在严格的进入壁垒和政策限制,我国银行业市场结构的较高程度的垄断性,这种不完全的市场结构性质即使在金融市场逐渐开放和外国金融机构逐渐进入国内市场的条件下仍然长期存在,从而对金融服务贸易开放导致的国内金融效率提高的积极效应大打折扣。叶欣(2006)运用1995~2004年间中国最大14家银行财务报表数据进行一阶差分和交互项回归分析的结果发现:外国银行进入带来的竞争压力并没有对中国商业银行的效率提升产生显著正面影响,中资银行的利息边际和利润水平反而随着外国银行进入程度的上升而上升;同时,国内市场竞争条件与外国银行竞争强度的交互项与中资银行的税前利润这一效率变量间存在显著负相关关系。由此得到:外资银行进入的实际竞争压力程度有限,尚未打破中国银行业的效率衰退或低效均衡的状态,且随着中国银行市场竞争条件的改善,外部竞争压力将对本国银行效率演变产生显著的促进作用的结论。在证券业市场中,进入壁垒虽然存在,但由于竞争者熟练了许多,从而竞争程度要强于银行业市场,其金融服务市场开放的积极效应较为显著。

三、金融体系健全性和金融稳定

1.金融监管不力

根据苏晓燕、范兆斌(2005)的研究,外资金融机构在我国逃避监管主要表现为五个方面,一是部分外资金融机构营运资金存放不足。相当一部分外资金融机构的营运资金不能按照相关政策规定,以生息形式存放在中国人民银行当地分支机构指定的外汇账户。二是外资金融机构采取故意少计存款余额等各种方式迟缴或少缴存款准备金。三是一些外资银行利用购入贷款权益等形式向中国境内转移低质量金融资产,如购入本息过期的债券。四是按照央行有关规定,外资金融机构流动资产占其存款的比例不能低于25%,但一些外资金融机构的流动性资产没有达到这一水平,有的甚至没有达到10%。五是外资金融机构超范围经营。例如一些外资金融机构超范围开立账户、超范围吸收存款、超范围经营租赁业务,甚至超范围给国有企业开立非贷款项下的信用证。以及一些不具备经营性业务资格的外资金融机构代表处以公司、分行的名义从事或变相从事盈利性经营活动。

2.开放经济条件下大规模国际资本在短期内频繁流出或者流入对金融体系的冲击

首先,大量和频繁的资本流动造成国内本币的供应可能会偏离预定的目标,对国内物价的稳定等货币政策最终目标的实现带来较大的难度。其次,国际资本流动特别是短期资本流动造成国内利率波动幅度增大。第三,资本国际化对汇率政策提出挑战,允许国际资本进入中国市场(跨国企业在中国资本市场的并购以及合格机构投资者的进入等),将会造成人民币汇率的波动。目前我国的汇率制度实质是与美元挂钩的有管理的浮动汇率,执行比较稳定的人民币汇率政策是我国21世纪初很长一段时间内要执行的货币政策,开放资本市场对继续保持人民币汇率的稳定提出了很大的挑战。第四,金融服务贸易以及相应的资本流动对我国外汇管理造成很大难度。

3.国际金融机构混业经营对我国金融监管造成的影响

20世纪90年代中期以来，金融行业的购并活动从未停息，金融机构的跨业经营发展势头越来越迅猛，产生金融混业经营和管理的原因是：一是科技发展和电脑网络技术的发展，使技术手段对金融的监管能够严格实施；二是由于金融业竞争的需要。中国实行分业经营，1995年中国颁布实施商业银行法开始实行商业银行、证券、保险、信托的分业经营和分业管理。我们认为，尽管就目前而言，实施混业经营条件不太成熟，但是混业经营和混业管理是必然的选择。以国际融资证券化为例，自20世纪80年代中期以来，在国际资本市场上，证券融资已占国际融资总额的80%，而国际银行信贷所占份额则由80年代前半期的60%降至20%左右。国际资本市场的这一发展趋势，也决定我国引进外资今后必然的选择只能是更多地采用证券融资的方式。所以资本流动的自由化引起金融结构的自由化，也必将导致业务范围的自由化。尽管目前中国仍然实行分业经营模式，但金融机构的综合化经营已初具规模，特别是2005年2月20日《商业银行设立基金管理公司试点管理办法》的发布，更是为商业银行涉足证券业经营扫清了障碍。事实上，在资本审慎监管制度下，银行必须加大力度拓展低风险、低资本消耗的业务，提高非利息收入比重，而综合化经营则是开展这些业务的前提。

但是国际金融机构的混业经营模式以及对国内金融机构的示范效应也对我国金融监管造成了很大影响。第一，外资金融机构采取混业经营模式，而由于中国法律仅允许有限的金融多样化，国内金融机构产品和服务的创新的范围、品种大大小于外国金融机构，从而导致外资金融机构与中资金融机构在面临市场竞争时处于不利的境地，不利于建立公平的竞争秩序，也无助于提高国内金融机构的竞争力，同时也为监管部门带来了很大监管难度，要求监管当局在不同监管机构之间的协调、职责的划分、创新品种的划分、监管的方式创新等方面进行及时调整。第二，混业经营在监管不力以及宏观经济不稳定时期，很容易导致金融风险的放大，影响国内整体金融稳定。尤其是如果外国监管当局监管职能缺位或者监管不到位的情况下，外资金融机构的风险很容易传染到国内，而采取混业经营的经营模式会加大外国金融机构风险的程度。第三，国内金融机构在进入国际市场后如果采取混业经营，而在国内被允许从事分业经营，为其在国内外市场从事套利提供了可能，进一步加大了监管的难度。

4.执行新巴塞尔协议对我国金融监管的影响

中国目前没有执行巴塞尔新资本协议，新巴塞尔协议并不作为约束我国银行机构资本管理的主要监管规则。主要原因是中国目前执行巴塞尔新协议具有很大困难,中国银行业不稳健的资产负债结构、非竞争的市场结构、金融体系不健全、监管的独立性不强等因素极大地限制了协议在中国的适用性。但是，作为最大的发展中国家，不断深入参与金融服务贸易自由化将成为不可逆转的趋势，作为约束国家金融机构资本管理的国际协议也最终将会适用于中国的金融业，被更多的中国金融机构所执行和采纳。

考虑中国目前的金融监管现状和银行业的资本结构，在金融服务贸易自由化进程中建立与国际接轨的监管规则也面临一些挑战。第一，由于我国对外资金融机构的监管在母国和东道国的职能分工和监管职责的划分上存在很大分歧，有可能会对外资金融机构的业务监管的力度不够和监管的范围缩小，影响国内金融稳定。第二，由于我国实行资本管制，对外资金融机构的债务的管理采取直接的行政管理，这与国际规则不符，一方面对外国金融机构资本流动的行政管理滞后于外部经济的实际变化，其对保持经济和金融稳定作用有限,另一方面，对外资的行政管理也大大削弱了其对中国金融宏观管理的担忧，有可能导致外国机构撤出在中国的投资，削弱进入中国金融市场的外国金融机构的信心。

四、提升中国金融服务竞争力的战略举措

1.加快金融创新，提高金融机构业务创新能力

第一，加快现代金融服务技术工程的建设。第二，加快金融衍生产品、资产证券化等金融创新服务和产品的推出步伐。第三，在加强对创新型金融服务的金融风险监管的同时,鼓励金融创新,引导金融机构从事创新活动和创新业务开展。第四，积极稳妥地

发展网络金融业务,其一,要明确网络银行的发展模式,积极稳妥地发展网络银行业务。其二,中央银行在加强对网络银行监管的同时,要从政策上进一步支持商业银行的网络化金融创新。第五,大力推进金融市场制度创新。

2.逐步消除体制性障碍,强化竞争意识

把对内开放与对外开放置于同等重要的位置,打破国有经济的垄断格局,引导和鼓励民间资本进入,强化金融服务业内各种所有制的竞争力度,提高市场机制的调节作用,形成良好的金融竞争环境。从目前实际情况看,监管当局对民营资本进入银行业已没有资本准入限制,民营资本可以参股甚至控股商业银行,但存在机构准入限制,禁止民营资本参与商业银行的设立,相对外国银行和国有资本而言民营资本存在着严重的歧视性待遇。金融业存在较高的进入壁垒是政策限制,是目前国有金融仍占强势的垄断地位、竞争程度不高、金融服务质量低、金融创新产品不足的根本原因。因此,积极争取获得国家监管当局及有关部门的支持,在民间资本供应充足、资金需求旺盛但国有银行难以满足金融服务需求的经济发达地区设立符合监管规则的区域性商业银行,为民间资本进入正规金融渠道打通通道。

3.继续深化金融体制改革,建立现代金融服务体系

加快金融机构改革,使产权结构、技术创新、资产质量等各项指标符合国际标准,建成自主经营、自负盈亏的现代金融企业,按市场机制要求参与竞争,提高服务效率,提高金融服务产品的供给能力。

4.进一步完善监管体系,有效控制和防范各种金融风险

处理好金融监管和金融创新的关系,健全金融监管的专门机构和金融行业的自律性组织。建立健全银行、证券、保险监管机构之间以及同人民银行、财政部门的协调机制,提高金融监管水平。实施人才战略,加大各类金融人才的引进和培养。具体推进措施是:积极推进人才制度改革,主要引入人才竞争机制和流动机制,做到人尽其才,才尽其用;采取优惠政策,积极引进高水平、高素质金融人才聚集到我市;加强与境外高等院校和专业培训机构的合作,强化金融教育培训,加大金融人才资源开发,鼓励从业人员参加金融分析师(CFA)、金融规划师(CFP)及各种认证考试。

5.取消外资超国民待遇,构建中外资金融机构公平竞争的平台

虽然目前外资银行在我国经营受到一定的限制,但在所得税率以及地方政府引资优惠政策等方面也享受到中资银行不能享有的超国民待遇。这些超国民待遇在一定程度上损害了中资银行的利益,使得原本就在诸多方面处于劣势的中资银行,更加难以在激烈的市场竞争中开拓更多的市场。

6.完善反垄断法规

对外国金融机构在我国市场中可能造成的市场垄断或者违反公平竞争的现象,应该通过一部完善的反垄断法规进行规制。反垄断法是各国规制和控制并购交易对市场竞争影响的最重要的法律根据。我国也要尽快制定和完善反垄断法,建立规制外国金融机构的法律框架。

7.外国金融机构进入可能会削弱资本管制的有效性,要建立灵活的外汇汇率体制

在固定汇率制度下,如果进行大规模的全球性套利交易,就会使国内外的利差消失,从而使一国最终无法维持独立的金融政策。在扩大资本流动自由度的同时,旨在维持独立的金融政策的话,就必须建立更为灵活的汇率体制。

8.制定合理有效的对外国金融机构的监管政策

我国从国际金融业发展的实际出发,应适用母国监管为主的原则。同时为了防止出现坚持母国为主的监管原则对我国主权的损害,在立法时应坚持维护国家利益。如完善有关银行为客户保密的规定,可以规定一些材料和信息经审查后才能提供给外资银行的总行等。®

参考文献

[1]Jeffrey Wurgler. Financial Market and the Allocation of Capital. Journal of Financial Economics,2000,(58):187-214.

[2]叶欣.外资银行进入对中国银行业效率影响的实证研究.财经问题研究,2006,(2).

[3]苏晓燕,范兆斌.金融开放条件下外资金融机构的行为选择与风险机理分析.生产力研究,2005,(6).

世界经济走向与中国宏观政策选择

卢周来

(中国国防大学经济研究中心,北京 100045)

一、"危机第二波"阴影下世界经济格局三大猜想

当前种种迹象表明,在欧洲债务危机与美国债务危机反复发酵作用下,国际金融危机不仅没有成为"过去式",反而有可能再次把世界经济拖向谷底。在"危机第二波"阴影笼罩下,世界经济格局将呈现何种变化呢?

猜想一:美国道义进一步丧失,但仍然享有走出危机的优先权

此次世界经济之所以再次遭受危机威胁,主要诱因是美国主权信用等级遭受下调。而美国主权信用等级之所以被下调,主要是美国两党在讨论如何提高债务上限问题上长达两个多月的角力,使得全球对于美国能否履行其还债义务的信心受挫。因为各国都看到了美国为了一己私利,根本不顾及债权人以及世界经济的利益。

不少人以为,美国共和民主两党争论的是是否应该提高债务上限,或者债务上限应该提高到什么程度。这种看法根本不对:因为美国共和民主两党从来没有把"债务上限"当成"碰不得的红线"。

自1960年以来,美国国会已经78次提高债务上限,平均每8个月提高一次。美国财长盖特纳说:"在我们的历史上,必要的话,国会在提高债务上限方面有求必应。"既然如此,共和民主两党到底在争什么?争的其实仍然是国内公共财政政策。因为提高债务上限之后,美国未来还债的压力将进一步增大。民主党不愿意债务压力由中产阶层承担,不愿意削减社会福利支出;而作为资本利益代言人,共和党正是非常害怕债务被转嫁到企业主与富人身上,因此,要求政府在提高债务上限同时减少财政赤字,而不能对企业主加税。这传递了两个信息:第一,作为世界上最大负债国,美国两党在讨论提高债务上限中出现的角力,仍然不过是此前两党"增税还是减税"、"增加社会福利还是压缩公共支出"等传统争议的延续,而丝毫没有考虑到债权人的利益,实在叫人心凉。第二,既然提高了债务上限,意味着美国债务将进一步增加,但共和民主两党都不愿意债务负担转嫁到自己代表的阶层身上,那么,这只能意味着,美国根本不准备还债。

尽管各国都谴责美国的自私自利,但如果危机真进入第二波,美国却仍然享有走出危机的优先权。首先,人们从危机第二波诱因再次深深体会到,因为世界上大多数银行和投资机构都拥有直接或间接建立在美国主权债务基础上的资产负债,所以,美国对于国际金融与经济秩序的影响真是太大了。或者说,世界经济真是被美国"绑架"了。美国好不了,自己也好不了。所以,要想救自己,还只能先去救美国。其次,危机一旦再次进入第二波,美元资产仍然是各国不得不首选的避险投资项目,加之美国可能适时启动或变相启动 QE3,由此可以大幅度减轻美国还债压力。

猜想二:欧元区债务危机可能进一步扩散,面临解体危险

欧洲债务危机也是导致国际金融危机进入第二波的关键性原因之一。但与美国相比较,欧洲各国在应对债务危机中表现更为积极,更为顾忌债权人感受。

如果国际金融危机再次下拖世界经济,那么,"去杠杆化"过程将使得欧元区债务危机将进一步加重。不仅原有的希腊将会因更难得到外援而雪上加霜,而且一直处于债务危机边缘的意大利、西班牙、比利时、奥地利、塞浦路斯等国也将可能彻底推向危机深渊。尤其是西班牙和意大利,前者是欧元区目前预算赤字最多国家,而意大利作为欧洲第三大经济体,同时也是仅次于美国和日本的世界第三大债务

市场观察

国,这两个国家都有可能在此一次金融退潮时率先露出"屁股"。而如此危机仍然得不到遏制,再下一轮有可能卷入债务危机的可能是法国。作为欧洲的这个第二大经济体和欧元区救助基金的贡献者,法国本国在削减赤字方面一直表现不佳。与此同时,尽管仍有AAA信用等级,但法国1.6万亿欧元的国债大体上与德国不相上下,其2010年的预算赤字也占到国内生产总值的7%,相对而言高于意大利,是德国的两倍。更糟糕的信息是,法国今年会出现创纪录的贸易逆差。

不仅如此,如果欧元区债务危机进一步扩散,欧元区甚至面临解体压力。最主要是:作为欧元区经济支柱国,德国目前承受的压力太大。由于德国承担了援助希腊、爱尔兰和葡萄牙的义务,单是希腊大幅削减债务就有可能使德国国库负担300亿到400亿欧元。并且从2013年起,欧洲稳定基金还需要从德国获得220亿欧元的现金资本。同时,德国还为欧元区稳定基金提供了2110亿欧元的担保。而目前形势表明,欧元区稳定基金有可能在摆脱危机之前就消耗殆尽。如此这种情况发生,德国只能首先求得自保,与欧元区其他国家进行"切割",欧元区也将面临解体危机。正因此,著名的德国"经济五贤人"日前在《明镜》周刊联合发表了一篇题为《共同呼吁》的文章,文章的副标题为《经济五贤人担心欧元区的解体》。在正常时期,德国专家委员会的这五位成员每年只在介绍其经济发展年度报告时露面,但由于欧元危机加剧,他们不得不挺身而出,公开提醒德国联邦政府当心欧元区解体并尽早出台应对计划。

猜想三:新兴市场经济体国家将面临更大的通货膨胀威胁

为了应对危机,美国已经启动两轮QE,放出的大量美元中绝大部分流向了包括中国、巴西、印度、俄罗斯等新兴市场经济体国家。这些美元在变成上述国家外汇储备的同时,这些国家也相应被动地向市场投放了本国货币予以对冲,加之这些国家为了应对危机影响自己也主动投放了更多货币,因此,导致市场上流动性泛滥。这是造成金融危机第一段结束之后新兴市场经济体普遍出现通货膨胀的主要原因。其中,中国7月份CPI同比涨幅达6.5%,创下最近三年来新高;巴西今年头5个月通胀率累计达3.71%,全年通胀率将在7%以上;印度今年前5个月

通胀率达到9.25%;而俄罗斯5月份消费物价指数同比更是上涨了9.6%。

可以预期的是,如果危机真进入"第二波",新兴市场经济体通胀压力将进一步加大。首先,为了应对第二波危机,美联储已经宣布将维持零利率长期不变,而新兴市场经济体国家此前为了治理通胀,已经相继多次提高利率,利率差将使得国际热钱进一步流向新兴经济体;其次,为了应对第二波危机,美国与欧元区都有可能启动宽松货币政策,释放出的流动性相当部分仍然由新兴市场经济体消化;最后,即使,在提高债务上限后,为保护本国公民不受债务危机影响,美国也一定会继续使用"债务货币化"这一招,来稀释其不断增长的债务压力。因此,包括中国在内新兴经济体国家,一定要未雨绸缪,提防本国的通货膨胀向恶性方向发展。

二、中国当下经济面临的真正问题是什么

根据国家统计局公开的主要经济数据。中国国内生产总值已累计增速连续5个季度下滑;而7月份表征通货膨胀水平的居民消费价格指数(CPI)同比涨幅却创下37个月来的新高。宏观政策重点到底放在"保增长"还是"抑通胀"已经成为不能不面对的问题。

2008年国际金融危机第一波暴发时,中国中央政府政策工具箱中可以说堆满了可供选择的工具:因为有此前近10年经济两位数增长作底子,有5年财政连续高出经济两倍速度增长速度作靠山,通胀率也一直维持在温和可控水平。也正因此,决策者几乎没有任何顾忌地把扩张性财政政策和扩张性货币政策使用到极端,无论是财政投入还是信贷投放都创下前无古人、旁无伴者的新高,使得中国经济在危机第一波影响下在世界范围内率先实现反弹,并以此成为拉动世界经济增长最大贡献者。

《大话西游》中有一句台词:"我猜着了开头,但没有猜着结尾"。这话有些适用于中国决策者当下面临的尴尬:尽管不乏有识者反复警告,只要金融市场去杠杆化过程没有结束,欧洲与美国沉重的债务就有可能连续发酵再次下拖世界经济,但我们中绝大多数人仍信心满满地以为后危机时期已经到来了,没有料到危机竟然真的因欧洲与美国债务问题而进

入第二个阶段。而更让我们中绝大多数人更没有预料到：与应对2008年危机第一波时应对的从容相比，我们面临的选择困难重重。要在危机第二波背景下仍然保持经济平稳较快发展，尤其是要保护好中小企业，扩张性财政政策与货币政策仍然是最好的"利器"；但真要再使用扩张性财政与货币政策，本已高到"临界值"的CPI将有可能再攀新高，并很快高到中国百姓无法承受；同时，经济再度泡沫化还将使得中央反复宣示的"转变经济发展方式"变成笑话。

所以，未来要把握宏观政策的基调，必须更加仔细分析当下中国经济面临的真正问题。

就我个人观点而言，是同意关于中国经济并不存在滞胀的看法的；通货膨胀的确很明显，但经济增长并没有停滞。因为上半年9.6%的GDP增长率仍然在世界数一数二，也仍然大大超过我所认为的中国经济7%的自然增长率。也就是说，就GDP仍然维持这样的增长速度，我们大可以仍然把宏观政策主要目标放在治理通货膨胀上，紧缩性政策仍然存在较大空间。

但是，有强烈的迹象表明，如果真再维持紧缩性政策不变，实业型中小企业可能出现更大面积瘫痪。近一年多来，在人民币升值速度加快、劳动力成本不断上升、上游产品价格暴涨的情况下，中小企业已经出现了类似2008年下半年国际金融危机暴发时的困难景象。如果流动性再收紧，出现更大规模的破产潮可能并不是危言耸听。

因为目前规模以上企业增长速度仍然很快，所以，中小企业如果出现更大面积困难，或许对于GDP增速影响仍然不大，但对于我国经济结构性损伤却是巨大的：首先会进一步导致失业率上升。当下我国经济增长所带来的边际就业增长率不断趋向下降。5年前，每1个点的增长率可以新增100万人就业岗位，而现在只能带来80万人左右就业。规模以上尤其是垄断性企业或行业基本维持"无就业的增长"，解决就业问题主要是由中小企业承担，如果中小企业出现更大困难，就业压力无疑将进一步增大。其次是会进一步削弱中国经济的活力。目前，中小型企业占全国企业数量95%以上，实体性中小企业尤其是外向型中小企业又主要集中在中国经济最富活力的两个地区即珠三角和长三角。而两个地区经济之所以有活力也是因为大量的非公性质外向劳动密集型中小企业的存在。所以，如果珠三角、长三角中小型企业再现2008年年底情况，未来一定会象病毒一样顺着产业链影响整个中国经济。最后会进一步恶化中国经济固有结构性矛盾。过去几年中，由于垄断性国企以及房地产等部门过热，利润过高，而实业型中小企业相对利润很低，很多都是微利。这助长了中国经济泡沫化以及"无财富累积的增长"情况。如果中小企业生存空间进一步被压缩，所谓"调整经济结构"仍然将是一句空话。

所以，现在应该很清楚，中国经济目前并不是宏观层面的所谓"经济停滞与通货膨胀并存"导致的政策"两难"问题，而就是一个在微观层面如何确保紧缩政策下中小企业不致进一步受到伤害的问题。

三、用"定向宽松"化解中国宏观经济困境

找准了问题后，解决起来就容易得多：在高通胀的背景下，我们的确不能贸然放松货币政策，更不能放松对于房地产领域的调控；与此同时，为了保证中小企业仍然能够平稳较快发展，必须调整货币政策的结构，并配合使用积极的财政政策。更具体地说，如果单纯从货币政策而言，从紧基调绝不能变，但在央行确定的年度总货币投放量不变、商业银行放贷总盘子不变的情况下，要将更多的份额与更大的额度投向中小企业。

应该说，进一步增强政策灵活性、针对性，在货币政策总体从紧前提下，对中小企业予以信贷优先扶持，对此各方面都有共识。但真正落实起来却非常难。这是因为，相对规模以上企业而言，中小企业具有发展不确定性大、缺乏抵押物、信用等级低、单笔贷款规模小等特点，银行放贷风险与成本都非常高。比如，有调查表明，由于信用缺失，沿海某省87%以上的中小企业都有两本账，银行对其采信、审查、监督和管理的成本是大企业的5~8倍。因此，中小企业贷款难是国际性难题，也是很难克服的"顽症"。况且目前大环境又对中小企业发展不利，中小企业不良贷款率已有所上升。如果没有特殊的措施，金融机构对经营更为困难的中小企业将表现出更为惜贷。从某种意义上讲，这也是商业银行在加强内部风险监控和外部监管方面的本能表现。

市场观察

那么,在当下到底有哪些政策工具至少可以部分解决中小企业融资难呢?

有无数的学者与文献从制度层面提出了很多办法,但"远水解不了近渴"。我个人认为,当前最为直接与快捷的办法仍然是政府利用财政对中小企业融资提供再担保,以解决中小企业从商业银行或进行其他方式融资所遇到的最大障碍即信用担保问题。因为给中小企业提供担保的风险非常大,因此,目前市场中纯粹以赢利为目的的商业信用担保机构不愿意给中小企业提供担保,导致沿海中小企业担保贷款业务仅能满足中小企业担保贷款需求的十分之一左右。在这种背景下,政府拿出财政资金,或直接组建信用再担保机构,通过再担保增信帮助中小企业获得银行贷款;或参股市场中信用担保机构开展中小企业业务;或者设立专项资金对担保损失给予一定补偿,都可以解决这一问题。无论哪种形式,政府实际上至少都部分承担了"最后担保者"的角色。

实际上,政府为中小企业融资提供最后的信用担保,在国际上有惯例,在国内也有先例。

从国际惯例看,日本、德国等国已经有国家财政为支持创业型中小企业提供信用支持的相关法律;尤其是日本,已建成了支持中小企业发展的财政支持体系,是世界上解决中小企业融资难最好的国家之一。为应对2008年下半年开始的国际金融危机,许多国家和地区强化了这一做法。香港创意产业近两年来发展迅速,就得益于在危机中港府出台的中小企业贷款支持计划。

从国内先例看,在应对此次国际金融危机过程中,中国中央政府在2008年年底放开并鼓励地方政府为中小企业提供再担保。2008年,北京市成立了全国首家政府出资的省级中小企业信用再担保公司,资本金为15亿元人民币,之后山东、广东、江苏、陕西等地也成立了类似公司;辽宁、吉林、黑龙江、内蒙古、大连五省市和国家开发银行集资30亿元,成立了全国第一家区域性的东北中小企业信用再担保股份有限公司。而杭州市则组建了由政府、担保机构和银行共同参与的信用担保联盟。这些政府出资的再担保机构在帮助危机中的中小企业获得宝贵的信贷支持方面发挥了独特作用。仅以广东某地为例子:市政府出资8亿,为商业担保机构对中小企业提供担保进行再担保,最终撬动资金超过百亿流向中小企业。

尽管沿用地方政府通过财政出资为中小企业融资提供"最后担保"的做法可以解决目前中小企业融资难问题,但目前这一办法遭到了空前的挑战:截止2010年底,全国省、市、县三级地方政府性债务余额接近10万亿元。而这其中,相当一部分债务就是在应对金融危机过程中,以"融资平台"为担保从商业银行过度借贷形成的。所以,如果继续通过信用再担保方式帮助中小企业融资,等于是把中小企业未来债务风险再度转移到地方政府身上,将加重地方政府债务危机。

要化解这一困境,仍然要从结构分析上入手。

不错,目前我国地方政府负债是很重。但我们同时也看到,全国财政收入增长仍然非常强劲。财政部日前公布的数据显示,上半年累计我国财政收入56875.82亿元,比去年同期又增长31.2%。所以,财政问题总体上仍然是结构性问题:财政总量尤其是中央本级财政相对宽裕,困难的是地方财政。即我们经常说的中央财政和地方财政财权与事权不相匹配。

所以,为解决中小企业融资难,可以考虑的机制设计是:作为地方政府财政优先的一个方向,为中小企业融资提供再担保仍然应该得到中央政府的支持和鼓励,而作为中央政府支持和鼓励的实际举措,是由中央财政为地方财政的再担保提供"最后担保",而不是由地方政府承担"最后担保人"角色;在操作上,中央财政可以与政策性银行组建"再担保联盟",必要时可以剥离或冲销地方政府为中小企业担保过程中形成的债务。

为此,作为本文的最后建议,我们可以把上述为解决中小企业融资难的一整套政策与机制设计定名为"定向宽松政策"。当年美国政府为解决越战造成的财政困难,由财政部直接向美联储发债,使得金融学中新产生一个术语:"定量宽松政策(Quantitative Easing Policy,简写为QE)";作为金融创新一部分,我们也不是不可以发明"一个词"定向宽松政策(Aimed Easing Policy,简写为AE)。这并非一个简单的文字游戏,而是助于这套做法未来能够逐渐走向常态化与制度化,有助于中小企业长期稳定健康发展,也有助于中国经济彻底摆脱因结构性矛盾而导致的宏观政策"两难"。

市场观察

石油战争
从政治风险看中国石油企业在利比亚的风险管理控制

薛一飞

(对外经济贸易大学，北京 100029)

> 自从利比亚发生骚乱之后，"政治风险"开始成为跨国公司国际投资关注的焦点。政治风险是由于投资东道国政权的更迭、战争的发生或者国有化运动等事件的发生导致整体环境变化而产生的风险。与其他风险不同的是，政治风险是企业自身力量所难以控制的风险，必须借助国家的政治、外交等力量加以防范和规避。这类风险可能对企业海外投资造成致命打击，这对石油企业尤为显著。因为石油企业海外投资开发主要是不可再生的资源，项目投资大、建设期长不可预知的因素多。正因为如此，近年来，世界五大石油公司在其国际化经营过程中仍然实行审慎严格的投资制度。
>
> 本文将从利比亚的政治风险出发，对中国石油企业在其投资建设过程中的风险管理控制进行分析，并结合现实，试分别从企业与政府的角度提出中国石油企业应对未来国际政治风险的措施。

一、中国石油企业在利比亚的投资

据外电报道，中石油高层表示，中石油在利比亚在建及投资项目潜在损失最高约为12亿元。报道称，目前中石油集团在利比亚合同总额约3.6亿美元。目前，中石油集团下属的7家石油企业和中海油集团下的1家企业先后到利比亚开拓业务，其中，中石油国际工程公司于2005年中标一石油区块，BGP①石油物探行业在利比亚市场份额约达60%，中石油管道局2002年以来，一直承担着利比亚重要的油气管道输送项目。同样，国有企业中石化已经与利比亚的国家石油公司建立合作关系，建设几百英里的石油管道，并考察石油和海上气田。虽然中石油在利比亚的项目规模并不大，但受到攻击后长期停工，企业将面临较大损失。

二、利比亚政治局势分析

与许多阿拉伯国家相比，利比亚更多受到地方部落的影响。更确切地说，利比亚是140个部族的联合体。卡扎菲在1969年的一场军事政变中掌权后，依靠武力实现了国家的统一。有报道称，卡扎菲在一定程度上利用部族之争维持统治，并将自己的部族提拔到最关键的安全地位。不过，卡扎菲对利比亚40多年的领导并没有使得这个国家成为一个人民民主的国家。相反，利比亚是目前全世界贪污腐败最严重的国家之一。这一点也是导致很多曾被卡扎菲冷落或压迫的部落联合反抗他的一个重要原因。

对于该国动乱的原因，一般认为主要由于总统卡扎菲的专制统治，以及受到近来席卷中东地

---

①BGP全称：中国石油集团东方地球物理勘探有限责任公司。

区的抗议浪潮的影响。但有分析认为,这个国家正在陷入的分裂还有着深刻的根源。即过度的专制统治,官吏的贪污腐败,政权的变相世袭和家族所有——说到底就是财富的不公平分配。这些因素严重地阻碍了利比亚民主的进程,危及到人民的根本福祉。

三、利比亚投资风险评估

在中国出口信用保险公司(以下简称"中信保")历年发布的《国家风险分析报告》中,非洲的绝对风险水平最高。基础设施落后,经济对外依赖性较强,法律环境较差,政府干预乏力且违约风险较大,加上复杂的种族、宗教等问题足以影响投资项目的运营。中信保发布的2010年《国家风险分析报告》将国家风险分为1~9级,数字越高意味着风险越大。利比亚在非洲地区国家中风险水平居中,在利比亚出险之后,目前位于第9级国家阿富汗、布隆迪、乍得、科摩罗等目前的保费率已经由平均水平的2%上升至4%左右,安哥拉等一些国家已经不予承保。而以埃克森美孚、壳牌、BP、道达尔、雪佛龙等为代表的西方国际大石油公司将秉承其传统优势,在未来的竞争中继续保持明显的优势。"综观非洲版图,昔日英、法等国殖民主义扩张对今日非洲众多国家的政治、经济仍然具有重要影响。美国凭借其强大的政治、军事和经济实力也在非洲地区发挥了重要作用。这些地缘政治优势将继续为西方石油公司提供各个方面的保护,并使得国际大石油公司长期拥有的显著优势得以延续"。

迫于国际压力,中国企业"走出去"时,也带着"后发劣势"的无奈。成熟的低风险市场竞争都很激烈,几乎全为跨国公司占据。为了寻找竞争烈度相对较低的市场,中国企业就难免要冒各种风险。

然而,政治风险评估错综复杂,就是专家们也万万没有料到几十年来政局基本稳定的利比亚会爆发如此大规模的政治骚动。这一方面说明我们在进行国际投资决策时对东道国的政治趋势预测仍缺乏前瞻性,另一方面揭示出我们对主要产油国的政治风险的权重严重低估。中南财经大学以投资金额与非洲国家概况进行比对分析得出结论:中国企业倾向于选择与我国有友好关系的国家,但对于该国的制度考虑则较少,而这往往导致对政治风险的判断缺乏预见性。

四、中国石油企业在风险管理控制上应对政治风险的对策

非洲是一个政治风险相对集中的地区,尤其是一些非洲国家内部因石油利益分享引发的政治动荡,严峻考验着中国在非洲的石油安全。在制定投资策略时,应本着"政府指导,企业决策"的总方针。为规避风险,中国企业在开发利用石油资源时,应建立海外投资风险预警机构和高效灵敏的信息沟通与协调机制,完善的内部风险控制体系,实施本地化战略,树立中国石油企业品牌,增强和其他国家石油公司的合作,以保证最大程度的避免风险;政府应帮助企业加强政治风险的评估、识别和预警管理,建立政策和服务支持体系并充分发挥大国外交的积极作用,为海外投资创造良好的环境。

五、企业角度

1.建立海外投资风险预警机构

加强企业跨国经营政治风险的识别、监控和预警管理,通过对风险的识别、评估和处理,最大限度地避免政治风险所造成的损失。企业可通过购买投资保险将政治风险转移给其他机构;选好投资进入方式,包括独资、合资。其中合资企业对双方都有明显好处,有助于缓解民族主义对外国企业的敌视,还可减少政府进行政治干预的可能性。市场方面应着力控制市场经营和掌握分销渠道,这是应付政治风险的有效措施。财务策略上要扩大投资基础。积极吸收东道国的银行、客户、供应商等参股。可以与企业共同分担东道国的政治风险。

2.建立高效、灵敏的信息沟通和协调机制,实现信息资源制度化管理

当今,信息不对称、无法有效收集和处理蕴含政

治风险的信息是产生政治风险的重要原因之一。石油资源交易的国际性和超经济性更需要石油企业对外界变化做出积极而迅速的反应。我国石油公司跨国经营仍处于起步阶段，缺乏处理与资源国石油经济关系和规避政治风险的经验。这需要加强企业内部及与资源国间信息沟通和反馈机制的建设，使相关资讯的快速传递成为可能。在遇到政治风险时，能迅速尽知详情并传递应对之策。更重要的是，还要将资源信息的采集、分析和管理经常化与制度化。通过信息资源库的持续建设，实现信息的准确与及时，以利于中国政府与公司的决策。

3.建立完善的内部风险控制体系

跨国公司的内部控制中，最重要的是要实现对人员和资金的绝对控制。中国企业在实行国际化发展时，必须保证总部在全球人员和资金上的调配能力和控制能力。具体的措施包括人员的定期轮岗、推行全球统一的企业内部网和财务管理平台、推行知识管理等。

4.实施本地化战略，最大限度地规避海外投资风险

本地化战略的最大好处是，大大降低进入东道国市场的门槛和政治风险，而且有可能享受该国国民待遇，免受非关税贸易制裁。实施本地化战略，除要学习和遵守东道国法律、法规外，还要聘请当地的各类人才，在股权投资安排方面选择合资方式风险较小。一般而言，合资比独资政治风险相对要小，而且还受到东道国的欢迎。利用对方人员、信息、社会文化和人脉关系等优势，熟悉当地的政治环境、经济状况和文化习俗，进一步获得东道国政府和企业的信任，有利于本国市场的开拓。

5.加强对非洲的研究，树立中国石油企业品牌

在进行商业活动、获取经济效益的同时，应加大对非洲环保、教育、医疗卫生、基础设施建设等事业的投入。亟待发展的非洲，需要的不仅仅是来自中国的投资，更重要的是中国的投资者们能够帮助当地社会培养起现代企业的理念，帮助他们建立可持续发展的价值观，从而推动社会文明和进步。因此中国企业在海外投资过程中一定要树立中国石油企业的品牌形象，实现与油气资源国当地社会的和谐与可持续发展。

6.增强和其他国家石油公司的合作

尽管世界能源市场的竞争是常态，但在石油资源的博弈中，出于地缘政治的复杂性，合作双赢已成为大部分国家的共识。中国应通过与其他大国石油公司的合作分散政治风险。从油气地缘政治角度出发，加强资源国与消费国的合作，加强与俄罗斯、中亚五国的油气资源合作，重视与东北亚的日本、韩国合作，在合作中增进了解、减少矛盾，在信任中解决双边问题。尽管利比亚未来政局走势很难判断，但是中国企业的海外投资应该从这一系列事件中汲取教训，今后在海外投资承包项目不应一家独揽，而应与美国、沙特等第三方国家组成合资公司，形成投资结构的多元化，以分散风险。另外，中国企业应建立担保体系，比如参与世界银行集团成员——多边投资担保机构（MIGA），以最大程度地防范海外投资风险。据了解，MIGA通过直接承保各种政治风险，为海外投资家提供经济上的保障。

六、政府角度

1.政府帮助企业加强政治风险的评估、识别和预警管理

中国石油企业在加强投资选择地区和东道国政治风险评估的同时，积极听取政府职能及其咨询机构的建议，选择相对适宜的投资东道国家。评估的重点应是有关导致投资环境突然出现变化的政治力量和政治因素，东道国对外国公司的政策、各个政党的政治势力较量及其政治观念；政策的走向和选择程序；东道国政府与我国政府关系亲疏程度。政府帮助企业建立海外投资风险预警机构，强化对国际风险的识别、监控和预警管理。一般来说，跨国经营企业的政治风险有的是无法避免，有的却可以规避。政府、企业若能共同采取有效防范措施，至少可将损失减低到最小化。为此，政府帮助企业实施跨国经营政治风险的识别、监控和预警机制，

以最大限度地避免或减少政治风险或事件所造成的投资或并购损失。

2.建立政策和服务支持体系

企业海外投资过程中还需要政府相关的政策和服务支持。目前中国还没有形成对境外投资较为完善的政策支持体系和服务体系。因此,应尽快建立完善的社会化公共管理和服务体系,慎重进行投资决策。技术分析的同时,还要对非洲地区的政治、宗教、文化等方面进行研究,特别是要关注地区局势及资源法律法规和政策的动态,建立健全环境风险识别、控制和防范机制,以帮助企业提高抵御和应对各种风险的能力,逐渐建立起具有一定规模的、经济的、稳定的石油供应和保障体系,以确保我国的石油安全。

3.充分发挥大国外交的积极作用,为海外投资创造良好的环境

中国石油企业在实现国际化过程中,不仅要考虑企业的经营管理和资金问题,还要思考与政府相关部门的沟通与协调。无论是中国政府,还是企业,均需加强以援助外交为内容的民间外交,通过对产油国人民的帮助,包括基础设施建设、医疗卫生、技术开发、环境保护等方面,从安全、治理、健康和教育等方面加强与当地居民的合作,为中国在非洲的石油外交奠定民意基础,以降低因政府更迭带来的风险。

七、结　语

汉斯·摩根索认为,对石油产地的控制已经成为权力分配中的一个重要因素。谁要能够将石油加到自己原有的资源中,就相应地削弱了竞争者的力量。非洲是一个因争夺石油利益而存在许多政治风险的地区,中国在非洲进行石油资源开发过程中,必然面临诸多石油外交的挑战。中国石油企业海外投资面临着地缘政治风险、战争与军事冲突、石油资源东道国政局动荡、金融管制等政治风险,为了有效规避政治风险,除了要加强政治风险的识别和评价外,还应作好分析预测,采取有效的应变措施。规避和降低政治经济风险及其损失,以提高企业的国际竞争力。

参考文献

[1]刘园.国际金融风险管理.北京:对外经济贸易大学出版社,2009.

[2][德]威廉·恩道尔.石油战争.赵刚,旷野等,译.北京:知识产权出版社,2008.

[3]郭羽诞,贺书峰.中国企业国际化经营战略研究.上海:上海财经大学出版社,2010.

[4]赵国杰.投资项目可行性研究(第2版).天津:天津大学出版社,2003.

[5]杜奇华.国际投资.北京:对外经济贸易大学出版社,2009.

[6]方虹.中国石油企业海外投资政治风险识别与规避[J].中国科技投资,2009,(10).

[7]张力.中外石油企业竞争力对比[J].经济管理,2006,(7).

[8]戴祖旭,舒先林.中国石油企业跨国经营政治风险模型论纲[J].中外能源,2007,(12).

[9]张刚.外国石油公司在非洲的竞争趋势分析[J].国际石油经济,2008,(3).

[10]张晶星.中国石油企业对非洲投资的区位选择分析[J].黑龙江对外经贸,2009,(1).

[11]周密.浅议海外投资企业的风险管理[J].信用管理,2008,(5).

[12]李耀.海外投资策略要建立在价值观基础上———以中国企业投资非洲为例[J].中国科技投资,2007,(9).

[13]亢升.动荡非洲中的中国石油安全[J].西亚非洲,2007,(2).

[14]钱学文.新世纪中国对中东产油国的石油外交[J].阿拉伯世界研究,2008,(6).

[15]Hans J1Morgenthau., Politics Among Nations: The Struggle for Power and Peas. New York: McGrall hill Inc1,1985.

[16]See Hans J1Morgenthau, Politics Among Nations: The Struggle for Power and Peas, New York: Mc-Grall hill Inc1,1985.

国际劳务输出的"功夫"在国内

陈庆修

(国务院机关事务管理局,北京 100017)

摘　要：国际劳务输出是劳动力在国际范围内的余缺调剂,也是劳动力富裕国家解决就业问题的重要途径,其实质是人力资源在国际市场上的优化配置。本文分析了我国国际劳务输出中存在的信息不灵、素质不高、市场不活、管理不强、服务不足、竞争不利等问题,在此基础上,有针对性地提出了扎扎实实练好"内功"、促进国际劳务输出持续健康发展的方式方法。

关键词：国际劳务输出,培训,信息,管理,法律法规,服务,市场机制

国际劳务输出随着经济全球化的发展越来越受到世界各国的重视。国际劳务输出是劳动力在国际范围内的余缺调剂,作为国际贸易的重要组成部分,国际劳务输出是以劳动者提供劳务的方式向国外(境外)输出,其实质是人力资源在国际市场上的优化配置。劳务输出投资少、风险小、见效快,可以缓解国内就业压力、增进国际交流、借鉴国外经验、推进各国经济共同发展。

我国是世界上第一人口大国,自然也是劳动年龄人口数量最多的国家,劳动力供给增长势头将保持一段时期,15~59岁劳动年龄人口将于2013年、2021年均达到9.26亿的双峰。我国拥有劳动力资源丰富的优势,同时也意味着巨大的就业压力。在国内就业形势日趋严峻的情况下,通过国际劳务输出向国外(境外)转移劳动力从而实现就业无疑是解决我国富余劳动力的重要出路。

发展境外就业,参与国际劳动力市场竞争,不仅有利于充分开发和利用我国丰富的劳动力资源,也有利于了解和借鉴国际人力资源市场的运行规则和运作规律,促进国内劳动力市场的发展与完善,进而推动我国人力资源市场与国际劳务市场的接轨与融合。国际劳务人员的工资报酬一般月薪在300~2000美元之间,有的甚至是国内的几十倍以上,明显高于国内的平均水平,从而可以更好地提高和改善务工人员的收入水平和生活质量,增加劳务输出地的地方收入,刺激当地的消费需求,推动经济社会发展。

一、我国国际劳务输出问题分析

我国拥有人力资源丰富的优势,理应成为国际劳务输出数量的大国、甚至无论数量还是质量都名列前茅的强国。但实际情况却是不仅所占份额少,且大多处于技术含量低的劳务链低端。换句话说,我国国际劳务输出还处在初级阶段,与我国丰富的劳动力资源及其在全球劳务市场中的地位很不相称。究其根源主要可归纳为如下几条：

一是劳务输出市场准入障碍。我国派往国外的劳务输出人员70%以上为普通劳务人员,外语能力不够,存在语言障碍,专业技能单一,综合素质低等,对国外市场适应能力和应变能力弱,主要从事制造业、建筑业和农林牧渔业等技术含量低的工作。近几年由于全球经济不景气,许多劳务输入国出于保护国民就业和社会秩序等考虑,对普通劳务人员输入严格加以限制。除日本、俄罗斯、以色列等少数国家对我国有限开放劳务市场外,欧美和澳大利亚等大多数发达国家劳务市场对我国基本上是关闭的,一些国家甚至还设置专门的政策性壁垒,如资格承认方面,在申请欧美发达国家工作的许可过程中,东道国普遍不承认我国的教育学历和职业资格,造成我国公民往往难以获得市场准入机会。

二是输入地语言和技术壁垒。据经合组织(OECD)发布的报告,OECD国家引入的受过高等教育的外籍工人比例已超过60%,而受过初级教育的

外籍工人仅占10%左右。而我国劳务输出人员的总体素质不高,劳务人员技术构成层次低,结构不合理,与国际劳务市场的要求有一定差距。我国对外劳务合作的传统市场在亚洲,主要竞争对手是印度、印度尼西亚、菲律宾、泰国等劳务输出大国,他们在语言、学历等很多方面都处于优势。如,印度英语普及,采用西方教育体制,向世界所输出的医护人员不仅英语好,而且受教育程度达到了发达国家所要求的大学水平;菲律宾公民的英语水平也较高,这为它大量的海员、菲佣输出奠定了良好的基础。我国潜在外派劳务人员主要是农村剩余劳动力和城镇下岗工人,受教育程度低,素质达不到要求,在日益增长的国际高级劳务需求面前屡屡错失良机。如,目前全球有300万的护士需求量,而我国却因为能通过考试的人很少而难以抓住机会。在计算机软件服务领域,我国所占市场份额仅为世界市场的1‰。

三是劳务输出市场信息不畅。国际劳务市场的供求信息变化很快,而我国的劳务输出机构和企业在获取相关信息方面渠道不畅,缺乏统一有效的信息网络,大多依靠自身在国外的办事机构了解市场需求信息,没有专业的信息处理机构,信息收集和传递带有极大的盲目性,信息无论是量还是质都难以满足需求。从宏观到微观,从大的项目到零散的劳务需求信息,既不能全面了解国内剩余劳动力的供给情况,又不能及时掌握国外紧缺的劳动力需求状况,对东道国的政策导向、商情发展也不够了解,信息不灵的问题非常突出,难以抓住国际劳务市场稍纵即逝的机遇。更谈不上主动、有意识地收集和开发信息,对国际劳务市场的研究还很不够,不能综合利用国内外市场的信息资源,难以进一步开拓国际市场。

四是劳务输出方式方法僵化。国际劳务输出的成功经验是劳务输出的渠道和方式多样化。以输出渠道为例,如通过政府间的协议输出劳务,或是通过企业间的国际合作输出劳务,或是通过个人关系到海外就业等;输出劳务的方法也很多,如工程承包带动劳务输出,直接与外国政府有关部门或雇主洽谈输出劳务等。与之相比,我国劳务输出渠道狭窄、地区过分集中、输出方式单一,再加上企业规模小,开拓国际市场能力不足,劳务输出整体上受到极大制约。

五是输出违规操作现象突出。由于我国劳务输出经营单位规模普遍较小,实力较弱,开拓新市场的能力不强,加之受技术水平和劳动力素质的限制,劳动力同质现象严重,高度聚集的低端普通劳务市场竞争异常激烈,致使大量企业常常置国家法律、行业规范与合同约束于不顾,采用不正当手段恶性竞争的现象十分普遍,劳务输出行业经营秩序混乱,严重影响了劳务输出行业的声誉和形象,不利于我国劳务输出持续健康发展。

六是对外劳务合作管理落后。由于传统观念的影响,各级政府对商品的出口都比较重视,采取了一系列优惠措施,却往往忽视劳务的输出,直接影响了我国劳务输出发展。再加上缺乏对外劳务合作统一规制,导致政府主管部门管理和调整对外劳务合作关系法律依据不足,处理外派劳务法律纠纷时适用法律困难。部门之间的矛盾,既表现在政策的不一致性,多头管理问题日趋严重,也表现在管理中缺位或越位同时并存,部门之间依规章打架的现象时有发生。这不利于我国对外劳务合作统筹规划,也影响了国际劳务输出长远发展。

二、我国国际劳务输出的策略定位

大多数国家都非常重视对外劳务输出,将其视为解决就业问题的一条重要途径,采取了一系列措施促进劳务输出的发展。国际劳务输出一般经历自发输出、政府推动、市场主导三个阶段。我国当前劳务输出产业总体处于政府推动阶段,其产业布局、运行机制和管理水平都处在初级阶段,各项政策措施、保障机制等尚不配套和完备。

国际劳务输出经验表明,有效地宏观管理和协调,是劳务输出健康发展的基础。从我国目前的情况看,劳务输出涉及的部门较多,必须对现行的多头对外、政出多门的管理体制进行改革,形成集中、效能、科学的管理体系,统一制定政策、法规和战略,通过完善市场机制与管理制度,加强立法和执法力度,强化对劳动力市场的监督管理,保障劳动力市场的有序高效运转。

国际劳务输出需要全方位的服务。劳务输出是一项涉及范围广、政策性强的事业,加之境外工作的特殊性,需要相关部门做深入细致的服务工作。如,为输出人员提供必要的劳务信息;提供培训条件,使其接受必要的训练;协助办理出国手续;核查境外雇主必备的文件资料；协助指导劳务人员与雇主签订聘用合同；出现劳动纠纷甚至发生工伤后介入协助，提供法律援助，代其向当地劳动仲裁机关或法院提起申诉，以维护其合法权益等。甚至还需要由驻外大使或领事出面与输入国政府直接交涉。

国际劳务输出的组织和推动，必须遵循市场规律，走产业化发展的道路。目前我国的对外劳务合作在很大程度上还是政府行为，从事国际劳务输出的企业还有不少并不是真正意义上的经济法人实体和市场竞争主体。这种体制无法真正适应国际服务贸易自由化的要求。要调整对外劳务合作企业的经营机制、管理机制和经营结构，把建立现代企业制度作为提高对外劳务合作企业国际竞争力的重要手段，组建一批具有国际竞争力的劳务输出企业。促进劳务输出产业化发展，这是劳务输出市场化、专业化和规模化的必然结果。在市场经济体制下，劳务输出产业化发展，就是各种形式的劳务企业在市场机制作用下不断发展壮大而形成分工合作的过程，就是不断根据市场经济体制发展的要求推进市场化服务的过程。整体上，可以通过资产重组的办法，建立区域性的经营集团，从而提高我国对外劳务企业的整体竞争力。培养和引进语言能力强、通晓业务和管理、熟悉和掌握国际惯例的市场开拓人才，提升企业管理水平和管理能力。当前，应重点鼓励、支持有条件的集体、私营企业开展对外劳务输出业务。灵活的私营企业和个人方式对于劳务输出的作用将更直接、更有效。

国际劳务市场竞争，归根到底是人力资源素质的竞争。随着国际产业结构的日趋高级化，国际劳务合作也逐渐形成以中高层次的智力劳务输出为重点的多层次格局。国际劳务市场竞争加剧，对劳务人员素质的要求也越来越高，普通劳务需求所占比例逐步降低，而技术劳务特别是高级技术劳务的比重不断提高。劳务人员素质的高低已成为能否在国际劳务市场的激烈竞争中取胜的关键。我国人力资本对经济增长的贡献率仅为35%，远低于发达国家75%的平均水平。我国的劳务输出人数远远超出某些发达国家，但创汇额却很低，这主要是因为我国的智力型劳务输出少，其外汇收入仅占劳务总合同额的5%。过度依赖劳动力数量和低成本竞争的增长方式难以为继，必须在巩固我国普通劳务输出优势的同时，加大引导劳务输出向高层次发展的力度，实现人力资源从低成本型向高质量型战略转变。

三、推进我国国际劳务持续健康发展应把握的几个要点

世界银行研究显示，一个发展中国家向外输出劳务的数量每增长10%，贫困人口可减少2%。因此，许多国家都采取各种办法鼓励劳动力输出。世界上有3 000多万华侨、华人分布在100多个国家，这是我国国际劳务输出独到的优势。国际劳务输出好处很多，我国潜力也很大，针对存在的问题，为推动我国国际劳务输出持续健康发展，应注意解决好以下几个要点：

一是大力开拓国际劳务输出市场。提高对劳务输出重要性的认识，改变只注重商品出口和资金引进，不注重劳务输出的做法，有针对性地拓展新的市场和业务。除了继续巩固亚洲劳务市场外，要有计划地开拓非洲、拉美新兴市场，进一步冲击欧美等发达劳务市场。加大拓宽劳务输出渠道的力度，鼓励符合条件的企业积极开展对外劳务合作。在以国家授权的劳务输出机构为主渠道的基础上，充分发挥民间渠道灵活多样性的优势。鼓励更多的民间机构特别是私营企业主动到国际劳务市场上找生意、接订单，并允许我国公民在一定范围内直接参与对外劳务合作。要利用外商来华投资、洽谈会、外事活动、旅游观光的机会洽谈对外劳务合作；将扩大劳务输出作为对外工作的一个重点，作为经济技术合作中的重要内容；发挥台联、台办、侨联、侨办、工商联等有关部门在劳务市场开拓方面的积极作用。重视目标市场的分析，对目标市场要进行详细的调查，只有对输入国的政治、经济、文化以及当地的法规、风俗习惯都有详细、准确的了解，才能有的放矢地开拓业务。

二是加强劳务输出人员技能培训。提高外派劳务人员的素质，优化劳务输出结构，与加强培训是分不开的。要根据国际劳务市场的需求，有计划、多渠道、全方位地做好培训，扩大中高级技术人员的比例，优化劳务输出结构，更多输出国际上急需的技能人才，如计算机操作人员、医护人员、高级海员等。按照国外岗位的技术需求，采用国际标准或劳务输入国的标准进行定向培训，以英语和职业技术为核心，加强对外派劳务人员的职业培训，既要抓好法律、法

规、职业道德、外事纪律等方面的常规培训,又要注重外语和专业技能培训,使劳务人员掌握必要的技能。劳务输出机构可以自办劳务输出培训学校,或依托普通高等院校职业技术教育院校、社会培训机构等开展外出劳务培训,并会同有关部门进行职业技能鉴定,颁发统一的职业资格证书。职高、技校和卫校,应开展国际人才培训,以便劳务人员更快地与国际接轨。严把考核关,确保劳务人员的质量。有计划地建设一支懂技术、会外语、有经验、适应能力强、符合国际劳务市场要求的各类劳务大军。

三是完善劳务输出信息网络系统。国际劳务输出涉及国际国内两个市场,能否及时有效地获取相关信息往往具有决定性的影响,及时准确全面可靠的供求信息,有利于对外劳务合作按部就班地进行。为改善和疏通劳务输出信息渠道,要运用现代信息技术和通信技术手段,尽快建立高效统一的劳务信息网络系统,及时提供国际劳务市场发展趋势、相关国家法律政策规定、工资变化状况以及劳动力需求信息服务。要做好有关信息的搜集、筛选、整理、发布以及开发,加强对信息的预测和监控,确保信息的及时性、准确性、有效性,消除信息不对称现象。同时,还要建立相应的劳务输出后备人员数据库,将后备普通劳务人员、专业技术人员分门别类地建档,并实行动态管理,确保劳务输出渠道畅通、合理有序,为分层次、分区域地按需输出劳务提供信息服务保障。

四是建立健全劳务输出法律法规。我国是世界第一人口大国,今后相当长的时期内将是国际劳务输出大国,随着国际劳务经营主体的增多和市场竞争的加剧,为促进境外就业、规范劳务输出、确保劳务输出有序开展,建立健全劳务输出的法制与管理已刻不容缓。应在综合现有部门规章的基础上,借鉴国外经验,参考国际标准,尽快建立健全符合我国实际、具有前瞻性和可操作性的劳务输出法律法规,明确各级政府、各个利益主体的具体职责、境外就业服务的对象、实施程序、社会保险标准等,依法保障境外就业者以及劳务输出企业的权益。

五是完善劳务输出市场运作机制。现有劳务输出企业,要转变观念,按照现代企业制度的要求,建立起精干、高效、先进、科学的现代企业制度,明晰产权关系,以增强自身的竞争能力,在国际劳务市场上承揽上规模、上档次、上水平的国际工程大项目,扩大市场占有率,增强同国外企业的竞争力。同时,要放开劳务输出经营权,鼓励更多的民间机构特别是私营机构,到国际劳务市场上找生意、接定单。完善市场运作机制,构建技能培训、就业咨询和法律服务等相互依存、有序高效、和谐协调的多元化劳务输出渠道,采取灵活分散的劳务输出方式,形成劳动密集型和知识密集型相结合的多层次劳务经营新格局,更能有效发挥市场机制的调节作用,更好满足国际市场多层次劳务输出需求。

六是完善国际劳务输出管理服务。国际劳务输出事业的发展,政府发挥关键作用。要将劳务输出作为需要坚持不懈的长远大事来抓,纳入重要工作日程,并制定战略规划加以科学推进。建立劳务输出基金,加大财政支持力度。完善对外劳务合作的审批和许可制度,加强对劳务输出企业经营活动的监督和检查,有效规范国际劳务输出市场秩序。加强劳务输出国际多边磋商,为劳务输出创造一个公平竞争的市场环境。为消除国际劳务输出壁垒和不公平待遇,应积极参与国际劳务合作规则的制定,与输入国建立有效的磋商机制。通过加强政府之间的谈判和沟通,解决双方或多方劳务合作中存在的问题,扫清合作障碍,以获得市场准入资格及与劳务合作相关的最惠国待遇、国民待遇,为劳务输出铺平道路。改革我国的出入境管理制度,通畅劳务流动渠道,为公民个人直接到国外企业就业提供方便。重视外出劳务人员的监督管理和服务保障工作,提高社会服务水平,保护好他们的合法权益。

总之,国际劳务输出是既有利于国际合作又有利于输出地经济社会发展的朝阳产业。要正视我国国际劳务输出中存在的问题,针对信息不灵、素质不高、市场不活、管理不强、服务不足、竞争不利等薄弱环节,采取积极措施妥善加以解决,扎扎实实练好"内功",以促进我国国际劳务输出持续健康发展。

参考文献

[1]曾利明.中国城镇每年需安排就业2400万压力长期存在.中国新闻网,2010,5.

[2]李莉,丁维顺.扩大对外劳务合作机遇、问题和对策.国际经济合作,2005,11.

亚洲发展中国家劳务输出政策研究

李 沁

(对外经济贸易大学国际经贸学院,北京 100029)

亚洲地区人口密集,劳动力资源丰富,在劳务输出方面具有较长的历史传统。目前在亚洲除中国以外主要从事劳务输出的发展中国家有:印度、菲律宾、马来西亚、越南、印度尼西亚、泰国、巴基斯坦、孟加拉国、斯里兰卡等。从输出能力上看,菲律宾第一,其次是印度,印度尼西亚、泰国列其后。主要的输出地区有东南亚地区的内部流动以及中东地区。相比之下虽然欧洲、北美、澳大利亚地区所占的比重较低,但仍然是某些国家海外劳工的重要分布地,如美国就是菲律宾劳工的最大雇主。这些作为在劳务输出实践方面具有丰富经验的发展中国家,由政府制定实施的鼓励劳务输出的一系列政策做法,不仅推动了本国对外劳务输出事业的发展,而且对国民经济起到了不可忽视的促进作用。通过研究亚洲发展中国家在鼓励劳务输出方面的具体政策不难发现,虽然各国的地理环境、人文条件不同,但还是能够归纳出共通之处。

一、完善对外劳务输出法律体系

亚洲各从事劳务输出的发展中国家为了保证本国劳务输出有序健康地发展,纷纷选择制定颁布以促进本国劳务输出为导向的法律法规,并在实践中不断调整和完善,从而建立一个比较健全的劳务输出法律体系。

菲律宾海外就业署早在 1985 年就制定颁布了《海外就业规则与条例》,并于 1991 年对其进行了修改,这部法规共分九编、37 章、228 个条款,具有很强的综合性和可操作性,它对劳务输出及海外就业的各个方面进行了明确的规定,包括海外就业的宗旨、方针,海外劳务输出市场的开发研究,机构监管,人员的培训与安置,保护本国输出劳工正当权益等。此外,1995 年菲律宾政府进一步颁布了共和国 8042 号法令《1995 年移民工人与海外菲律宾人法》。该法共 43 条,详细规定了海外劳工的安置办法、非法雇佣的服务项目、劳务输出的有关政府监管机构及其职责等 9 个方面。

印度政府为保障本国劳工在海外的合法权益,于 1983 年颁布了《外迁移民法》,用于管理劳务输出事宜并保障劳务人员的利益。印度移民法中规定的劳务输出有三种方式:一是招工代理,适用于已经得到由劳工部发放的许可证的代理机构;二是外国雇主直接招募,这种方式必须事前获得印度中央政府的许可;三是印度工程承包商可派遣工人到国外承担其承包的工程,这种方式必须经过商业部或者储备银行的批准。

越南政府于 2006 年通过了《劳务输出法》,内容包括 8 章 80 条,该法对劳务输出的重要性以及从事外输劳务利益共同体的责、权、利以法律条文的形式固定了下来。这部法律是越南 20 多年来从事劳务输出发展探索的结晶,从此越南的劳务输出之路实现了真正的有法可依,正式步入了法制化的轨道。这部法律的实施不仅在越南完善对外劳务输出管理体系方面具有重要意义,而且有助于维护本国海外劳工的正当权益,对促进越南更好地参与国际经济活动、发展本国经济也具有深远影响。

二、设立专门管理机构推进对外劳务输出工作

在劳务输出工作的实际操作过程中,设立专门的管理机构,既有利于简化程序、提高工作效率,又便于灵活应对突发事件、及时与相关部门沟通协调。

菲律宾政府于1974年颁布《菲律宾劳工法令》,肯定了向外输出劳工被看做是转移国内剩余劳动力的主要策略。根据该法令,政府在劳工和就业部下设立了海外就业发展局和国家海员局。1982年海外就业发展局、国家海员局和就业服务局合并成立菲律宾海外就业管理局,主要负责菲律宾海外劳动力的推介以及安置工作。海外就业管理局对输出劳工实行优惠政策、简化出国手续、降低往返费用、减免关税等措施。由于劳务输出和海外就业工作涉及内容广泛、综合性很强,菲律宾还成立了由各部部长或副部长组成、由内阁总理或总理任首脑的国家海外就业调整或开发委员会,综合协调和统一部署劳务输出及海外就业工作。

印度政府根据1983年移民法的精神,分别在三个政府部门下设立移民保护机构,各行其责:在国家及主要劳务输出邦的劳动部下设立移民保护局,主要监督管理跨国劳务雇佣事宜;在印度工人的主要移入地(如海湾国家)的外交使团中设置专职的移民劳务官,负责监督当地国对印度工人的保护,以达到直接保护印度工人在移入国利益的目的,并在一旦发生意外事件时能够通过外交渠道与对方国进行交涉;在内务部下设立移民事务局,负责规范管理在印度国内发生的与跨国劳务相关的投诉事宜。三个部门各自分工、合作协同,共同处理印度劳务输出过程中可能遇到的问题。

泰国政府于1983年成立了隶属于劳务厅的劳务输出管理办事处,统一管理劳务出口业务。该机构下设业务科、注册科、募工科、海外就业安置科、综合服务科、海外劳务市场开发和海外劳务救济科六个科室,还成立了由内政部部长主持的劳务输出促进委员会和由国务院事务部部长领导的促进海外承包业务协调委员会。

除了政府成立的官方机构以外,这些国家还依据各自的有关法律建立了遍及全国各地的从事招募和安置劳务输出人员的民间机构或公司,鼓励个人通过各种途径直接同外国雇主联系到海外就业。

三、高度重视保护海外劳工权益

针对输出劳工在海外工作时可能发生的不公平待遇或者权益受损的情况,本国政府如何切实地保护海外输出劳工的权益,是每一个从事劳务输出国家必须重视的问题

菲律宾政府1995年通过的8042共和法案,是与劳务输出直接相关的法规。8042法案规定,只向承认和保护菲律宾劳动权利的国家派遣菲律宾劳工,要求这些国家必须有保护外国劳工利益的相关法律,而且是劳工保护的多边或双边协定的签字国,具体事项交由菲律宾海外就业管理局负责执行。该法案还规定,应当在劳动力接收国家建立移民劳工和海外菲律宾人力资源中心,向海外劳工提供帮助,凡是拥有菲律宾劳工不少于2万的国家都要建立,中心24小时全天开放,被授权向劳工提供包括咨询及法律服务在内的多种服务。菲律宾还建立了法律援助基金,向处于困境中的移民工人和海外菲律宾人提供法律援助。政府外派机构还负责经常散发一些小册子给海外劳工,提醒他们在国外生活和工作要注意的事项。为保障女性劳工在国外的安全和利益,菲律宾政府对有意出国工作的女性实施比较严格的审核管理制度,政府规定只有年龄在18岁以上并有足够应付复杂环境能力的女性才有资格参与劳务输出。考虑到曾有菲律宾女性在某些国家的家庭受到

虐待或骚扰，政府要求向特定国家提供劳务的妇女只允许在公务人员或外交官家庭工作，原因是这些家庭具有经济来源保障，不会出现拖欠佣人工资的情况，同时由于人员素质相对较高，不容易发生虐待、侮辱佣人的事件，一旦出现问题，菲律宾政府也便于与其进行交涉。

印度政府为保障本国劳工的权益，曾先后与卡塔尔、约旦等国签订了关于从印度招募工人的协议，协议依照当地国家的相关法律，对雇工的条件、期限、住宿、医疗以及工人的权利和义务等进行了详细规定。此外，印度还建立了较为完善的听证制度，移民保护总署和设在孟买、加尔各答等地的移民保护专员负责直接受理这方面的投诉，招工代理一旦被发现未经合法注册将被移交警方，如有不法行为将吊销其注册，并视情节轻重给予相应的经济处罚。

泰国政府在保护本国海外劳工权益方面关涉的机构主要有：国防部下属的国家安全委员会、军队内务部下属的皇家警察部门、外交部、劳工和社会福利部等。其中，泰国外交部竭尽其所保护本国海外公民，提供各方面的服务：为愿意回国并在经济上以及其他方面遇到问题的海外公民提供帮助；帮助解决泰国雇员与海外雇主之间的纠纷；安排在外国死亡的泰国公民运回国内；帮助安置失散家庭；帮助在外国被捕的泰国公民与当地司法机构协商以减轻处罚等。在泰国工人集聚的国家，泰国外交部还设立了劳工管理办公室来负责相关事宜。此外，为对泰国妇女进行出国从事性贸易危害的教育，外交部专门开播了一个广播节目，以广播剧的形式进行宣传普及。

四、加强技能培训提高务工人员整体竞争力

鉴于大多数海外劳工是第一次出国，且多数人员是普通工人，文化素质较低，如果希望他们能够在抵达东道国后尽快适应当地环境，顺利完成合同工作并安全返回国内，出国前的培训工作就显得十分必要。

菲律宾劳动和就业部下设海外劳工就业署、海外劳工福利署和技术培训中心，各省、市、县也有相应的组织机构、培训中心和管理人员。每个出国人员，无论是第一次出国，还是再次出国，都要参加由招募机构或劳务人员所在实体单位举办的免费的出国前定向学习班，其学习方案须由海外就业署审查和批准。此外，海外就业署还经常举办出国前定向研讨会或学习班，指导即将出国的劳务人员在国外的注意事项。主要内容包括：劳务人员的纪律守则和义务；工作条件；劳工待遇，如住宿条件、膳食、娱乐活动等；东道国的地理、宗教、文化、经济、社会生活基本情况，相关的法律知识、货币及货币兑换有关规定和程序，其他劳务人员应了解的信息；政府对出国人员能提供的服务；出境前准备工作，旅行及到达后的程序和应注意事项。规定出国前的定向学习时间至少在6小时以上。在中长期培训方面，政府根据国外不同岗位的就业要求，在全国各地常年开办各种培训班，使受过培训的劳工在国外基本上都能找到工作并很快适应。

印度政府十分重视人才培养，为培养软件人才，印度政府从儿童抓起，加大教育投入，使他们从小接受信息技术教育，从而造就了一大批高素质的专业技术人员，使印度的软件人才供应能力大大增强，计算机领域高素质劳动力的海外输出成为印度对外劳务输出的特色之一。在培养海员方面，印度海事院校以培养高素质的高级海员著称，印度政府和私人部门都十分重视在海事教育方面的投资，不惜斥巨资发展本国的海员培养项目。此外，印度还是世界医护人员的主要供应国，具有英语优势、发达国家要求的大学本科四年的教育程度的医护人员，在通过如美国海外护士资格认证考试等发达国家的资格认证后，就成为了拥有很强竞争力的输出人才。

印度尼西亚政府要求劳工离境前必须接受适应性培训，由人力资源部劳动生产局主管官员认可的培训机构进行，培训内容包括：保持身体健康、心智正常，遵守纪律，了解将去国家的文化、法规及其他

情况;准备证件;办理离境、回国的旅行手续;了解汇款、存款的手续和劳工福利政策及劳工的权利和义务等。

斯里兰卡政府为扩大本国劳务输出、增加女佣的输出比例,专门对妇女进行就业前培训,以增强其就业能力。随着发展需求的增加,斯里兰卡的许多产业部门也相继重视发展职业培训,如住房部提出的建筑和工业培训计划和全国学徒培训计划,劳动部门制定的工程工艺培训计划等。此外,国家增加技术学校数量,用以满足出国劳务人员对技术培训的需求。

巴基斯坦、泰国等国也非常重视加强对输出劳工在出国前的技能培训,为了使本国劳动力的供给更好地满足国外市场的需求,各国都专门设立了劳务输出人员的培训中心,实现提高劳工素质,增强海外竞争力的目的。

五、为对外劳务输出提供资金、政策双保障

菲律宾、巴基斯坦、越南等国政府为发展本国劳务输出,在财政上给予支持,通过实施福利援助计划鼓励工人在海外就业,为劳务输出提供服务和保障,进而帮助海外劳工改善他们和家属的福利待遇。

菲律宾政府早在1981年就建立了海外工人福利基金,用以保护菲律宾海外工人利益,改善他们的福利待遇。基金为菲律宾海外工人及其亲属提供多项服务,包括技能培训奖学金、海员教育贷款、出国前贷款、丧葬费和伤残援助、就业和出国咨询、法律援助、出国前的保险、促进海外合同工人家庭间的联合与合作、健康服务与服务诊所、文化娱乐慰问等。1995年菲律宾海外工人福利基金经过调整,新设立四个基金:紧急遣返基金、海外移民工人贷款担保基金、法律援助基金和国会移民工人奖学金。基金的来源也由雇主和劳工共同筹集变为由国家财政出资,足以看出菲律宾政府对劳务输出事业的关注与支持。此外,菲律宾建立的海外工人福利委员会,专职

为海外劳动力及家庭提供从财政扶助到法律咨询的一系列服务。菲律宾政府实施的援助计划包含内容广泛、条款详细周全,政府为海外工人提供家庭服务,为伤、残、病的海外工人的子女提供奖学金,帮助工人遣返,总统还会对表现杰出的工人给予嘉奖。不仅如此,菲律宾政府还建立了专门为海外劳工及其家属服务的医院,在体检和治病上给予政策优惠。从1998年开始,菲政府为进一步减轻海外劳工负担准许他们免交税率30%的个人所得税。圣诞节期间,总统府专门开设免费国际长途电话,方便海外劳工与国内家属通话,所有机场也为回国度假的劳工提供免费的市内交通服务。

巴基斯坦实施的福利援助计划包括以下几个方面:为改善海外巴基斯坦工人居住条件提供资助,为他们免费提供法律咨询或电话服务,为其子女提供奖学金等福利条件。鉴于劳务输出后,劳工自身在国外以及国内的家庭都可能遇到困难,政府也为其提供财政支持,用以排除后顾之忧。

越南政府于2004年正式设立外输劳务扶持基金,由国家和劳务输出企业共同出资,越南劳动社会与荣军部负责管理。基金的使用范围包括:开发劳务市场,处理劳务人员和劳务公司之间的纠纷,劳务输出优秀单位和个人、输出劳务的推介以及培训工作等。2009越南政府开始对参与劳务输出的偏远县贫困农户和少数民族农户给予补贴。向一般农户提供低息贷款,利息只有社会政策银行对劳务输出贷款利率的50%,贷款用于支付劳工培训费用、食宿费以及出国前的手续费。越南政府除了在财政上进行专款支持外,还在社会服务层面进行加强,强化政府部门的行政管理服务意识,提高工作效率,通畅劳务流动渠道,全面做好劳务输出的服务工作。

六、全方位拓展海外市场

亚洲劳务输出国政府都比较重视收集劳务信息,同时积极开拓海外劳务市场。为广泛获取信息,很多国家建立专门的研究机构,也有的向驻在劳务

输出国的使领馆派出负责劳务的常驻官员和研究人员,一方面调查当地劳务市场状况,一方面随时接洽潜在合作机会,兼顾管理本国的输出劳工人。此外,由侨民提供信息、寻求输出机会,以侨民为桥梁扩大劳务输出的情况也十分常见,进而政府采取了鼓励海外侨民在国内的亲友到国外投亲靠友谋求就业的办法。泰国法律规定政府必须向劳务输出机构提供必要信息,介绍劳务进口国的劳动力供求情况,必要时政府可借助外交机构获取和传递信息。此外,泰国政府通过鼓励在劳务进口国兴办合资企业获取更多的劳务输出信息。

在积极拓展海外市场方面,菲律宾、越南等国政府都给予了重视,力求为本国的劳务输出开辟更为广阔的发展空间。

菲律宾对外劳务输出所取得的成功与政府的重视和积极推广是密切相关的。多年来菲律宾政府积极主动地开发海外就业市场,在维持和扩大海外就业市场份额方面下了功夫。从总统到一些内阁成员,都把巩固和发展海外就业市场作为一项重要的工作。为减少亚洲金融危机对海外就业市场产生的负面影响,菲律宾政府从总统到相关官员出访菲佣集聚的中东国家进行沟通协调,同时着眼于具有发展潜力的国家,积极开拓新市场。政府部门的积极努力使得菲律宾的对外劳务输出事业成功地克服了困难,度过难关的同时还开辟了欧美等新的市场区域。

越南政府的劳务输出市场主要位于东盟、东亚地区,为进一步促进本国劳动力的对外输出,越南政府有计划地开拓欧洲、北美、中东、非洲等地区的劳务市场。实行以国家授权的劳务输出机构为主,充分发挥民间渠道灵活多样、拾遗补阙的优势的策略,鼓励民间机构特别是私人企业主动开拓国际劳务市场,同时在一定范围内允许公民个体直接参与对外劳务合作项目。

七、积极协助海外劳工回国再就业

海外劳工拥有在外积累的丰富经验和熟练的技能,是帮助本国经济发展重要的人才群体,针对这些归国劳工已经获得一定的资产积蓄,在就业、投资方面如果实行优惠政策,能够极大地吸引他们期满回国,将资金和技术用于国内经济的发展。为归国劳工安排积极的重置就业计划对于整个劳务输出体系的良性发展具有不可忽视的意义。巴基斯坦建立的回国移民恢复正常生活部际委员会,主要任务就是为归国劳务移民提供就业咨询和建议,指导他们进行投资、经商或寻找其他自谋职业的途径。菲律宾政府还设立专门机构,为计划创办企业、参与和扩大企业建设的归国劳工提供一系列切实可行的服务和便利,从而达到吸引和鼓励海外劳工家庭将资金用于国内投资的目的。

参考文献

[1]陈璞.亚洲主要国家劳务合作政策比较[J].科技信息,2010,(2).

[2]蒋玉山.发展中国家劳务输出的经济学:以越南为例[J].东南亚纵横,2010,(4).

[3]李明欢.海外维权:印度政府对海外劳工的保护[J].红旗文稿,2004,(24).

[4]刘昌明.菲律宾海外劳务经营模式研究[J].亚太经济,2008.

[5]刘效梅.菲律宾对外经贸政策和制度研究[J].东南亚纵横,2004,(2).

[6]马永堂.亚洲国家劳务输出的实践与经验[J].国际经济合作,1994,(10).

[7]王艳红.劳务输出利国利民——菲律宾、印度促进劳务输出的措施及对我国的启示[J].经营与管理,2005,(2).

[8]吴刚.菲律宾劳务输出的启示[J].国际市场,2000,(5).

[9]俞会新,张志勇,李宁.亚洲各国对外劳务输出政策的对比研究及启示[J].广西广播电视大学学报,2005,(12).

我国企业走出去面临的新问题及对策建议

程伟力

(国家信息中心经济预测部，北京 100045)

进入新世纪以来，我国企业走出去取得了长足的发展，为提升我国国际竞争力和国际地位作出了重要贡献。但是，在新的世界经济形势下也面临一系列新的问题和挑战，总结近年的经验教训，对提高未来对外投资水平不无裨益。

一、走出去面临的外部问题

(1) 东道国政局不稳定加剧了对投资安全性的担忧。今年以来，利比亚国内政局混乱导致我国所有的投资项目搁浅，潜在损失较大，在这种情况下社会各界自然更加关注东道国政治风险。事实上，对外投资的政治风险始终存在，利比亚内乱只不过将这一风险充分暴露。笔者到津巴布韦调研时发现，我国企业到该国看的多、动的少，主要原因在于未来政治形势不明朗，如果反对派上台对我国企业可能造成很大的负面影响，同样的问题存在于诸多非洲和拉美国家。

(2) 西方国家的攻击和干扰。受全球金融危机影响，西方国家无力扩大对发展中国家投资，甚至出现撤资行为，但又容不得我国投资，因而不断通过各种渠道和方式攻击我国企业是无理取闹的。比如，我国在津巴布韦的一家普通企业被西方记者编造成军工企业，企业建设期间不断受到周围白人的干扰，甚至对我方企业的围墙的颜色也要干涉，西方国家的无理取闹为我国企业增添了不少麻烦。

(3) 成本上升导致亏损。近年来国际资源品价格大幅上涨、劳动力成本也在上升，基于当时价格水平设计的生产方案导致企业亏损严重。比如，在非洲某国没有玻璃厂，但原材料和国际油价的上涨导致企业生产越多亏损越多，本来被市场前景看好的一家企业成了烫手山芋，我国投资方无法收回成本，后期工程无法为继，更不要奢谈投资收益，投资方进退唯谷。另外，由于缺乏熟练工人，人工成本也在不断攀升，津巴布韦某中资企业，当地高级技工工资甚至与总经理相当，非熟练工人要求涨工资的呼声也很高。

(4) 基础设施落后提高了企业的运营成本。在非洲许多国家，铁路建设落后或陈旧失修导致公路是主要的交通方式，但公路等级普遍偏低，这导致运输成本较高，据统计非洲的运输成本比发达国家要高出 4 倍之多。对于矿业而言，问题更为突出。一些国家的矿产产权可以以很低的价格取得，但配套的铁路和港口建设则需投资数十亿美元。同时，电力和水资源供给不足同样制约企业的正常生产。一些非洲国家经常性的断电，企业只能自备发电机，而缺少水利设施和自来水几乎是非洲国家的普遍现象。交通网络不发达。

(5) 东道国配套能力弱。我国改革开放初期，对外资无论是在资金还是在设备和人员等方面配套能力都是很强的。即便在"一五"计划时期，虽然有苏联的援助，但我国仍担负了 20%~30% 的设计工作和 30%~50% 的设备制造。但是，一些发展中国家一方面缺乏物质方面的配套能力，另一方面，配套的积极性也不像我国这样高。某国水电施工项目，开工后我国承包商人员大量进场，但业主征地问题迟迟不能解决，设计单位不能提供完整的施工图纸，施工用电接线点不能满足施工要求;监理工程师迟迟未能到位,造成工程长期不能进入主体工程的施工。另外,政府的低效率也影响了办事效率。

(6)发展中国家民族化倾向较强。一些非洲和拉美国家饱受殖民统治,独立后也在政治经济方面仍然受制于西方国家,因而民族化倾向较强,在对外资的态度上甚至走向极端。以津巴布韦为例,2010年该国《本地化法案》要求外资持股比例不能超过49%,友好国家也只能达到50%。一些国家人才短缺但对雇佣外籍人员又有各种限制性措施,导致我国技工难以获取工作签证,并影响企业的正常生产和运营,即使同我国保持良好关系的津巴布韦也同样存在这样的现象。另外,大多数国家都要求对产品进行深加工之后再出口,以维护本国利益,对利润的汇出也有一定限制。

二、走出去自身存在的问题

(1)缺乏宏观经济环境分析。2007年,中国投资有限责任公司收购黑石公司股份,首战即告失利,主要的原因在于对世界经济和国际金融市场风险缺乏足够的认识。与此类似,我国一些企业在全球金融危机全面爆发前高价收购国外企业,导致目前经营出现很大困难。全球金融危机爆发后,一些企业又因噎废食、持币观望,不敢抓住有利时机走出去,从而错失良机。

(2)缺乏前期的调研。一是缺乏对生产条件的调研,如中东某项目,我方企业认为沙漠地区土质较为松软,前期开挖费用应该较低,实际上沙漠下藏有大量岩石,仅此一项就使企业蒙受巨大损失。二是缺乏对市场需求的调研,如在拉美某国,我国企业同该国合作修建铁路,在工程完成近半的时候才发现这条铁路客流和物流需求都非常低,双方决定停工,损失以10亿美元为单位计算。三是缺乏对基础设施的调研,我国早期的经济开发区往往依海而建,某国简单照搬我国模式,邀请我国企业帮助在海边建设开发区,但该地区交通不便、水电缺乏,既无资源也无市场,开发区最终变成废墟。

(3)缺乏系统的发展战略。例如,我国多家钢铁企业考察了津巴布韦钢铁厂,所有企业都认为设备老化、债务过多、亏损严重,没有收购价值。但今年3月份印度Essar集团却不计成本地收购津巴布韦钢铁厂,这是因为该公司一方面窥中上游丰富的铁矿资源,另一方面看中下游的金属制品业,收购钢铁厂是赔钱的,但相关的铁矿资源和金属制品则会带来巨大的收益。

(4)对合同重视程度不够。我国一些企业走出去时仍采取中国式的思维模式,法律意识淡薄,不太重视合同细节。有些企业急于中标,合同过于草率,双方的责权利不够清晰,对施工方法、技术标准和成本费用等研究不透,从而导致项目严重亏损。

(5)过于强调控股。我国一些企业偏好控股,往往会引起东道国的反感。国际投资理论和经验表明,由于对东道国市场、法律以及人文环境不熟悉,同时考虑到当地民众的抵触情绪,跨国投资首先采取购买部分股份、合资或合作经营的模式,时机成熟之后再采取控股或独资模式。事实上,跨国公司在我国也是采取了这种策略。据麦肯锡的研究,在过去20年全球大型的企业兼并案中,取得预期效果的比例低于50%,具体到中国,有2/3的海外收购不成功。

(6)政策因素制约企业走出去。以农业为例,我国粮食进口逐年攀升、自给率持续下降,农业亟待走出去;非洲一些国家如津巴布韦大量耕地荒芜,希望中国能够帮助他们发展农业。但是,目前双方合作情况并不理想。调查发现主要有如下原因:一是我国农垦企业在国内享受很多优惠政策,但对走出去没有相应的政策,东道国因财力有限也不可能给予有力的支持;二是国内农垦企业是逐年考核,但走出去的企业在前期不可能实现盈利,高级管理人员不愿走出去;三是垄断性政策的限制。例如,津巴布韦非常适合种植烟草,我国一些企业计划种植烟草和粮食,以烟草收入补贴粮食生产,但受国内烟草专卖的限制,企业对产量、价格和销售对象都无决定权,这些企业也被迫放弃全部农业投资计划。

(7)投资领域过于集中。在非洲和拉美等地区,投资领域过于集中在矿业和石油开采业,在西方媒体的渲染下,当地部分民众认为我国企业是资源的掠夺者,没给他们带来实质性的利益。在这种情况下,我国对外投资容易失去东道国的群众基础。

(8)缺乏对成本和风险的控制。例如，我国在非洲某企业，建一个大门就花费了800多万元，企业的投入成本远远超过预算。这些问题事后审计时可以发现，但成本已经发生，损失也无法挽回。另外，企业面临的各种风险往往是难以预测的，防范难度也较大。

三、对策建议

1. 加强宏观经济环境和发展战略研究，健全对外投资机构

前瞻性的研究和发展战略是对外投资成功的关键。以新加坡对外投资公司淡马锡为例，该公司在1993~2003年间的投资回报率只有3%，基于对世界经济发展规律和趋势的研究，淡马锡2002年调整了发展战略，把自己的发展与亚洲经济捆绑起来，从而实现了新的飞跃。2007年，国家开发银行意欲扩大对外投资规模，委托国家信息中心进行可行性研究，课题组认为世界经济形势随时会逆转，开行因此暂缓对外投资步伐，从而有效规避了系统性风险。因此，应进一步加强国内外宏观经济环境研究，为企业走出去提供决策支持。

另外，从世界各国的经验来看，各国都成立了对外投资促进机构。最为典型的是日本贸易振兴机构，成立于1958年，最初为促进国际贸易，伴随对外投资的扩大逐步演化为投资促进机构，目前在海外有73个办事处，负责市场调研、信息搜集、促进各层次的国际交流等活动。1998年，与日本最大的区域研究机构——亚洲经济研究所合并，成为集振兴贸易与投资、研究发展国家经济及其相关课题为一体的全新的综合对外投资促进机构。目前在我国北京、上海、广州、青岛和香港就设立了五个代表处，雇员多达300余人。我国企业缺乏跨国经营经验，且规模普遍较小，因而需要借鉴国际经验，整合现有的资源，健全对外投资促进机构，为我国企业尤其是中小企业走出去提供强有力的支持。

2. 取长补短，加强政银企三方合作

我国"十二五"规划提出要加强实施"走出去"战略的宏观指导和服务，国家开发银行积极落实中央政策，自发组建专家团体，陆续为一些国家提供规划咨询服务。这一举措一方面满足了发展中国家学习中国经验的需求，另一方面使我国投资者更为清晰地了解东道国宏观经济形势、中长期发展战略以及具体的投资机会。银行的优势在于提供金融服务，为帮助发展中国家实现规划目标还需我国企业的投资，银行和企业的结合对促进我国企业走出去可持续发展具有重要意义。对于一些非盈利但又很重要的项目则需要通过国家援助予以支持，同时我国应充分发挥驻外使馆经济商务参赞处的作用，及时介绍东道国经济形势、政策法规和市场动态，为我国企业提供必要的政策指导和帮助。

3. 创新合作模式，突破政策限制

津巴布韦对外资股权的控制是比较苛刻的，但我国企业根据该国实际情况，均通过合情合理合法的方式实现了对企业的管理权，有效控制了投资风险并保证我国投资获取正常的收益。比如，安徽外经建设集团公司措施之一是合资企业在偿还贷款完毕之前原则上不分红，之后再按持股比例分红，这至少保证了银行贷款的安全。每个国家都有各自的国情，每个项目都有独特之处，我国企业可以根据具体情况创新合作模式，从而突破政策限制，实现双赢乃至多赢。

4. 加强同第三方的合作，在提高效率的同时改变国际形象

加强同东道国熟悉的第三方的合作可以提高效率，有效化解风险。以金融业为例，国家开发银行和渣打银行联合非洲的两家银行组成国际银团对南非的一家企业贷款，贷款用于在津巴布韦的项目。南非是津巴布韦的邻国，具有地缘和市场优势，当地银行可以更好地控制信贷风险，渣打银行熟悉国际惯例，这种合作可以实现多方的共赢。同时，加强同第三方的合作包括增加雇佣外籍员工也可以提升企业的国际化形象，避免让东道国认为投资方是中国的国有企业。

5. 将工程承包转化为合资项目，降低对政府的依赖程度

工程承包容易出现政府违约风险，如果将其转化为合资项目，以未来的现金流收回投资成本则会有效地降低这一风险，同时可以获取长期收益。以津巴布韦为例，政府已经是偿贷能力很低了，对于能

源、交通和水利等基础设施项目,韩国、南非等国采取了同当地企业成立合资企业的形式。

6.具有长远的战略眼光,不计较一时一事之得失

企业走出去不可能像证券投资一样快去快回,而应具有长期的战略部署。例如,德国 Julius Berger Nigeria 建筑公司在尼日利亚已有 100 多年的历史,而葡萄牙 Mota-Engil 集团于 1946 年就进入了安哥拉。其间经过无数战乱、政权更迭和经济的起落,但这两家公司从未撤离非洲,目前正从两国的基础设施建设蓬勃发展中获取高额收益。事实上,我国也有类似企业,2009 年,在国际金融危机深不见底、津巴布韦政局剧烈动荡的时候,开行向安徽省外经建设公司发放贷款,支持该公司在津巴布韦成立合资公司。据访谈,银企双方的决策并非逞一时之勇,而是基于各自的全球战略部署以及对世界经济发展格局的准确判断,并经过严格的项目评审程序,目前合资公司已经到了收获季节。

7.积极融入当地主流社会,自觉履行企业的社会责任

走出去的企业应积极融入当地主流社会,同社会各界建立全面合作关系,让企业成为当地社会的一员。同时应关注民生,自觉履行企业的社会责任。以安徽外经建设公司为例,该公司帮助当地农民兴修水利、公路、医院和学校,提供住房和就业机会,在这种情况下企业的投资受到当地的欢迎,居民的拆迁没有遇到任何阻力。

8.树立在东道国为东道国的思想,通过经济发展促进社会稳定

首先,尽可能聘用当地员工,培养并留住当地人才,有效促进就业、减轻贫困。其次,在技术和设备的方面统筹考虑适用性和先进性,积极促进东道国技术进步。第三,加大东道国经济社会发展瓶颈领域的投资,根据各国资源禀赋帮助东道国发展工业,通过经济发展促进政治和社会的稳定。

2011 年进入全球承包商 225 强的中国内地企业

序号	公司名称	2011年度	2010年度	序号	公司名称	2011年度	2010年度
1	中国铁建股份有限公司	1	1	21	中国寰球工程公司	90	125
2	中国中铁股份有限公司	2	2	22	安徽建工集团有限公司	94	123
3	中国建筑工程总公司	3	6	23	中原石油对外经济贸易总公司	105	106
4	中国交通建设集团有限公司	5	5	24	中国石化工程公司	109	109
5	中国冶金科工集团公司	7	8	25	大庆油田建设集团	118	111
6	中国水利水电建设集团公司	15	26	26	江苏南通六建集团有限公司	123	158
7	上海建工(集团)总公司	20	27	27	山东电力建设第三工程公司	125	153
8	中国东方电气集团公司	37	43	28	上海电气集团有限公司	130	136
9	中国化学工程集团公司	42	55	29	南通建工集团股份有限公司	136	165
10	中国石油工程建设(集团)公司	51	75	30	新疆北新建筑工程(集团)有限公司	143	171
11	浙江省建设投资集团有限公司	52	53	31	中国电力工程顾问集团公司	153	167
12	中国葛洲坝集团有限公司	53	60	32	沈阳远大铝业工程有限公司	161	**
13	中国机械工业集团公司	54	54	33	中国土木工程集团公司	170	162
14	中国石油天然气管道局	66	90	34	中国江苏国际经济技术合作公司	177	203
15	云南建工集团有限公司	68	93	35	哈尔滨电站工程有限公司	192	**
16	青岛建设集团公司	74	101	36	泛华建设集团有限公司	196	220
17	中信建设有限责任公司	75	86	37	中国武夷实业股份有限公司	217	**
18	南通三建集团有限公司	85	105	38	中国海外经济合作总公司	219	**
19	上海城建(集团)公司	86	81	39	中国地质工程集团公司	221	194
20	山东电力基本建设总公司	88	98				

** 表示本年度未进入 225 强排行榜

国有建筑企业人才短缺问题研究

刘 毅

(中国建筑第七工程局有限公司,河南 郑州 450004)

摘 要:在经历了较长时间的人才外流之后,国有建筑企业迎来了一个业务快速拓展和大幅提升的重要发展时期,与此同时人才短缺问题变得越来越尖锐。在分析了国有建筑企业人才短缺的表现和成因之后,本文在多样性、前瞻性和系统性观点指导下,提出了从人才队伍规划到离职管理的一整套应对人才短缺的建议。

关键词:国有建筑企业,人才短缺

自改革开放以来,建筑业总产值从1980年的286.93亿元增加到2009年的76 807.74亿元,增长了近267倍;其国内生产总值占比从4.3%增加到6.6%,建筑业在我国国民经济中的重要地位不断增强,建筑业的发展对支撑中国经济的稳步成长承担了越来越大的责任。据统计,2009年建筑业吸纳农村剩余劳动力近4 000万人,占全行业职工总数的80%左右,占农村剩余劳动力进城务工总数的近1/3。研究表明(徐凯,薛继亮,梁寿超,2009),建筑产业的发展可以引起农村劳动力在建筑业就业量的增长,建筑业以其规模和增长长期吸纳农村劳动力就业。作为农业人口大国,建筑业的发展对于转移农村劳动力就业和城市化建设,对于建设和谐社会发挥着不可替代的作用。

在整个建筑行业中,虽然2009年国有建筑企业的总产值占比不足20%,但是以中央企业为代表的国有建筑企业对建筑行业的引领、对建筑行业的平稳快速发展依然产生着十分深远的影响。

对中国建筑业的经济增长历来存在两种观点(高春亮,2004):一种认为,中国建筑业的经济增长主要依赖投资的增加,人力资本对我国建筑业的作用微乎其微;另一种则认为,中国建筑业经济增长过程中,依赖人力资本与技术进步而使效率有明显的提高。为剖析这一问题,已有学者(冉立平,翟凤勇,2010)采用数据包络分析(DEA)方法,通过分析1995~2007年建筑业投入和产出的有关统计数据,测算了我国2006年和2007年建筑业经济增长中的影响因素相对贡献率。结果表明,随着竞争压力的加剧、经济增长方式的转变,人力资本已成为我国建筑业经济增长的第一要素。反过来可以推论,人力资本的状况制约着建筑业的发展状况。

近年来,为应对世界经济金融危机,我国实行

专题研究

积极的财政政策和适度宽松的货币政策,出台了扩大内需、促进经济增长的十项措施,以铁、公、基为代表的建设行业发展迅猛。人才短缺问题在建设行业,已经变成一个越来越突出的问题。在现有行业环境下,应该如何认识和应对这一问题,已成为国有建筑企业实现又好又快发展中不可回避的一个重要课题。

一、国有建筑企业人才短缺的普遍表现

1.人才总量短缺

从宏观角度看,2009年国有建筑企业从业人员518.92万人,总产值15 190.05亿元,人均产值292 724元,而我国建筑业整体人均产值为185 087元/人,如果以行业内平均生产率来计算,国有建筑企业应有从业人员820万人,缺口达300万人。

从微观层面看,国有建筑企业在施项目中人员配备严重不足。根据对某国有建筑企业的调研数据显示,所抽查的项目部应配备岗位缺口率最低的为28%,最高的已经达到65%,各个项目部都呈现出不同程度的人员短缺。

2.执行层面高素质人才短缺

调研发现,国有建筑企业高素质人才向各级领导班子集中的现象十分明显,导致企业执行层面高素质人才匮乏。抽查数据显示,某国有建筑企业下属公司具有高级职称的人员共87人,其中有30人处于各级单位领导班子,占高级职称总人数的34.5%;只有21人在项目部工作,占高级职称总人数的24%。

3.中青年骨干人才短缺

员工进入一个企业,没有一定的时间积累是无法发挥骨干人才作用的,超过一定年龄之后,员工精力是无法适应高强度工作的,因此本文将年龄在31~45岁之间的员工视为企业的中青年骨干人才。调研发现,如果将某国有建筑企业中青年骨干人才在所有在施项目中进行平均,每个项目可以配置的人才不足3人,以亿元房建项目最低配置31人进行对比,中青年骨干人才的短缺程度可见一斑。

二、国有建筑企业人才短缺的成因分析

1.人才总量大规模流失

20世纪90年代中期以前,国有建筑企业在建筑领域一直处于绝对的统治地位,1995年国有建筑企业从业人员达842万,总产值3 670亿元,分别占行业总量的55%和63%。从1996年从业人员达到856万的顶峰之后,国有建筑企业开始了近10年的人员持续流出,到2005年从业人员缩减为480万,人员流失率达44%。与此同时,非国有性质建筑企业却高歌猛进,1995年从业人数不足42万,而在2005年已达到1 858万人,这其中有大批人才来自国有建筑企业,一时间业界纷纷议论国有企业变成了民营企业的人才培养基地。

2.缺乏竞争性激励机制

国有企业长期处于低水平的平均主义吃大锅饭的管理状态中,不患寡,而患不均。针对当时的情况,邓小平同志曾经说过,不管贡献大小、技术高低、能力强弱、劳动轻重,工资都是四五十块钱,表面上看来似乎大家是平等的,但实际上是不符合按劳分配原则的,这怎么能调动人们的积极性?

虽然"人力资源"概念在中国已经流传了很多年,但是国有建筑企业却长时间停留在人事管理阶段。以部门设置为例,国有建筑企业设立的人事处(或干部处)和劳资处是在2002年左右才开始合并出现人力资源部的,这时"人力资源"概念已经被引进中国超过10年。在国有建筑企业成立人力资源部后,虽然部门的名称改变了,但是工作内容还没有发生实质性变革,人力资源部几乎全部时间都用在了工资核算、社会保险、档案存储、人事手续办理等工作上。企业领导对"人"的认识仍然是"成本"、是"消耗",而不是可以产生利润的"资源"。因此,在制定薪酬福利等激励机制时,国有建筑企业对于市场的竞争因素一般不太敏感,更多的是考虑内部员工的稳定和平衡。

20世纪90年代中期以后,从垄断性市场走向竞

争性市场的时候，多数国有建筑企业忽略了市场环境变化的因素，依然延续了计划经济时代下的激励模式，致使人员激励体系与外部人才竞争环境脱节。当个人投入与回报在内部与外部对比发生巨大差距的时候，不少员工、尤其是入行时间较短但闯劲十足的高素质青年员工，选择离开国有企业就成为必然。对某大型国有建筑企业调研发现，从2001~2005年每年流失人才占当年引进的大中专毕业生比例最高达72%，最低的年份也有44%，在所有流失人才中，大专、本科学历占83%，25~35岁间的占57%。大批高素质青年员工的流失，形成了目前多数国有建筑企业中青年骨干员工极为缺乏的局面。

3.功利性的用人政策

因为固有的"人事管理"思维习惯，多数国有建筑企业不重视人才培养。当步入竞争性市场环境后，由于管理过于粗放或经营策略失误，国有建筑企业效益普遍下滑，面对日益萎缩的市场份额，多数企业采取了降低人工成本这种单一策略以抵消效益降低。在"减员增效"的大背景下，国有建筑企业开始大规模清理人员。不能否认，降低人工成本策略的确清理了一部分已经不适应企业发展的人员，减轻了企业包袱。但是在这一过程中，由于只顾眼前效益不顾未来发展，多数企业并没有对人才队伍进行科学合理的规划，没有努力保留核心人才，导致大批当前急需的工程管理骨干人才流失。同样，因为只考虑人工成本因素，国有建筑企业在效益不景气的阶段不愿意接受应届高校毕业生，有些单位甚至停止招收毕业生，不进行人员储备，导致目前人才配备捉襟见肘。

4."官本位"思想的影响

直到2000年左右，我国国有企业才开始逐渐取消行政管理级别。之前国有企业在内部职务划分上，一直执行了与政府机构相同的行政管理级别，企业化特征不明显。加之国有企业建立之初，很多人员本身就是出自政府部门，因而在国有企业的文化中，"官本位"观念由来已久。由于职务与各种待遇挂钩，导致职务不提升待遇就无法提高的现象。在这样一种文化的激励下，员工普遍追求的是获取更高的职位，而不是在本职专业内深入发展。久而久之就出现了高素质人才集中于各级领导班子的现象，导致真正掌控企业运营的执行层面高素质人才十分匮乏，企业市场竞争力削弱。

5.国家经济政策的市场放大效应

从长期看，改革开放以来，我国经济保持长期较快增长，平均每年达到9.7%，直接拉动包括建筑行业在内的各个产业的快速发展。

从近期看，为应对世界金融危机，国家扩大内需政策投入的巨额资金，大部分投到了铁路、公路和重大基础设施建设中，投资规模和投资力度之大前所未有。中央投资拉动全社会固定资产投资增速加快，2009年全社会固定资产投资为22.48万亿元，比2008年增长30.1%，增幅4.2个百分点。中央投资带动重点领域投资明显加快，基础设施投资4.19万亿元，比2008年增长44.3%。城镇新开工项目计划总投资15.19万亿元，比2008年增长67.2%。

随着中国经济的快速发展和扩大内需政策的实施，2005年以来，全国建设行业进入一个迅猛发展阶段。从2005~2009年间，国有建筑企业总产值年均增幅15.8%；劳动生产率增幅达到66.9%；而从业人员总量年均增幅仅为2.2%。若没有国家经济政策的市场效益，从常理上讲，国有建筑企业劳动生产率在短时间内是不可能实现如此巨大增幅的；由于前期的人才储备不足和从业人员总量增幅缓慢，市场份额的迅速扩大，就直接导致了国有建筑企业人才匮乏的现象。

三、国有建筑企业人才短缺问题的对策

1.用多样性手段调控人才队伍

虽然国有建筑企业面临着非常大的人员短缺，但对于外部因素导致市场容量迅速扩大的持久性应该有清醒的认识。不应不加选择地引进大批良莠不齐的人员，而应该充分考虑未来市场容量，结合企业

发展战略和业务领域特点,采取各种灵活手段,应对当前问题,统筹规划好与企业长远发展相适应的人才总量,在不断挖掘人才资源能力的基础上扩大人才队伍。

(1)建立完备培养体系,提高劳动生产率。

江泽民同志指出,培养不好人才,使用不好人才,留不住人才,吸引不了人才,我们的事业就很难向前发展(江泽民:《论三个代表》第68页)。尽管我国国有建筑企业人均产值已达292 724元,但是与外商投资企业人均产值405 523元相比,差距非常明显。因此在应对人才短缺问题时,挖掘在职人员潜能的空间十分巨大。应从内部人员的素质能力着手,以岗位胜任力为核心,以企业战略方向为指引构建培训体系。要加大培训投入、丰富培训内容、创新培训模式、落实培训效果,将培训发展成为应对人才短缺的重要手段。

(2)利用劳务派遣,分散企业未来风险。

对于非核心性岗位,应该与国内运作比较成熟的劳务派遣公司建立长期合作关系,将服务、操作等相对较低技能型岗位进行外包,这样不仅可以部分地解决人员总量短缺问题,而且为应对未来市场变化提供了重要手段。

(3)针对特殊人群,以项目期限签订劳动合同。由于项目人员短缺,无法一时招聘到符合企业战略要求的人才,为应一时之需可以对部分项目一线管理人员签订以完成一定任务为期限的劳动合同,保持人才总量的灵活控制,同时避免降低整体人员素质。

2.以前瞻性思维筹划人才队伍

人才队伍的招募计划与企业的发展规划是紧密相连的,仅仅以满足当前业务需要而进行的招募活动,必然会对未来的人员配置带来储备不足、结构失衡等各种的问题,以前瞻性眼光统筹规划人才队伍是处理好人才短缺问题的关键。

(1)围绕战略,制定执行人才发展规划

企业的战略会根据国家政策的导向、市场环境的变化进行调整,而战略调整的成败与人才配置的契合性是分不开的,特别是对于新的业务领域,人才发展规划必须与企业发展规划同步制定、实施和调整。只有以企业战略为中心制定人才发展规划,根据战略指引,分析、判别人才管理中的问题并预作安排,认真落实人才发展规划,才能为下一步的企业发展提供有力的人才支撑,将未来的人才问题解决于无形之中。

(2)创新形式,招聘高校毕业生

吸纳、培养高校毕业生,是企业核心人才的重要来源。由于可以直接成长于特有的企业文化环境中,其工作方式、处事方法都与企业无缝衔接,会使企业人才队伍建设更加有效率。在当前人员短缺的背景下,等待学生毕业时再去招聘会错失很多潜在优秀人才,因此招聘工作可以以提供实习、奖学金、继续深造机会等方式,在大三或研一阶段开始进行。

(3)多种渠道,吸引社会成熟人才

毛泽东同志指出,任何企业中,除了厂长和经理必须被重视外,还必须重视有知识有经验的工程师、技师和职员。必要时,不惜付出高薪。邓小平同志说,要发现专家,培养专家,重用专家,提高各种专家的政治地位和物质待遇。

根据建筑行业的特点,成熟人才一般都活跃于施工现场,国有建筑企业应该细化招聘工作,通过调查研究,来发现建筑业成熟人才接收信息的主要渠道,从而确定出适合获取外部成熟人才的招聘渠道。在企业已有的核心目标市场内,人力资源从业者应该建立丰富的业内人脉关系,把控当地最具影响力的招聘平台,及时收集信息,建立成熟的人才数据库,以应对企业发展需要;在企业新进的核心目标市场内,应该通过猎头公司了解当地主要建筑企业内各业务链中的关键人才,根据企业需要引进与战略规划相适应的关键人才,并可以通过引进关键人才的领袖影响力,吸引业务支撑型人才。

(4)战略兼并,推动人才整合

随着国有建筑企业内生增长潜能的空间逐渐降低,外延性增长正在被很多企业提上日程,兼并重组已经开始在建筑领域内上演。国有建筑企业人力资源管理者，应该紧跟企业战略兼并的步伐，通过胜任力模型、人才测评、人力资源效能调查等手段，掌握整合人员的全面情况，根据实际情况制定整合节奏，分阶段、有重点地对人员进行整合，保证新进人员平稳过渡，最大限度发挥各阶层人才应有的作用。

3.以系统化方法稳定人才队伍

在当前形势下，人才竞争的程度远高于以往，因此，建立更为完善的人才激励机制，提供广阔顺畅的职业生涯发展空间来稳定人才队伍、激励核心员工自我发展也是应对国有建筑企业人才短缺问题的一大关键任务。

(1)建立以市场竞争为导向的激励机制

江泽民同志指出，加快建立有利于留住人才和人尽其才的收入分配机制，从制度上保证各类人才得到与他们的劳动和贡献相适应的报酬。通过各项工作，努力开创人才辈出的局面。

国有建筑企业应时刻把握市场环境，建立以市场竞争为导向的激励机制，在员工个人的付出与回报关系上，消除内部与外部之间的落差，破除单方面强调内部平均的思维，加大技术、管理要素在薪酬分配中的作用。应系统考虑企业与员工的利益关系，强调长期激励，使有实力的员工得到应有的回报。

(2)设计职业发展通道，提高员工专业化程度

江泽民同志指出，创造宽松和谐的环境有利于创新人才的涌现。应针对专业技术人才的成长和工作特点，努力营造一种尊重特点、鼓励创新、信任理解的良好环境。

要破除"官本位"思想，必须首先摆脱"官本位"体系。鼓励更多的专业技术骨干安心本专业发展，成为行业专家，是一项重要的任务。当前情况下，应该积极为各类专业技术人员和项目管理团队开辟出新的职业发展通道，破除目前的单一行政晋升体系，保证各种高素质人才长期持续地在最能够体现其价值的岗位上努力工作，从而提高企业整体的竞争实力，

保证国有建筑企业在市场中的领导地位。

(3)建立完备的离职管理制度

离职管理应该包括离职挽留、离职访谈、离职分析与反馈、人力资源相关整改五个方面。对于核心岗位人员离职，应制定逐层挽留机制；挽留不成的应该设计合宜的离职访谈形式，以探究其离职的真实原因，并形成纪要；应定期或按人员类型进行离职分析，并将分析结果与主管领导和相关单位、部门进行反馈；离职分析结果在各方达成一致后，人力资源部应根据结论对相关制度、流程、方式、方法等进行整改，然后通过下一阶段的离职情况反馈研究，完成人力资源管理持续改进的良性循环。

参考文献

[1]2010 中国统计年鉴.北京：中国统计出版社,2010.

[2]徐凯,薛继亮,梁寿超.建筑业吸纳农村剩余劳动力就业实证研究[J].经济问题,2009,(10).

[3]高春亮.沪苏浙经济增长中技术进步的比较分析[J].上海经济研究,2004,(5).

[4]冉立平,翟凤勇.基于DEA的中国建筑业人力资本贡献率实证分析[J].系统管理学报,2010,(12).

[5]毛泽东.毛泽东选集.

[6]江泽民.论三个代表.

浅谈建筑施工企业劳务现状与发展对策

张劲松

(中建四局第一建筑工程有限公司,贵阳 550003)

摘 要:建筑行业是我国国民经济发展的支柱产业,对我国经济的发展有举足轻重的作用。作为建筑行业劳动力的主力军,农民工的发展与稳定,关系到建筑行业的生死存亡,关系到数以万计家庭的和谐与幸福,关系到国民经济的健康可持续发展。本文结合中建四局第一建筑工程有限公司(以下简称:中建四局一公司)的劳务管理实践,对建筑施工企业劳务现状进行分析,直面劳务用工在建筑行业发展中的问题和矛盾,找出造成建筑行业用工缺口的原因,积极探索应对"民工荒"的对策和措施,为企业发展与行业发展提供理论参考。

关键词:建筑,劳务,发展,对策

一、建筑施工企业劳务现状调查

中建四局一公司是世界500强企业中国建筑工程总公司下属的中国建筑第四工程局有限公司的全资子公司。公司总部位于贵州省贵阳市,以房屋建筑施工为主要业务。作为"全国优秀施工企业",中建四局一公司的业务遍布全国各个区域。当前,公司所属各主要分公司如贵州分公司、广东分公司、西北分公司、安徽分公司等,均受到劳动力不足的影响。

调研显示,中国建筑、武汉建工、上海建工、陕西建工、贵州建工等,80%以上建筑施工企业目前存在劳动力紧缺。同时,也反映了我国各区域存在不同程度建筑劳务用工缺口,"民工荒"较为普遍。

二、"民工荒"成为制约建筑行业发展的重要因素

建筑行业属于劳动力密集型产业,在行业调整升级过程中有一个比较漫长的过程,劳动力仍然是工程建设的决定性因素,还没有得到有效替代。然而,随着建筑行业的不断发展,开发商对工期的要求越来越短,老百姓对工程建设的质量要求越来越高。

劳动力不足,赶工期压力越来越大,管理难度加大,影响工程进度。这就使建筑行业的投资周期加长,大型机械设备的使用周期延长,租赁的物资及设备的费用增加。成本升高,利润降低。劳动力不足,成为了建筑行业发展的重要瓶颈之一。

三、造成"民工荒"的主要原因分析

一是我国加大了对"三农"问题的重视和系列政策的倾斜,农村农民收入增加,部分农民工返乡务农,建筑业农民工供应总量减少。2010年中央一号文件以"加大统筹城乡发展力度,进一步夯实农业农村发展基础"为主题,将农民工返乡创业和农民就地就近创业纳入政策扶持范围。近年来,国家对"三农"问题的重视使得农民工回乡创业有了种种便利。政府加大了对农业农村发展的扶持力度,许多地方政府为农民工创业提供了优惠条件,农民工返乡务农或创业,加剧了建筑行业用工紧张。

二是我国城镇化建设速度继续加快,对农民工的硬性需求保持增长趋势。统筹城乡发展、加快推进城镇化关系改革发展稳定,关系国家长治久安、人民安居乐业。推进城镇化是关系我国现代化建设全局

的重大战略,是统筹城乡发展的重要载体,是加快转变经济发展方式的重要内容,是扩大国内需求和调整经济结构的重要依托,也是保障和改善民生的重要途径。当前,全国各省区在城镇化的道路上正阔步前进,新农村建设、旧城改造、危房改造、棚户区改造、经济适用房建设、地产开发等,这些都需要投入大量的农民工,劳务用工硬性需求保持较快增长。

三是新一代农民工的出现和他们追求的价值观发生了变化,许多农民工与农民工子女转从其他行业。在建筑行业里,从业人员多为年富力强的中青年人,20~50岁之间的从业人员占总体从业人员的82%,50岁以上的中老年人占16%,20岁以下的建筑从业人员最少,约为2%。其中在20~30岁年龄段的建筑农民工中,具有高中、中专以上学历的农民工62%打算转行。转行原因大致包括:城市农民工收入增长缓慢,物价上涨快,生活成本高,攒钱不多,生活环境恶劣,饮食条件差,行业辛苦和劳累,工作量大等,相对于父辈,他们更注重生活的质量,而不是做赚钱的机器。再看另一组数据,农民工同住子女未来理想的职业领域主要涉及教育33.4%、卫生和社会保障的社会福利业28.6%、文化和体育13.7%、法律和公证9.6%等,这与他们父辈大多从事工业54.6%、建筑业27.4%等工作大相径庭。农民工子女不想再当农民工,一般的农民工不愿从事建筑行业。

四是农民工群体具有文化上的封闭性。由于建筑行业流动性大,文化生活单调,从农村到城市打工的他们精神文化生活极其匮乏,缺少归属感,造成建筑行业农民工流失。这具有外在和内在两个方面的因素。外在因素是,几十年的"城乡二元"结构不仅是一种制度结构,而且经过长期的积累演化为一种与这一制度结构相配备的制度意识形态,沉积为一种普遍的社会心理。他们与城市居民自然而然形成一种"心理的鸿沟"。内在的因素是,建筑行业农民工群体本身存在文化素质上的局限,在实际交往过程中存在文化上的困难,与城市居民的交往难以实现。调查表明,90%以上的农民工没有业余文化生活,聊天、睡觉、打牌赌钱、闲逛是他们打发空闲时间的主要方式。这就使得他们远离亲人和朋友在城市工作,容易产生孤独感,从而选择回家或者就近就业。

五是农民工培训力度不够,农民工综合素质没有得到有效提升,收入偏低。通过调查发现,农民工上岗前经过1~7天简单培训的不到30%,7~15天培训的不足10%,15天以上专业培训的不足3%。劳务人员一般是通过劳务公司在街边的流动人员农民工进行招聘,或者是老乡、亲戚介绍,他们上岗之前大多从事与建筑行业无关的工作。上岗后,从事的都是没有技术含量的体力活。建筑行业技术工人与普通工人工资待遇相差2~5倍不等。近几年,懂技术、会操作机械设备的农民工工资得到大幅度增长,月收入可达万元;而一般农民工工资增长缓慢,月收入在1 000~4 000元不等,收入偏低,而且还不稳定。没有技术的建筑行业农民工,把工作当做一种短期行为,只是一个过渡,没有职业化,造成了建筑行业农民工波动较大,流失较为严重。

六是建筑施工企业对农民工的重视程度不够。以前劳动力充裕,施工企业认为我国农民工具有一个庞大的群体,没有危机意识,很多农民工需要解决的问题都觉得事不关己高高挂起。然而,随着经济社会的发展,劳动力缺口突如其来,很多企业防不胜防,事情发生后再去想补救措施,劳动力补给慢,劳动力紧缺进一步显现。

七是建筑行业农民工在城市的医疗保障、子女就学等没有完全得到有效解决。随着农民工进城务工数量的增多,各地近年来纷纷出台相关政策或措施,降低入户城市的门槛,鼓励农民工落户城市。然而,众多农民工在外打工,子女只能留在农村就学,这也在很大程度上"迫使"大量农村孩子成为留守儿童。农民工即使加入了新型农村合作医疗保险,在城市看病也只能回户口所在地报销部分费用。一些农民工为了孩子的教育或是缺乏安全感,不愿长期在外从事建筑施工行业。

四、建筑行业的地位、作用以及发展趋势

建筑行业是我国国民经济发展的支柱产业。在国民经济各行业中所占比重仅次于工业和农业,属于第二产业,对我国经济的发展有举足轻重的作用。"十二五"时期,我国GDP年均增长7%。在最新一轮的经济周期中,建筑行业随着中国GDP的增长而保持同步增长,建筑行业的增长同GDP的增长保持高

度的相关性。随着我国经济的持续增长,建筑行业市场总的趋势将不会有太大的改变,繁荣仍将继续。特别是在基础设施建设、交通建设、房地产开发等方面将保持较快发展。换言之,建筑行业的发展,将导致劳动力存在较大的硬性需求,行业用工数量将进一步增加。

国家统计局2010年3月公布的《2009年农民工监察调查报告》中指出,外出农民工主要集中在制造业、建筑业、服务业、住宿餐饮业、批发零售业这五大行业。从事建筑业占17.3%,仅次于制造业农民工总人数的39.1%。建筑行业农民工的发展与稳定,关系到建筑施工企业的生死存亡,关系到数以万计农民工家庭的幸福指数,关系到国民经济的健康可持续发展。解决建筑行业农民工的就业和发展问题,应引起高度重视,刻不容缓,任重而道远。

五、"民工荒"的应对措施

解决"民工荒"问题,需要政府和企业高度重视,共同努力。"十二五"及更加长远的时期,是我们国民经济继续保持高速发展的又一个黄金机遇期,也是建筑施工企业调整升级实现科学发展的关键时期,政府及建筑施工企业只有以等不起的责任感、慢不得的紧迫感、坐不住的危机感来解决建筑行业农民工就业和发展问题,在充分尊重市场规律情况下,加快企业产业结构调整步伐,提高建筑行业民工的待遇,保障民工的利益,提升民工的素质,培养高技能的农民工队伍,为农民工创造更加优良的工作环境和生活条件,才能实现农民工群体、企业、社会发展多方面的共赢。

(1)提高认识,高度重视农民工发展,加快企业改革调整升级。我国具有丰富的劳动力资源,很多企业以前在劳动力资源方面可以说是"天干不怕,下雨无忧"。由于危机意识不够,重视程度不够,"民工荒"突如袭来,导致很多企业应接不暇,措手不及。

农民工群体是建筑施工企业管理环节中不可或缺的一部分,对建筑行业的发展起到决定性的作用。根据木桶原理,桶里面能装多少水由最短的一块板决定。要使企业管理能够发挥整体的作战优势,必须高度重视农民工的发展,把农民工就业和发展作为企业管理中的一个重要任务来抓,增强管理合力,提升整体战斗力。此外,企业在解决"民工荒"过程中,应加大新技术、新工艺、新工法的投入和运用,积极寻找可代替人工的机械设备,提高劳动生产率,逐步降低对劳动力的绝对依赖程度。

(2)加大培训和教育力度,提高农民工工资收入。主要可以从以下几个方面着手:一是与成建制的劳务队伍建立长期的战略合作伙伴关系。由于建筑市场行为相对不规范,缺乏有效的制约机制,计划经济体制下衍生的"包工头"还大量存在。"包工头"通过马路劳务市场,私招滥雇一些农民工进行劳务作业。"包工头"的存在既无法保证工程质量,也无法保障农民工自身利益。因此,就要与一些资信好、实力强的劳务企业建立战略合作伙伴关系,与他们共荣辱、共进退,确保劳务资源的数量和质量。二是根据《中华人民共和国建筑法》第四十六条和《中华人民共和国安全生产法》第五十条的规定,按照从业人员应当接受安全生产教育和培训,掌握本职工作所需的安全生产知识,提高安全生产技能,增强事故预防和处理能力。新入场工人应该由公司、项目、班组三级进行培训教育,教育的时间分别组织不少于15学时、15学时、20学时的"三级"安全教育,经考核合格后才能进入操作岗位,把农民工培训与否作为劳务合同签订与否的重要条件,未达到培训要求的农民工,坚决不允许上岗,必须不折不扣地执行相关规定。三是建立劳务培训基地或成立自有劳务公司。劳务培训基地实行定向专业培养,钢筋工、混凝土工、机械工……根据农民工喜好、愿望、特长进行划分,进行定向培养,接受相对专业、系统的相关知识,掌握一技之长,为建筑行业农民工的长远发展创造条件。当然,作为建筑行业农民工,流动性是十分明显的特点,建筑施工企业需要有宽阔的胸怀对待农民工培养,不能抱着培养是"为他人作嫁衣裳"的态度。只要所有企业都认真,以"送人玫瑰、手留余香"的做法来对待农民工培养,那么,无论如何流动,都是相互促进、共同受益。此外,随着企业经营规模的扩大,企业与专业劳务公司合作也存在一定风险,有的施工企业与劳务公司的经济利益、发展目标不一致,越到施工关键时刻,越会出现"卡脖子"、"撂挑子"现象,给企业带来严重经济损失与社会影响。有专业资质的建筑集团,还可以组建与企业有着"亲缘"和利益一致关系的劳务公司,既便于对农民工的培养,也能规避企业发展过程中存在的风险。

(3)改善居住环境和生活条件。建筑行业农民工流动性大,随着项目建设四处奔波,"打工"期间基本上没有固定的居住地点,他们大多暂住在集体的临时活动板房里,冬冷夏热,加之都是群体居住,基本素质偏低,居住环境脏、乱、差,居住环境十分恶劣。在饮食生活方面,建筑行业农民工常见两种就餐方式:一是由劳务队伍统一安排的集体食堂,农民工人数多,少则几十人到百人,多则上千人,饮食的营养与卫生很难保证。另外一种方式则是自行解决,在建筑行业里,93.68%的从业人员是男性,女性从业人员较少,只有6.32%,夫妻双方在一起生活者不到17%。他们当中很多是孤身一人在外面打工,饮食生活方面顾不上,只要能填饱肚子就行,饮食营养状况令人担忧。据统计,无论是吃大锅饭的农民工,还是自行解决就餐的农民工,他们当中只有24.74%的农民工经常食用肉类、蛋类食物;有31.40%的农民工有时或偶尔食用肉类、蛋类食物;而有高达36%的农民工很少或几乎没有食用肉类、蛋类食物。这与他们所从事的高强度体力劳动很不相称,饮食条件需要改善。

鉴于此,在提高农民工收入的基础之上,建筑施工企业要为农民工提供干净、整洁的临时住房,把农民工日常生活、饮食管理纳入总包管理,加大健康及卫生知识宣传,对农民工居住环境进行监督,保证农民工居住环境的卫生。建筑施工企业应与劳务分包在签订劳务合同时,要把农民工饮食条件列为合同款项之一,强制要求劳务分包保证农民工的饮食卫生和营养。

(4)关注农民工收入的稳步增长和身体健康。在调查中,笔者发现,近几年建筑施工企业的劳务成本增长过快,而两年内有63%的农民工收入没有得到增长。在农民工身体健康检查调查部分,两年内参加过体检的农民工不到15%,从未参加过体检的高达72%。农民工收入增长被忽视,身体健康被漠视,不利于农民工队伍的可持续发展。

为确保农民工队伍的稳定,建筑施工企业在与劳务分包签订合同时,应增加两部分约定内容:规定农民工间隔体检时间,为农民工进行免费的身体健康检查;规定农民工工资逐年增长到一定幅度,按照工作年限每年增长比例。划定一定比例的保证金,并进行监督跟踪,若劳务分包没有满足条件要求,建筑施工企业可以通过法律途径拒付这部分保证金。

(5)关注农民工的精神文化需求。党的十六届四中全会明确提出建设社会主义和谐社会的国家发展目标,以"人与社会"和谐发展为目标的和谐社会建设必须重视农民工的文化权利,包括文化参与权、文化创造权和文化享受权,国家通过强有力的政策和措施,逐渐把广大的农民工群体纳入到整个社会主流文化的发展进程之中,将改善农民工文化生活纳入到建构和谐社会的理论框架中,以农民工现代文化价值观念体系的重建作为建构中国和谐社会的基本策略。调查显示,农民工在文化方面的开支非常小,每月文化消费不足10元的占29.7%,文化消费50元以下的则占了83.8%,每月文化消费超出100元的农民工仅占5.8%,而没有任何文化方面开支的农民工高达31.4%。多数农民工远离乡土文化后,远离亲人和朋友。他们在城市里从事建筑施工工作,劳累、疲惫,精神生活几近空白。加上与城市居民之间产生的天然隔阂,碰到事情也没有倾诉对象。

因此,建筑施工企业就需要不断改善和丰富农民工的精神文化生活,开展一些文化娱乐活动以及相关慰问活动,如开办农民工业余学校、建立农民工文化活动室、图书角、阅报栏、放电影、设免费亲情电话吧、安排心理咨询和疏导等,广泛开展内容丰富、形式多样的文化体育活动;让农民工有报读、有电视电影看、有广场文艺晚会可观赏,尽量提供丰富多彩、门类齐全的各种娱乐项目,以满足不同层次农民工的个性需求。满足农民工精神文化需求,增强农民工的归属感。

(6)建筑施工企业要提高管理水平,避免窝工、返工现象发生。建筑行业农民工一般是按照小时计价,也有部分农民工实行小范围承包形式参与工程建设。部分建筑施工企业由于项目管理组织不当、物资供应不足、工序安排没有统筹兼顾,或者是对农民工的交底不到位,造成窝工、返工现象发生,影响农民工工作积极性。因此,建筑施工企业要加强管理,协调好项目的人、材、机,加大交底和培训力度,避免窝工、返工的事情发生。

(7)加大农民工维权力度。《工会法》以法律的形式保障了工会维护工人权益的法律地位，规定工会有权代表职工跟资方谈判、解决劳资纠纷和职工困难等。工会的合法性极大地增强了职工维权的力量，加入工会，农民工通过组织的形式维权，保护自己的权利。因此，要引导农民工加入工会组织。维护农民工权益，企业要有一损俱损的意识。把农民工维权作为企业管理的重要任务来抓，为农民工排忧解难。公司必须成立农民工工资清欠领导小组，由各单位负责人亲自挂帅，并在项目一线设立投诉电话，随时对农民工工资问题进行解决，确保农民工及时、足额领到劳动报酬。其次，要在项目一线设立"工程建设维权公示栏"牌，牌子上面应包括建设单位、施工单位、政府监督部门、工资发放日期、监督举报电话，还有工程项目经理、工资支付联络人，并有政府相关职能部门的举报电话。第三，企业还应多方式、多渠道开展法律知识宣传，加大普法宣传和培训力度，提高农民工的劳动保障法律意识，维护自身的合法权益。

以上七点，可以作为企业在解决"用工荒"过程中的探索方向。在前面笔者谈到，解决建筑行业农民工就业和发展问题，需要政府和企业高度重视、共同努力，需要政府、企业"两手抓、两手都要硬"。接下来，笔者结合本文调研过程中的一些心得和体会，从两个方面简述政府如何在解决建筑行业农民工问题中进一步发挥作用：

(8) 大力发展职业教育。温家宝总理曾指出，大力发展职业教育，是推进我国工业化、现代化的迫切需要，是促进社会就业和解决"三农"问题的重要途径，也是完善现代国民教育体系的必然要求。要大力发展职业教育，加大培训力度，提高农民工整体素质，为建筑施工行业培养各种专业人才，提高农民工素质，提升他们的市场价值，促进农民工队伍快速发展。中共中央、国务院在2005年12月31日发布的《关于推进社会主义新农村建设的若干意见》中指出："建设社会主义新农村是全社会的事业，需要动员各方面力量广泛参与。各行各业都要关心支持新农村建设，为新农村建设做出贡献。"《国务院关于大力推进职业教育改革与发展的决定》也指出："职业教育要为农村劳动力转移服务。实施国家农村劳动力转移培训工程，促进农村劳动力合理有序转移和农民脱贫致富，提高进城农民工的职业技能，帮助他们在城镇稳定就业。"2006年9月，《国务院关于解决农民工问题的若干意见》中要求："各地要适应工业化、城镇化和农村劳动力转移就业的需要，大力开展农民工培训，充分发挥各类教育、培训机构和工青妇组织的作用，多渠道、多层次、多形式开展农民工职业培训。"农民工培训工作对我国经济发展和建设社会主义新农村都具有十分重要的意义。对农民工有组织地实施职业技术培训是职业教育义不容辞的责任。职业技术院校重心应向下移动，要把有序地开展农民工培训作为一项重要的工作，积极参与到农民工培训工作中去，争取作为，有所作为。另外，农民工培训不是短线行为，职业教育应该对形成提高素质——劳动力组织——培训——用工、上岗的良性循环机制起到积极的促进作用。

(9) 解决建筑业农民工医保和子女上学问题。新政医改出台后，医保将覆盖城乡全体居民，参保率均提高到90%以上。目前，农村新型合作医疗和城市社区医疗服务网已覆盖全省所有农村和城市居民，但是重要的一个前提是，属地管理才能报销。从目前的立法来看，劳动和社会保障部出台的《关于推进混合所有制企业和非公有制经济组织从业人员参加医疗保险的意见》、《关于外来务工人员参加工伤保险有关问题的通知》、《失业保险条例》以及《关于完善企业职工基本养老保险制度的决定》等，虽然明确赋予了外来务工人员参加医疗保险以及工伤、失业、养老等社会保险的权利，然而这些规定只是笼统地将外来务工人员纳入到其适用的范围，由于配套措施的缺失，还无法在实际操作中真正发挥作用。许多地方性法规将城镇居民的医疗保障纳入社会保障体系："城镇所有用人单位及其职工都应当依法参加基本医疗保险，实行属地管理。"但农民工由于二元户籍制的规定，他们无法取得城市户口，不能纳入城镇职工的行列，当然也就无法获得相应的医疗保险待遇。因此，必须逐步将城市农民工纳入到城市社会保障体系中。

另外，有的农民工子女在城市仍然享受不到城市孩子的同等待遇，因户口问题而上学难等影响着农民工在城市就业。所以，要从政府政策方面对农民工落户城市加以保障，从住房、就医、子女上学等方面予以解决。要让农民工从"外地人"转变为"城里人"，进而对城市拥有归属感，真正融入城市。

建筑业转变经济发展方式的一个亮点

王增彪

(中国建筑业协会建造师分会,北京 100081)

建筑业如何转变经济发展方式,提高经济运行的效益质量,这是建筑业在转变经济发展方式、调整经济结构过程中人们普遍关心和积极探索的一个问题。带着这个问题我们对北京轨道交通亦庄线工程采取 BT 方式的建设过程进行了调查,调查结果表明,建筑施工企业采取 BT 方式承揽政府投资的建设项目,是建筑业转变经济发展方式,提高经济运行的效益质量的一个亮点、一个新的经济增长点。

一、工程概况

北京轨道交通亦庄线 BT 工程全长 23.23km,位于城市东南复合交通走廊上,起于三环外宋家庄,穿越四环路、五环路及京津塘高速公路到达京津城际铁路亦庄火车站,贯穿丰台、朝阳、大兴、亦庄开发区及通州五个行政区域。在正线上,地下线长约 8.7km,高架线路约 13.8km,U 形槽及路基段约 0.8km。宋家庄出入段线长 1.38km,亦庄火车站出入段线长 0.77km。全线共设车站 14 座,地下站 6 座,高架站 8 座,分别是宋家庄站、肖村桥站、小红门站、旧宫东站、亦庄桥站、亦庄文化园站、万源街站、荣京东街站、荣昌东街站、同济南路站、经海路站、次渠南站、次渠站、亦庄火车站。全线设宋家庄停车场 1 处,台湖车辆段 1 处。该线是连接北京市中心城区和亦庄新城的轨道交通线,在北京市轨道交通线网中与 5 号线、10 号线以及京津城际铁路线换乘,建成后将大大方便北京东南地区的群众出行。

北京城建集团有限责任公司中标 BT 项目,根据 BT 合同条款,该集团公司要独家出资设立亦庄线 BT 项目建设公司,即北京城建轨道交通建设有限公司。经营范围是北京轨道交通亦庄线 BT 工程的融资、投资、建设、移交。负责工程建设全过程的管理、组织、协调,配备具有投资、建设、管理和施工经验的管理和技术人员,确保工程质量符合国家和北京市的有关技术标准和要求,对工程进度、质量、投资、安全和文明施工负责。BT 项目竣工验收合格后,BT 项目发起人按合同约定向中标人支付合同价款。

工程总投资约 98 亿元。其中 BT 项目总投标价 30.58 亿元,施工范围包括:车站、区间土建、通风空调、自动扶梯及电梯、给水排水及灭火系统、动力照明和综合接地、防灾报警、环境与设备监控系统、门禁系统、人防工程、站内外导向标识、绿化等工程的投资、建设及移交。其余为非 BT 项目工程范围,这条线路是国内第一条采用 BT 与非 BT 相结合模式建设的项目。工程合同工期为三年零七个月,2008 年 9 月 21 日开工建设,2012 年 4 月 21 日试运营。2008 年 11 月 17 日,北京基础设施投资有限责任公司发函,要求工期提前至 2010 年 12 月 28 日,按照这个时间通车,工期比原合同提前了 16 个月。

北京城建集团以BT方式，开展工程总承包和资本运作尚属首次，这也是该集团在奥运工程建设后所承接的一个重大建设项目。北京城建集团把该项工程作为建筑业转变经济发展方式，提高经济运行的效益质量的一项尝试来抓。在短时间内，抽调集团的精兵强将，组建北京城建轨道交通建设有限公司，该公司共编制管理人员37人，其中除13人是企业老职工外；还选拔了24名大学毕业生进入管理层，使军旅文化与校园文化有机融合。该公司设立8部1室，包括：工程拆迁部、安全环保部、监理质量部、设计技术部、机电部、物资部、融资财务部、商务部和办公室，另设3个驻地办，全权代表公司对3个工区的施工、管理进行协调。从公司在人员配备上看，整体上人员精干、专业匹配、办事高效。公司经理刘月明，是一位高级工程师，有近20年企业经历的大学毕业生，参加工作后曾先后在国家大剧院、首都机场三号航站楼、国家体育场（鸟巢）等重大工程建设项目上历炼过，积累了丰富的施工和管理经验，曾被评为"全国优秀建造师"。书记王用超是个老"地铁人"，曾先后参加过首都地铁1号、2号、复八等线的建设，管理经验相当丰富。

北京城建轨道交通建设有限公司成立后，公司领导班子认真践行科学发展观，带领职工反复勘察沿线场地，研究制定科学方案，用统筹兼顾、协调发展这个科学方法，指导亦庄线BT工程的融资、建设、施工、移交的管理工作，取得了良好的社会效益和经济效益。

二、基本做法

集中优势资源，团结协同作战。北京城建轨道交通建设有限公司于2008年11月28日正式挂牌成立。按照北京城建集团发展战略的要求，集团要统筹二级公司协调发展、统筹工程建设与管理人才发展、统筹管理要素和管理模式发展，更大程度地发挥集团内部资源配置中的基础性作用，增强二级公司企业的活力、竞争力和凝聚力。为健全工程总承包管理，锻炼二级公司地铁施工队伍、积累地铁施工经验，落实集团公司董事长、党委书记刘龙华关于：轨道交通的BT项目虽然是首次探索与实践，但只许成功不许失败的要求。北京城建轨道交通建设有限公司（以下简称轨道公司），充分发挥集团资源配置的优势，采取集中优势兵力打歼灭战的做法，在不到一个月的时间里，轨道公司和集团所属14个施工单位签订工程施工承包合同。2008年年底前，施工单位全部进场，共调集职工3000多人、设备100多台辆，在人力和物力上保证了施工生产的需要。按照具备施工条件的工作面先开、先干；不具备施工条件的工作面，创造条件再开、再干。在工区间、各标段、专业施工队伍之间组织开展劳动竞赛，形成亦庄线23km战线上的大干快上的局面。通过竞赛活动的开展，各标段在竞赛氛围下都争先恐后、千方百计地实现节点目标。线路上的小红门站、次渠站、次渠南站、亦庄火车站，虽然都是地下站，但地质情况、难易程度却不一样。各参施单位都发挥各自的优势，制定详细的施工方案，组织施工人员不分昼夜，24小时不间断作业，都实现了80天完成任务的节点目标，仅用79天就完成了地下站结构的施工任务，创造了北京市轨道交通建设史上同类工程结构施工速度之最。

抓住关键部门，扫清施工障碍。分析研究亦庄线轨道交通BT工程建设项目，具有施工线路长，工程建设体量大；施工技术复杂，安全质量风险大；自筹建设资金，一次性投入额度大；沿线跨区多，配合协调难度大等特点。这些都给轨道公司的管理带来了极大的难度。公司能不能经受住市场考验，能不能按时保质保量地完成工程建设并顺利移交，关键在于公司的龙头部门如何发挥好作用，做到筹划在先、处置在前，把影响施工进度的困难和障碍提前扫除，为顺利施工创造条件。轨道公司领导紧紧抓住工程拆迁部、安全环保部、监理质量部、设计技术部等关键业务部门，以事不过夜的态度，统筹布置，协调指挥。各部门在处理好自己业务的同时，提前并主动考虑为相关部门的业务交圈，努力提供配合和支持。对外部的业务协调则采取定人、定时、定责的方法，一盯到底，事办不成决不撤兵，这种网络式业务管理模式大大提高了工作效率。

在工程开工时，施工临电报装的快慢直接关系到施工进度。由于亦庄线工程线路长，车站多，施工用电量大，需要安装施工用电电源容量大，数量多，并且亦庄线工程全线要报装临电电源34个,总容量21 945kVA,其中4个高压室9 600kVA,14个箱变为7 500kVA,16个柱变为4 845kVA,跨越北京市电力公司所属丰台、朝阳、大兴、亦庄、通州五个供电公司。这种临电报装的容量和数量,在北京市建设工程史上也是少有的,创造了一个施工单位在一个工程中报装施工用电电源总容量和总数量之最。报装人员从2008年12月1日开始报装,到2009年6月底,33个临电电源全部报装完成并送电。一个因拆迁未到位最难安装的临电电源,也于2009年9月9日9点52分正式送电,共用了8个月零9天。临电的及时供应,为所有施工面展开大面积施工创造了条件、赢得了时间,推动了工程进度加快前行。

预控各类风险,确保生产安全。亦庄线BT工程涵盖了特级、二级、三级风险工程共47个,数量之多,在北京城建集团的历史上可以说是前所未有。如何预控各类风险,确保生产安全,是保证通车时限的关键。

首先,他们针对每一个风险工程均组织施工单位认真学习设计文件,根据风险工程的分级情况,编制风险工程专项技术方案。亦庄线BT工程编制的专项技术方案共计50多份,并逐一组织召开了专家论证会,听取专家的意见和建议。

其次,施工监测主要涵盖了环境风险及结构自身风险的监测,公司统一要求施工单位必须委托有资质的监测单位实施施工监测,严格按照设计图纸进行监测点的布设和施工监测,达到了方案先行、措施到位、安全可控的要求。

再次,针对特级或施工难度大的风险工程,反复组织与有关产权单位和专家参加的"诸葛亮"会,仔细研究并推敲风险工程的控制措施。例如,2009年11月份,由盾构中心施工的某小区间隧道盾构掘进段在YK3+665.500~YK3+682.000处要安全下穿双丰铁路,隧道覆土(距路基面)约10.825m,本段工程属特级风险源。针对该特级风险源,轨道公司组织召开了多次专家会,并根据专家意见,在盾构通过前,对双丰铁路进行了扣枕及地面注浆加固;通过时,又对土压力、注浆压力、注浆方量、添加剂、推进速度、刀盘扭矩及转速度等盾构参数进行优化,采取

了以同步注浆为主,辅以二次或三次注浆的措施。盾构机于11月2日晨8:00进入双丰铁路,于11月4日晨8:00通过了双丰铁路,地面量测最大沉降量仅为3.9mm,符合设计及规范要求,确保了铁路的安全运营。

严格经营核算,力争获得双赢。轨道公司用加强统筹协调的方法,以诚信经营约束自身的经营核算行为,正确处理经济效益和社会效益的关系。

以工程进度为前提,对外商务谈判保证业主单位利益。在工程拆迁过程中遇到了崔窑闸拆迁并新建问题,为加快工程下穿通惠排干渠的施工进度,达到在2008年汛期来临前完成工程任务的节点目标,在资金紧张的情况下,代大业主预付新建工程支出费用2 000多万元。这2 000多万元的垫付支出,赢得了建管公司、京投公司、市住建委的信任,经过多次洽谈,终于得到认可。在工程正线两跨凉水河的施工过程中,由于需占用凉水河床,河湖管理处委托某水务建设公司进行围堰和河道施工,施工费用剧增。经过多次谈判,围堰合同签订,合同额达5 500万元,大大超出亦庄线BT合同相关项目额度。为了保证企业利益不受损失,轨道公司经营管理人员积极与市住建委、京投公司、建管公司接洽,最终达到三方确认。

以工程进度为前提,对内商务复核保证参施单位利益。由于工期变更较大,为保证施工进度,亦庄线所用施工单位都采取了保障措施,这些措施费用,均及时由施工单位用文件形式报轨道公司审批而实施,过程中由驻地办和商务部同时确认工程量,保证了施工单位的利益,达到了双赢的目的。

以工程进度为前提,优化施工设计,降低工程成本。"技术为先导,管理出效益"是公司上下的管理理念,他们用"省"、和"快"的方法优化施工设计,解决施工难题,尽量减少投资,降低工程成本。公司组织技术人员,对北京市某工程设计研究总院设计的"亦庄线工程施工用电对应方案",进行优化设计,通过精心研究、科学优化设计后,减少了亦庄线工程施工用电电源总容量和总数量。原北京市某设计研究总院设计施工用电总容量是33 465kVA,38个电源,优化后比以前施工用电电源总容量减少了

11 520kVA，电源减少了4个，优化后的电总容量为21 945kVA，34个电源。仅此一项，就节省施工用电电源安装费用2 000多万元。

以科技为先导，移交精品工程。亦庄线线路两端为地下线，中间为高架线，是一条高架和地下相结合的线路。其中高架线路约占全线长度的60%，地下线路约占全线长度的40%。6座地下车站均采用明挖法施工。地下区间采用盾构法施工，拼装管片结构；局部采用明挖施工，箱形结构。高架区间采用整孔运架为主，辅以现浇施工的方法。整个工程技术门类多、技术工艺复杂。轨道公司领导班子"尊重知识、尊重人才"，抽调了一批设计技术管理人员，他们大多来自施工总承包单位，施工经验丰富，可以在技术方案优化中发挥优势，能够利用"价值工程理论"对设计方案和施工方案进行价值组合，从比选中获得最大的经济效益。轨道公司紧紧依靠这批科技力量，坚持以科技为先导，推动施工生产的顺利进行。亦庄线BT工程的架桥施工，原设计筹划为两个预制梁场，两套架桥设备。轨道公司进场后，考虑到现场梁场的征地、建设、架桥设备的租赁及其他现浇节点桥和车站的实施条件，经过认真比选，毅然决定采用一个预制梁场，一套架桥设备，既能满足工程需求，又能节约成本，仅此一项，节约成本上千万元。

当工程建设进入后期时，工程的装饰装潢、铺轨安装、机电调试、通信信号等工作交织在一起。要使各项工程做到密切配合，能主动为对方创造条件，就必须把各专业、各工种的统筹协调工作做好。这个系统工程抓得好与坏，是能否实现移交精品工程目标的关键。面对这种情况，轨道公司采取"定岗定责、抓住关键、重点突破"的措施，展开了争创精品工程的攻坚战。"定岗定责"就是责任到人，从领导到技术管理人员，都按地段、专业划分责任，一包到底。"抓住关键"就是把强弱电、铺轨和列车冷热滑等列为关键问题，急需调动社会管理资源，提供支持与帮助。"重点突破"就是围绕移交精品工程，在满足工程设计需求、满足工程社会功能的前提下，挑选在北京轨道交通建设中的好队伍、名品牌、优企业参与招标，择优选取，配合使用，努力打造北京市轨道交通精品工程。亦庄线BT工程在穿插作业中，各参施单位都能以社会责任为己任，讲风格、顾大局，密切配合，互谅互让。一场团结协作的战斗，迎来了"北京市工程结构长城杯金奖"的硕果，实现了于2010年8月17日全线空载试运行的目标。

三、调查启示

所谓BT(Build-Transfer)模式即"建设-移交"的简称，是一种新型的投融资建设模式。是政府通过特许协议授权企业对项目进行融资建设，项目建设验收合格后由政府赎回，政府用以后的财政预算资金向企业支付项目总投资加上合理回报的过程。BT模式的回报率较银行贷款高，回收期也较短，目前采用BT模式进行项目投融资建设的方式越来越受到关注，是当今国际基础设施建设领域普遍采用的投资建设模式。北京城建轨道交通建设有限公司将投融资与建设管理相结合，在亦庄线建设过程中，建立了全面、细致、有效的管理体制，用科学发展观指导亦庄线BT工程的融资、建设、施工、移交的管理工作，不仅提前16个月完成施工任务，取得了较好的社会效益和经济效益；同时也为大型建筑企业在建筑业转型升级中，如何转变经济发展方式，提高经济运行的效益质量摸索了路子，积累了经验。通过调查，我们感到为行业发展提供了以下启示。

(一)有利于大型建筑企业发挥投融资优势

BT项目一般为政府拟建的基础设施或公用事业项目。这些项目的建设周期较长，对资金的需求量较大。大型建筑企业正是应对项目的这一特点，发挥自身资金雄厚、融资能力强、融资渠道多的优势，才得以在BT项目上制胜。

北京城建集团是一家上市公司，有着得天独厚的融资渠道。由于商业信誉比较好，每年享受的各类金融机构的贷款额度近300亿元。企业还拥有上百亿元的固定资产可以作为贷款抵押。他们认为，做BT项目的投融资，绝不等同于垫资施工。因为业主方是政府或政府委托的代理人，他们具有良好的商业信誉，可信程度比较高，一般项目验收合格政府赎回后，即可收回总投资或部分投资，资金回收期较短；另外，采用BT模式进行项目建设的投融资的资金回报率较银行贷款利率高，比垫资施工的金融风险程度小;最后,就是扩大市场占有率,采用BT模式,可以改变轨道交通工程的投标由承揽区间的一个标段,到承揽整个的一条线路,由单一的土建施工,到设备安装、环境绿化等多工种的合成作战,可以全方位地锻炼队伍,培养人才。基于这种战略考虑,城建集团领导果断决策,用位于北京北三环上的标志性建筑——城建大厦作抵押,贷款30多亿元投资亦庄线BT项目,并一举中标该项目。

(二)有利于大型建筑企业推动设计—施工总承包

在工程建设中,设计与施工是密不可分的。但在我国的建筑市场中,设计单位和施工单位的工作往往是脱离的,部分设计人员对施工工艺、施工方法了解不多,常出现设计上的缺陷。在BT管理模式下,建设单位具有足够的、高水平的专业技术人员配合设计人员进行设计,能够提出更为专业的、系统的业主的需求,使设计施工双方优势互补,更加紧密地结合在一起,从而推动设计—施工总承包。亦庄线小红门——旧宫站区间隧道要穿过通久路,这个地段因覆土较浅,原设计采用明挖施工。在轨道公司进场后,发现若明挖施工交通导改和管线改移的难度大、成本高,便大胆提出修改设计,采取超浅覆土暗挖施工工艺。在详细的地质勘察和地下管线调查资料的支持下,结合近年来北京地区的暗挖施工经验,经过技术经济对比和专家论证,优选了暗挖施工方案。结果证明,通过该方案的实施,不仅使工期缩短,而且降低了施工成本。

在以往的常规工程建设管理过程中,施工单位为增加利润,往往在设计变更和洽商上下功夫,设计单位又不完全熟悉现场情况,很容易使不必要或不合理的设计变更或洽商成为事实。也有的施工单位经验不足,考虑不尽周全,遇到施工困难提不出更为合理的解决方案,导致变更方案的不合理性。在BT模式下,设计管理和协调工作的职责在轨道公司,所有的设计变更或洽商均在轨道公司的掌控下,轨道公司兼有建设单位和施工总承包的双重职责,就能做到从工程实际需要出发,减少了不必要或不合理的设计变更,减少了因洽商所带来的不必要的费用,有效地控制了施工成本。如在亦庄线一高架车站的桩基施工过程中,遇到厚度约10m的杂填土,桩基施工遇到困难,坍孔严重,施工单位提出了全部换填的施工方案,换填量约为2.4万 m^3。轨道公司技术人员认真分析,研讨对比施工方案,最后给施工单位提供了合理的泥浆堵漏施工方案,较好地解决了超厚杂填土导致桩基坍孔这一问题。避免了换填施工,节约了施工成本,加快了工期,还减少了土方挖运对环境带来的影响。

(三)有利于大型建筑企业对大宗建材的统一管控

管理物资是企业经营管理的重要内容,对企业的正常生产和长远发展具有重大意义。而工程建设中供应工作的质量则是直接关系到建设成本、生产经营,以及能否为企业的发展创新提供优质的物资保障,这也是增强企业竞争力的重要因素。因此,轨道公司在成立初,为加大物资设备的采购和管理力度,成立了物资设备部和机电部。业务人员秉承:招标坚持程序,客观公正;开评标依靠组织,加强监督;签订合同,包含廉政协议;合同执行,按比例付款;遇有分歧,讲究方法,协商为主,保护企业利益;对待施工一线要求,坚持原则,服务至上的职业理念,从严、从难、从俭、从实地开展工作。截至全线贯通,该工程共签订钢材协议9份,完成钢材供应量10万t,金额达3.85亿元,平均每吨钢材供应价格为3850元;采购钢绞线2 600t,金额1 310万元;对工程用商品混凝土进行招标,共计50万 m^3;签订结构用辅助材料合同及补充协议12份,合计金额为5 100万元。机电设备共招标23项,签订合同及补充协议31份,合同金额约1.5亿元。装修材料共招标7项,签订合同10份,合同金额约2 900万元。在采、供、管的过程中,业务人员注意分析市场材料供应趋势,掌握材料价格最低点,把谈判让利、批量采购、统购统供作为服务目标。2008年底,钢材价格处于低位,轨道公司利用自身融资的优势,适时采购45 000t钢材,统一入库管理,平均每吨的价格是3 720元,比投标时每吨价格少1 280元,实际共节约成本5 700万元。2009年年初,铜材价格由2008年的每吨8万元降到了每吨3万元左右,当时虽然离电缆的使用还有约一年的时间,但为了降低工程成本,领导果断决策,进行招标采购,仅此一项,轨道公司就节省了约50%的采购成本。

BT模式下的大型工程总承包管理实施材料、设备的统一采购、供应和管理，是保证材料能及时供应并降低工程材料成本的重要途径。它和其他施工总承包工程不同的是资金充足，有自主决定权，减少了中间环节，并通过公开招标，与拟中标厂家进行的二次商务谈判，可以对投标总价再次压价，从而实现降低材料成本的目的。

(四) 有利于大型建筑企业实施综合管理

BT管理模式，使施工总承包与投资建设融为一体，提升了施工总承包的管理层次。针对这种新情况，轨道公司领导班子经过多次研究和探讨，决定在保障融资顺畅的前提下，将BT的管理重心放到工程的安全、质量、功能、工期和效益上来，在全线推行扁平化管理，充分发挥集团整体作战优势，以提高管理效率，确保实现预期目标。

在管理实践中，轨道公司边实践、边摸索、边创新，总结推广了八项综合管理要素：

一是倡导管理创新。BT模式对于轨道公司来说，还是面临着一种新型的管理模式，自身没有成熟的管理经验可以借鉴，只有把投融资与工程建设紧密结合，以工程建设为中心，逐步创新适合工程建设的新的管理模式，才能实现向创新要进度，向管理员要效益的目标。

二是推行设计施工总承包。要改变原本设计、施工相分离的传统建设管理模式，在工期异常紧张的情况下，提倡集成化管理和为施工而设计的理念，整合设计与施工环节，推行设计施工总承包。

三是实施垂直多面监管。根据BT合同，轨道公司要在政府、京投公司和地铁建设管理公司的监管下，对监理公司实施管理，并与监理公司一同对施工单位进行监管，这种全方位、全过程的垂直多面监管，能够从根本上保证工程的质量、安全和进度。

四是实施"五关"安全法管理。安全管理的"五关"为："基础关、预防关、基层关、责任关、落实关"。"基础关"就是安全管理的基础设施、基本制度、基本规程、安全培训和投入等；"预防关"就是落实、制定安全会议和安全检查制度；"基层关"就是成立基层安全组织机构，设立专职安全管理人员，将安全生产的各项制度落实到基层、单位、班组和个人；"责任关"就是各级领导和安检人员，切实把安全生产责任制落到实处，真正做到"瞪起眼来"抓违章，"静下心来"做工作；"落实关"就是在严格管理、狠抓落实方面下功夫，特别要抓整改、夯基础，力戒形式主义。

五是实施目标管理。轨道公司对工程目标进行层层分解，采用签订责任状和每月印发目标任务文件的方式，把阶段性目标任务落实到单位和个人，并根据目标任务完成情况进行奖罚。

六是实施专业分包管理。根据工程任务主要是高架和盾构的实际将工程高架部分的预制梁制造和架设分包给了实力较强的江阴大桥公司，盾构部分分包给集团内部的盾构中心和地基公司。这种集中预制、专业架设和盾构掘进的方式，充分发挥各自所长，保证了工程质量、安全和进度。

七是严格合同管理，实现逐月结算。轨道公司依据BT合同，对融资、工程建设成本进行分析，并将投标价格与市场价格进行比对，确定利润点后，与施工单位签订施工承包合同37份、拆迁补偿合同193份、委托合同7份，规范了合同的管理。同时，为了保证合同履约，及时和施工单位进行认量、结算、支付，以确保施工资金到位和劳务费的结算。

八是实施科技创新和数字化管理。在设计和施工过程中以科技为先导，加大了科技创新的投入和工作力度。在明挖、暗挖和盾构的施工区域全部安装了视频监控系统，对工程质量、安全和进度实施24小时动态监控。通过这种远程监控系统，可及时发现现场的问题，及时采取措施加以解决。

北京城建轨道交通建设有限公司，在两年多的时间里，完成了亦庄线BT工程的融资、投资、建设和移交。特别是在工程建设的过程中，摸索和创新了BT工程项目的管理经验，总结出"统筹兼顾、协调发展"的科学管理方法，取得了良好的社会效益和经济效益。他们的做法是成功的，用实践回答了建筑业在转型升级中，如何转变经济发展方式、提高经济运行的效益质量、培育新的经济增长点这样一些关键问题。尽管BT项目在运行过程中还存在许多问题，事后总结也发现了一些缺陷，但总体上应该给予肯定，值得建筑业同行借鉴。

案例分析

中央电视台新台址电视文化中心酒店精装修项目管理

虎志仁¹,徐晶晶²,杨俊杰³

(1.深圳海外装饰工程有限公司,深圳 518000;2.葛洲坝集团第五工程有限公司市场部,湖北 宜昌 413000;3.中建精诚咨询顾问有限公司,北京 100835)

一、项目实施的背景资料

(一)背景

1)英国《泰晤士报》评出了正在建设的全球十个最大、最重要的建筑工程,它们分别是:

(1)中国中央电视台新址;
(2)鸟巢—北京 2008 年奥运会主体育场;
(3)北京首都国际机场 3 号航站楼;
(4)埃及吉萨大埃及博物馆;
(5)阿联酋迪拜布吉大楼;
(6)耶路撒冷的西蒙—维森塔尔"宽容博物馆";
(7)伦敦泰特现代美术馆扩建工程;
(8)罗马国立当代艺术博物馆;
(9)伦敦主教门大厦;
(10)纽约世贸中心重建工程。

评语写到:这些建筑工程都让人过目不忘,多数规模庞大,当然也有少数颇有争议,但有些的确称得上是建筑奇迹,而且这些建筑都将改变建筑史乃至这个世界。十大建筑,中国中央电视台新址占其一。

2)国内媒体对中国中央电视台新台址的介绍:

中国中央电视台新台址工程是建国以来的单体最大的公共文化设施,也是 2008 年北京奥运会的重要配套设施之一,并将成为北京市的重要标志性建筑、重要的文化景观。

中国中央电视台新台址由主楼、电视文化中心和附属配套设施组成,竣工后将成为北京的标志性建筑,中央电视台将具备 200 个节目频道的播出能力,并使央视成为亚洲最大的"电视航空母舰"。

(二)中央电视台新台址项目的总体范围

中央电视台新台址位于北京市朝阳区东三环中路(原"北汽摩厂址"),紧邻东三环,地处 CBD 核心区,占地 197 000m²。总建筑面积约 55 万 m²,最高建筑 234m,工程建安总投资约 50 亿元人民币。建筑内容主要包括:主楼(CCTV)、电视文化中心(TVCC)、服务楼及媒体公园。其中,主楼按不同业务功能需求分为行政管理区、综合业务区、新闻制播区、播送区、节目录制区等五个区域,另有服务设施及基础设施用房,总建筑面积约为 38 万 m²。

电视文化中心总建筑面积 103 648m²,高 159m,为钢结构和钢筋混凝土结构。地上部分由 30 层主楼和 5 层裙楼组成,包括大小录音棚及附属控制室、1 500 个座位的剧院、数码影院、多功能厅、视听室和数字传送机房、新闻发布厅、展览厅等,将于 2008 年承担北京奥运会电视节目的制作和转播任务。

此外,中心大楼还设有可容纳 300 间客房的五星级豪华酒店,奥运会期间将迎接来自国内外的游客。预计 2007 年 12 月 18 日全部竣工并于 2008 年投入使用。质量目标是确保市结构长城杯金奖、竣工"长城杯",争创鲁班奖,创建市级文明安全样板工程,争创全国文明安全工地。

(三)项目的获得

作为享有世界级声誉的中国中央电视台新台址

可以说吸引了全球的目光。作为国内第一家装饰装修企业和全国百强装饰装修企业，我司也非常希望能参与到新台址的建设中来。这是一种崇高的荣誉，也是一种实力的体现！因此，我司从2000年就开始关注新台址建设的每一步动态，并与业主进行了初步接触。2002年于公司总部备案，正式跟踪本项目的装饰工程。

2006年，通过一系列的资格预审、考察和比选，我们靠过硬的资质、实力和业绩，一路过关斩将，从百家参与资格预审的装饰装修企业中脱颖而出，成为少数享有正式投标权的企业。2007年2~4月业主在新台址广场按照现场1:1的比例实施样板房，先后几家施工单位参与都没有成功，后来业主还请来一家意大利的施工单位来做，也没有成功。最后业主找到了我们，我们发挥了中建系统敢于打硬仗的作风，通过严密的组织，精细的管理，调动所有能调动的资源，在1个月时间把样板房做成了精品工程，获得了业主的一致好评。当年5月新台址电视文化中心酒店客房精装修工程正式招标，从全公司范围内挑选了曾参与过国际大型工程的专家组成了投标小组，对招标文件、招标图纸及相关资料进行了深入研究，结合对现场的实地勘察，编制了我们的投标文件。5月中旬，我们以第二标段和第三标段第一名的成绩，中标新台址电视文化中心酒店客房精装修工程第二标段和第三标段。两个标段的合同总额6 984.72万元。这是当年我司中标项目中合同额最大的项目。在北京人民大会堂湖南厅举行的第二标段和第三标段合同签约仪式表明项目正式启动。

（四）项目参与各方的情况简介

- 建设单位：中央电视台新台址建设工程办公室。
- 设计单位：联合设计单位，荷兰大都会建筑师事务所（OMA）、奥雅纳工程顾问（ARUP）及华东建筑设计研究院有限公司（ECADI）、新加坡LTW室内设计事务所。
- 酒店管理公司：文化东方酒店管理公司。
- 顾问公司：声学顾问：Shen Milson & Wilke；水疗顾问：PA；厨房、洗衣房：Polytek；灯光顾问：Tino Kwan Lighting Consultants。
- 咨询公司：威宁谢（中国）。
- 总包单位：北京城建集团有限责任公司。
- 专业分包：北京城建机电安装工程有限公司、清华同方、利华消防。
- 装饰单位：深圳海外装饰工程有限公司、广州珠江等。
- 监理单位：北京建工京精大房工程建设监理公司。

可以毫不夸张地说，本项目汇集了国际和国内一流的设计、施工和管理公司。这些公司在业界享有很高的知名度和美誉度。因此，本项工程称得上是"世界级"项目。

二、项目的部署

（一）项目目标

针对本项目特殊情况，我司制定了以下目标：

- 工期目标：180日历天。计划开工日期2007年5月1日，计划竣工日期2007年11月1日。实际开工日期以甲方或监理的开工令为准。
- 质量目标：工程质量达到合格标准，争创鲁班奖。
- 环境保护目标：污染物达标排放，节能降耗，力争减少施工现场的用户投诉率，争创北京市文明样板工地。
- 职业安全健康目标：杜绝重大伤亡事故、火灾事故发生，防止职业病的发生。

（二）项目经理部的组建

1. 深圳海外装饰工程有限公司的组织架构（见图1）
2. 本项目合同结构（图2）

三分合同是本项目的主要特点，即我公司与业主和总承包商共同签订本项目装饰工程施工合同。总承包商因此对我司的质量、进度和总包负有监督和管理责任，对业主向我司拨付工程款有确认的权利。

3. 本项目组织机构

我们意识到：实施这样一个"世界级"项目，必须打破以往的常规管理模式，引入新的管理方法；必须

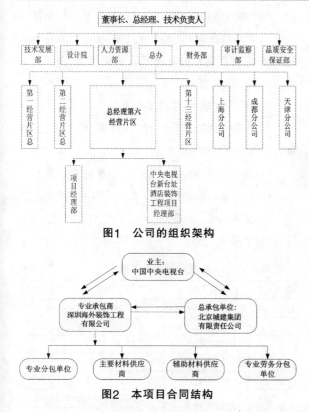

图1 公司的组织架构

图2 本项目合同结构

引进精通国际工程管理和FIDIC合同条款的人才；必须创建经验丰富、专业齐全、团结一心的项目管理班子。因此，我们公司总部给予最高的关注，成立了以总经理为总指挥，由本人挂帅，15名5星级酒店施工经验最丰富并且德才兼备的项目管理人员组成的项目管理班子。加上4名深化设计人员，构成了近20人的管理团队。项目实施前，我们还举行了动员大会，公司总经理提出"参与央视新址项目与我们一生有关"的口号，号召大家以高度的责任感、使命感去建设新址项目。

我司创建的管理团队中，有英国皇家建造师1人，国际注册一级建造师3人，教授级高级工程师1人，高级工程师1人，工程师4人，助理工程师5人。其中80%曾参与数个五星级酒店的施工。这为项目的顺利实施，提供了强有力的人力资源保障。

具体的项目组织机构框架图如图3所示。

(三)施工部署

施工时按照本装饰工程施工的特殊要求，制定专项施工方案，严格按照施工方案施工，满足本工程的特殊功能要求。

1.施工工序总体安排

按照先预埋、后封闭、再装饰的总施工顺序原则进行部署。先墙面、后顶面、再地面；先基层、后面层；先机电、后装修。具体实施过程中狠抓两个关键点：

(1)轻质隔墙封板。

(2)轻钢龙骨石膏板顶棚封板。

这两者在封闭之前，必须先经过经理组织的联合隐蔽检查，验收合格后才能封板。空调设备、风管安装，强弱电管线安装，给水排水管道安装，消防设备管道安装必须完成并经过验收合格。这两个控制点完成之后才能进行面层的施工。

2.施工空间安排

(1)平面安排：根据本工程特点，在楼层平面上，我司将实行先房间、后走道的原则，合理划分临时材料堆放区、临时加工作业区和施工操作区以及人员通行区，作业人员就近取材，各种功能的场地布置清晰，既提高施工效率，也创造文明施工环境。

(2)立面楼层安排：由于施工楼层多，上下共计

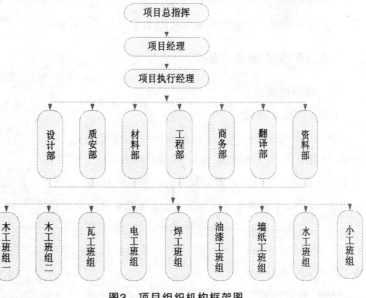

图3 项目组织机构框架图

10层,为提高施工效率,节约劳动力,保证工期,我司实行各楼层同时施工,各施工段分部分项施工内容采取流水作业、交叉施工的方法。同时,各工种之间紧密配合,一个工作面一出来,下一个工种马上进入,不留出空余时间。

三、施工内容

(三)我司承包的工程范围

我司承担中国中央电视台新台址电视文化中心酒店客房精装修工程。具体内容如下:

约10 000m²精装修,包括第11层至第20层各层的走道、北边标准房间及设备房间、南边标准房间及套房。招标范围包括:深化设计、供应、安装、测试及保修下列各项:①供应及安装地面、墙、柱及顶棚的基层及面层装修。②供应及安装地面及墙防水。③供应及安装间墙及隔墙。④供应及安装门、门框、底框及五金。⑤供应及安装固定家具。⑥供应及安装窗帘。⑦供应及安装卫生洁具。⑧供应及安装电气管线、电线和灯具。

(二)项目主要工作分解

(1)设计专业:装饰装修、给水排水、电气。
(2)施工楼层:11~20层。
(3)客房套数:109套。
(4)客房户型:15种。含标准间、套房、豪华房等。
(5)设计分部分项工程一览表见表1~表3。

四、项目的重点、难点

(一)项目的重点

1.施工图纸的深化

我们进场时,业主下发的施工蓝图与招标图纸相同,只有平面、立面和局部节点,只能算是方案图,根本不具备施工条件。该图纸没有交代墙、顶、地的详细做法,所以节点需要由我司深化。如何根据现场实际情况,在较短的时间内完成深化设计,并经业主和设计单位的批准,尽快满足施工的需要是我们管理工作的第一重点。

为此,我们组成了5人的深化设计团队。进场前

3个月全部为深化图纸节点,包括所有节点构造图和机电末端的定位图(墙面综合点位、顶棚综合点位)。我司先后出了3版图纸,最后才获得批准,很多是边设计、边施工、边修改。

2.木作工程量大,工艺要求高

本项目包括的木作工程,种类多,使用广,工程量大。有如下种类:
(1)固定家具(更衣柜、写字桌、电视柜、洗手台)。
(2)PU亮光漆面木挂板、亚光漆面木挂板。
(3)实木线条、木造型。
(4)中式木花格。

建筑装饰装修工程 表1

序号	子分部工程	子分项工程	备注
1	抹灰工程	一般抹灰	
2	门窗工程	木门制作安装	
3	吊顶工程	暗龙骨吊顶	
4	轻质隔墙工程	骨架隔墙	
5	饰面板(砖)工程	饰面板安装	
6	涂饰工程	水性涂料涂饰	
		溶剂性涂料涂饰	
7	裱糊与软包工程	裱糊	
		软包	
8	细部工程	橱具制作及安装	
		窗帘盒、窗台板和散热器制作与安装	
		护栏和护手制作安装	
9	地面工程	石材	
		地毯	

建筑电气工程 表2

序号	子分部工程	分项工程	备注
1	电气照明安装	电线/电缆导管和线槽敷设	
		电线/电缆导管和线槽敷线	
		普通灯具安装	
		插座/开关安装	
		建筑照明通电试运行	
2	防雷及接地安装	建筑等电位连接	

建筑给水排水工程 表3

序号	子分部工程	分项工程	备注
1	卫生器具安装	卫生器具安装	
		卫生器具给水配件安装	
		卫生器具排水配件安装	

(5)实木装饰门。

如何安排这些木作的加工制作,找到有实力的木作制品加工厂家,保证其达到白金级五星级酒店的品质要求,是我们项目部工作的重点之一。

3.处理的组织

本项目使用的材料档次高、品种全、进口品多,如何配合好业主,高效地组织材料样品的认质认价,确定材料供应商,签订材料采购合同,确保材料及时到场,是我们项目部工作的又一重点。

为此,我们组建了一支高效率、善管理、精通专业知识的材料采购队伍,奔赴各地进行考察,必要时驻场监造,保证材料能及时到场。

(二)项目的难点

1.安全管理要求极高

由于本项目地处 CBD 核心区域,又是国家重点工程,属政治敏感区域,因此政府部门对本项目的安全特别重视,为确保不发生安全事故,经常不定期检查,加之我司施工区域楼层跨度大,房间多,不易管理,如何能适应这种高频率的检查,抓好安全管理,确保不出事故,是摆在我们面前的首要难题。

2.质量要求极高

本酒店定位为白金级五星级酒店,不仅有来自监理、总包和业主的质量监督,还有来自更加专业的文化东方酒店管理公司专业人员的质量监督。他们对所有装修的细节要求极其苛刻,如在大多数精装修工程中,对于不同材料的交界面、阴角阳角收口收边,为避免出现缝隙,通常采取打胶填充的方式,但是在本项目中,文化东方酒店管理公司坚决不允许打胶,要求我们所有的收口收边必须严丝合缝,横平竖直,不仅装饰大面效果好,所有细节也要好。如何能达到文化东方酒店管理公司如此高的要求,如何能一次性成活,这是我们面临的难点之一。

3.工期特别紧

本项目计划开工日期为 2007 年 5 月 1 日,计划竣工日期为 2007 年 11 月 1 日,工期 180 日历天。酒店精装修在装修行业是公认的难度较大、较为复杂的类型。在如此短的时间要完成如此大的工程量,还

要达到"白金级五星级酒店"的标准,是摆在我们面前的又一难题。

4.参建单位多,施工协调量巨大

本项目参建的单位有数十个之多,专业门类复杂,有国内的也有国际的,加之酒店施工最大的特点是,卫生间、沐浴间数量最多,施工花费时间最长,需要相关机电、弱电各专业完成其隐蔽工程后才能封闭基面,进入面层施工。机电和弱电单位由于各种原因,进展极其缓慢,使得我们的施工进度严重受阻。

如何协调各相关单位在不利的条件下尽快完成其隐蔽工程,使我们能封闭基层,是摆在我们面前的难点之一。

5.与设计师存在语言障碍,沟通困难

本项目的室内设计为国际知名的新加坡 LTW 设计师事务所,设计师最初未驻场,主要是通过电子邮件的方式与我们进行沟通,而且电子邮件全部为英文。这使我们之间的沟通非常困难。后来,在我们的一致要求下,业主安排设计师进驻现场,但是他们使用的语言和来往文件仍是英语,这使得我们的沟通很困难。加上业主聘请的大部分顾问公司都是外国公司,如灯光顾问为美国公司,这使得我们之间的交流受到影响。因此如何克服语言障碍,保证与设计师及专业顾问之间的有效沟通,是我们面临的又一难点。为此我们专门聘请了一名专职翻译。

6.设计变更太多

在施工过程中,我们收到的设计变更太多,有来自业主的,有来自管理公司的,还有来自设计单位的,使得我们一直不能放开拳脚,展开大面积施工,对工程进度影响很大。

如何在做好变更的同时把工程进度往前推是我们面临的难点之一。

五、项目各方面的管理要点

(一)资源管理与控制

1.劳务管理

劳动力的选择与评定执行公司的《劳务管理办法》,以加强用工管理,确保作业人员素质和技术水平。

(1) 劳动力的选择：项目部从公司《合格劳务名册》中选择劳务，对于名册以外的劳务由专业工长进行评定。对于进场劳务需建立《项目部劳务清单》。

(2) 各工种必须满足相应工长的技能要求，并经现场考核后方可进场施工。

(3) 劳动力需用及进场计划：根据本工程的特点及施工进度需求，我公司在本项目劳动力动态管理及计划上，有针对性地作出安排，使劳动力资源得到最有效的支配。

2. 材料管理

装饰装修工程，事关环境质量和使用者的身体健康安全，尤其本项目还是白金级五星级酒店，因此材料的环保要求更高。

我司在材料选择与控制方面严格按照公司的《物资管理程序》执行。

1) 材料的选择标准

(1)《室内装饰装修材料有害物质限量十个国家强制性标准》。

(2)《民用建筑工程室内环境污染控制规范》。

选择已通过国家环境保护认证的绿色环保产品。

2) 材料品质保证体系流程（图4）

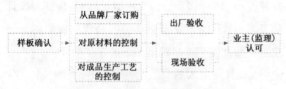

图4　材料品质保证体系流程图

3) 材料需用计划总表

项目部在开工前由技术负责人组织各专业施工员根据图纸和合同的规定，编制材料需用计划总表，详细列出各专业各工种所需材料的名称、种类、规格、型号和数量以及质量要求，报公司审批。

4) 供应商的选择

自主采购的所有物资的供应商原则上应从公司的《合格供应商清单》中进行选择；若所选的供应商不在《合格供应商清单》中，需按照《物资管理程序》评定后，方可使用。

设计单位或建设单位推荐的供应商，执行供应商评定程序，经项目经理同意后选择。

5) 材料采购

项目技术负责人负责根据项目进度需用组织编写《物资采购计划》，经项目经理批准后，由材料员进行采购。材料采购合同必须经项目经理签字。项目部提供的采购计划必须尽可能提前，为材料员的采购留出足够时间，保证各种材料能按时保质保量地到达施工现场。

对于顾客提供的物资，项目部需向顾客提交《顾客提供物资进场计划表》。

6) 材料验收及报验

物资进场，由专业施工员同仓库保管员对材料进行现场检验，填写《现场物资验证接手记录》。同时还要上报总包方，由总包方指派专业监理单位和施工单位一起进行物资的进场验收。对于顾客提供的物资，同样必须执行验收手续。

物资检验、验证合格后办理入库手续，由保管员填写《物资入库单》及编制物资明细账。

7) 材料搬运、储存制度

(1) 物资搬运制度

①物资搬运时，采购人员必须对搬运人员进行口头交底。对有特殊搬运要求的（特别是易燃易爆有毒危险品），需指定专人负责。

②当委托外单位运输时，需将有关要求及时通报运输方。

③对购入的材料和成品，设置专门的仓库由专人保管、发放，需要防水、防污的材料按要求分类堆放，妥善保管。

④对于顾客提供的材料，必须有明显的"甲供"标志。

(2) 材料堆放注意事项。

①石材堆放，要用枕木放于地上，小心碰角。

②石膏板、木板堆放，要架高地面，用以防水防潮。

③制作一些木箱，用以存放呈圆球形状的小单物品。

④制作一定的货架，用以存放规格繁多的小物品，以易于寻找。

8)材料领用制度

材料的领用由施工员填写《物资领用凭证》,班组长凭《物资领用凭证》到仓库保管员处领取物资,保管员妥善保存好《物资领用凭证》以备查验。

尽量采用工厂加工、现场装配的方式,保证产品质量,节约工期。

3.施工机具管理

项目部本着"谁使用、谁保管、谁维护"的原则,落实现场施工机具和检测设备的使用、保管、维护责任,确保施工机具及检测设备持续的过程控制。

1)施工机具计划与控制

施工员建立施工机具使用计划,并按此计划结合实际情况组织设备进场。施工员应建立并保持《施工机具台账》。

2)检测设备计划与控制

检测设备的计划与控制执行《检测设备管理办法》。由质检员提出检测设备需用或采购计划,经项目经理批准后按计划安排设备进场或购置。

(二)进度管理

为了项目工程的顺利进行和确保按计划的进度完成,我们采取了以下措施来对工程施工进度计划进行有效控制。

1.加强项目管理

1)明确项目部管理人员控制进度的主要职责

2)明确工期流程及编制执行相关管理计划

3)组织加强项目进度的计划管理。分级进度计划的编制和签发。

(1)一级计划:装饰总体施工进度计划,一级进度计划由项目经理签发;

(2)二级计划:阶段性进度计划,按照总体施工进度计划编制。二级进度计划由项目总工签发;

(3)三级计划:月度、季度进度计划,三级进度计划由项目副经理(施工经理)签发;

(4)四级计划:每周、日进度计划,周进度计划由项目副经理(施工经理)签发。

2.确保人员配备

3.确保机械设备的良好运转与充足供应

4.确保材料供应

5.确保设计及技术支持

6.确保项目资金供应及后期保障

7.工期滞后的应对措施:当实际工期与计划工期相比,出现滞后,我司将认真分析工期滞后的原因,按照表4的措施进行处理

工期滞后的应对措施　　　　表4

项目	落后原因	应对措施
人力	工人短缺	由总部支援人手,调度其他项目人员支援
		延长工人工作时间
资金	资金调度困难	向总部申请资金支持
		向银行申请贷款
	利率上扬	随时注意资金利率波动,及早提出应对对策
	对业主应收款未收	加强与业主的协调
材料	材料样品确认太迟	加强与业主、设计及材料商的沟通协调
	原料短缺	随时注意施工材料是否有短缺的情况
		所以材料,提前10天以上提出采购计划
	材料设备品质不良率高	加强制造过程的监督
	材料设备验收不合格	及时退场,并尽快提供符合要求的材料
		及时更换材料商
变更	设计变更	协调业主、设计方提早提出变更方案
管理	工程监督管理不善	加强内部管理
	工序倒置	加强与其他分包单位的协调
灾害	天然灾害	投保保险,加强注意天气状况

(三)质量管理

严把质量关,天然石材上墙前在地面上预排,看色差和纹路,有无缺棱掉角。

(1)挑选最优秀的施工队伍。他们经验丰富、机具齐全、管理能力强,人员素质高,服从管理,令行禁止。

(2)样板间制度。按照样板先行的原则,以最具代表性的K1和K5两种户型实施样板间。通过样板间,明确质量标准和施工工艺。

(3)严格技术交底制度,每道工序必须严格实施,不得遗漏。

(4)监控制度:监督施工队严格执行"三检制

度",即自检—互检—交接检。

(5)不合格品的处理措施。

(四)安全管理

"生产需要安全,安全促进生产",必须在保证安全的情况下才能顺利组织生产,尤其是近几年国家对于安全极其重视,出台各种法律法规强调安全生产,同时参与建筑施工的各方主体也都十分重视安全。

在本项目中,我司对安全问题更是高度重视,把安全放在第一位,以"安全生产责任制"为核心建立了一整套安全生产体系作为保障。安全生产管理目标、安全生产管理体系、安全生产责任制度、安全教育培训制度、定期检查制度、防火安全管理制度、施工用电管理制度、事故报告处理制度、特种作业人员上岗制度、安全生产操作规程、安全管理基本原则、安全生产岗位责任制、安全生产资源配置、安全惩罚制度、施工现场一般安全措施、机械设备一般安全措施、高空作业一般安全措施、安全用电措施、现场消防管理措施、现场治安保卫措施、机械安全防护措施、应急反应措施等。本项目严格按照这个体系予以执行。

(五)合同管理

(1)建立合约部,针对本项目采用FIDIC合同条款的情况,聘请精通FIDIC条款的人员担任商务经理,并设置专职合约管理员和专职预算员。

(2)由商务经理组织项目部管理人员对FIDIC条款进行学习,并进行合同交底,使大家明确合同权利和义务,能更好地履约。

(3)按照合同约定,提前组织每个月的计量和月进度款的申报,积极履行合同请款制度。

(4)现场发生设计变更,第一时间办理设计变更和工程洽商手续,同时组织工程部实施变更工程。

(5)结算的组织。在施工过程中,我们一直积极收集各种签证和各种书面文件。同时主动与业主合约部和威宁谢经常沟通,为结算做好准备。

(六)索赔管理

由于施工单位多,交叉作业频繁,本项目时常发生因别单位的施工破坏我司成品的事情,尤其以消防喷淋打压漏水浸泡装修成品的问题最为突出。

发生这些事件后,我司按照事先制定的索赔程序,首先提出索赔意向,在合同规定的时间内将索赔意向用书面形式及时通知相关责任方并抄送发包人,向对方表明索赔要求和意愿。紧接着收集证据,获得充分而有效的各种证据,在合同规定的时间内向对方提交正式的书面索赔文件。通过一系列及时而正确的索赔,我司保护了自身的正当权益,弥补了工程损失。

(七)沟通管理

由于施工单位众多,交叉作业频繁,需要各单位配合的事宜特别繁多,因此,我司采取了以下措施进行沟通管理:

(1)利用各种工地例会与各单位进行沟通。如每周监理例会,总包生产例会。

(2)针对具体问题,由我司牵头不定期组织各种专业协调会和技术协调会等。

(3)对于外部的信息联络,我司以工作联系单和函件的形式发出。

(4)我司技术负责人兼任项目的对外协调员,对外的所有技术问题由他同意负责处理,以作为信息沟通的桥梁。

(八)成本管理

本项目,我司坚持"从业主出发,为业主服务",处处替业主着想,为业主打造精品工程的同时,在内部管理方面下大功夫,狠抓成本管理,因为我们深知企业有了利润才能生存和发展。

我们采取了以下成本管理措施:

成本管理流程见图5。

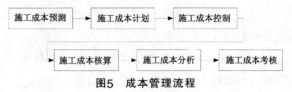

图5 成本管理流程

(1)施工成本预测:施工之前,我司组织预算人员对招标文件和施工图纸进行了深入的研究,结合本项目的具体情况,运用一定的专门方法,对人工、材料、机械等各项成本进行估算,作为成本决策和计划的依据。

(2)施工成本计划:编制本项目在计划期内的生

产费用、成本水平、成本降低率以及为降低成本所采取的主要措施和规划。

(3) 施工成本控制:在本项目施工过程中,按照动态控制原理,对影响施工成本的各种因素加强管理,并采取各种有效措施,将施工中实际发生的各种消耗和支出严格控制在成本计划范围内,随时揭示并及时反馈,计算实际成本和计划成本之间的差异并进行分析,进而采取多种措施,消除施工中的损失浪费现象。

(4) 施工成本核算:正确及时地核算本项目实施过程中的各种费用,计算实际成本。

(5) 施工成本分析:对成本形成过程和影响成本升降的因素进行分析,以寻求降低成本的途径,包括有利偏差的挖掘和不利偏差的纠正。成本偏差控制,分析是关键,纠偏是核心。

(6) 施工成本考核:项目完成后,对施工项目成本形成中的责任者,按施工项目成本目标责任制的有关规定,将成本的实际指标与计划、定额、预算进行对比和考核,评定成本计划的完成情况和各责任者的业绩,并以此给予相应的奖励和处罚。

(九) 施工工作流程管理

为了使本项目的施工管理工作和工程报验工作有章可循,使所有管理人员都能树立一个共同的目标,严格按照工作流程执行,保证项目目标有计划地顺利实现,针对本项目我司制定了严密的施工工作流程,具体如图6所示。

六、项目的经验教训总结

由于本项目的特殊性和各种客观原因,项目从2007年7月正式开始施工,一直到2009年2月才基本结束,历时18个月。虽然本项目获得了业主的好评,赢得了良好的口碑,也为今后我司实施类似国际级的大型项目积累了宝贵经验,但级有以下几点值得总结的经验教训:

(1) 一个项目的管理是否成功,关键取决于项目部的管理能力和水平,央视项目之所以比较成功,得益于一个强有力的项目部。

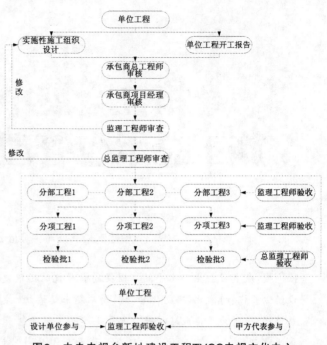

图6 中央电视台新址建设工程TVCC电视文化中心

(2) 重视人才,引入精通国际工程管理知识和FIDIC条款的人才,对我们很好地履行合同起到了很大的作用。

(3) 以开放的心态、发展的眼光,引进现代先进的项目管理方法,通过这些理论与实际的有效结合,对项目一直处于有效控制状态。

(4) "工欲善其事,必先利其器"。由于我们在项目实施前,未雨绸缪,制定全面、详细、具体,操作性强的计划,使得我们实施过程中的管理都是有的放矢的。

(5) 实施过程中,严格采取"过程控制"方法,项目部全体人员对管理各环节狠抓落实,彻底执行,令行禁止。各种指令能快速有效实施。

(6) 实施过程中,注意收集各方面的管理数据,将实际值与计划值相比较,发现偏差,及时反馈,及时处理,使得我们在工期、质量、安全和成本等各个方面都处于掌控之中。

(7) 广泛采用工厂化生产也是本项目取得成功的主要原因之一。

(8) 不足之处:少数与公司初次合作的分包商表现不佳,在今后的项目管理中需要特别加以关注。

梅江会展中心项目施工总承包管理实践与探讨

唐 浩

(中建三局三公司,湖北 武汉 430074)

摘 要:随着社会生产水平的不断提高和科技的迅速发展,建筑工程复杂程度越来越高,对工程建设的专业化、科学化、市场化管理的要求越来越迫切。为确保为业主提供优质产品,同时为了实现效益目标,一种为了适应这种社会发展规律的工程承包模式应运而生——施工总承包管理。由集团公司总承包部门组建"项目总承包部",代表集团公司对工程实施项目施工总承包管理,并负总责任。这是一种既有利于业主实现集约式管理,缩短工期、降低成本,又有利于总承包商提高管理水平,获取合理利润的工程承包模式。本文将结合中建三局三公司施工的天津市2009年头号重点工程天津梅江会展中心中的施工总承包管理实践对各种方法及经验作一个初步的总结与探讨,以进一步推动我国工程总承包管理方面的探索与发展。

关键词:项目管理,施工总承包,天津梅江会展中心,组织架构,分承包方管理,进度管理,风险管理

一、项目施工总承包管理概述

1.施工总承包的含义

施工总承包,是指建筑工程发包方将全部施工任务发包给具有相应资质条件的施工总承包单位。施工总承包的一般工作程序如图1所示。

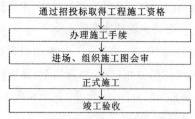

图1 施工总承包的一般工作程序

它是由施工总承包资质企业通过投标方式获得工程施工总承包合同,并以施工合同所界定的工程范围组织与管理项目。总承包方可将除主体结构部分以外的专业性较强的分部分项工程,分包给具有相应资质的专业承包企业,将设备材料供应分包给合法的材料供应商,将劳务分包给相应资质的劳务分包企业。

2.施工总承包的特点及优势

我国自20世纪80年代开始推广鲁布革项目管理经验以来,经过20余年的不断研究和探索,已经形成了一套完整的、符合我国国情的施工总承包管理体系和理论体系。施工总承包管理模式已经为我国大多数建筑施工企业所认同和接受。总承包模式的推行,有利于施工企业与施工作业职能分离,有利于以资金、技术、管理为核心的经营管理型企业的发展和壮大,有利于提高建筑行业的劳动生产率。通过发挥总承包管理单位的综合优势,消除各单项专业承包单位由于不同专业间相互协调沟通困难问题带来的矛盾,达到各单项专业承包工程紧密衔接,质量安全控制到位,进度推进顺利和成本节约的目的。

实践证明，我国施工企业开展施工总承包管理是可行的，也是必然的。据不完全统计，我国施工企业的合同额每年约有50%以上采用的是施工总承包模式。与此同时，施工总承包额也在不断扩大，在开展施工总承包管理的初期，一些企业的承包额只有几千万元，目前很多企业已有能力承担几亿乃至几十亿的工程。通过多年的运作与探索，我国很多建筑企业已经初步建立了施工总承包管理体系，培养了大批适合施工总承包管理的优秀人才，提高了施工总承包管理的整体水平与综合能力。施工总承包管理模式能够有效控制工期、质量、安全和成本，提高投资效益和工程质量水平，受到了业主和建筑施工企业的普遍青睐，在行业中的推广面不断扩大。

二、施工总承包管理实践经验与探讨

现结合中建三局三公司在2009年天津市头号重点工程天津梅江会展中心的施工总承包实践经验对项目施工总承包管理进行探讨与解析。

1.项目概况

天津梅江会展中心工程作为2010年达沃斯世界经济论坛夏季年会场馆是2009年天津市头号重点工程。该工程总占地面积约23hm²，总建筑面积98 000m²，东西向宽261m，南北向长396m，总造价约16亿元，于2009年9月15日开工，2010年5月20日竣工，总工期为248天，工期异常紧张。

该工程地上一层局部二层，最大建筑高度36.3m，结构类型为钢结构，最大跨度90m。工程主要包括四个13 000m²的大展厅、两个4 000m²的小展厅、一个2 200m²的多功能厅和一个登录大厅，以及一定数量的中小型会议室、洽谈室和配套用房。

2.组织架构

为圆满地完成工程建设任务，项目设置了以项目经理为首的管理队伍，负责协调整个项目的各方关系并对业主负总包管理责任。项目具体的组织架构图如图2所示。

3.总承包设计施工组织模式及协调方法

建设项目是在不同的合同体系和项目管理模式的约束下进行的，选择不同的合同体系和项目管理模式对建设项目的顺利实施具有十分重要的作用。在工程总承包项目的承包主体上，目前国内的总承包管理模式共有三种组织形式：以施工企业为主导的施工总承包，以设计单位为主导的工程总承包以及设计企业和施工企业组成联合体进行工程总承包。梅江项目采用的是以施工单位为主导的模式。该工程是2010年夏季达沃斯论坛的主会场，工期紧，任务量大，属于典型的边勘测、边设计、边施工的"三边"工程，工程前期设计图纸不完善，施工图纸都为白图或者施工时各专业单位根据现场情况和设计进行沟通修改完善。因此，为组织施工增加了难度，不可预见的因素过多，造成施工返工的现象比较多，工程按照原计划施工十分有难度。为了解决这一难题，项目部通过与设计、专业单位的协调，把图纸审核与

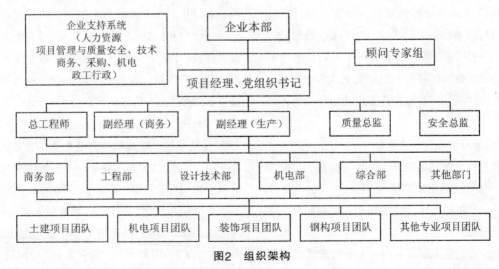

图2 组织架构

案例分析

交底列为技术协调的重要环节,并特别抽调土建技术人员2名,钢结构技术人员5名,幕墙设计人员6名,机电安装人员3名和精装修设计人员10名组成施工单位技术设计组,并长期蹲点在设计院,协助设计院进行图纸设计同时完成深化设计工作。

在施工过程中,把有利于施工现场的技术措施及时反馈设计,通过设计图纸的修改来实现既定目标。会展原设计图纸桩基全为混凝土灌注桩,使得工期更为紧张,技术人员结合图纸和地质勘查报告计算后,向设计院提出修改部分桩基为管桩,不但为会展后期施工节省了时间而且降低了施工成本。

4.分承包方管理

(1)建立健全分包管理体系

梅江项目涉及的分包商众多,建立一个严密、合理、高效的分包管理体系是确保项目有效完成工程任务的必然要求,为此总包项目部提出了"保分包就是保总包"的工作理念,并把它"灌输"到每一个员工的灵魂深处。立足于总承包的地位,以合约为控制手段,以总控计划为准绳,调动各专业分包单位的积极性,发挥综合协调管理的优势,确保各合同段目标的全部实现。

该项目实行三级分承包管理模式,项目所属分公司本部把握最高控制点,对分包选择具有决策权。商务部是关键点,是分包单位的主要控制部门,工程、技术、劳资是相关部门。总包项目部是分包管理的实际控制单位。按照三级管理体系运行的要求,分公司严格执行公司本部制定的《分包合同管理办法》、《分包招标管理办法》等文件,并结合项目特点制定了《分包资质管理办法》,进一步明确了各方对分包管理的职责和权限。实践证明,建立和健全分包管理体系,落实职责,是施工总承包管理的重要基础工作。

(2)实施对分包资格评定

该项目在分包队伍选择上,结合项目工期异常紧张、交叉作业多、施工难度大等特点,对分包队伍资格进行了严格的评定。评定标准主要按照公司本部及分公司相关文件,对分包方营业执照、资质证书以及特殊作业人员上岗证认可、安全管理人员配备情况等方面进行认定,并对分包队伍工程业绩和在建工程进行了实地考察,在充分了解的基础上,经过综合评定后选择了十余家单位参与分包招标。

劳务队伍的选择和管理由各专业分包单位负责,但总包项目部同时制定了《分包单位劳务管理规定》,规定必须在合格分供方名录范围内,优先选取长期配合并具有海河杯、鲁班奖工程施工经验的、整建制管理的劳务施工队伍,以保证总包项目部对工程的所有要求得到及时、迅速的执行。对于各分部的劳务管理从招投标、合同备案到日常工作中的各项劳务管理工作全过程进行监督,确保劳动力来源的同时,监督其执行程序和办理手续的合法性和完备性。

(3)分包过程管理

总包项目部一方面坚持在严格监督、检查和控制所有分包单位前提下,积极主动得提供必要的技术支持和服务,为相应专业分包提供工作面,尽早开展工作任务,提高效率,减少人为因素对正常工作的干扰。另一方面推行严格的施工会签制度,从施工会签的组织原则、实施内容、各项表格的填报须知以及整个会签活动流程一一进行了规定,使之标准化、制度化并大力在各专业分包单位中推广实施。该制度主要要求下道工序施工单位在施工前,对上道各工序的完成情况进行书面会签,其目的是通过下道工序督促上道工序快速推进,并核查各系统有无遗漏,其模式类似于质量隐、预检,但其涵盖面更广更大。施工会签由总承包牵头,定期组织所有专业分包单位共同参加,通过组织施工会签,有利于施工进度的快速推进,在施工会签的过程中,能够发现影响施工进度的关键工序,在施工管理上进行有的放矢的重点协调。通过会签制度的推行,使整个分包管理就有机地联系在一起,团结协作,共完使命。

分包过程管理关系到工程质量、进度及安全等各方面。因此,总包方在各分包工作面施工时对每一个施工合同段,分别指派质量、安全与协调专人负责与专业分包单位之间的配合,积极深入现场,对现场进度实施动态跟踪,提供施工便利条件(诸如现场照明、现场办公、用水用电、垂直运输、材料设备进出场、材料设备堆放场地、消防安全保卫等），及时通报整体施工安排，及时协调施工中与其他专业分包单位之间的各种问题，做好各分包单位的工序计划安排以及相互之间的工序衔接和交接，为各分包单位创造良好的工作环境和作业条件，从而提高整个工程的施工效率和工程质量水平。

(4) 组织协调

该工程因其功能复杂多样，工期异常紧张，前期钢柱、钢桁架吊装与土建基础承台及零层板施工工序交叉作业多，计划协调难度大；后期的机电和弱电系统现代化程度高，再加之金属屋面、幕墙、精装修等多个分项工程，专业分包多达30多家，各家分别抢工，工序交叉协调难度大，在会展中心场馆建设的同时，室外广场、市政道路、湖区景观等施工协作单位多达10余家，组织协调工作必不可少。一是总包项目部每周召开一次生产调度会，及时解决现场出现问题；二是在工程各阶段施工前，由总包牵头组织相关专业分包单位召开施工界面划分协调会，按照合同情况研究各自的边界条件，确定各自的职责范围，减少日后相互推诿的现象，并确保不出现真空部位。

(5) 材料设备采购

梅江项目材料、设备采购按各自施工范围由分包单位自行采购，但采购之前，必须向总包项目部提供样品，获得总包部和业主认可。总包项目部根据施工进度及时提供各种材料的采购计划，选择信誉可靠、实力雄厚的供应商，并进行供应商评价，对需检验的材料预留足够的检验周期。编制"物资供应计划进行时间表"，所需材料根据表中进场最迟时间提前5天与供应商落实进场。签订完善的合同，根据合同来履行材料的采购任务。制定应急措施，当发生某种材料不能按时到场的情况时，提前制定应急方案。

5. 施工进度管理

项目管理的关键，是对工程工期、质量、成本的有效控制，对分部分项工程众多、工序复杂、交叉施工现象严重的大型项目，施工进度计划编制的精准、质量监督机制执行的严格以及工程成本的有效控制更显重要。梅江项目是天津市09年头号重点工程，

工期异常紧张，且后门已经关死，因此进度控制是排在施工管理方面的首要目标。

影响工程进度的因素，一般而言，主要有人为因素、技术因素、材料和设备因素、机具因素、资金因素、气候及环境因素等，其中人的因素是最主要的因素。

(1) 项目工程进度管理整体情况

该工程自2009年9月15日开工，2010年6月28日投入试运行，整个工程历时约8个月，工期仅有国际同类工程的1/3，且有3个月为冬期施工，工期履约压力巨大。但因其关系到2010年夏季达沃斯论坛的召开，工期的后门已经关死，唯有合理调度，统筹安排才能确保工期的完美履约。自项目开工之日起，项目部在制定总体及分阶段的节点进度后倒排工期，将每一项分部分任务倒排到每一天甚至是每一分钟，项目部管理人员及工人则分为白班和夜班，实行24小时不间断施工，同时根据工程特点，找出三条主线：

第一条线为管桩→管沟→零层板结构；

第二条线为灌注桩→承台→钢柱吊装→钢结构施工；

第三条线为外幕墙、砌筑及设备安装等工序相互穿插施工。

通过主抓这"三条"主线，整个工地忙而不乱，井井有序，效率极高，工程各项节点工期均提前完成，钢结构提前了10天完成，而土建部分则达到了提前30天完成，最后圆满地完成了工程建设任务。天津市委书记张高丽在调研该项目时指出，梅江项目进展顺利充分体现了天津精神、天津速度和天津效益。目前，该工程已获得天津市结构工程"海河杯"，正在申报国家优质工程奖，同时取得了一定的经济效益。该项目因对工期控制到位、工程质量优良等特点为总承包单位中建三局三公司创造了良好的社会信誉，成为施工总承包管理的经典案例。

(2) 进度管理工作流程

梅江项目抓进度管理，主要通过以总控计划为龙头，通过制定阶段性与周、日及各种资源配置支持性计划，使人力、材料、机械、设备和建设资金等各种

资源得到了充分有效运用。重点解决以下问题:

1)建立项目管理的模式与组织架构。该项目实行四级进度计划管理模式。

2)建立合同管理体系,明确工期管理责任。

该项目通过总承包项目部与业主之间,总承包与各分包之间均签订了严密的合同,均有明晰的工期条款,明确了工期管理责任,在合同中,均有明确的工期索赔制度,据此对业主及各分包单位形成了法律的约束。

3)四级进度计划管理的具体流程:

①一级计划——总控计划

一个完善可行的施工总控计划既是施工进度控制的基础,也是工程施工过程中的依据。在工程伊始,总包项目部根据合同要求,依据施工组织设计,充分考虑工程特点、难点及施工过程中可能遇到的风险,编制总控计划说明,制定梅江工程施工总进度网络计划及与之配套的分包单位进场、深化图纸设计确认、材料、设备进场、劳动力资源配备等支持性计划,形成梅江会展中心工程总控计划,作为指导项目实施的纲领性文件。为保证总控计划的时效性及可操作性,项目部根据现场进展实际完成状况和施工因素的不确定性,在基础结构、钢结构、外幕墙和精装修等施工阶段先后五次对总控计划进行调整,以更有效地指导施工生产,确保工程总工期目标的实现。

②二级计划——阶段性计划确保节点目标实现

二级计划的制定是为了保证一级计划的有效落实,有针对性地对具体某一阶段、某一专业分包的生产任务做出的安排。二级计划必须是在总控计划的要求下制定。二级计划的贯彻力度,主要取决于各分包单位自身的管理水平,总承包项目部据计划对各分包单位进行严格的督促和检查,确保阶段工期或分部工程的进度目标圆满实现。

为确保施工总进度计划的实现,每当一个阶段性计划制定完成时,总包便与相关单位分别签订责任状,明确工期、质量、安全、文明施工等项目管理指标。在确保安全、质量的前提下,完成阶段性施工生产任务。

③三级计划——周计划对施工进展状况进行分析及调整

定期周计划主要是以现场施工进度安排为主,在满足总控及阶段性要求下,对现场各个施工作业环节加以细化,以利于指导施工生产。通过切实可行的周计划,不但可以做到以周计划保月计划、最终实现总控及阶段性计划目标,也是对施工总进度网络计划及阶段性节点工期目标能否顺利实施的定期检查及分析。

各分包单位必须制定周计划上报总包,总包须制定周计划报甲方和监理;监理、甲方须对总包计划进行批复,以此作为最终依据,下发各单位统一执行。

④四级计划——日计划是控制工期的有效手段

因该工程工期异常紧张,项目产值完成是以小时为单位倒排的,因此施工计划细到以"日"为单位。日计划是最基本的操作性计划。根据现场施工进展运行状况,对关键环节、重点部位要求各分包单位逐日制定施工到达部位,指出可能影响进度实施的潜在风险,经总包统筹考虑,制定周密的日施工计划,通过所有分包的日计划,在施工中加大协调及监控力度,以保证各道工序紧张有序地进行。

工期方面,常规要求一般为三级计划即可,鉴于本工程工期要求有别于其他项目,日计划只是为了适应本工程特点而特设的一道非常规环节。

(3)项目进度计划的检查与评价

鉴于项目实施过程中,情况千差万别,各种突发事情层出不穷,实际进度往往与计划并不一致。在这种情况下,必须采取措施及时予以纠正。梅江项目通过对进度计划的执行情况进行追踪检查,并建立生产例会制度,及时掌控工程进度并进行核查与评价。工程指挥部每日牵头组织召开业主、监理、设计及各施工单位参加的工程调度会,进行工程进度、质量和安全情况分析,其主要内容包括:计划指标完成情况,是否影响总体工期目标;劳动力和机械设备投入是否按计划进行,是否满足施工进度需要;材料及设备供应是否按计划进行,有无停工待料现象;试验和检验是否及时进行,检测资料是否及时签认;施工进度款是否按期支付,建设资金是否落实;施工图纸是否按时发放,工程质量安全情况等。通过工程进度分析,总结经验,找出原因,制定措施,协调各生产要素,及时解决各种生产障碍,落实施工准备,创造施工条件,确保施工进度的顺利进行。同时,每周组织召开由所有施工单位的项目经理、生产经理、总工等相关负责人参加的生产例会,检查、交流二三级进度计划完成情况、相应措施和计划安排。在具体施工过程中的每一个施工段,总包单位都指派专人深入现场对进度实施动态跟踪,及时通报整体施工安排,及时协调各种问题,做好各分包单位的工序衔接和交接,为各分包单位创造良好的工作环境和作业条件,从而提高整个工程的施工效率和工程质量水平。

6.风险管理

百度一下,风险是指对事物的损害或存在损害的可能性。风险会对目标的实现带来干扰,并有可能导致损失。工程项目风险是指工程项目在设计、施工等各阶段可能遭受的风险。由于工程项目具备的一次性、单体性等特点,实施过程中不确定因素大量存在,而这种不确定因素往往并不能提前预知。同时,由于技术、施工、地质、施工材料以及施工周期长等原因,不可避免地会遇到各种施工障碍。比如地勘资料与实际不符;施工遇到古墓文物;工地周边关系复杂等,这些因素通常会带来许多风险。

为了确保项目顺利进展,必须采取各种措施对风险进行识别,并就如何规避风险进行策划,以最大程度地提前预知和控制风险。本文中仅对施工过程中风险控制进行探讨。

(1)风险识别

风险识别是风险管理的首要环节,也是风险管理的基础,只有在正确识别出自身所面临的风险的基础上,人们才能够主动选择适当有效的方法进行处理。通过参考目前国内外的一些风险识别办法,对项目风险识别及可能导致后果描述见表1所列。

自承接梅江会展中心工程项目时,总包方就意识到该工程身份独特,国际影响大。天津市政府召集建筑业专家及各职能部门成员成立了天津梅江会展中心工程指挥部,对梅江会展具体施工进行进度、质量和安全方面的监督和指导;建筑规模宏大,功能复杂多样,施工难度大;工期紧,冬期施工影响大;专业分包单位多,施工协作单位多,工序穿插协调难度大;设计图纸不完善,不可预见因素比较多;科技含量高,质量标准严格,施工管理水平要求高,这些都是项目建设中所存在的各种风险因素,总包方对这些风险做到心中有数,从而积极寻找良好的解决方法。

(2)风险评估

对风险因素进行正确和全面的识别后还要具体对其风险大小、概率等进行评估。其主要目的在于评估和比较项目各种方案或行动路线的风险大小,从中选择威胁最少、机会最多的方案;加深对项目本身和环境的理解,寻求更多的可行方案,并加以反馈。安全、技术、质量及工期风险是梅江项目存在的几大重要风险。因此,项目部采取了分头整理、集中汇报总结的方式来评估风险。由各专业部分在施工前对各自系统可能存在的风险进行预估和分析,对风险等级进行标示并提出相应的对策,交由工程总指挥部进行评定。施工过程中则根据现场实际情况及时对预测的风险进行修订与补充。经过对各种因素的对比和分析,本工程最大的风险在于工期风险和组织协调风险。

(3)风险对策

常用的风险防范对策有:风险回避、风险控制、

总承包项目中风险及后果一览表 表1

序号	风险描述	来源	影响
1	设计变更	项目	工期
2	设计延误	项目	工期
3	自然条件	项目	工期
4	第三方延误	项目	工期
5	资源组织困难	项目	工期/成本
6	工作质量不合格	项目	工期/成本
7	安全事故	项目	工期/成本
8	环境保护	项目	工期/成本
9	业主原因(延期付款等)	公司	工期/成本
10	工作面交叉	项目	工期
11	不可预见的地质条件	项目	工期/成本

风险转移及自担风险等方法。梅江项目为了控制风险，采取了以下措施：

1）精心策划规避风险。策划是运作的指南，梅江项目的一切均有精心策划。

①编制《项目策划书》，提前分析风险并提出预警措施。策划书涵盖现场前期临建策划、施工顺序策划、总包服务策划、施工进度策划、人、材、物等资源策划、施工质量、安全管理策划及工程成本策划等项目管理的所有方面。对全面风险管理做到有计划、有重点、可控制。

②对重点风险进行重点控制。对工期风险，项目部采用了倒排具体到天的措施，同时通过业主方力量，基本集中了全市所有的吊车，为现场钢构吊装全面铺开提供了便利条件。对组织协调风险，总包项目部提出"帮分包就是帮总包"的口号，通过制定四级网络计划，将计划落实到天，并通过合理安排各项专题会，解决各类问题，协调各种矛盾，保证工程各项工作有序进行。

2）层层分析化解风险。

①风险承包责任制化解风险。涵盖项目全员、全方位和全过程的风险承包责任制，将对项目管理综合风险进行逐步分析和层层分解，使之细化为一个个子风险和阶段性风险。根据风险项目分解，总包项目部建立健全了相应的风险管理机构和制度，签订风险承包责任状，使各土建、机电分部和各专业分包单位以及各类施工人员明确努力方向，工作有重点性。

②建立风险共担机制，在合同中明确风险责任，确保在风险项目实施中的每一个点和面的结果能追踪到具体的单位或者个人，充分做到有奖有罚，确保风险目标的实现。

3）动态管理防范风险。

工程进展过程中，不同阶段，某种风险要素对承包商的影响程度又不尽相同，因此，有必要针对具体的工程项目，认真分析项目具体情况，加强沟通，进行动态管理。对梅江项目而言，沟通无时不在、无时不有，风险的动态性特点显露无遗。如工程设计延误风险和设计变更主要集中在工程前期；工期风险贯穿整个工程实施阶段；组织协调风险同样贯穿整个阶段，但主要在工程进展中期出现，此时总包方协调压力最大，最容易发生质量安全事故。梅江项目总包部非常注重对风险动态控制，每时每刻的电话沟通外，每日例会和施工会签是收效最好、解决问题最快的方式。针对具体施工过程中出现的突发性、紧急性的风险问题，项目部有专门的风险处理小组，迅速了解风险原因及态势，集中人力物力在最短的时间内化解风险。

4）注重风险的合理分配。

合理分配风险是有效防范和控制风险的有效手段。风险的分配和权利的分配是息息相关的。业主为了规避风险，在起草合同时必定尽量向有利于自己方面倾斜，将更多的风险倾向承包商；总包和分包单位的合同关系亦然。实质上，合同主体双方更多时候就是在风险和权利分配方面进行博弈，合同的签订就是双方妥协的结果。在工程进展初期，总包方尽可能将合同风险向分包单位转嫁，但如果在过程中，总包方不能为分包方提供有利条件，那么分包方便有可能不堪承受巨大压力，这对于工程进展来讲是致命的风险。因此，总包单位必须慎重考虑合同风险的分配。梅江项目在这方面作了有益的探索。

①注重责权利三方平衡。

风险与权利和收益对等。总包方承担了组织协调风险，对外承担了巨大的政治风险，一旦不能如期完工，则企业在天津市场就面临被清退的危险，因此收益必须是最大的。因业主资金支付存在一定的周期延误，因此各分包单位则更多从资金垫付方面承担风险。

②建立互信。

业主与总包商、总包商与分包商的相互信任是工程成功的基础。唯有风雨同舟，互相支持，互相信任，才能达到双赢或多赢的目的。在梅江项目的实践过程中，业主与总包商，总包商与各分包商基本拧成了一个整体，互相支持，绝不拆台，有矛盾时服从总包的居中调度，必要时舍弃小利益服从大局，这是项目最终成功的重要原因之一。

三、项目施工总承包管理的启示

天津梅江会展中心总承包项目部始终以高标准、严要求为准则严格进行项目各项策划与管理工作,在施工的八个月期间,完全按照既定施工计划顺利进行,并且从质量、安全和文明施工等各方面全面把握,高速度、高质量、高标准为天津打造了一个精品工程,用业主的话来说,就是"高质量地完成了一项不可能完成的任务"。本工程先后获得了"天津市结构海河杯奖"、"天津市安全文明示范工地"、"全国AAA文明诚信工地"、"天津市项目管理成果发布一等奖"、"全国项目管理成果发布一等奖"、"天津市科技推广示范工程"等荣誉。结合该项目的工作实践,笔者对目前国内实行施工总承包得出如下几点启示:

1.合理策划是关键

国内经济建设的大形势在某种程度上促成了中国建筑行业一个显著的特点,就是工程建设往往超常规开展,以梅江项目为例,该工程工期仅为正常工期的1/3,中间还横跨三个月的冬施季节,如果仅就技术角度而言,显然并不符合科学惯例。但是在当前阶段,要想在行业内生存并且活得比别人更好,就必须适应这种形势,这就必然要求我们在施工前期花费更多的精力来思考和策划,梅江项目能够成功,前期认真仔细的策划是最关键的因素之一。所谓"不打无准备之仗",这句话在此时得到了更加充分的体现。

2.人才培育是重点

施工总承包企业必须大力培养自身的管理人才。人是生产力中最活跃的因素,人力资源是企业发展过程中最重要的资源,对企业的发展有着决定性的意义。对于总承包企业而言,要重点培育五支队伍:即总承包项目经理队伍、合同管理专家队伍、投标报价专家队伍、物资管理专家队伍、安全管理专家队伍。总包项目经理善于发挥项目每一个人的技术和管理才能,充分化解各类管理风险,做好各方沟通和协调,解决矛盾和纠纷;合同管理专家则娴熟运用合同谈判技艺,争取合理权利;报价专家的水平直接关系到项目能否盈利;物资管理专家把好物资这一关,对控制项目成本至关重要;安全管理工作贯穿于总承包工程始终,在以人为本的大环境下,安全管理对于维护企业品牌、保证工人人身安全显得尤为重要。梅江项目能够成功的另一关键原因就是拥有一支强大的员工队伍,剔除吃苦耐劳,敢打硬仗等因素,高超的沟通技巧、娴熟的业务能力是项目员工的显著特点。

3.品牌建设是目标

施工总承包企业必须高度重视品牌建设。在目前市场大环境下,市场竞争加剧,而在经济利益的驱动下,很多企业只顾一时之利,导致安全质量事故层出不穷,市场面临新一轮洗牌的趋势,也因此,企业品牌建设对提升业界知名度有着非常重要的作用。以梅江项目总承包方中建三局三公司为例,该公司一方面主动参与市场竞争,努力承接"高大新尖特"工程,以"建设名牌"促进"品牌建设",另一方面狠抓工程履约,进一步放大"业主就是上帝"的营销理念,2010年完成产值80余亿元,而工程投诉几近为零,相继与世茂集团、星河湾集团、中粮集团、瑞安集团等国内知名企业建立了战略合作关系,年营销额达到200多亿元,尝到了品牌建设的甜头。梅江项目顺利交工后,该公司在天津建筑市场名声大振,市场占有率进一步提升,业主方放心地将造价达16亿元的二期项目直接交给该公司施工。

参考文献

[1]龚建备.工程项目总承包管理的问题及对策[J].中国工程咨询,2004,(4):36–39.

[2]王秀琴,陈永强,汪智慧.项目管理承包模式在大型工程项目中的应用[J].天津大学学报,2006,8(3):187–190.

[3]路遥.施工总承包工程项目管理[J].河南建材,2010,(1):90–91.

[4]周红,成虎.工程总承包项目管理研究[J].施工技术,2004,(12):4–6.

[5]杨振宇.施工总承包模式下的项目管理[J].中国新技术新产品,2010,NO.19:232.

LS电缆敷设工程项目的质量控制

顾慰慈

(华北电力大学，北京 102206)

摘　要：本文介绍了LS电缆敷设工程项目的质量控制,该项目为城市市区地下电缆敷设工程,施工比较复杂,为了确保工程的施工质量和按合同要求如期完工,项目经理部采取了施工准备阶段、施工过程和竣工阶段等全过程严格的质量控制,取得了良好的效果并按期完成了施工任务。

关键词：电缆,电缆敷设,质量控制

LS电缆敷设工程是将220kV电源引入WH市中心的一项重要电力工程项目,其起点是110kV的SH变电所,终点是220kV的MS变电所,全长15.791km,共包括3条。YJLW03-127/220kV-1×630mm² 电缆,其中3条,长度为1.5km的电缆敷设在电缆隧道内,其余部分敷设在地下管道内。该工程由ZH送变电工程公司总承包,总工期为12个月。

为了确保该工程的施工质量,并按合同工期规定如期完成工程任务,公司制定了详细的施工计划,并按施工准备阶段、施工过程和竣工阶段进行了严格的全过程质量控制。

一、施工准备阶段进行的质量控制工作

1.基础工作

基础工作主要包括两个方面,即组织工作和技术准备工作。

(1)组织工作

1)根据公司建立的质量管理体系确定项目部的质量控制系统,明确其职责和权限。

2)制定各种质量管理的规章、制度。

(2)技术准备工作

1)确定并备齐本项目所应用的有关法规、标准(包括国标标准、国家标准、行业标准和企业标准)和规定。

2)根据施工承包合同要求,确定本项目的质量目标,即安装合格率为100%,优良率为90%以上。

3)确定质量检查检验的依据和方法,编制质量检查检验的记录表式。

4)组织有关人员培训。

5)组织设计图纸自审,在接到监理单位提交的工程施工图纸和有关的设计技术文件后,立即由总工程师组织有关部门负责人、技术人员和有关人员组成图纸审查小组,并根据施工承包合同的要求、以往的施工经验和有关的施工规范、规程,详细地从质量、安全、进度、成本等方面进行自审,并写出设计图纸自审记录。

6)参加业主组织的设计交底和图纸会审,根据图纸自审结果提出有关的疑问和建议。

7)编制施工组织设计和质量计划

施工组织设计是施工单位用以指导施工准备工作和组织项目施工的全面性技术文件,是合理部署全部施工活动,保证施工顺利进行确保工程质量及企业经济效益的重要施工文件,其内容包括：

①工程概况及施工条件分析;

②电缆路径图及电器边接图;

③电缆技术参数;

④施工部署;
⑤施工方案;
⑥项目的施工准备工作计划;
⑦施工进度计划;
⑧资源需用量计划和资源配置清单;
⑨施工平面图。

施工质量计划是针对项目的质量要求所编制的质量控制方案,其内容包括:
①编制的依据;
②项目的质量目标;
③质量控制点(包括 W 点和 H 点)的确定;
④质量控制的措施、方法和程序;
⑤项目各阶段所采用的检查、检验和试验的方法;
⑥质量记录要求和格式;
⑦质量保证措施;
⑧作业指导书;
A.电缆敷设项目作业指导书;
B.电缆头制作作业指导书;
C.高压电气试验项目作业指导书。

施工组织设计完成后,经内部自审批准后,填写施工组织设计报审表,报送项目监理单位审查。

8)组织技术交底

技术交底由生产部门组织,在项目施工前进行层层交底,使参加施工的人员对工程的技术要求做到人人心中有数,以便于科学地组织施工和按既定的程序及工艺进行操作,以确保工程的质量。

技术交底不仅应口头讲解,而且要形成书面记录。技术交底记录是各级技术人员向下级进行技术交底及履行相应质量保证职能的凭证。

技术交底的内容包括:
①工程概况、工程特点、施工特点;
②进度计划及工期要求;
③施工工序和工序穿插配合安排;
④主要施工方法和技术要求,施工中应注意的关键问题;
⑤所要用的器材设备及其有关要求;
⑥执行的技术规程、规范和质量检验标准;
⑦质量措施和施工安全措施。

2.组织材料采购

本工程的主要材料(电缆及电缆附件)均由业主统一组织招标采购后提供,其余施工材料、工器具和设备,则由施工方按施工组织设计中资源配置清单以询价采购方式统一采购。

材料运抵施工现场后,均应进行现场检查验收,凡是由业主采购后提供的材料,由施工单位组织业主、监理单位和材料供应单位有关人员进行检查验收;凡是由施工单位采购的材料,则由施工单位组织监理单位和材料供应单位有关人员进行检查验收。

3.组织土建部分竣工交接验收

根据《电力建设规程》规定和电缆施工的具体要求,对电缆沟、电缆隧道、电气预埋件等已完土建工程部分进行竣工交接验收,对于不符合电缆敷设要求的项目,则通过业主督促土建施工单位修改,并办理电缆沟竣工交接签证。

4.提出开工申请

施工准备工作完成后,填写《工程开工报审表》连同开工报告报送项目监理单位,等待监理单位发出书面的开工指令。

二、施工过程的质量控制

工程项目的施工过程是由一系列相互关联的工序所组成,所以施工过程的质量控制就是工序质量控制。

工序质量的控制包括三个方面的内容,即工序活动条件的质量控制、工序活动过程的质量控制和工序活动效果的质量控制。

1.工序活动条件的质量控制

(1)所有参加电缆施工操作的人员都必须持证上岗并进行岗前培训考核,考核合格后才能上岗。

(2)电缆材料在使用前应进行现场试验,试验合格后才能正式用于施工。电缆试验的内容包括:
1)PE 居电测量;
2)直流耐压试验;
3)主绝缘电阻测量;

4）导体直流电阻测量；

5）电缆芯、绝缘厚设等结构尺寸复测。

电缆附件试验包括：

1）密封性检验；

2）直流耐压试验；

3）应力锥 X 射线无损检测。

试验完成后应写出试验报告，经审查确认后格后，才能正式使用。

(3)电缆安装机械设备的质量控制。

电缆安装工程中所使用的主要机械设备有牵引机、输送机、电缆制作专用工具、压接机具等，其质量控制如下：

1）牵引机应通过拉力表核实其拉力是否满足施工方案中对电缆牵引拉力的要求；

2）输送机应核实其是否满足电缆敷设时侧压力的要求；

3）电缆切削专用工具应检查切削电缆时产生的误差是否在作业指导书中规定的误差范围之内。

除此之外，还建立下列质量控制制度：

1）人机固定制度；

2）持证上岗制度；

3）按操作规程操作制度；

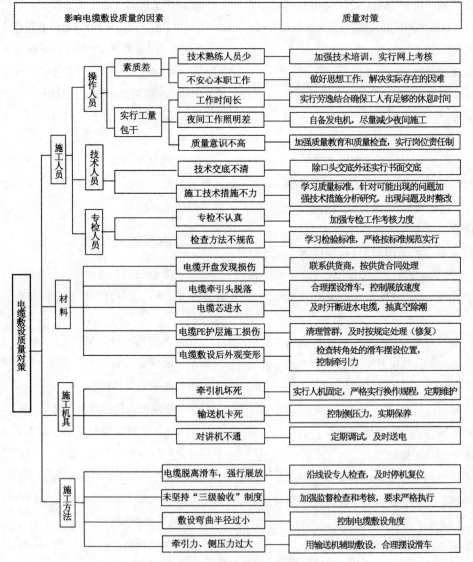

图1 LS电缆敷设工程质量对策图

4)技术保养和定期维修度。

(4)明确每道工序的质量标准、操作规程和操作流程，并认真组织技术交底。

(5)严格控制电缆头制作作业场所的环境。

严格按家庭装修标准搭设专用工棚，工棚内配置：

1)2台空调；

2)2台潜水泵；

3)1台吸尘器；

4)4盏日光灯和2盏工作航灯。

同时保持工棚内满足下列技术指标：

1)湿度≤70%；

2)温度在(25±2)℃；

3)无尘；

4)不漏雨；

5)地面不渗水。

(6)进行工程质量预控。

工程质量预控是事先对要进行施工的项目，分析在施工中可能或最容易出现的质量问题，分析其原因，提出相应的对策，采取有效的措施，进行预先控制，以防施工中出现质量问题。

LS电缆敷设工程从施工人员、施工材料、施工机具和施工方法四方面分析了可能出现的影响电缆敷设质量的因素，并提出了相应的对策，如图1所示，同时也采取了相应的质量予以预防，如图2所示。

2. 工序活动过程的质量控制

(1)对电缆材料进行使用前的现场测试。

(2)在工序施工过程中对施工操作、施工工艺进行监督检查。

(3)进行质量控制点的实施控制

1)凡列为 W 点的施工工序，在该工序施工前24小时以书面形式通知监理人员，约请监理人员届时到达现场进行见证和对其施工实施监督，如果监理人员在约定的时间未能到达现场进行见证和监督，则施工单位可以自行对该工序进行操作施工。

2)凡列为 H 点的施工工序，在该工序施工前24小时以书面形式通知监理人员，约请监理人员届时到达现场进行监督检查，如果在约定的时间内监理人员示能到达施工现场进行监督检查，则施工单位

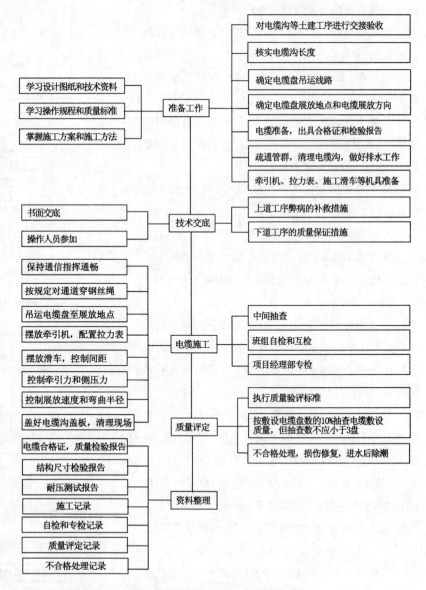

图2 LS电缆敷设工程质量预控图

应停止该工序的施工等待监理人员,或另行约定施工时间,再进行施工。

(4)进行现场计量操作的质量控制。

1)要求计量作业人员持证上岗;

2)对施工述程中所使用的计量仪器、检测没备事前进行校定、率定;

3)对现场计量操作进行质量控制,如对仪器的使用,数据的判断,数据的处理和整理方法,以及对原始数据的检查、核查等。

(5)质量记录资料的质量控制。

1)施工现场质量管理检查记录资料;

2)仪器、设备进场维修记录和设备进场运行检验记录;

3)材料、设备的质量证明资料,各种试检检验报告;

4)施工过程作业活动记录资料,包括有关图纸的图号、设计要求,质量自检资料,各工序作业的原始施工记录,检测和试验报告等。

施工质量记录资料应真实、齐全、完整,相关各方人员的签字齐全、字足迹清楚、结论明确。

3.工序活动效果的质量控制

工序活动效果的质量控制就是对工序的施工质量进行检查验收,工序的质量验收分四级进行。

(1)一级检查验收

一级检查验收是指施工班组在工序完成后按质量标准对工序的质量进行检查验收,主要采取班组自检和下道工序施工班组对上道工序质量进行互检的方式,检验程设为全检。

为了较好地控制电缆敷设的施工质量,在每一个分部工程中将牵引力大小、弯曲半径值、侧压力值、电缆头干燥情况和PE保护层绝缘水平这五项列为关键工序,其余内容列为一般工序,分别给出质量标准,按标准进行检查验收。同时要求在验收记录上填写施工人员、施工日期、检查人员和检查日期,以便存档备查。

(2)二级检查验收

二级检查验收是由项目经理部的专职质量检验员组成的质量检验小组对工序质量进行检查验收,

此时的检验程度是,对关键工序为全检,对一般工序按施工段总数的50%抽检。

(3)三级检查验收

三级检查验收是由公司的总工程师、职能科室

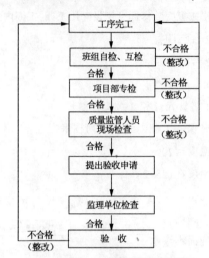

图3 关键工序质量检查验收程序

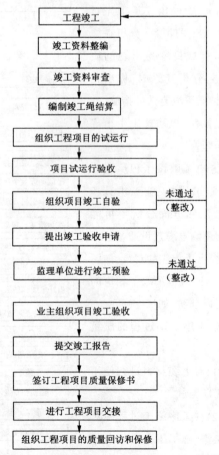

图4 工程项目竣工阶段质量控制程序图

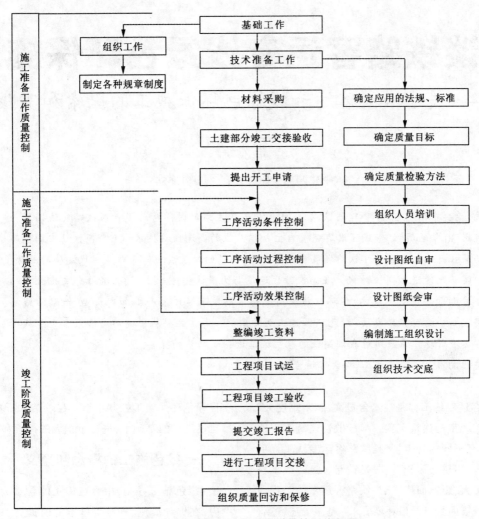

图5 LS电缆敷设工程项目质量控制流程图

技术人员、专职的质检工程师组成的质量检验小组对单位工程质量进行抽检,抽检的程度按承包合同规定来确定。

(4)四级检查验收

四级检查验收是指工程监理单位对关键工序的检查验收,一般重点是检查质量控制点的质量为主并以检查三级检查验收记录为辅。

图3所示为LS工程施工中关键工序的质量检查验收程序图。

三、竣工阶段的质量控制

竣工阶段的质量控制内容包括:

(1)组织整编竣工资料。

(2)竣工资料审查。

(3)组织工程项目的试运行。

(4)组织工程项目的竣工自验。

(5)提出工程项目的竣工验收申请。

(6)参加业主组织的工程项目竣工验收。

(7)编写和提交竣工报告。

(8)签订工程项目质量保修书。

(9)进行工程项目的交接。

(10)组织工程项目的质量回访和保修。

图4所示为LS电缆敷设工程项目竣工阶段质量控制程序图。

LS电缆敷设工程项目质量控制流程如图5所示。

案例分析

浅谈铁路客运专线绿色环保施工
——关于哈大客运专线绿色环保施工的探索和实践

张为华

(中建四局铁路公司，广州 510665)

摘　要：中国从2005年建高铁以来，我们用6年左右的时间跨越了世界铁路发达国家一般用30年的历程，形成了具有完整自主知识产权的高速铁路技术体系。高铁让中国铁路扬眉吐气地站在了世界铁路发展前列。目前，高铁的发展成为一个顺应时代发展的趋势，中国正飞速进入高铁时代。在高铁时代速度与力量的强烈冲击下，经济社会文化生活的方方面面都得到了实惠，但环境污染问题却因高铁飞速发展而更加突出，在铁路沿线要实现社会的可持续发展，绿色环保施工至关重要。本文主要从中建四局哈大客运专线项目环境管理体系应用对我国高铁的绿色施工进行了初步的探索。

关键词：环保，绿色施工，哈大客运专线建设

铁路客运专线工程是技术含量高、施工难度大、施工污染较严重的建筑工程，与一般性建筑工程项目相比，具有不同的特点：一是铁路客运专线工程项目规模大，占用耕地面积广；二是铁路客运专线工程项目投入量大、影响面广；三是铁路客运专线工程项目具有比一般项目更严格环境要求。基于上述特点，国家环保部门、铁道部对客运专线建设单位早就提出了对环境的不利影响减至最低限度，确保铁路沿线景观不受破坏，江河水质不受污染，植被有效保护，将铁路客运专线建成绿色环保型铁路的要求，并根据国家、地方的环保法律法规，制定出台了一系列绿色环保施工管理办法和制度，从而有效地确保了铁路客运专线工程环境保护和水土保持的有效控制。中国建筑第四工程局铁路公司是哈大客运专线项目建设的施工单位之一，承担了哈大客专TJ-2标段DK404+200~DK422+300里程的土建项目的施工任务。在项目建设的实施过程中，碰到了许多新的困难和问题，有些问题如不及时研究解决，不但影响"两不破坏三不污染"目标的实现，而且会制约客运专线的建设和发展。为此，就如何加强对哈大客运专线项目绿色环保施工，中建四局哈大项目部成立了项目绿色环保施工控制小组，在总结分析本单位项目建设工作的基础上，进行了积极的探索和实践。

一、绿色施工的概念和意义

《绿色施工导则》中绿色施工的含义为：工程建设中，在保证质量、安全等基本的前提下，通过科学管理和技术进步，最大限度地节约资源与减少对环境的负面影响，实现"四节一环保"（节材、节水、节地、节能和环境保护）。绿色施工是可持续发展思想在工程施工中的重要体现，它是以环保优先为原则、以资源的高效利用为核心，追求低耗、高效、环保，统筹兼顾实现经济、社会、环保、生态综合效益最大化的先进施工理念。绿色施工不是独立于传统施工技术的全新技术，而是符合可持续发展战略的施工技术，涉及生态与环境保护、资源与能源的利用、社会经济的发展等可持续发展的各个方面，这种全新的理念也必将带来经济、社会、环保等多重效益。

在我国加快铁路客运专线建设，是科学发展的时代要求。铁路客运专线作为现代社会的一种新的运输方式，具有极为明显的优势，一方面，高铁的发展有利于我国工业化和城镇化的发展；有利于推动区域

和城乡协调发展；有利于释放我国铁路的货运能力；更有利于资源节约型和环境友好型社会建设。另一方面，随着铁路客运专线建设序幕的展开，经济和社会运行效率确实得到大大提高，但环境污染问题却因高铁飞速发展而更加突出，在铁路沿线要实现社会的可持续发展，这些对环境影响就不能够忽视。

当可持续发展成为人类和自然协调发展的全球化战略的时候，绿色施工也成为铁路客运专线建设的必然趋势，绿色施工是可持续发展战略在工程施工中应用的主要体现，铁路客运专线建设中，绿色施工至关重要。

二、哈大客运专线项目建设可能对环境带来的影响

铁路客运专线的发展成为一个顺应时代发展的趋势，现状也很乐观，但建设对环境影响也不能忽视。

(1) 永久、临时占地范围广，对农业生产以及地表植被的影响大。客运专线工程施工具有点多、线长、规模大、周期长、动用机械车辆多、施工队伍庞大、呈带状分布的特点。施工队伍的临时用房、施工便道、制梁场、铺架基地、拌合站、料场等大临工程都要占用一定的土地。中建四局哈大客运专线TJ-2标段第一项目部管段全长18.1km，线路用地宽18m，永久征地约合32.58hm²，新修施工便道15.1km，利用既有道路改建整修3km；设铺架基地1处，制梁场1处，混凝土拌合站1处，钢筋加工厂5处，大型取土场3处，仅仅临时用地约合50hm²。本工程沿线地形多为冲洪积平原地区，地形平缓开阔，是以人类活动为中心的城市生态系统及农业生态系统。线路区间通过的地区基本上属于平原农村地区，占用的土地类型大部分属于耕地。经过4年大规模的施工，很难避免扰动地表、破坏原地形地貌，给农业生产以及地表植被带来影响。

(2) 工程施工取弃土(渣)数量大，容易造成水土流失。中建四局哈大客运专线TJ-2标段第一项目部所辖施工里程范围为：DK404+200~DK422+300，其中，正线桥梁工程4座，总长13 753.55m，占线路全长76.2%，其中特大桥2座，13 673.14m，中桥2座，80.41m；公路中桥1座，72.08m；涵洞3座，62.3横延

米，CFG桩341 087m，旋喷桩43 065m，路基土石方601 815.6m³，取土403 415.3m³，弃土198 400.3m³。桩基础施工及特殊地基基础处理过程中产生大量的废土、弃渣，路基开挖取弃土都会使得沿线水土流失。

(3) 施工废弃物、扬尘对水和气候造成污染。施工高峰期，土石方施工现场、繁忙的施工便道，往往是车一跑，尘土飞扬，尾气高喷，对周围农作物及居民区人们的生活带来很大影响。生产和生活中产生的大量废弃物，像燃料、油、沥青、污水、废料和垃圾等有害物质乱堆乱倒，不仅自然环境与景观遭到破坏，更有可能污染河流、湖泊、池塘和水库。施工期间，特殊部位施工影响自然水流形态，流水不畅造成淤、堵，不仅会留下施工隐患，更会阻塞河道，淹没庄稼。

(4) 施工机械多，对铁路周围学校、医院、集中居民区、办公场所的噪声、振动的影响大。中建四局哈大客专项目始于沈阳九一八历史博物馆，沿线经过鲁迅美术学院、沈阳航空航天大学、牲畜养殖场、七二四医院、居民生活区，终止沈北新区朗家寺，沿线环境保护目标19处，其中学校、幼儿园、办公区等特殊敏感点9处，居民住宅10处。当前铁路施工全是机械化，哈大客专项目建设大量使用大型、特大型机械设备，如架桥机、900t箱梁运载车、旋挖钻机、大型挖掘机、混凝土罐车等，这些设备工作起来不仅噪声大，振动也让人感觉不适，更加上24小时昼夜施工，对周边的影响可想而知。

三、哈大客运专线项目绿色环保施工的主要对策

哈大客运专线项目建设碰到的四难问题，其焦点集中在进度和污染的矛盾上。如果管理和实施部门只求无过，不求有功，视实情变化和不良结果于不顾，各自抱住现行的"条"、"框"不放，就会使问题越积越多，就会影响一个地方的城市建设和经济社会的发展。通过调研我们认为，解决上述四难问题的关键是要深刻领会科学发展观的精神实质，解放思想，转变观念，增强责任意识，坚持实事求是，勇于开拓创新。在施工过程中，我们注意做好以下四个方面的工作。

(1) 科学临建，合理使用每一寸土地。针对哈大客专工程施工具有点多、线长、占地广的特点。自2007年8月进场以来，中建四局铁路公司领导就高

度注重加强项目周边生态环境保护,本着"不破坏就是最大的保护"的建设原则,科学规划,不断优化用地方案,最大限度发挥临时用地的功效。项目领导通过现场检查、专题研究、线路走访等各种形式做到尽可能减少施工用地,对临建设施、施工便道、电力线路进行统筹规划,统一实施,不随意修筑便道。

在梁场、拌合站、钢筋加工场,进行绿化、亮化,种植景观树、铺设草皮,设置排水沟,最大限度减少对植被的破坏和防止水土流失。施工完毕后,对废弃的施工营地、临时便道、料场、制梁场、铺架基地、拌合站等进行了拆除、清理和平整,并按相关要求采取了恢复和复耕。

(2)加强控制,固草固土。桩基础施工过程中,为防止泥浆外泄污染水源,先后自制了4套泥浆循环净化系统,每套每小时可进行 1 200m³ 的泥浆处理,将处理后的循环水排入河中。对施工废土、弃渣,实行定点弃渣,集中处理,对农田实行严格保护;对级配碎石场生产碾压碎石时,采用洒水淋湿淋透后才开始碾压,防止碾压过程中灰尘迷漫。

合理安排施工工序,尽量利用挖方,减少借土量,及时清运开挖的土方,尽量缩短施工周期,减少疏松地面的裸露时间,对路基土质边坡及时采取工程或植物防护措施,防止雨水冲刷造成水土流失。路基施工尽量避开雨季,如无法错开雨季,施工时及时掌握雨情,做好雨前的防护措施,避免易受侵蚀或新填挖的裸露面受到雨水的直接冲刷;合理布局,统一规划。施工过程中不破坏、占压、干扰河道、水道及既有灌溉、排水系统。必须占压的,首先征求主管部门同意,并采取必要的防护、替代措施,构筑拦碴工程,布置截、排水设施,施工结束后及时恢复原排水设施,并尽量安排在枯水期施工。防止施工中开挖的土石材料对河流、水道、灌渠等排水系统产生淤积或堵塞。

在工程水土保持区域范围内进行必要的绿化。因地制宜,在生产、生活区、边坡、便道等水土保持区域种植适合当地生长的树种和草皮,以更好地控制水土流失。

(3)精细组织,细节推进环保。施工中,为使从工地出来的车辆不在道路上留下泥泞的轮印,在工地出口处铺上石子,派专人冲洗车轮;同时,为减少工程机械设备尾气对环境的污染,项目部还投入7万多元,统一对工程机械设备尾气排放装置进行改装,减少尾气的污染。在主要运输道路进行固化,专门配备洒水车,每天不定时在"扬尘土大"路段现场洒水,防止土方施工和搅拌站内的"扬尘"对当地百姓生活健康以及农作物造成影响;梁场、拌合站统一设置了排水"三级沉淀池",并统一洒絮凝剂,做到排水无污染。对施工场地的废油、废水等废弃物,安排专人随时处理。在员工驻地设置固定垃圾桶、垃圾池,生活污水和垃圾做到妥善处理。

(4)在减少噪声扰民方面,项目部对工程车辆司机进行专项培训,文明驾驶、文明施工,进入施工现场的机械车辆少鸣笛、不急刹、不带故障运行,减少噪声;机械设备选型配套时优先考虑低噪声设备,尽可能采取液压设备和摩擦设备代替振动式设备,对空压机、发电机等噪声超标的机械设备,采取装消声器来降低噪声。无法安装的则调整作业时间,尽量减少噪声对群众的生活产生影响;加强机械设备的维修保养,保证机械设备的完好率,确保施工噪声达到环境保护标准。合理布置生产和生活区域,合理分布动力机械的工作场所,尽量避免同一地点运行较多的动力机械设备。距居民较近地段,合理安排噪声较大的机械作业时间,严格控制噪声。

四、铁路客运专线项目绿色环保施工的思考

绿色施工是一种施工理念,在施工过程中要不断贯彻绿色施工,真正使绿色施工理念落实到具体施工过程中,才能实现环保。绿色施工还是一个系统工程,涉及各种专业和各个方面,建设绿色环保工程,光靠施工单位是不行的,需要施工单位、设计单位、材料供应商、政府和社会各界的共同参与,只有在绿色建筑设计、施工工法、新材料研究各个方面做出成绩,才能推动绿色施工的全面实施和健康发展,才能推动经济社会的可持续发展,建设资源节约型、环境友好型社会。

1.环保节能型规划设计

建筑设计是建造绿色建筑的关键,各相关专业应依据项目环境影响报告书和水土保持方案提出各项环保和水保措施并建议修改原设计,使设计文件达到专业要求的同时,也满足环境的要求。铁路客运

专线工程,要有合理的选址与规划,尽量保护原有的生态系统,减少对周边环境的影响破坏,并且充分考虑建筑选材、扰民、交通等因素。要实现资源的高效循环利用,尽量使用再生资源,尽可能节约使用电能、柴油、汽油等能源,尽量减少废水、废气、固体废物的排放,采用生态技术实现废物的无害化和资源化合理,控制施工中各种化学污染物质的排放,保证周边环境不受破坏。积极发展绿色建筑,符合当今世界和平发展的主流。按照绿色建筑标准建设的铁路,不仅可以让乘客享受更舒适、更便捷的交通条件,而且有利于保护生态环境,有利于节约能源,因此,大力推广节能环保型建筑是非常有意义的。

2.绿色建材的研发和使用

绿色建材是构成绿色建筑的元素,开发使用绿色建材是绿色环保施工的基础。如今客运专线工程普遍使用的高性能混凝土就是一个例子。高性能混凝土可以理解为具有高工作性、高强度、高耐久性的掺加高效减水剂和各种混合料的低水胶比混凝土。高性能混凝土具有节能、节材、环境友好的特征,是一种绿色建筑材料。

中建四局哈大客专项目部在开发了900t箱梁用的C50以上强度的高性能混凝土基础上,还开发了C50及以下强度等级的高性能混凝土,也称为普通高性能混凝土,结合工程实际,普通高性能混凝土在抗氯离子渗透性能、常规抗渗、混凝土的体积稳定性方面均取得了突破,实现了普通混凝土的耐久性。实验表明,在东北严寒的工程条件下,如果保护层厚度大于等于40mm,混凝土使用寿命能够符合设计要求。

3.技术创新,标准化管理

时速250km的铁路客运专线工程,具有技术含量高、施工难度大、施工污染较严重的特点。铁路客运专线施工单位应认真借鉴已运行的客运专线的技术创新成果,充分发挥科研和设计单位、高等院校、施工企业和路内外专家在技术创新中的作用,大力开展自主研发和自主创新。铁路主管部门应对科研项目立项、实施进行统筹安排,统一组织,确保科研成果得到及时转化应用,鼓励施工单位自主开展施工装备、施工工艺等项目攻关。同时,坚持科技创新为建设施工服务,及时将科技成果转化为现实生产力,为工程建设提供了可靠技术保障。如:高速铁路深水大跨桥梁建造技术、深厚松软土地基沉降控制技术、无砟轨道制造和铺设技术等关键技术研究成果,已经全部应用到大桥建设中,保证了特大跨度桥梁的安全性和稳定性。

铁路部门继续大力推进铁路客运专线技术创新工作,努力实现我国高速铁路技术的新突破,加大技术攻关力度,加快建设我国高速铁路技术标准体系,大力推广创新成果。

4.强化法律意识,加强社会监督

从哲学上讲,环境是相对主体而言的客体,它与主体相互依存,相互作用,环境保护的问题主要不是自然灾害问题(原生或第一环境问题),而是人为因素引起的环境问题(次生或第二环境问题),因此,工程施工项目只有严格遵守国家安全生产和环境保护的法律、法规和行业有关标准,建立本企业相应的管理标准和技术标准,整体安全生产和环境管理水平才能处于行业的领先地位。

我国20世纪70年代开始制定了一系列环境保护相关的法律、法规。30多年来已形成了以"中华人民共和国宪法"为基础,以"中华人民共和国环境保护法"为主体的环境保护法律体系。项目施工实施阶段,国家环保总局和项目经过地区的环保行政主管部门应履行监督管理职责,同时铁道部环保办作为行业环保主管部门应加大对建设项目的环境保护管理力度,不断强化施工企业环保意识,加强社会监督,才能有效保护环境。

参考文献

[1]伍林.浅谈高速铁路工程建设环境环保.铁道建设技术,2005,(2).

[2]郭文军等.高速铁路对交通运输实现可持续发展的重要意义.中国铁路,2000,(3).

[3]王凤勤等.发展高速铁路中的噪声治理及研究.铁道学报,1998,8.

[4]王炎,辛勤.高速铁路与可持续发展.技术经济,2004,(7).

[5]肖翔,肖俊.重视环保促进高速铁路健康发展.中国环境管理,2001,4(2).

[6]黄先锋.从可持续发展战略谈我国铁路的发展.理论学习与探索,1997,(6).

大跨度高耸结构钢结构+设备整体提升施工技术

王清训[1]，兑宝军[2]，李文兵[2]

(1.中国机械工业建设集团有限公司，北京 100045；2.中机建(上海)钢结构有限公司，上海 201108)

摘 要：大跨度高耸结构的钢结构液压提升技术在国内已经有成熟的相关经验和数据，但是对于大吨位钢结构和大吨位设备一起整体提升的案例在国内还未有过，本文通过成功的施工，从提升的同步，到钢结构的变形控制，到设备的分级控制，总结关于钢结构+设备整体提升的经验与同行分享。

关键词：大跨度高耸结构，钢结构+设备，液压提升工艺

一、工程简介

试验架主体结构子系统工程为大跨度高耸结构，主体由四只钢柱和两条巨型空间桁架梁组成，主桁架顶标高90m，桁架柱顶端为门式钢桁架，最顶部标高为102.625m，主桁架梁中间跨度为70m，外悬挑20m，两榀桁架梁桁车梁中心线跨度为26m，总用钢量约为1 950t，该结构主要由三大部分构成：钢柱、桁架梁和桁架梁上的随动系统。

其中需要将主桁架和随动系统的设备整体提升，主桁架梁共有两榀，由H型钢组成，单榀主桁架梁长70m，宽6m，高10m，梁顶标高90m，单榀主桁架梁重量为225t，与钢柱焊接连接。两榀主桁架由随动系统连接，随动系统由承重梁、吊车梁和设备组成，该随动系统分三级随动，一级随动安装在两榀主桁架之间，安装好后可以在主桁架上滑动，二级随动在一级随动上滑动，三级小车在二级随动上滑动，随动系统的重量约为381t，总提升重量为920t。试验架主体结构子系统工程结构三维效果图如图1所示。

二、主桁架整体提升工艺

(一)主桁架提升吊点设置

1.提升吊点的布置(图2)

结合本工程结构总提升重量为920t，提升前桁架柱、柱顶桁架、侧面桁架、端部桁架已经安装完成。共设置4组提升吊点，每组配置一台200t液压提升

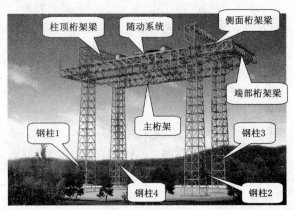

图1 三维效果图

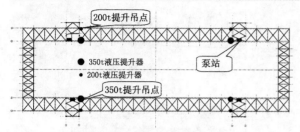

图2 提升吊点布置示意图

器、一台350t液压提升器,由一台40L的泵站控制,共有4台200t液压提升器,4台350t液压提升器,4台泵站,总提升能力为2 200t。200t级的液压千斤顶提升系统,每个千斤顶穿15根钢绞线,钢绞线采用高强度低松弛预应力钢绞线,公称直径为15.24mm,抗拉强度为1860N/mm,破断拉力为260.7kN;350t级的液压千斤顶提升系统,每个千斤顶穿18根钢绞线,钢绞线采用高强度低松弛预应力钢绞线,公称直径为18mm,抗拉强度为1860N/mm,破断拉力为320kN,4台泵站通过数据线与控制电脑连接,将整个桁架及其上部的随动设备整体提升到90m处的临时安装位置。

2.上吊点布置

上吊点采用在90m标高处原结构牛腿上表面设置提升梁,在提升梁偏离轴线500mm的位置开洞,将钢绞线穿洞垂直到下吊点。通过计算牛腿的正下方受力较大,需要采取加固措施,如图3、图4所示。

3.下吊点布置

提升下吊点对应于上吊点而设置,提升下吊点内安装提升专用地锚,提升地锚通过钢绞线与提升上吊点内的提升器连接。吊点设置在结构整体提升段的中弦下,考虑结构提升时的稳定性,对应于上吊点,采用提升梁的方式,提升梁上开孔,使钢绞线穿过(图5)。

加固杆件1采用H588×300×16×20,加固杆件2采用H250×250×9×14,加固杆件与主桁架梁之间通过焊接进行连接,焊接形式为坡熔透焊,加固杆件翼缘与主桁架梁翼缘相交处设置加劲板,加劲板采用16mm的钢板,加劲板与主桁架梁弦杆间通过双面8mm的角焊缝进行焊接。原结构的剪刀撑在地面安装完成,其中上弦的剪刀撑和中弦弦杆需要在两侧封

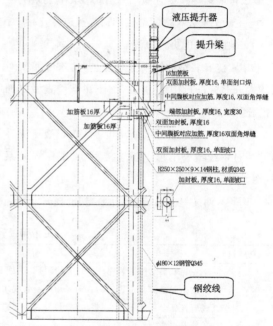

图4 上吊点设置

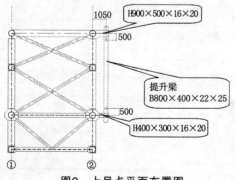

图3 上吊点平面布置图

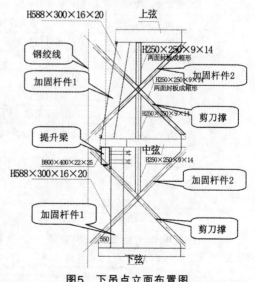

图5 下吊点立面布置图

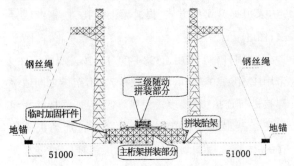

图6 主桁架及三级随动设备的整体拼装

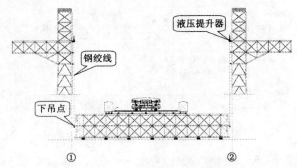

图7 钢绞线预紧示意图

板,形成箱形结构。提升横梁为B800×400×22×25,方钢管与主桁架梁弦杆之间通过钢板焊接进行连接。

(二)主桁架的提升流程

步骤1:安装钢结构预安装段,布置拼装胎架对整体提升部分进行拼装,并在上、下吊点位置做好加固措施(图6)。

步骤2:在预装段设置提升平台,布置液压提升器并通过钢绞线与下吊点相连接,调试液压提升系统(图7)。

步骤3:调试提升系统,进行预提升,提升200mm

停止,观察液压提升系统的稳定性,对提升系统进行全面检查(图8、表1)。

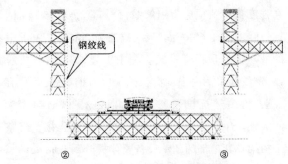

图8 试提升、提升系统调试示意图

主桁架提升前检查内容   表1

检查项目	检查内容	检查人	复查人	检查结果	备注
一、主桁架梁的完成情况	①主桁架梁结构拼装完毕,节点已按设计图纸要求完成,质量符合规范要求				
	②主桁架梁提升位置处的临时支撑按交底要求焊接牢固				
	③焊接已全部完成,无漏焊,焊接符合规范要求				
	④所有需要探伤的焊缝已进行过探伤,且符合规范要求				
	⑤预拱度已按设计要求设置,且实际值与理论值吻合				
	⑥被提升结构与拼装胎架等之间的临时连接已割除				
	⑦随动系统安装完毕,且安装质量均满足要求				
	⑧随动系统与主桁架梁之间已连接牢固				
	⑨主桁架两头的剪刀撑放置到位				
二、提升系统的检查	①提升支架已按施工方案安装到位,质量合格				
	②提升支架已经过验算,满足施工要求,且有一定的安全储备				
	③千斤顶规格、油泵站、钢绞线规格、计算机软件等与施工方案一致,满足施工要求				
	④钢绞线的长度、数量经过计算满足提升要求				
	⑤钢绞线经过检查,表面无明显的损伤				
	⑥锚具的能力满足最大提升荷载要求,且与钢绞线等可匹配				
	⑦上、下吊点平台设置完成,满足提升要求				
	⑧提升梁的焊缝为全熔透焊缝,且100%比例探伤				
	⑨提升梁与主桁架、牛腿连接牢固				
	⑩液压提升器与提升梁连接牢固				

续表1

检查项目	检查内容	检查人	复查人	检查结果	备注
三、主桁架梁的提升设备及电气	①提升油缸已按施工方案中的布置位置安装到位				
	②提升油缸同提升承重梁之间的连接已按施工方案中的做法完成,质量符合要求				
	③钢绞线的导绳架已安装到位,提升油缸已进行可靠固定				
	④液压泵站已按计划放置在指定位置,且电气、油路工作正常				
	⑤液压高压油管接头不存在泄露现象				
	⑥钢绞线的位置正确,左、右旋交错布置				
	⑦钢绞线同吊具之间已通过工具锚连接				
四、安全设施是否已到位	①施工位置的安全绳、吊笼、操作平台已按要求设置到位				
	②主桁架梁结构上无关的物品已清理,不能清理的已进行了可靠的固定				
	③主桁架梁结构提升到位后的临时固定措施已按要求完成				
	④对讲机等通信工具已发给相关人员,且有备用电池				
	⑤油泵站的操作位置是否是可靠的操作平台				
	⑥千斤顶承重梁上是否有过道用于施工过程中的安全检查				
	⑦提升支架上是否已安装钢梯和安全绳(配自锁器用)等登高作业用安全设施				
	⑧在被提升结构的下方区域设置禁人区,专人看护				
五、试提升	①钢绞线是否已预紧,预紧质量是否符合要求				
	②液压油缸系统的油路、电气系统均正常				
	③千斤顶提升1~3个行程,在提升过程中检查千斤顶的工作情况是否正常				
	④千斤顶提升1~3个行程后,停机检查各个部位的工作情况如千斤顶的保压、油路、电气等均正常				
	⑤检查被提升结构的变形情况				
	⑥检查提升架的变形情况				
	⑦检查相关结构的变形情况				
	⑧试吊静置时间12h,试吊完成后,可准备正式提升				
	⑨检查提升到位位置和实际安装位置之间的偏差,如果偏差较大,应进行调整				
	⑩检查提升结构是否与原结构牛腿等部位相碰,是否影响到提升,如有是否进行了处理				
六、正式提升	①被提升结构与四周脚手架或已安装结构的相互影响情况,如需拆除要提前拆除				
	②提升架之间的支撑是否需要置换,如需是否已准备到位				
	③监控人员到位,数据及时传递				
	④提升到位的临时固定措施是否已准备到位				
	⑤应急措施是否已准备到位				
	⑥提升过程中对桁架柱的垂直度的检测				
	⑦配重准备到位				
七、正式提升组织	①所有参与人员已进行过技术交底和专项安全交底,并有记录				
	②已明确提升工作负责人和总指挥,指令系统已贯彻落实				
	③各个岗位已安排人员,职责明晰,且人员均已到位				

步骤4:经全面检查确认提升临时设施、提升系统及钢桁架本体等均安全的情况下或在可控范围之内,继续整体提升至设计标高位置(图9、图10)。

步骤5:对钢结构进行微调、对口焊接,安装后装杆件,与预装段对接完毕后,提升器卸载使其本体自重转移至桁架柱上,拆除临时措施及提升设备,钢

案例分析

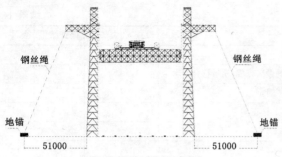

图9　提升过程示意图

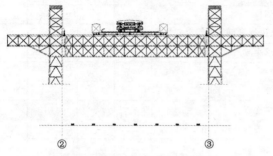

图10　提升至就位位置示意图

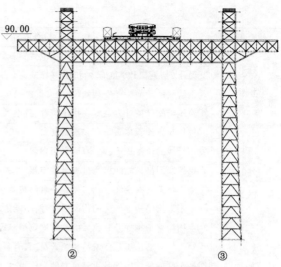

图11　安装补缺杆件

桁架提升安装完成（图11）。

(三)主桁架梁横向临时支撑的安装

主桁架梁的提升是两榀同步提升，为保证桁架梁提升过程中的同步，在主桁架梁两端分别设置临时桁架。用1.8m×1.8m的格构柱作临时支撑，临时桁架长度为25.5m。主要由$\phi180\times8$和$\phi89\times4$的两种钢管构成。临时支撑在主桁架梁上的布置位置见图12。

(四)主桁架梁提升过程中可能出现的情况及应对措施

桁架提升时，每榀外侧桁架下设置锚点，对可能出现的情况作以下应对措施。

1.提升时钢柱宽度方向控制

为方便柱顶桁架就位，柱底桁架安装前将钢柱的开挡调整为正偏差，比理论开挡大10~20mm，如图13所示。

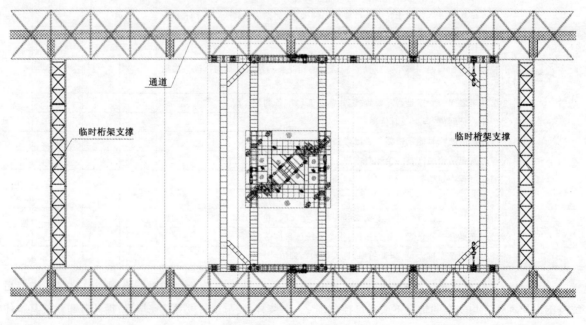

图12　临时支撑平面布置图

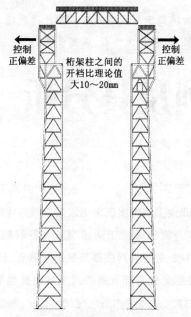

图13 钢柱宽度方向调节示意图

2.提升时钢柱向内倾斜

主桁架梁提升时，由于提升的桁架重量大，钢柱柱顶及与提升桁架连接点位置向内侧偏移，为了将桁架柱垂直偏差控制在允许的范围内，采用在柱外侧的悬挑梁端部挂钢丝绳，钢丝绳下端设置配重的方法，用捯链和滑轮组将钢柱调直。根据理论计算，每榀侧面桁架下方设置20t的配重。考虑到理论计算与实际施工可能存在差异，在主桁架梁试提升时，观察钢柱的偏移方向，如果钢柱向内偏移超过规范值，则通过侧面桁架梁端部设置的捯链进行调节，保证钢柱的垂直度，示意图如图14所示。

主桁架梁提升时，测量并进行同步监测，发现柱子向内倾斜超过规范尺寸时，停止提升。通过增加配重拉力进行调节，保证钢柱的垂直度。配重的下锚点在地面上距离柱脚51m的位置挖2m×10m的坑，深度为3m，在坑的底部放置一块1.6m×9m的路基板，路基板上放置200×1000×2000(4000)的混凝土块，在坑底靠近柱子的一边竖着放置混凝土块作为挡块，上边再填土，填土需要压实。钢丝绳下锚点捆在路基板和混凝土块上，上锚点与侧面桁架连接，凡是钢丝绳接触部位均需要垫管子皮作以保护，调整配重时通过缆风绳上的滑轮组和捯链进行。

三、总 结

通过本工程的整体提升施工过程，总结出了大跨度钢结构与设备同时提升的施工难点、重点，并形成成熟的施工工艺，有以下几点突出的优点可以予以借鉴：

(1)首要的就是上、下吊点的设计，应该综合考虑提升过程、就位过程，本工程利用原结构牛腿，减少高空提升措施的工作量，实施前通过Ansys和Midas等计算软件的计算，准确地把握住薄弱环节，采取有效、经济的加固方案。

(2) 主桁架与设备的一体提升临时加固措施要严格控制，一是两榀主桁架间的固定，现场采用四榀1.8m×1.8m的格构柱将主桁架连接，保证提升过程中两榀主桁架不发生变形；二是设备的固定，由于三级随动设备在主桁架的上表面，避免提升过程中设备发生位移，采用型钢将三级随动和主桁架连接为一体。结果证明这些加固措施很好地保证了提升过程中所提构件的整体性，减小了提升造成的变形。

(3)采用液压提升的方法使8个提升点的同步性能够满足要求，关键是控制桁架柱的垂直度，保证提升过程结构的整体稳定性，本工程通过外侧风绳进行适时的调整，确保提升过程桁架柱的垂直度在可控范围，外侧风绳还起到了平衡配重的作用。

(4)本工程采用地面整体拼装，再整体提升的施工方案，既减少了高空作业的危险和成本，也减少了大型起重机的使用费用，所收到的效益是可观的。

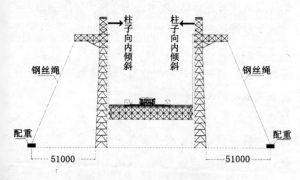

图14 柱子向内倾斜调整图

案例分析

编者按:《建造师》已发表各类案例近百例,得到了广大读者的肯定及积极响应。在此深表感谢。本文旨在阐述案例分析的意义及主要内容、程式,供广大作者、读者参考。

略论国际工程案例及其分析

杨俊杰

(中建精诚工程咨询有限公司,北京 100037)

所谓案例,一般意义上称之为某种案件(有关诉讼或违法的事件)的例子或处理公事的记录。案例及其分析古今中外早已有之,古希腊哲人苏格拉底用讲典故或举例方法来阐释他的思想,即案例及其分析的雏形。中国的孙子兵法、三国演义等,提供了名扬海外的运用案例的著名实战。现代意义上的"案例分析"则源于美国哈佛商学院的案例法教学。自20世纪80年代以来,随着国际工程知识观、反思性培训观的出现,案例法在国际工程领域中日益得到重视,尽管目前尚无足够的证据表明案例法是一种比其他方法更为有效益之法,但至少可被视为培育国际工程复合型人才的最有效方法之一。从历史上看,案例法于商战中的应用已有相当长的史迹,至少可上溯到19世纪末。在近100多年的实践中,人们在运用案例法过程中积累了大量的丰富经验,但其实得教训亦颇多。鉴于案例的研发被认为是案例法实施的重要前提的基础条件,将集中已考察到的案例,开发、选编、集粹、编辑成册以供演讲。

1870年兰德尔(C.C.Langdell)任哈佛大学法学院长时,法律教育正面临巨大的压力,传统教学法受到全面反对;法律文献急剧增长,这种增长首先是因为法律本身具有发展性,在承认判例为法律的渊源之一的美国表现尤为明显。兰德尔认为"法律应被认为是一门科学,由某些原则或条文组成……每一条文都通过缓慢的发展才达到当前的状态。换言之,条文的意义在几个世纪以来的案例中得以扩展。这种发展大体上可通过一系列的案例来追寻"。这清楚地表明了一种观点:法律是一门以实践案例为准绳的科学。据此他强调由案例来组成法律教育课程,构成学习材料的案例来源于法律实践和各级法庭的判决。当然并非所有的判决都能被作为案例,只有那些对条文的意义发展有贡献的判决才能被当做案例。案例是法律文献整理和系统化的副产品。兰德尔按年代排列了上诉法院的判决,作为法律教育的案例集,期望在这种案例的讨论中追寻法学理论真正的法律意义的演变,从而引入法律教育。进入20世纪后,在哈大校长埃姆斯(J.B.Ames)等倡导下,案例法教学的核心目标从对法律原理的追寻转向法律推理能力的培养,为此埃姆斯开发了按主题而非按年份排列的案例集。一战之后,法律现实主义兴起,"法律必须回应社会变革"的呼吁日益强烈,以问题为导向的案例思想日益受到重视,如斯蒂文斯主张问题案例的运用,"或遗漏了事实,或遗漏了观点或判决,要求学员找出被遗漏的材料"。但这种方法因所需要的专门材料相对缺乏而没有得到广泛应用。1908年哈佛商学院成立后,案例法开始被引入商业教育领域。由于商业领域严重缺乏可用的案例,最初仅借鉴了法律教育中的案例法,在商业法课程中使用。1919年毕业于哈佛法学院的多纳姆(W.B.Donham)出任哈佛商学院院长,他敏锐地认识到商业教育需要自己的案例形式,且案例材料的收集将是商业教育中案例法取得成功的关键所在。为此,他专门为案例开发拨付资金,成立了商业研究处,并雇佣一批毕业生进入商业实践领域收集和写作商业案例,五年间该研究处开发了大量的商业案例。这项工作既保证了商业教育有充分的案例来源,也保证了哈佛商学院作为

案例分析

商业教育中案例法的主要倡导者的地位。1925年商业研究处撤消,教学人员开始承担案例开发工作。此后,哈佛一直将案例开发当做案例教学的基本前提,为之投入了大量人力物力财力。全球著名的哈佛工商管理案例即是这项工作的最重要成果。

案例法在咨询培训中应用异常广泛。如,给"走出去"的企业进行国际工程市场国别分析、工程项目投标报价分析、风险及安全风险等,运用成功或失败过的案例,对其过程细分详解是十分获益的。某承担修建高铁的公司,在实施和执行该工程前,采用案例法方式方法,举办项目经理及其技术骨干学习班,对其EPC工程项目的组织、核心技术、引进的设备、先进的管理模式及其操作程序方面等,统一思想、统一认识、统一行为,取得良好的效果和成功。哈佛董事会主席洛厄尔相信专业教育必有其本身的学研课题,且通过艺徒模式获得实践技术的职业训练。他认为"教育的原则更可能产生于对大量样本的数理分析,而不是对特殊案例的详细分析。"因此,随后霍尔姆斯在新教师的培养中开发了一种类似于案例法的独特的教学法,由于可用的案例材料的缺乏,最终还是受到了抵制。被公认为最早在教师教育中将案例法制度化的新泽西州立师范学院,在1925~1932年间推行了一项计划,其中一项重要的工作就是案例材料的收集和整理。它要求实习的学生将遇到的问题记录下来,包括对一些问题的简单陈述,对一些困难的详尽描述,尝试过的解决方法以及最终成功的解决方法,以便于回到学院之后讨论所用。这项工作不仅帮助学生解决课堂问题,更重要的是这些材料为专业教育课程,特别是方法课程和基础课程提供了以备将来之用的案例。这种做法在很大程度上保证了案例法在新泽西州立师范学院的成功。20世纪初以来,案例教学的思想使西方的教师教育得益不少,特别是80年代以来,案例教学的研究再度进入兴盛时期,有学者甚至在80年代末预测90年代将是"案例的十年",而刚刚过去的90年代似乎也证实了这一预测。然而在我国,案例教学在教师教育中还只是刚开始受到注意,有成效的实践更为少见。究其原因是多方面的,但主要是教育机制及其可为教师所用的适于教学案例严重缺乏。

案例法的历史表明,案例的开发或编制应在一种专业情景中进行:

(1)工程项目实践者是案例开发的重要主体。无论是法律或医疗中的案例均来自于实践,商业中的案例则是"一个经理或一个团队对真实的工程实践中的问题的描述"。与实践的紧密联系是案例之所以对咨询与培训起作用的核心所在,也是案例的价值之所在。有研究表明,由从事实践工作者所写的案例比起由研究者开发的案例,更能引起读者的认同感。所以,案例开发研究最重要的主体应是从事工程实践的工程师和专家们。

(2)讲师、专家、学者等教育者为案例开发提供有力的合作和支持。有人认为案例开发由讲师独立承担或许是一种过于乐观的想法。案例最终要回归实践和应用的活动中,所以案例应体现培训及教学目标的要求。而如果没有教学人员对案例开发的参与,实践者所开发的案例就很难保证对教学的适用性。20世纪60年代哈佛肯尼迪行政学院曾投入大量资金,由其毕业生来开发案例,结果由于缺乏教学人员或专家的参与和指导,只获得一些无法在教学中应用的材料。事实证明,专业案例的成功开发在很大程度上取决于案例写作知识的传播,而这种知识来源于教学人员及专家们的研究成果。

(3)案例开发视为重要的研究工作。学术界历来就有一种对感觉经验的长期怀疑和不信任,大学历来是这种不信任的家园,常倾向于排斥经验性或实践性的学科。那些在大学中找不到合适地位的学科,即使被允许进入大学,也常被放在较低层次的学院。由于案例与实践、经验的联系,教学案例的开发历来被当做一种学术层次较低,甚至没有学术性的工作,因而在以学术研究为导向的大学中得不到重视和支持。这种传统的观念抑制了通常来自于大学的教育者开发案例的积极性。实际上,案例开发是一项应在大学中得到重视的、严肃的、价值非常的研究工作。

案例在不同领域中的运用有不同的目的和形

式,法律中的案例主要被作为一种范例,商业中的案例更主要地被作为课堂讨论的材料。通常认为,法律案例会培养一种不带感情进行纯客观分析的能力,而这种客观是不适合充满伦理决策的、无法由程序和规则控制的教学领域的。由于教学实践与商业实践在复杂性上的类似,所以人们相信商业案例法更适合于教师教育。但实际上每一领域中的案例法都有多种变化的形式,而且教师教育通常可能具有多种目标定向。费曼·纳姆塞(S. Feiman·Nemser)认为教师教育至少存在五种理论定向:理论的、实践的、技术的、个性的和社会的,每一种定向都可能要求特定的案例形式,而且,作为范例的案例至少在职前教育阶段是有用的,在入职教育阶段它的用处更为突出些。就国际工程项目案例及分析来说,在当前可广泛应用的案例不完整和极为贫乏的情况下,案例法的关键在于开发出能够与特定的国际工程项目管理理论定向相匹配的培训及教学案例,还需要相当长的时间和努力积累。

如,判例法在索赔中的应用是普通法法律制度中的一种传统,该传统是经由长期的司法实践形成的,而非来自于立法的强制性要求。严格意义上,判例法的突出特点是遵循先例,案件相同裁决相同。在一般意义上判例法具有指导作用。在 WTO 争端解决中,无论是上诉机构的观点,还是上诉机构和专家组的实际做法,都体现出明显的案例法的指导作用的特点。与普通法制度不同的是,WTO 的案例都是依据WTO规则的解释形成的,并非独立于WTO协定的法律渊源。

判例法,在不同的语境下有不同的含义。其中,最为普遍的含义是指与大陆法系相对的法律制度。与此相联系,它指这种法律制度中司法机构的司法惯例或实践,具体指遵循先例原则或先例约束原则。它还指独立于立法机构立法的法律渊源,如英美国家的合同法、侵权法等。本文使用的"案例法方法"一词,侧重于案件审理的具体方法,以区别于上述法律制度或法律渊源意义上的判例法。如在 WTO/GATT 的争端解决报告中,jurisprudence/case law 既表示这些争端解决报告本身,亦表示案件审理方法。

WTO 的争端解决,明显地表现出了案例法的方法或特点。这一特点,对坚守传统大陆法系法律制度的国家(我国是最明显的例子)充分利用 WTO 争端解决制度提出了挑战和要求。根据 WTO 相关规则的要求,结合判例法的基本条件和要素,通过实证的方法来分析、论证 WTO 争端解决的这一案例法方法,以期引起大家的进一步重视和研究。判例法的特点及要素:

(1)作为传统的判例法。判例法(case law),或者普通法(common law),从起源上讲,实际上称为"普遍法"更为确切一些。由于缺乏成文立法,处理实际案件的法官日积月累,逐渐形成了具有普遍适用效力的法律规则(法律渊源)。与此相联系,在后审理案件的法官需要参照在先审理案件的法官作出的裁决,由此逐渐形成了遵循先例的惯例。因此,由于现代意义上的立法机构的缺位或立法技术的缺乏,处理争端的司法机构形成了自己的惯例和传统,有人甚至可以称之为行业惯例和传统。这一行业惯例和传统影响到律师,进而影响到当事人。为了从事法官和律师这些行业,法学教育亦按照这种惯例和传统进行,进而又创造出遵循这种惯例和传统的法官和律师。"这种方法,在任何传统的意义上,都不能命名为'规则',因为没有任何权威性的来源命令法官这样做。美国法官按照美国普通法方法行事,因为他们的教育、实践和传统是这样"。也许这正是普通法制度下将法律称为艺术而非科学的一个原因。

普通法始于英国,推广于其殖民地。由殖民地获得独立的国家普遍地继承了这一传统,尽管未必继承作为法律规则一部分的普通法规则。美国在独立后的一段时间内徘徊、斗争于普通法系制度和大陆法系制度的选择中,最终选择了继承英国普通法的做法。普通法传统在美国的确立是指美国法律的分类、渊源、司法制度、法律概念、原则以及法律推理方法方面。但香港则存在英国普通法在中国香港的适用问题。这些国家或地区在经过长时间的发展后,在具体问题上有了自己的本土特点,但传统保持不变。

案例分析

(2) 遵循先例原则。判例法的根本或实质是"遵循先例原则"(stare decisis, doctrine of precedent),根据该原则,"诉讼中再次出现相同的问题时,法院有必要遵从以前的司法判决"。"遵从司法先例的规则,在遵循先例原则中得到了表达。该原则是,当某一法律问题或法律原则已经由有关法院在直接涉及和必然涉及的案件中的裁决正式确定下来时,不能由同一审判庭或有义务遵循这一判决的审判庭再次审查或得出新的裁决,除非出于紧急理由并存在例外情形"。遵循先例原则的要求、作用或结果是相同案件相同裁决。

此后,案例分析开始在各大商学院得到广泛的使用,并逐渐延伸到其他领域的分析和讨论中。案例分析主要是针对书本上陈旧的,或理论性比较强的、抽象的内容所产生的教学方法。案例分析一般由真实的、最新的和相对有代表性的案例来构成。案例分析的方法不仅在商学院应用,也不仅在学术界应用,而是可以广泛应用在各行各业中。其中一个重要原因就强调所传授理论知识的实用性,即要和现实生产、生活中的实例挂钩。案例分析要求将自身放在决策者(decision-maker)的角度来思考该案例所涉及的诸多问题,相当于模拟练习,以大幅度增强和提升学习者的实际应对能力。

目前,案例分析的方法在国内也引为重视并开始了使用。但国内许多书中往往误区甚多,即,罗列另撒案例多、进行深入分析少;学习的多、运作的少;零碎案例多如牛毛、完整案例少得可怜,所举案例同专业相去甚远、使人不得要领。这绝非真正意义上的案例及其分析。作者在2007年和2009年出版的《工程承包项目案例及解析》、《工程承包项目案例精选及解析》两本书,深受哈佛商学院案例教学法的启发及其严谨的学风熏陶,对于如何作案例分析深有一定的体会。案例分析必须作深、作透、作全。一个案例,作为一个真实发生的事件,包含了那么多复杂的因素,在任何一个细小的地方,只要细心发掘,都能找到让你大为受用的闪光点。而仅仅只做一下采访或罗列一下资料,而没有对案例进行深入探讨,以及比较案例对于自身和大多数人的适用程度,就绝不会把案例的标杆性、实用性、借鉴性和启迪性等不可替代的咨询功能挖掘发挥出来。只有正确、全面、深入的对案例一丝不苟深入研究,才能完成专业化的案例分析流程(图1)。

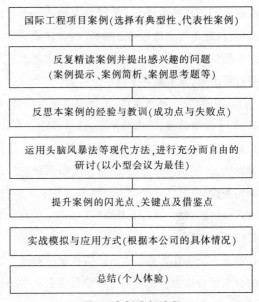

图1 案例分析流程

从图1中可观察到,国际工程项目案例给我们提供多种视角。尽管一个案例传统地是根据主角的视角写成的,但每一个案例也包括多样化及多元化的主要构成和次要成分。分析这些案例中的观点、问题、挑战、机会,同样是非常有价值有意义的。案例分析的一半价值体现在无拘无束的议论过程中。尽管简单的阅读很有意义,案例的很多真正益处来自正反两个方面辩论。案例法不仅让参与者向书本和实践学习,而且他们采纳互动方式相互学习。在一种没有畏惧心理的讨论中分享不同的观点和价值,这在课堂内外环境中是无法触及的。

案例讨论是变化的。采用案例教学的教授经常要证明在任何讨论中出现的种种可能的结果。即运用丰富生动的案例讲解理论知识,通过对案例研讨提高学员解决实际问题的能力。

(1) 精选搜集、积累案例。只有储备了大量的活生生的案例,才能在咨询培训中旁征博引挥洒自如。

案例材料搜集的主要来源有：1）个人在国际工程中的实践积累、总结；2）众多跨国公司的案例；3）国内兄弟公司的案例交流；4）报刊杂志上关于国际工程承包项目的文章；5）互联网等其他渠道。

（2）认真研究、精心刨析。按照流程分析案例，要从不同的角度，透过现象看本质，抓住问题关键，力争吃透个例的精神实质。主要做法是筛选一部分典型案例，从理论与实践相结合的高度，设计成供学员研讨的题目。便于学习讨论，可以把典型案例及讨论题目打印出来，发给参训学员。

（3）用所当用、灵活运作。案例要用所当用，处理要灵活，手段要恰当，一般是采取：1）从理论到实践，由抽象到具体，自个性到共性。先行精讲理论，选用典型案例，让学员对比分析，对理论进行实证。2）从实践到理论，由具体到抽象。把事先选好的案例，进行深入浅出的剖析，最后上升到理论高度。3）利用案例进行考核评估。这种考核方法，可以考核学员自己设计的某一个工作方案；也可以考核学员对某一案例的分析评价能力；还可以考核学员运用所学知识改进其所在公司工作的思路或方案。

（4）及时总结、完善实战。教育学家常说教学相长，咨询培训授课过程的确是一个很好的互学过程。每讲完一个专题，把研讨结果及时整理出来，把具有代表性的观点进行归纳、提炼、存储、成册，作为素材，使国际工程项目案例的资料得到不断的补充、完善和提升。

实践证明，案例法可以使一些理论性问题化难为易，并避免了理论脱离实际的现象；又可以给实践者们提供解决实际问题的方式方法和攻克能力。

在本书中，已经广泛使用案例分析的方法对工程的各方面进行了挖掘，使案例分析真正有效，但很多重要因素需要保障：1）案例的数量化。本案例是多年就开始搜集各种背景的案例，现已形成数多个包含各种背景的案例库，并对数据进行了整理、简析、归类和思考。这也是案例汇编系统化科学方法的基础。2）案例要真实。全部来自于工程项目第一线团队成员的精心采集真人实事，其工程承包模式多样化。

3）案例要有代表性。考虑了案例选择中可能涉及的各种因素，可能出现的各种问题，力求让每一个案例都具有典型性和代表性。在分类上面，力图做到科学、简明。4）案例分析需要有效的信息。每个案例都是独特的，但他们中的很多又有共性，可通过精心设计的调查访问把这些信息抽象出来，并且，案例来源比较广泛，涉及行业也是比较综合。每个案例实际上都是作者对自己的选择历程的一次系统总结和回顾。通过SWOT分析，你可以对他们的情况有一个系统了解；通过题解、点评、简析等你可以知道他们成功的最关键因素；你可以了解到他们选择的心路历程；你可以了解到我们所总结出来的一些经验。我们相信，这些对你的选择来说都将是极为有用的信息。5）哈佛方法 examining the causes, considering the alternative courses of actions—to come to a set of recommendations. 从每一个案例上学习经验、教训；看看存在是不是就是合理，有没有其他更佳方法。

考虑了选择中的各种因素以及案例的覆盖面。方法上，采用标杆管理与SWOT分析方法相结合。通过SWOT分析，可以了解每个人的背景、选择过程和竞争策略。再通过标杆管理，从他们身上找到自己可以学习甚至超越的地方。因此，对于每一个案例，我们建议你都不要仅仅当成故事来阅读。"历史不会重复自己，但是却常常重复自己的规律"。虽然成功是不可复制的，但是从这些案例中，如果我们深入挖掘的话，总是可以找到许多规律性的东西，使自己在选择的道路上走得更快、更稳。

案例学习是对问题或情景的书面描述。案例学习不像其他形式的故事或叙述，并不包括分析或结论，而是按时间顺序安排故事的事实。案例学习的目的是让参与者起到决断人的作用，让他们把次要的事实与相关的事实区分开来。在几个引人注意的问题当中确定最重要的一种，以形成策略与政策建议。这种方法使参与者有机会提高解决问题的技能，改进严密思考和推理的能力。

大多数案例描述真实的情景。有些例子，数据是人为的，有时案例也可能是虚构的。我们并不要求案例是全面的或是包揽无遗的。大多数案例是在复杂环境中特殊情况的反映。

案例学习的重点是作重要决断的主角。在实际生活中所展示的信息只是主角能够在现实情境中获得的,案例正是以此为依据。这样,在现实中重要的信息通常是找不到的或者找到也是不完整的,因为案例学习描述现实,它可能是令人沮丧的,真正的生活是模糊,案例反映的是现实。一个恰当的答案或正确的解决方法是很少一目了然的。

尽管案例学习法主要用于发展和改进管理技能和领导技能,但是它的用处不止局限于这个领域,比如,案例教学法也用于教学医学诊断,教师的课堂技能,律师的法律决断。不管什么时候作决断必须主要基于技巧的分析、选择和说服,这时,这种教育方法才是有用的。案例学习法使参与者积极参与到以下过程中:第一,事实的分析和案例本身的细节;第二,策略的选择;第三,在小组讨论和课前就所选策略的精细分析和辩解。案例法并不提供一套解决方案,改进学生提出合理提问的能力和基于对那些问题的答案作出决定的能力。

案例学习法要求很高,准备时间和积极的课堂参与很重要。案例学习的目的是建立在班级成员的经验之上并允许他们不仅向书本和教师学习,而且相互学习。在参与者和教师之间在分析过程中会产生不同的意见,因为参与者以不同视角、经历及职业的责任感考虑案例,相互冲突的意见就产生了。用于课堂讨论的案例的准备随着参与者的背景、关心的内容及兴趣的差异而变化。参考以下思路是有效的:

(1)大胆提出案例中的问题以及用于分析的信息类型。

(2)认真复读案例,用个人的习惯方法在重要实例下画记号。

(3)把握住关键知识点,仔细检查一次案例,对此作相应的思考并进行分类和整合。

(4)好中优选得意的问题,就此提出合理化设计和建议。

(5)评估你的决定,写出个人的案例分析。

在国际工程项目中,就像在许多其他领域一样,所提建议即使起初是口头形式的,最终还是要采用书面形式的。为了让读者能很快地把注意力集中在要点上,无需逐字阅读就能在文献中找到信息。最好以概要的形式写一个案例分析,充分利用主题、副标题、表格、图表、流程及数据,来阐述要点及其关系。

案例学习法内容的充实来自对案例各种形式的、充分的而不是一般化的研讨。通过讨论出现的分歧能充实和加深对问题的深度剖析思考。参与者在课前的复习数据,比较分析,互相交流等通常对课堂讨论有较大帮助。这是通过其他人的视角检测并精选你的策略,探究并充实你对问题的理解。

讲师的作用是使很多参与者提出并支持他们自己的分析和建议。讲师可以控制讨论,感召参与者,引导讨论方向,提出问题并作出综合评论。讨论旨在产生并测试问题的不同解决方法的本质和含义。

案例法培训学习与工程咨询的成果很大程度上取决于你积极而有力的参与。请您在这一过程中注意:(1)欣赏你自己的观点同时并准备支持某些案例;(2)倾听别人的观点并评价他们的见解;(3)放开思路,畅所欲言,准备以新的见解或证据改变个人的看法;(4)充分辩论研讨,不模棱两可,坚持YES或NO的态度,必须得到高质量的实战案例收获及其操作性应用;(5)密合公司或个人实践,提交与总结好一份有根有据、合理合法、实实在在的满意度高的最终报告。或许他能帮助您找到成功的"秘诀":敢于挑战力所不能及的事;不拘于常规,开拓探索空间;找到正确的解决问题方案和办法;激发员工内心的情感,愿意尝试新事物;不断向前,迎接新挑战!

参考文献

[1]哈佛商学院网站.

[2]王少非.案例法的历史及其对教学案例开发的启示.2005.

国际工程承包的风险管理案例及启示

任海平[1], 詹 伟[2]

(1.中国国际交流促进会, 北京 100600; 2.中国五矿集团公司, 北京 100044)

近些年来,我国越来越多的企业开始"走出去"进行国际工程承包,大大提高了国际竞争力和影响力,取得了显著的经济效果。目前我国对外承包经营范围已遍布各个行业,承包工程项目的规模越来越大,工程模式也越来越多样化。但同时,国际工程承包也是一项风险范围广、概率高的事业。从事国际工程承包常常是处于纷繁复杂且变化多端的环境中,可能发生风险的领域极为广泛,因各种风险导致国际工程承包亏损的案例也是比比皆是。尤其是随着国际社会政治经济的发展变化,近年来我国国际工程承包的形式和内涵也在发生着深刻的变化,国际工程承包的企业面临的风险也在不断增多,因而国际工程承包中的风险管理显得日益重要。

在国际工程承包项目中,风险管理的重点是成本、进度、质量、健康/安全/环境(HSE)和资源供应等风险,最常见的则是成本超支和工期延误风险的管理。对施工项目,作为承包商绝对不能低估所需完成的工程量和所需投入的资源(人工、机械设备、材料等)数量,如果低估了工程量和资源数量,以及通货膨胀等影响,成本超支就可能发生。成本超支风险通常主要存在于以下几方面:人工、机械设备、材料的成本以及日常费用(包括维护与更换成本);相关法规规定的费用;贷款的利息支付;应上缴的地方和国家税收;变更及索赔;通货膨胀、工资上涨以及重要进口物资的汇率波动;处理工程垃圾和受污染土地

的费用;现金流(资金的减少,如周转不灵,就会影响分包商和供应商的工作状况);不必要的或过高的施工保函或担保;雇佣了不得力的分包商;不充分的现场调查等。工期延误风险则与施工合同条款密切相关,如果是由于承包商的失误造成工期延误,承包商就需要支付违约赔偿金或罚金。施工阶段特别是施工前期导致工期延误的主要原因通常有:合同不公平,合同管理不规范、设计或图纸的错误、变更过多或图纸供应延误、施工现场用地获取延误、施工错误(特别是设计复杂的情况下)、分包商或供应商的过失、恶劣的天气、未预计到的现场地质情况或设施供应情况、施工方法或设备选择错误、争端、材料短缺、人员、机械设备或事故、规划许可或审批延误。

案例一:某公司承建非洲公路项目的失败案例

我国某央企与某省公司一起在承建非洲某公路项目时,由于风险管理不当,造成工程严重拖期,亏损严重,同时也影响了中国承包商的声誉。该项目业主是该非洲国政府工程和能源部,出资方为非洲开发银行和该国政府,项目监理是英国监理公司。在项目实施的四年多时间里,中方遇到了极大的困难,尽管投入了大量的人力、物力,但由于种种原因,合同于2005年7月到期后,实物工程量只完成了35%。2005年8月,项目业主和监理工程师不顾中方的反

案例分析

对,单方面启动了延期罚款,金额每天高达5 000美元。为了防止国有资产的进一步流失,维护国家和企业的利益,中方承包商在我国驻该国大使馆和经商处的指导和支持下,积极开展外交活动。2006年2月,业主致函我方承包商同意延长3年工期,不再进行工期罚款,条件是中方必须出具由当地银行开具的约1 145万美元的无条件履约保函。由于保函金额过大,又无任何合同依据,且业主未对涉及工程实施的重大问题作出回复,为了保证公司资金安全,维护我方利益,中方不同意出具该保函,而用中国银行出具的400万美元的保函来代替。但是,由于政府对该项目的干预往往得不到项目业主的认可,2006年3月,业主在监理工程师和律师的怂恿下,不顾政府高层的调解,无视中方对继续实施本合同所做出的种种努力,以中方不能提供所要求的1 145万美元履约保函的名义,致函终止了与中方公司的合同。针对这种情况,中方公司积极采取措施并委托律师,争取安全、妥善、有秩序地处理好善后事宜,力争把损失降至最低,但最终结果并不理想。回顾分析,该项目的风险主要在于:

外部风险:项目所在地土地全部为私有,土地征用程序及纠纷问题极其复杂,地主阻工的事件经常发生,当地工会组织活动活跃;当地天气条件恶劣,可施工日很少,一年只有1/3的可施工日;该国政府对环保有特殊规定,任何取土采沙场和采石场的使用都必须事先进行相关环保评估并最终获得批方可使用,而政府机构办事效率极低,这些都给项目的实施带来了不小的困难。

承包商自身风险:在陌生的环境特别是当地恶劣的天气条件下,中方的施工、管理、人员和工程技术等不能适应于该项目的实施。在项目实施之前,尽管中方公司从投标到中标的过程还算顺利,但是其间蕴藏了很大的风险。业主委托一家对当地情况十分熟悉的英国监理公司起草该合同。该监理公司非常熟悉当地情况,将合同中几乎所有可能存在的对业主的风险全部转嫁给了承包商,包括雨季计算公式、料场情况、征地情况。中方公司在招投标前期做的工作不够充分,对招标文件的熟悉和研究不够深入,现场考察也未能做好,对项目风险的认识不足,低估了项目的难度和复杂性,对可能造成工期严重延误的风险并未做出有效的预测和预防,造成了投标失误,给项目的最终失败埋下了隐患。随着项目的实施,该承包商也采取了一系列的措施,在一定程度上推动了项目的进展,但由于前期的风险识别和分析不足以及一些客观原因,这一系列措施并没有收到预期的效果。特别是由于合同条款先天就对中方承包商极其不利,造成了中方索赔工作成效甚微。另外,在项目执行过程中,由于中方内部管理不善,野蛮使用设备,没有建立质量管理、保证体系,现场人员素质不能满足项目的需要,现场的组织管理沿用国内模式,不适合该国的实际情况,对项目质量也产生了一定的影响。这一切都造成项目进度仍然严重滞后,成本大大超支,工程质量也不如意。

该项目由某央企工程公司和省工程公司双方五五出资参与合作,项目组主要由该省公司人员组成。项目初期,设备、人员配置不到位,部分设备选型错误,中方人员低估了项目的复杂性和难度,当项目出现问题时又过于强调客观理由。现场人员素质不能满足项目的需要,现场的组织管理沿用国内模式。在一个以道路施工为主的工程项目中,道路工程师却严重不足甚至缺位,所造成的影响是可想而知的。在项目实施的四年间,中方竟三次调换办事处总经理和现场项目经理。在项目的后期,由于项目举步维艰,加上业主启动了惩罚程序,这对原本亏损巨大的该项目雪上加霜,项目组织也未采取积极措施稳定军心。由于看不到希望,现场中外职工情绪不稳,人心涣散,许多职工纷纷要求回国,当地劳工纷纷辞职,这对项目也产生了不小的负面影响。

由此可见,尽管该项目有许多不利的客观因素,但是项目失败的主要原因还是在于承包商的失误,而这些失误主要还是源于前期工作不够充分,特别是风险识别、分析管理过程不够科学。尽管在国际工程承包中价格因素极为重要而且由市场决定,但可以说,承包商风险管理(及随之的合同管理)的好坏直接关系到企业的盈亏。

案例二：某公司实施伊朗大坝项目的成功案例

我国某公司在承包伊朗某大坝项目时，风险管理比较到位，成功地完成了项目并取得了较好的经济和社会效益。主要经验有：

合同管理：该公司深知合同的签订、管理的重要性，专门成立了合同管理部，负责合同的签订和管理。在合同签订前，该公司认真研究并吃透了合同，针对原合同中的不合理条款据理力争，获得了有利的修改。在履行合同过程中，则坚决按照合同办事，因此，项目进行得非常顺利，这也为后来的成功索赔提供了条件。

融资方案：为了避免利率波动带来的风险，该公司委托国内的专业银行做保值处理，避免由于利率波动带来风险。因为是出口信贷工程承包项目，该公司要求业主出资部分和还款均以美元支付，这既为我国创造了外汇收入，又有效地避免了汇率风险。

工程保险：在工程实施过程中，对一些不可预见的风险，该公司通过在保险公司投保工程一切险，有效避免了工程实施过程中的不可预见风险，并且在投标报价中考虑了合同额的6%作为不可预见费。

进度管理：在项目实施的过程中，影响工程进度的主要是人、财、物三方面因素。对于物的管理，首先是选择最合理的配置，从而提高设备的效率；其次是对设备采用强制性的保养、维修，从而使得整个项目的设备完好率超过了90%，保证了工程进度。由于项目承包单位是成建制的单位，不存在内耗，因此对于人的管理难度相对小；同时项目部建立了完善的管理制度，对员工特别是当地员工都进行了严格的培训，这也大大保证了工程的进度。

设备投入：项目部为了保证项目的进度，向项目投入了近两亿元人民币的各类大型施工机械设备，其中包括挖掘机14台、推土机12台、45t自卸汽车35台、25t自卸汽车10台、装卸机7台、钻机5台和振动碾6台等。现场进驻各类技术干部、工长和熟练工人约200人，雇佣伊朗当地劳务550人。

成本管理：对于成本管理，项目部也是牢牢抓住人、财、物这三个方面。在人的管理方面，中方牢牢控制施工主线和关键项目，充分利用当地资源和施工力量，尽量减少中国人员。通过与当地分包商合作，减少中方投入约1 200万~1 500万美元。在资金管理方面，项目部每天清算一次收入支出，以便对成本以及现金流进行有效掌控。在物的管理方面，如前所述，选择最合理的设备配置，加强有效保养、维修和培训，提高设备的利用效率，从而降低了设备成本。项目部还特别重视物流工作，并聘用专门的物流人员，做到设备材料一到港就可以得到清关，并能很快应用在工程中，从而降低了设备材料仓储费用。

质量管理：该项目合同采用FIDIC的EPC范本合同，项目的质量管理和控制主要依照该合同，并严格按照合同框架下的施工程序操作和施工。项目部从一开始就建立了完整的质量管理体制，将施工质量与效益直接挂钩，奖罚分明，有效地保证了施工质量。

HSE管理：安全和文明施工代表着中国公司的形象，因此该项目部格外重视，并自始至终加强安全教育，定期清理施工现场。同时为了保证中方人员的安全，项目部还为中方人员购买了人身保险。

沟通管理：为了加强对项目的统一领导和监管，协调好合作单位之间的利益关系，该公司成立了项目领导小组，由总公司、海外部、分包商和设计单位的领导组成，这也大大增强了该公司内部的沟通与交流。而对于当地雇员，则是先对其进行培训，使其能很快融入到项目中，同时也尊重对方，尊重对方的风俗习惯，以促进中伊双方人员之间的和谐。

人员管理：项目中方人员主要为中、高层管理人员，以及各作业队主要工长和特殊技工。项目经理部实行聘任制，按项目的施工需要随进随出，实行动态管理。进入项目的国内人员必须经项目主要领导签字认可，实行一人多岗、一专多能，充分发挥每一个人的潜力，实行低基本工资加效益工资的分配制度。项目上，机械设备操作手、电工、焊工、修理工、杂工等普通工种则在当地聘用，由当地代理成批提供劳务,或项目部直接聘用管理。项目经理部对旗下的四个生产单位即施工队实行目标考核、独立核算,各队分配和各队产值、安全、质量、进度和效益挂钩,奖勤罚懒,拉开差距,鼓励职工多劳多得。

分包商管理: 该项目由该公司下属全资公司某工程局为主进行施工,该工程局从投标阶段开始,即随同并配合总公司的编标,考察现场,参与同业主的合同谈判和施工控制网布置,编制详细的施工组织设计等工作,对于项目了解比较深入。该工程局从事国际工程承包业务的技术和管理实力比较雄厚,完全有能力并认真负责地完成了受委托的主体工程施工任务。同时该公司还从系统内抽调土石坝施工方面具有丰富经验的专家现场督导,并从总部派出从事海外工程多年的人员负责项目的商务工作。其合作设计院是国家甲级勘测设计研究单位,具有很强的设计技术能力和丰富的设计经验。分包商也是通过该项目领导小组进行协调管理。

案例三:交通运输行业国际承包工程失败案例

某国有大型企业集团公司2001年7月通过了一个印度公路项目的资格预审。该集团公司将这个项目的投标工作交给了下属的一家企业,于2001年11月递交了标书,内容是约60km的公路升级改造,工期为3年。开标结果为第一标,标价约为2.76亿元人民币,比印度当地公司的标价低大约28%。业主认为该标价过低,业主风险较大,要求这家公司将履约保函的比例从合同额的10%提高到20%。2002年3月,这家集团公司与业主签订了施工合同,同时按业主要求开出了20%的履约保函,合同生效,开始执行。2002年3月合同签订的时候,负责投标的下属企业派出了13人的施工队到现场,主要工作是租赁和建设施工营地,寻找印度分包商和对工程造价进行重新测算。6月初,施工队没有在印度找到分包商,对工程测算的结果是亏损5 000万到1亿元人民币。这家下属企业向总公司提出了撤出此项目的要求。收到下属企业的报告后,集团公司董事会研究项目遇到的困难,决定由一名副总经理全权负责这个项目的工作,集团公司提供人力和资金支持。2002年6月10日,这家集团公司又与另外一家下属企业签订了项目承包合同,集团公司收取2%的管理费,项目的全部权利和责任转移给新的下属公司。第二家下属企业与第一家下属企业完成交接后,于2002年7月1日正式开工。到2003年9月,第二家下属公司将所收工程预付款、工程贷款和工程款(约相当于合同总额的21%)全部用完后只完成工程量的5.32%,工程陷于停顿状态。2003年10月,集团公司撤换了第二家下属企业任命的项目经理,任命了新的项目经理,同时筹措资金,先后投入360万美元。到2004年2月,第三任项目经理在5个月内只完成合同额的2.8%。由于在2年的工期内,只完成了合同总额的8.1%,咨询工程师多次发出终止合同的警告。业主终于发出了最后通牒,要求承包商在2004年3月31日前确定是否有能力、是否愿意继续执行合同。集团公司在2004年3月中旬派出了由工程、财务、概算、合同及法律、综合这五方面人员组成的调查组到现场调查。调查结果是:如果由于集团公司执行不力导致业主终止合同,将亏损1.7亿元人民币;如果继续履行,在不考虑误期罚款的情况下也要亏损1.4亿元人民币。集团公司调查组还发现大量的项目管理问题,如浪费严重(小汽车自购9辆、租赁14辆,平均不到2人就拥有一辆);技术人员素质低下(机械工程师是汽车修理工出身,材料员在工程初期就购进所有的沥青);项目经理不懂英文,更无管理经验;文件和财务档案管理混乱等。在综合分析后,集团公司决定单方面提出终止合同的要求,与业主进入仲裁程序。希望通过仲裁,将近1亿元人民币的各种保函退回,将损失控制在5 000万元人民币左右。回顾分析,造成本项目终止并形成巨额亏损的根本原因是这家集团公司缺乏风险管理制度。从决定投标到项目终止前有很多环节,如果任何一个环节进行了一定程度的风险识别、风险评估和风险控制工作,都可以大幅度降低经济损失。下面从投标结束开始,分析本案例中出现的5种主要风险。

案例分析

管理高层概念技能不足的风险。管理技能包括技术技能、人际技能和概念技能（也称战略技能）三大方面，概念技能是指把握方向、综观全局、制定大政方针和战略决策的能力。管理高层尤其需要具备较高的概念技能。本案例中，管理高层对国际承包工程重视程度不够，轻视国际承包工程的难度和对企业总体发展的影响，导致了整体的战略决策失误。如果重视国际市场和国际工程的特殊性，本案例中至少有两次机会将项目的损失降到最小。第一次是签合同之前，开标结果是这家集团公司的标价比当地公司低28%，业主要求将履约保函的比例从10%提高到20%。这两件事都标志着一些风险有可能发生。如果第一家下属企业提出的项目有可能亏损5000万到1亿元人民币的结果能在签合同之前，或者在履约保函开出之前做出，集团公司有可能做出放弃这个项目的决定，出现的经济损失是投标保函，占投标金额的2%，大约为600万人民币。第二次是从开标到开出履约保函，至少有4个月的时间，业主要求提高履约保函的比例属于修改合同，承包商有权选择接受和不接受。如果选择不接受，业主不能没收承包商的投标保函，只能同意按标书中的比例开履约保函。如果这家集团公司不同意业主提高履约保函的要求，有可能不中标，可以"体面地退出"；如果业主坚持授标，在最不利的情况下，也可以减少10%的损失。对本案例来讲，就是2 700万人民币。此外，项目开工一年多只完成合同额的5%，而在此期间集团公司没有采取任何行动，集团公司只是在项目经理部把能用的钱都用了，项目陷于停顿后才派人涉足，也充分说明集团公司对国际工程存在轻视心理。如果在项目实施过程中加强控制，项目的经济损失可以大幅度减少。按照案例中提供的数据，可以减少经济损失5 000万到1亿元人民币。

项目经营方式风险。项目的经营方式主要有自营、转包、分包三种。本案例中首先采用的是转包方式，投标和签合同以集团公司的名义进行，项目的实施由下属企业负责。这种方式最大的风险在于项目实施单位不具备相应能力，以及签约单位对项目的实施失去控制。非常不幸的是，这两种风险都在本案例中发生了。集团公司前后换了两家项目实施单位，都不具备国际承包工程所要求的实施能力，而且在项目实施过程中，签约单位没有进行适当的监控，在项目问题彻底暴露出来后再采取措施，为时已晚。经过转包这个环节以后，第一家下属企业准备采用将项目分包给当地公司的做法完成合同。出现的问题是，由于中标价格较低，无法找到分包商；1 000多km的公路同时开工，对当地各种资源的需求量大幅增加，分包价格上涨。因此，第一家下属企业遇到了没有准确判断当地分包市场行情和规律的风险。第二家下属企业采用自营的方式完成合同，这种方式对企业的能力有很高的要求。从案例中可以看出，第二家下属企业由于不具备承担国际工程的能力，最终造成了项目的彻底失败。另一种可能出现的风险是，集团公司在考虑国际工程时，可能会优先考虑在国内市场竞争力相对不强的下属企业，而这个企业在派出人员时可能会优先考虑竞争力不强的人员，即派到国际工程的可能是二、三流的企业，二、三流的人员。

国家风险。尽管印度政局稳定，经济发展，但国家风险包含政治、社会、经济、金融等诸多方面的风险因素，如法律体系的相异性、价格和市场体系的复杂性，甚至国民的特性和国民心理等，与国内情况差异很大。例如，第一家下属企业无法按预期的价格找到分包商，除了需求和价格问题外，不排除由于历史原因，印度人对中国公司的抵制所造成的影响。

项目实施风险。项目实施风险是指项目的实际情况与投标时的假定条件不一致。本案例中，最明显的例子是第一家下属企业原计划利用当地的分包商完成项目，但最终没有找到。当然，本案例中，第一家下属企业在无法找到分包商的情况下退出了该项目，采用风险回避措施，将风险控制在可接受的范围之内，避免了更大的损失，从这个方面看，可以说是一个风险识别、风险评估、风险控制的成功案例。第二家下属企业采用自营方式完成合同有两个前提条件，一是这个企业派出的人有能力管好项目，二是项目所需的所有资金可以从项目本身解决,不需要另外投入自己的资金。从项目实施情况看,这两个条件都不成立。

项目管理风险。本案例中的项目管理风险主要发生在第二家下属企业执行项目期间,项目经理和项目经理部组成人员不具备相应的管理能力,以及集团公司对项目缺乏控制,否则,项目不会发展到无可救药的地步。从案例提供的数据看,如果管理得好,最低可以减少5 000万元人民币的亏损。

案例四:某公司承包博茨瓦纳医院工程成功案例

某央企于2003年1月与博茨瓦纳卫生部就马哈拉佩医院项目签订了设计-施工总承包合同,合同总金额为20 488.00万普拉,折合4300万美元,浮动标,合同工期为35个日月历;医院占地面积约15万m²,总建筑面积49 666m²。该工程有以下三个特点:一是深受政府和国会的关注重点;二是难度较大。该项目执行"菲迪克"(FIDIC)条款,业主方聘用的咨询工程师队伍较为庞大,对项目管理要求很严格,另外该项目的指定专业分包队伍很多,协调难度很大;三是前期设想、规划不完善。执政党出于下届选举需要,项目立项、决策阶段均比较仓促。

项目实施的主要经验:

人才本地化和劳动力本地化。充分利用当地的人力资源,大胆吸收、培养和使用当地雇员,发挥他们在语言、文化、社会关系及技术方面的优势,为企业服务。在从国内选派优秀有经验的项目管理人员的同时,着手搞好当地劳动力资源的收集和管理,建立当地分包商及工人档案,从中选取以前合作过且表现较好的分包商,以及经验丰富、技术较熟练的工人。提供给当地人才的工作岗位比较全面,包括项目管理人员、秘书、文员、估算师、工长、技术工种及普通劳力,该项目在实施高峰期中方人员约80人,当地工人超过1 000人。

加强与当地咨询队伍的合作与配合。博茨瓦纳咨询队伍实力雄厚、素质优良,与承包企业合作进行项目设计的建筑师事务所是集建筑设计、工程管理、室内装潢及环境规划等为一体的国际综合性建筑事务所。另外还有估价师事务所,土木/结构工程师事务所,电气/机械工程师事务所等,这些咨询公司具备设计和管理的丰富经验,并有很高的信誉。在与上述事务所合作过程中,承包企业熟练掌握"菲迪克"(FIDIC)条款,本着认真、严谨的工作作风,高起点、高水准的管理与各咨询、设计队伍加强合作与配合。

加强分包管理与协调工作。马哈拉佩医院是一个大型综合性医院,涉及的专业非常广泛,指定分包的工作量占合同额的40%,在该项目中的主要指定专业分包有电气及医用器材分包、机械分包、电梯分包、发电机分包及锅炉分包等,承担这些分包工程的分包商均为综合型跨国公司,拥有丰富的国际工程管理经验,其技术力量雄厚。

承包企业作为马哈拉佩医院项目的总承包商,在统筹管理项目的同时,专门聘请了一名项目管理经验丰富的外籍员工担任该项目的协调人,协调各分包商的工作,监督工程质量和进度,取得了良好的效果。同时还聘用了一名经验丰富的南非老估算师,负责项目的管理、对外交往及索赔工作。实践证明,上述人员在中方人员的指挥管理下,不仅解决了在语言交流上的困难,还增强了公司对外实力。项目实施过程中,管理协调好各方之间的关系,对于全面实施合同、加快进度、提高工程质量起着举足轻重的作用。在马哈拉佩医院项目进行过程中,承包企业坚持每月召开两次总包与咨询工程师、总包与分包之间的协调会,会上主要解决每一阶段项目实施过程中存在的问题,处理项目信息,并协调有关各方的工作。

加强现场材料管理。材料管理工作是加快项目进度、降低项目成本的重要环节,材料供应又是保证项目能否顺利进行的关键。由于马哈拉佩医院项目设计所使用的大部分材料需要从南非、欧洲进口,而当地产品的生产种类和规模又有一定的局限性,因此提前订货就显得非常重要。加之该医院项目是浮动标,订货采购程序较为复杂。为了降低项目成本,

案例分析

承包企业在确保材料质量和供货周期的情况下，货比三家，选择质优、价实、供货周期短的供货商与其签订供货合同。在控制材料计划、材料质量、材料价格和供货周期这些材料管理工作关键程序的同时，明确材料人员的职责范围，制定出分阶段材料供货到场的计划安排，定期召开材料方面的协调会，确保生产所需材料、构件、设备等及时供应。

应用网络技术，加强项目进度管理和控制。该项目的工期十分紧张，承包企业运用网络技术，编制了施工总体进度控制网络图、基础施工网络图、主体施工网络图、钢结构制作安装施工网络图、医疗设备安装施工网络图、装饰工程施工网络图、各类管道施工网络图、走道棚和道路施工网络图等，这些都对保证工期起到了重要的作用。

加强索赔工作。马哈拉佩医院项目在签订合同时是浮动标，因此索赔工作就显得尤为重要。尽管材料报价、购买、索赔工作程序繁琐，但它关系到整个项目的经济效益，所以承包企业将其作为工程索赔工作中的一项重要环节来抓。材料索赔是按照购买时的材料价与投标时的基价比较进行索赔的，因此在材料报价、购买、索赔时我们严格依据FIDIC条款和该项目估价师的要求，对该项目的所有材料在订货前向业主方估价师提供报价。该项目严格遵守FIDIC条款，条款对时间的要求很严格（承包商的索赔必须在28天内发出），因此，各种索赔资料准备得是否及时、详细、有理有据是索赔能否成功的关键。

加强对FIDIC合同条件的掌握和应用。当前，在国际工程总承包领域，FIDIC合同条件的应用非常广泛。世界银行、亚洲开发银行、非洲开发银行贷款的工程项目以及一些国家的工程项目招标文件中，有些全文采用FIDIC合同条件。因此，培养一大批熟悉FIDIC合同条件，熟练掌握和运用FIDIC合同条件的人才对于企业开发工程总承包项目非常重要。常用的FIDIC合同主要有四种，《土木工程师施工合同条件》即"红皮书"，《机电工程合同条件》即"黄皮书"，《业主与咨询工程师服务协议模式》即"白皮书"，《设计施工及交钥匙合同条件》即"橙皮书"。有时业主的合同非常苛刻，但是承包商在合同谈判和项目实施时，仍然可以利用FIDIC条款为自己争取到正当、合理的权益。在这方面，承包企业从对FIDIC合同条款的掌握和应用中收益良多，为公司赢得了巨大的经济效益。

加强项目管理研究，规范项目管理流程。承包企业在认识到项目管理重要性的基础上，组织了项目管理理论、方法、工具与公司实际相结合的研究工作，并组织项目管理的全员培训。公司还通过总结具体项目管理案例的实践经验，通过制定项目管理手册和项目管理办法，以制度化的程序和要求规范项目管理流程和项目管理过程，从而达到项目管理有条不紊地进行，即使是从未干过项目的人员在接手项目后也知道应该做哪些管理工作，知道应该怎样一步步地去管理项目。目前项目管理不但广泛应用于公司众多具体工程项目的管理中，并且已经渗透到公司层面的管理之中，日益成为公司管理工作的核心。

努力实现属地化经营管理。在境外实施工程总承包项目，走属地化经营管理之路，是成功实施项目的关键，是扩大当地市场占有量的必由之路。属地化经营管理的实质就是要实行属地化策略，要在经营管理的各个层面按照项目所在国的规章、制度和运作方式规范操作流程。人才属地化是实现属地化管理的一项重要内容，要充分利用当地的人力资源，充分发挥他们在语言、文化、社会关系、沟通协调上的优势，甚至有些重要的项目管理岗位都可以大胆地起用当地人才。

马哈拉佩医院项目的顺利实施，得到了业主、博茨瓦纳政府及社会各界的赞誉，也为公司带来了可观的经济效益。

面向未来，国际工程承包企业既面临着机遇，也面临着激烈的市场竞争和巨大的挑战，只有努力打造自身的核心竞争力，不断提升自身的综合实力，才能在国际承包工程领域站稳脚跟，实现持续、稳定发展，赢得更加广阔的市场。

如何进行国际工程项目风险防控

——以中国海外工程公司波兰A2高速公路项目为例

姜 和

(对外经济贸易大学国际经贸学院，北京 100029)

参与海外市场的国内工程建设企业，面对的外部环境、技术规范，以及商业运作模式等，同国内所从事的此类工程项目有较大的差异，对风险管理工作有着较高的要求。本文结合中国公司承建波兰A2高速公路案例，对风险防控中几个关键问题进行分析。

由中国海外工程有限责任公司牵头，中海外联合体(下称中海外)在波兰承建的A2高速公路A、C标段，是中国公司第一次在波兰中标的道路基建项目，也是中资公司在欧盟27国中拿下的第一个大型基础建设项目。

A2高速公路是波兰为2012年和乌克兰联合主办欧洲杯而兴建的重点基建项目。波兰此前规划该公路在2012年春投入使用。项目由波兰政府公开招标，欧盟资助。2009年9月28日中海外与业主签署了施工合同，合同总额4.47亿美元，总工期32个月。工程于2010年6月13日正式开工。2011年5月份工程因拖欠分包商工程款停工。2011年6月13日，波兰公路管理局正式宣布中海外放弃合同，标志着这一项目在开工一年后失败。

为了总结海外工程风险防控的经验，本文从三个角度对这一案例进行分析，即：(1)工程风险的分类识别及其来源、特点。这是进行风险防控的前提。按照某一种风险分类的方法，将可能发生的风险因素列出，然后进行初步归纳分析，以便有针对性地设计、实施风险防控计划。(2)项目风险周期。工程项目的运作周期长，阶段分明。因此，风险防控应在工程项目的不同阶段体现出针对性。(3)风险防控手段。这是在对风险进行辨识、估计和评价之后，根据决策者对待风险防控的态度，最终作出决策的过程。

一、工程项目风险的分类识别

项目管理最重要的三个因素是质量、工期和成本。工程中的风险一般都是费用、质量、工期三大风险的延伸，对风险的控制关键在于对这三大风险引发因素的控制。它们之间的关系如图1所示。

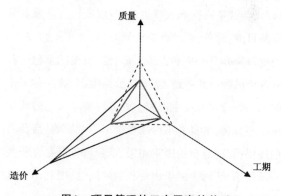

图1 项目管理的三个因素的关系

坐标表示质量、工期、造价分别对工程的制约；三点相连的三角形内部表示项目的执行空间。对一个工程项目来讲，理想的正三角形很难达到，当对质量和进度比较强调的时候，费用的限制就必然要拉远，以保证有足够的执行空间，而执行空间的压缩就必然伴随着较多较大的风险。

案例分析

站在承包商角度，国际工程项目的风险集中体现为财产上受到损失，物质上遭受破坏、损害，或者工程进度被耽搁的可能性。签订施工合同之前，已发生的不利事件不属于风险范畴；如果确定要发生的，也不属于风险范畴。工程风险的实质是将给承包商带来额外的经济支出。从这一意义上，工程风险也具有很强的相对性。在项目的质量、工期约束较强的情况下，若投标或预算仍然具有不确定性，不对造价作相应的调整，超支的可能性自然会很大，所需识别的风险项目也会增加。

明确工程风险的客观性、不确定性和损失性，这样我们才能确定风险的具体范围，进而确定风险来源。根据风险发生的来源，我们把风险划分为外部环境风险和内部机制风险两类。

1. 外部环境风险

外部环境风险指自然、政治、法律、社会环境和宏观经济状况给项目带来的风险。外部环境风险具有很强的系统性，一般是由于某些因素的变化，而给市场所有的经济实体(这里指承包商或整个工程项目)都带来经济损失的可能性。

国际承包工程的外部环境风险主要包括政治风险、经济风险、自然环境风险等。

政治风险：通常表现为政治形势的变化带来的风险，如战争内乱和政权更迭；有没有国有化没收外资的可能；此外，当地政府干预竞争，业主拒付债务，当地政府办事效率和方式，都会影响国际承包工程的政治风险。具体到A2高速公路案例，波兰是一个政局比较稳定的民主国家，外部环境意义上的政治风险不显著，本身并不给项目带来不利影响；后面我们还要提及，与政治因素相关，承包商可能存在管理不善的情况，因为属于内部机制的问题，因此不在这一部分讨论。

经济风险：是指工程项目在实施过程中，可能由于各种经济相关因素的变动，造成工程材料、设备等的价格涨跌、供应脱节。这在2010年开工的A2高速公路项目表现显著。2010年正处于国际间通货膨胀压力较大的时期，原材料价格的波动存在较大的可能性。事实证明，基建所需的原材料在2010~2011年间的确经历了较大幅度的增长。

自然风险：主要由自然、地理气候、人为因素、基本外部设施等方面构成。自然、地理气候条件主要指自然环境、气候特点，诸如暴雨、台风、地震、严寒、海啸等现象。与自然环境相关，项目所在地的环保法规等人为因素也会对项目产生影响。案例相关的波兰属于东欧国家，每年冬季较长，施工易受严寒影响；欧洲的环保标准较高，施工可能带来的环境影响也会被严格监控，对这些现象估计不足都会加大风险。

2. 内部机制风险

内部机制风险是指承包商项目运作行为带来的风险。在国际工程市场上，承包商面对各种类型的业主、项目，本身的资金实力、管理能力存在很大差异，所以内部机制风险一般只对某一个承包商产生作用，而对其他承包商则无直接影响。

设计风险。工程设计是控制工程建设投资的首要环节，设计风险通常表现为设计图纸可能不够明确、详细，设计不符合属地的标准及规范，设计存在缺陷和错误，缺少对施工方法的了解等。A2项目建设过程中，波兰业主方的工程师对质量要求极为严苛，中方提出的施工方案往往得不到认同，这对造价、工期都造成了影响。

技术风险。技术风险指技术标准、工程的水文地质条件等可能给实际施工过程带来的变化。业主在招标时通常提供地质条件资料，但不对其准确性负责，也不对其进行解释和分析。中海外在施工过程中发现很多工程量都超过项目说明书文件的规定数量，如桥梁打入桩，项目说明书规定为8 000m，实际施工中达6万m；软基的处理数量也大大超过预期。

财务风险。工程款回收是承包商在国际承包中最关心的问题之一，资金周转的状况关系着项目的存续。在实施中业主不能按进度付款时，必然影响承包商的施工进度，加大成本。A2高速公路项目签订的合同中约定无预付款，这个约束条件给之后项目运行的资金带来很大压力。

商务及公共关系方面的风险。国际工程项目涉及主体较多,业主、承包商、政府部门等各方之间往往存在着帮扶、制约的关系。这种关系在不同的所在国、不同的项目中呈现不同的特点。波兰项目中,在项目的投标和运行阶段,承包方中海外都明显采用以往在非洲等地进行项目的经验,在政府公关方面寄望很大,这种方式在民主法治的波兰蕴含很大的风险。

施工现场管理风险。现场管理是工程项目的一线,有经验的承包商一般有自己的体制和安排。但工程现场复杂多变,施工安全措施不当、临时设施布置不合理、现场进度安排和调度不合理等,都可能给项目带来不必要的损失。现场人员和工程设备是施工现场的主体,其素质高低和工作状况也直接影响着工程的质量和进度。

二、项目周期对风险防控的影响

项目生命周期,指一个工程项目从概念到完成所经过的各个阶段。项目的性质在每个阶段都会发生变化。项目的生命周期一般可以分为立项期、启动期、发展成熟期以及完成期。风险防控并不仅是某一个阶段内的任务,而应是贯穿整个项目周期内。适应上文风险分类体现出的项目阶段,我们确定了项目的风险周期,划分了具体阶段,并简单描述其主要特点和运行模式,如图2所示。

曲线1表明在工程项目开发过程中,前期对成本影响率最高,到后期对成本的影响就逐渐减小。项目的风险可控程度随之减小。

与之对应,曲线2显示越到项目后期,施工计划的改动带来的费用支出就越大。综合曲线1和曲线2,我们看到,越在前期,项目计划的花费越小,但是对项目成本影响的可能却越大。

曲线3描述了较为普遍的开发模式,即把大量的工作投入到施工文件(CD)阶段。这实际上已经错过了影响造价的最佳时期,我们进行风险管理,追求成效的方法就是把驼峰尽量往前移。

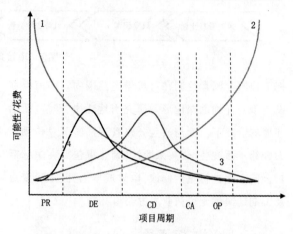

曲线1:缩减成本、降低风险的可能性;
曲线2:设计变动的花费;
曲线3:传统项目开发过程的投入分布;
曲线4:理想项目开发过程的投入分布;
PR:前期准备(Pre-Design);
DE:项目设计(Design);
CD:工程文件(Construction Documentation);
CA:施工管理(Construction Administration);
OP:运营(Operation)

图2 项目风险周期

曲线4是一个理想的运作过程,即尽量把工程当中遇到的一切问题,在施工前解决掉,而不是施工中解决,能够往前解决尽量往前。

国际工程项目的运作周期并不只限于图中所标示的形式。由于承包模式的不同,各个项目周期所分阶段可能略有差异。但项目周期的基本特点启示我们,对国际工程项目前期信息的收集必须加大力度,不可吝啬投入。风险的辨识和分析做不到位,就可能导致决策失误,本来可以规避的风险都被动接受下来。

中海外案例失败的最主要原因就是,没有在项目周期的最初阶段给风险以合理的估价。2009年,联合体在A2项目夺标的报价仅是波兰政府预算28亿兹罗提的46%。欧洲建筑商之所以报出高价,就是用价格来覆盖未来各种不可控的风险。

合同文件的确定阶段也有重要的意义。对于承包商单方面,项目的风险还要在其与业主、分包商等之间分配。在签订国际工程合同时,必须提高警惕,

图3 项目风险管理流程

把工程风险因素控制在可接受的范围内。中海外在没有事先仔细勘探地形及研究当地法律、经济、政治环境的情况下，就与波兰公路管理局签下总价锁死的合约。而波兰《公共采购法》禁止承包商在中标后对合同金额进行重大修改，以致成本上升、工程变更及工期延误都无法从业主方获得补偿。

三、风险防控手段

1. 风险管理的流程

《项目管理知识体系指南》（以下简称 PMBOK）是美国项目管理学会（PMI）的经典著作，是国际上普遍接受并最具代表性的项目管理文件，PMBOK2008 对项目风险管理理论作了简明的论述。如图3所示，它将风险管理分为六个步骤。

我们看到前四个步骤都集中于风险的识别和分析过程，也侧面反映了这一工作的重要性。以前文所述的风险分类和定性识别为基础，风险的定量分析都有着较严谨的标准和方法，其他学术文献多有涉及，这里不再赘述。

风险应对计划是制定风险管理策略以及具体的应对措施的过程，是项目风险管理的主体部分。

风险监控与前述项目风险周期的后段相适应，就是为了保证过程风险管理计划的实施和风险总目标的实现而采取的一系列管理活动。这是一个对风险状态持续不断的追踪、检测的过程，评价风险的现状和进展趋势，有效而经济地预防意外事故。

2. 风险防控的指导思想

国际工程承包项目的风险管理基本策略有风险回避、风险缓解、风险转移和风险自留。

通过风险分析可以将风险按照发生的概率和损失严重程度进行计量、对应，大体分成如图4所示的四种情况，在Ⅰ区内风险概率和强度都比较低，这类风险可以通过自留、制定财务补偿计划来处理。Ⅱ区的风险损失不严重，但是发生的可能性很大，应当采取降低发生可能性的缓解措施，不能轻视。对于Ⅲ区的风险虽然发生的概率低，一旦发生损失很严重，考虑到其对应的具体风险类别，首先应尽可能转移，如保险；不能投保的，也应制定应急预案，在风险确实发生时减少损失。对于Ⅳ区的风险，管理者必须给予高度的重视，这类风险不能自留，必须综合采用各种风险管理手段来认真应对，并在项目进展过程中密切跟踪，及时监控这些风险因素的变化情况，适时调整风险应对措施。

在项目管理的实践中，每种策略又有多种的具体措施。管理者必须结合工程项目的实际情况和自身承受风险的能力选择适宜的风险管理策略和措施或者合理的组合。

风险回避可以通过主动放弃项目、增加投标报价、争取合理的合同条件、采用保守的设计方案和成熟的施工方案、制定禁止性的规章制度等措施。

承包商可以采用的风险缓解措施包括制定安全计划、灾难计划和应急计划，定期评估及监控有关的系统和安全装置，重复检查工程进度计划，加强安全教育，严格质量保证措施，组建联合体参加工程投标和承包，合理利用工程索赔，套期保值措施降低汇率风险等。

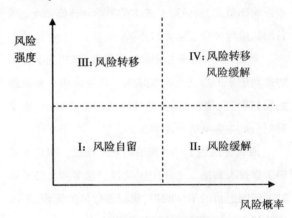

图4 风险控制策略选择图

风险转移是国际工程项目风险管理中非常重要并广泛应用的对策，主要措施有工程保险和合同分包。工程分包在大型的海外项目的实施中已成为重要的组成部分，它也会带来相应的财务、技术等风险，必须纳入整体的风险防控体系。

风险自留不是简单地将风险留给自己承担。承包商必须对风险发生可能造成的损失有正确的估计。风险自留是一种重要的财务性管理技术，风险承担人应充分评估风险、测算自留风险金，以弥补自留风险损失。这种策略主要运用于那些风险损失较小、自己能够承担的风险以及残留风险等。

四、案例启示

通过前文对案例风险的分类识别和对海外工程风险防控手段的介绍，我们可以从中得出以下经验：

（1）注意风险回避。当前海外工程市场竞争激烈，如果承包商没有足够的时间来进行风险审查或者是前期的工作，那么建议不要盲目承包项目。国际工程项目中，合同一旦签订，不公平的合同仍然具有约束力，出现合同风险都是承包商实实在在的损失，风险转化为机遇的机会较小。盲目竞争，急于打开国际市场，草率投标、签约，指望后期风险防控保证项目成功是不可能的。

（2）增强风险防控的科学性。风险识别在国际工程项目中，有着决定性的意义。对项目的外部环境风险和内部机制风险进行分类、定性，并通过定量分析得出全面分析风向状况，是当前工程投标不可跳过的流程。制定风险应对计划时，风险的保留、转移和缓解都有着相应的机制。本文所属项目，业主加给承包商的风险几乎都没有能够规避，也体现了其风险应对计划的缺失。

（3）合同的订立和后期管理都有着不可替代的作用，二者均不可轻忽。风险管理一定程度可以通过合同管理得以实现。承包商的很多风险在初期的合同文件中已经显现，并可以通过确立合理的合同条件得以规避。重视和利用变更和索赔，是当前国际工程项目的有益经验。但要注意，寄希望于变更合同找回成本也是有巨大风险的。

（4）科学使用国际工程的公关，有效沟通，形成默契。国际工程项目约束条件极强，且缺乏弹性，没有国内宽松的协调机制，合同双方冲突不能及时化解，就会形成争端，不易解决。承包商应与业主、分包商、政府部门等的各方相互理解，达成合作共识，才能建立起稳定、双赢的关系。

参考文献

[1] PMI, A Guide to the Project Management Body of Knowledge, Project Management Institute; 3rd edition (January 2004).

[2] Westland Jason. The Project Management Life Cycle, London: Kogan Page, 2006.

[3] 何伯森.工程项目管理的国际惯例.北京:中国建筑工业出版社,2007.

[4] (美)科兹纳.项目管理最佳实践方法——达成全球卓越表现.北京:电子工业出版社,2007.

[5] 倪伟峰等.怎样搞砸海外项目.新世纪,2011,(29).

[6] 彭坤,强茂山.国际工程项目投标风险评价与决策模型的研究.建筑经济,2005,(1).

[7] 孙建平.建设工程质量安全风险管理.北京:中国建筑工业出版社,2006.

[8] 王长峰.现代项目风险管理.北京:机械工业出版社,2008.

[9] 谢彪.国际工程承包市场开发与项目管理.北京:电子工业出版社,2011.

从委内瑞拉输水项目探索国际工程项目属地化管理实践

马 宁[1]，杨俊杰[2]

(1.中工国际工程股份有限公司，北京 100031；2.中建精诚工程咨询有限公司，北京 100037)

摘 要：本文以委内瑞拉输水项目为例，通过历时八年的项目相关管理，探索、分析并通过对相关项目管理工作的实践总结，说明属地化管理国际工程项目相关问题和处理方法，力图获得属地化管理的经验成果。展望属地化管理的未来，提出参考性建议。

关键词：属地化管理，视角，方法，展望

一、项目概况

1.工程简介

在强化中国—委内瑞拉两国双边关系的战略大环境下，中国以发改委作为组织单位，委内瑞拉以计划发展部作为组织单位，在两国高层领导人的直接领导下，创立了中委高层混委会这一两国经济、文化、政治合作的平台，由我司承接的委内瑞拉法肯州输水项目正是在这一外交环境和政府平台中实施的第一个中委两国大型国际工程承包项目。

委内瑞拉以石油经济为主，位于委内瑞拉法肯州的半岛炼油厂是其国内最大规模的炼油厂，但该地区长期缺水，影响了石油生产及周边人民生活。该输水项目由此产生，规划内容为从附近地区水库，通过大口径、长距离管道输水至半岛，以解决该地区人民的生产和生活问题。

该项目于2002年签署一期工程合同，并在其后2005年、2007年分别签署了项目二期工程合同及其补充工程合同，总金额超过3亿美元，最终在2010年6月完成了项目中所有合同规定的内容，取得了项目业主委内瑞拉环境部法肯州水利局的认可和好评。

2.项目成果性目标的实现

委内瑞拉法肯州输水项目规划包括约160km钢管管线，其中主要管线直径为1.4~2m；沿途三座小型水厂；20kmPEAD支路管线及取水头、加工厂等修复、连接等附属项目。

2002年6月，中工国际工程股份有限公司与委内瑞拉环境部签署了委内瑞拉法肯州输水项目的一期合同，合同金额约为1亿美元。主要包括全线180km的管路设计、中途加压泵站设计、净水厂设计、60km直径为1 420mm的管路施工。该一期工程已经于2006年5月结束。

2005年6月，中工国际工程股份有限公司与委内瑞拉环境部再次签署了委内瑞拉法肯州输水项目的二期合同，合同金额为8 030万美元。主要包括36km的输水管线，沿途建设3个净水厂，解决当地

居民的饮水问题。2006年8月,该合同进行工程量的扩充并签署了二期补充协议,即增加20kmPEAD支管的供货与安装,使二期合同总金额达到9 280万美元。该二期主合同及补充协议部分已于2007年10月结束。

2007年3月9日,中工国际工程股份有限公司与委内瑞拉环境部再次签署了委内瑞拉法肯州输水项目的二期合同三段工程补充协议,合同金额为10 804万美元。主要包括61.6km不同规格管径的输水管线。该工程已于2009年6月完工。

2010年6月,随着以上工程各合同规定的质保期工作的完成,该项目完成了所有合同规定的工作内容,项目各期合同金额总计逾3亿美元(图1)。

3.项目约束性目标的实现

该项目业主分别于2006年5月29日、2007年10月30日和2009年6月10日,在合同规定的工期内,签署了该项目一期工程、二期工程以及二期三段工程的完工验收证书。并在项目各阶段进程中,逐步实现了工程管线通水、沿途水厂验收,并完成项目质保期工作,使项目工程成功移交业主运营。

二、本人职责(项目经理、部门总经理、地区机构负责人)

1.项目经理

(1)负责项目进度目标、质量目标和成本目标的实现;

(2)负责项目目标的策划和管理;

(3)负责项目组织与团队建设;

(4)负责项目采购与合同管理;

(5)负责项目QHSE体系的贯彻;

(6)负责项目合作伙伴管理;

(7)使项目利益相关者满意;

(8)负责项目管理能力提升。

2.部门总经理

作为项目内部业主,对公司总经理负责,主要由三类指标构成:

(1)经营性指标:包括签约合同额、生效合同额、工程量完成额、收汇金额、利润指标等;

(2)成长性指标:包括客户关系维护、潜在项目维护、团队建设、人才培养、企业文化等;

(3)安全生产指标;

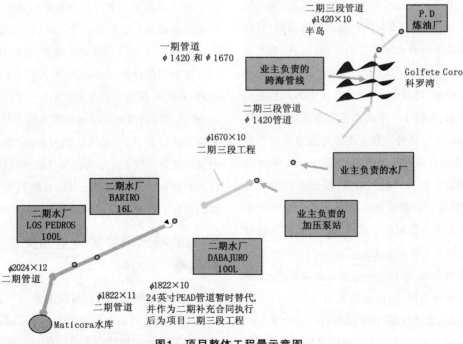

图1 项目整体工程量示意图

案例分析

项目前期准备与实际情况对照 表1

中工国际(项目总包商)的分包单位	前期策划准备	实际发生情况
项目设计单位	中国东北市政设计研究院	当地设计咨询公司
项目主要供货单位	宁波三鼎钢管厂等主要国内供货工厂	委内瑞拉钢管厂 西班牙和乌拉圭的水厂建设公司 加拿大与巴西的供货公司
项目主要的土建安装公司	中机建设	委内瑞拉当地工程建设公司
项目人事管理单位	公司派驻的人力资源工作人员	委内瑞拉当地认证的人事经理
项目财务管理单位	公司财务部派驻的工作小组	国际会计师事务所

3.当地机构负责人

作为当地机构负责人，为公司当地项目的开发与执行建立平台、创造条件、提供服务等。

本文则侧重说明国际工程项目的属地化管理对项目成功的必要性，以及所配套适用的战略思路和具体方法。通过输水项目的圆满完成和该市场后续新项目合同的成功签署，也在实践中证明了相关思路和方法对于国际大型复杂项目开发与执行工作的适用性。

三、输水项目的重要特点与属地化管理的必要性

当前中国企业的国际承包工程市场基本上是在传统"经援"市场上发展起来的，多以东南亚、非洲等不发达国家为主。项目所在国的情况较为简单，我国企业的国际化项目管理除必要的设备、材料、劳务进出口涉外，基本上延续国内项目管理的各项方法。但随着中国制造业、建筑业的崛起，大量中国产品走向世界各个国家，取得了一定的市场份额和社会关系，则传统贸易衍生出境外工程，传统地区也发展为更多的国别，而继续沿用传统的项目管理方法，则将使这些国际承包工程项目陷入困境，以至于产生巨大的风险。而对这一方面视角与理解的差异，也会使项目在执行过程中的资源利用形式等项目战略思路较项目前期策划发生根本变化。

以该项目为例，项目所在国在委内瑞拉，是世界上主要的石油输出国，一度在拉美占有重要的经济地位。查韦斯总统就任后，由于其推行的社会主义政策与当地根深蒂固的资本主义制度矛盾巨大，以及政治反对派和金融、工业等领域寡头的阻挠，社会经济受到较大影响，但整体上仍然具有较强的经济实力，在技术、环境、法律、税务等方面同西方普遍接轨，拥有较为完整和先进的标准与体系。这一不同于一般发展中国家的特点，使该国的国际工程项目管理具有一定的特殊性，形成了该市场的重要特点。

输水项目作为中委两国双边合作的第一个大型国际承包工程，自2002年签约后由于前期按照传统管理思路进行策划，使其不能适应委内瑞拉实际情况，项目一度出现困难。此后，在公司领导的果断决策下，针对其市场特点，将传统项目管理思路转变为属地化管理，实现了突破，为最终完成这一项目奠定了坚实的基础。

表1是项目主要工作在策划时的资源准备与实际发生的属地化资源应用之间的情况比较。

以上一系列项目属地化管理、执行方式、资源利用等思路上的改变，使输水项目重新回归到了执行正轨，并最终获得了成功。而是由于什么样的特殊原因，造成了项目属地化管理的客观需要和改变呢？而又应该从什么角度，采用什么方法，看待并实施项目的属地化管理呢？通过实践和总结，我们认为国际项目的利益相关者分析和配套的战略思路及其一些具体的操作方法是该项目属地化管理成功的关键。

四、输水项目的利益相关者分析和应对战略

1.国际工程项目的利益相关者

我们认为针对国际工程项目，可释义为："项目利益相关者指这样的个人或群体——他们影响项目

的目标实现、影响项目实施企业的目标实现,或者能够被项目或项目的实施企业所影响。"

由于输水项目的以上特点,与项目相关的利益相关者复杂、繁多,使传统的从合同角度上定义业主、客户、总包商、分包商等利益相关者的划分方法在该项目管理上已不再适用,而以多重角度分析项目利益相关者则更为适合此类大型国际工程承包项目。

(1)在总体上以项目所有权、经济依赖性和社会效益三大方面区分项目利益相关者。

(2)按是否发生市场交易关系区分利益相关者,即区分契约性关系和公众性关系;按紧密型与否区分首要利益相关者和次要利益相关者;按承担风险的种类区分自愿的利益相关者和不自愿的利益相关者;根据这些特点,对多个利益相关者进行具体分析。

(3)从项目实施的角度,以权力性、合法性、紧急性为依据,区分确定的利益相关者、预期的利益相关者和潜在的利益相关者。

以委内瑞拉输水项目为例,摘要举例见表2所列。

通过表2项目利益相关者及其基本需求的基本划分,可观察到对组织的利益相关者进行识别和分类是有效的利益相关者管理的前提,继而需采用一定的利益相关者战略来应对不同的利益相关者群体。

2.利益相关者应对战略

一般情况下,利益相关者应对战略主要可分为以下四种:

(1)前摄性战略:该战略包括对利益相关者问题的诸多关注,如预测并主动关注特定利益,其对责任所持的立场或策略就是主动预测责任。

(2)顺从性战略:相对于前摄性战略,顺从战略在处理利益相关者问题时缺少主动性,其所持的立场或策略就是接受责任。

(3)防御性战略:在处理利益相关者问题时,仅仅满足法律最低限度的要求,其采取的立场态度或策略就是承认责任却抵制它。

(4)反抗战略:包括在面对利益相关者问题时,消极对抗或完全忽视利益相关者,其采取的立场态度或策略就是否定责任。

通过输水项目实践,考虑以上利益相关者战略的一些主要因素:

(1)在输水项目中,凡是前期进行了认真调研、分析、计划的工作,往往既可以使项目工作顺利完成,也可以获取到利益相关者很高的满意度,而在应急环境中,或不熟悉的领域中,就容易造成利益相关者的拒绝,甚至刁难,从而使项目举步维艰。实践总结告诉我们:"前摄性战略比防御战略及反抗战略相比,利益相关者的满意度明显高出,同时有利于项目的顺利进展,为获得项目成功奠定了重要基础。而前摄性战略的运用,也可避免顺从性战略的滥用,降低项目风险。"值得注意的是,某些项目管理人员似乎总能出于各种合理的理由,使用一些满意度极低或风险较高的战略做法,使项目逐渐陷入困境。

摘要举例　　　　表2

利益相关者	第一层面	第二层面	第三层面
委内瑞拉环境部(业主);项目的各个分包商等	涵盖了所有关系	既有契约性也有公众性; 主要利益相关者; 自愿承担风险	权力性、合法性、紧急性全部涉及确定的利益相关者
委内瑞拉政府高层及税务、海关、交通、电力等部委	社会效益方面突出	公众性; 主要利益相关者; 自愿承担风险	权力性、合法性涉及的预期利益相关者
当地的总包商雇员、分包商雇员,以及所涉及的行会、工会等团体	经济依赖性、社会效益方面突出	既有契约性也有公众性; 属于主要利益相关者; 不自愿的承担风险(指项目风险)	权力性、合法性、紧急性全部涉及的确定的利益相关者
当地警察、保安、零售等团体或个人	经济依赖性突出	既有契约性也有公众性; 属于次要利益相关者; 不自愿的承担风险(指项目风险)	紧急性突出的潜在利益相关者

(2)在输水项目中,业主委内瑞拉环境部既是对外合同的业主,也是项目最终使用人法肯州水利局的上级单位,同时是监理单位的管理方,还作为政府部门而面对同项目相关的其他当地部委。其在项目的不同阶段中,需求不断更替、交接。而在项目执行属地化管理前,我们总是因为前摄性关注不足,而不断面临新的问题。当时,我们似乎陷入了某种执着和困境,一方面我们必须更多地审视并关注控制着那部分项目成功执行所需关键资源的利益相关者群体的利益和要求;另一方面我们的时间和金钱毕竟是有限的,我们不可能在所有的时间和阶段对所有的利益相关者给予足够的关注。这样,当我们在实施项目属地化管理的时候,则充分的运用前摄性战略,提前综合地考虑项目利益相关者的需求。避免我们往往从项目的某一阶段出发、从某个利益相关者的某刻时间的行为特点出发,根据当时可利用资源或者成本的情况,确定相对片面的利益相关者应对战略。应该说明的是,在单独考虑以上四种战略的使用时,前摄性战略是利用资源和成本最高的(反抗性则是最低的),但可获得很高的满意度。而其余三种战略,很快将使项目陷入到一种或消极被动,或满意度极低的情况,最终会带来项目风险。如何在资源有限的情况下,充分地运用前摄性战略,为项目的顺利执行奠定良好条件呢?还以输水项目的现场施工属地化管理为例进行说明。

五、输水项目中的属地化与前摄性战略的管理方法(以现场施工管理为例)

1.在四个方面掌握项目当地情况

(1)当地法律、法规、国家政策等

作为国内企业派出的国际工程承包项目负责人或项目经理,我们很难成为项目所在国法律、法规、国家政策等方面的执业人员,但应对同项目紧密相关的法律进行熟悉,并在专业问题上咨询当地律师、专家的意见。以输水项目为例,主要在于法律、法规、国家政策的熟悉:如各项双边协议;海关法;税法;劳动法;环境、绿化等法律。这些法律法规、政策在进行

项目前摄性战略管理时,可先进行总则或基本条例方面的研究,并找出该法律法规和政策上对项目工作有影响的部分,然后结合项目实际同当地专家进行讨论,得到相关工作的解决方案。

(2)当地资源的识别

中国企业在工民建项目的准备工作方面有较强能力,能短时间取得材料、设备、人员、土建、安装等当地资源信息。值得关注的是,在首次进入项目所在国的时候,很难把握这些获取信息的准确性,需要不断地考察其他当地项目现场和国外企业,以取得一手资料。

同时由于相当一部分国家的政体和我国不一样,中央政府、地方政府、相关部委、商会、行会、工会等政府或民间团体,也是需要着力调研的资源。这些因素将成为项目执行过程中的重要力量和影响因素。

(3)当地文化特征

在同利益相关者的属地化管理中,中外双方能否顺畅交流是关键问题(不是单纯的语言问题)。而对当地文化特征的充分了解,避免不必要的冲突,是解决沟通问题的必要条件。当地文化特征带来的主要冲突有:1)个人主义和集体主义的冲突;2)权力的等级制度与授权程度的冲突;3)长期目标和短期目标的冲突;4)对待时间、利益、工作等基本价值观的冲突;5)高语境和低语境的冲突。

(4)项目自身特点

以输水项目为例,该项目除以上项目利益相关者众多,环境复杂外,也是资源性的、劳动密集型高的线性项目等。各种不同的国际承包项目,由于其涉及的利益相关者需求、项目标的、技术工艺、社会资源、两国关系等不同因素,会体现出各自项目的不同特点。

2.信息的分析、评估与研究

在进行了以上四个领域信息的获取工作后,需要就项目的实际情况,有针对性地进行分析、评估与研究。以输水项目在现场施工阶段的工作为例,相关的工作包括如下:

(1)现场施工涉及的法律法规(摘要);
(2)现场施工的环境评估(摘要);
(3)现场施工的风险评估(摘要)。

3.具体工作的操作计划和方案

以上各项评估完成后,可对各施工面工作编写具体的计划和方案,以下是项目现场一个标准工作面施工计划的目录内容:

```
              目 录
1. 施工许可
2. 工作情况简介和目的
3. 施工范围
4. 施工地点
5. 项目中使用的管理技术信息
6. 使用的设备和机械
   6.1  管线路过的道路修整
   6.2  直径56寸钢管的泄水阀
   6.3  焊接
   6.4  实验
   6.5  内部防腐:(过滤袋)
   6.6  外防:(防腐漆)
   6.7  管沟挖掘:(管沟平整,焊接处留出空隙)
   6.8  管沟内焊接
   6.9  回填和夯实
7. 施工人员
8. 施工前和施工中现有的条件
9. 施工的几个阶段
10. 施工步骤
11. 附 件
```

4.程序的建立和流程节点的管理

经过以上各个标准工作面的计划,进而形成项目管理程序和流程节点,输水项目现场工程部分的工作程序与节点流程如图2所示。

六、该项目属地化管理的实践成果

该项目属地化管理方法,不仅在项目现场施工,同时也在商务、技术、劳务、税务等多个方面也均发挥着重要作用,取得了成果:

(1)项目同委内瑞拉当地及周边国家的相关企业建立并保持了良好的合作关系,其中涉及设计单位7家、供货单位18家、施工单位14家、运输等服务性单位6家。在八年的项目执行过程中,全部合同执行并验收,未出现恶性纠纷。而这数十家当地企业,成为公司在委内瑞拉的珍贵资源,为后续在委项目的执行提供了有力保障;

(2)由于与项目当地资源的良好配合,以及逐渐深入的项目属地化管理,使公司在法律、劳务、税务等方面,得以一种越来越本土化企业的面貌参与到项目所在国当地工农业等领域的经济建设工作中去,越来越被当地社会所接受,合作的领域不断深入,规模不断扩大。自输水项目执行过程中,由于在当地取得了良好的口碑和执行经验,公司相继获得超过20亿美元的承包工程合同,涉及电力、工业、农业、贸易等多个领域。

(3)随着中国的政治、经济、外交、技术等国际综合竞争力的不断增强,属地化进程取得良好成果的大型国企,将有条件成为项目所在国大型国有业主、部委、甚至高层决策层的有效"参谋"。利用对所在国的深入了解和实践经验,将所在国的经济、能源、工农业发展与中国的现实需求和企业的特长有效地加以整合,获取合同机会,特别是双边合作的大型国有项目。2010年12月中委两国双边协议下签署的农业机械制造工业园项目,正是以这种"参谋型"的项目开发思路取得了成功,项目金额32.27亿元。实践证明,前期在项目执行过程中积累的项目属地化管理经验与方法在该项目的开发工作中同样能得到充分利用,不可或缺。

(4)项目属地化管理成绩也受到公司管理层认可,获得相关殊荣。

七、对国际工程承包项目属地化管理未来的几点展望

1.适应潮流发展,探索属地化管理

大量的国际工程实践证明并将继续例证,国际工程项目属地化管理是大势所趋、势在必行的一种管理手段、工具和模式。属地化管理有丰富的内容,在人力、物力、财力等各项资源中,不断深入和落实,对走出去的企业提高效率、降低成本、效益增值,提升管理水平,将发挥更大的属地化管理效应。

案例分析

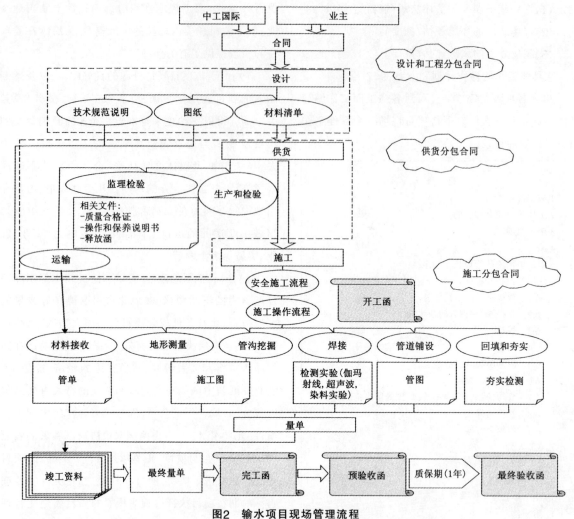

图2 输水项目现场管理流程

2. 着力搞好人性化管理

随着在项目所在国大量雇佣当地雇员，双方在文化、价值观、行为模式等方面的差异，决定了企业必须在项目所在国实施属地化、跨文化的人力资源管理。同时，企业在当地的快速发展、当地雇员的优势、成就创新的机会，也会使属地化的人力资源管理得到良好的回报，成为公司在所在国业务成功的有力保障。

3. 实施企业的属地化的资源管理，对国际工程承包企业提出更高的管理要求

如，企业价值观的核心认识；企业文化的融合与贯彻；双文化或多文化的团队建设；项目所在国人员的培训以及当地机构的绩效管理。这样我们在项目所在国就拥有了强有力的立足之地和执行机构，也有益于培养优秀的高管人才，更好地为项目开发与实施创造条件，回避风险。

4. 属地化管理一定要树立包容、和谐、共赢的理念

国际工程是一项政策性、经济性、思想性比较强的工作。项目的属地化管理潜力颇具，人文含，任重道远。为此，需要中国企业和从业人员在国家政策、思想理念、知识层面、具体操作等方方面面，都应当弃旧念新与时俱进，怀揣着学习、谦恭、大度、融合、和谐、共赢等态度，一言以蔽之即在包容性发展上下足功夫！若能这样，那无论开拓亚非拉市场还是欧美发达国家，或进行工程项目管理，皆会大有作为。

Y国卡马郎加火力发电站 3×350MW工程总承包项目管理

李春华

(山东电力集力二公司,济南 250100)

一、项目概况

(1)Y国卡马朗加 3×350MW 火力发电站项目,是该国 GMR 集团在 Orissa 邦德卡纳尔区卡玛郎加村投资建设的燃煤火力发电站项目,规划装机容量为 4×350MW,一期建设 3×350MW。主要包括厂外供水、卸煤沟、专用铁路、煤场和输煤系统、灰场、厂内水库、机力通风冷却塔、锅炉补给水处理、废水处理、除灰除渣系统、电袋除尘、烟囱、锅炉及辅机、汽轮发电机及辅机、变压器、变电站、厂区雨水排水、办公楼、检修车间和仓库、厂区道路、厂区绿化、厂区消防、启动锅炉、燃油罐等,厂区总占地面积 300 多 hm²。

本工程厂址位于 Y 国东部 Orissa 邦 Dhenkanal 区,项目所在地的南部为国家高速公路和铁路,距离项目现场大约直线距离为 3~5km,业主修建一条公路由国家高速公路至项目现场;Budhapank 火车站距离现场大约 3~5km,火车站非常小,为客运站,不具备卸车能力;距离现场较近的码头为帕拉帝码头,为综合性货物码头,距离现场大约 150km,由帕拉帝码头至帕拉帝火车站大约 3km 的路程。水源地位于东部 Brahmani 河,取水方式为渗井取水。最近的城镇为 Angul 镇,距离现场大约 25km。

厂址所在区域为典型的热带季风型气候,冬季温暖、夏季炎热,年平均气温约 28℃,极端最高气温达 47.2℃,极端最低气温为 6.7℃。最热月为 5 月,其平均气温为 40.3℃;最冷月为 12 月,其平均气温为 13.4℃。季节可分热季(3~6 月)、雨季(6~9 月)、过渡季(10~11 月)和冷季(12 月~次年 2 月)。厂址区域年平均降雨量约 1 000~1 400mm,大多发生在 6~9 月。

厂址及其向西区域地势平坦,向北、向南、向西三个方向地势均较低,坡度平缓,区域内基本为草地,没有种植农作物。根据现场历史洪水调查,主厂房区域地势较高,从没发生过洪水淹没及内涝积水情况。电厂运行期间使用水库蓄水,水库水源取自东侧 Brahmani 河,水库坝址位于主厂房东侧约 500m 的低洼地区,坝址自然地面高程比主厂房区域低约 10~15m。灰库东侧与主厂区交界处有一条 400kV 线路贯穿通过。

地貌类型为低丘,地貌成因类型为剥蚀丘陵。地层主要为灰白色强风化~中风化砂岩(强风化厚度一般小于 2m),上覆第四系地层为含粗砾砂、铁锰结核黏性土,其厚度一般小于 3m。地下水类型主要为基岩裂隙水,没有统一稳定水位,丘顶可不考虑地下水影响,低洼处雨季地下水可达地表。

该项目北方约 1.5km 处打一深井,用于电站建设期的施工用水源;位于项目的西北方向约 1.5km 处有一 33kV 变电站 Chainpal,施工电源由 Chainpal 变电站引接。

(2)项目参与单位

业主:GMR 集团公司;

业主工程师(咨询公司):拉玛雅国际咨询公司;

EPC 工程总承包:某国电力建设第二工程公司

设计分包商:某国核电规划设计研究院;

设备、材料供应分包商:某国三大动力设备厂及各辅机设备厂等;

项目所在国境内分包商:Y 国火力发电站建设安装公司等。

(3)项目投标组织机构建立

为做好该项目工程总承包的投标工作,首先组成了该项目投标组织机构,主要有:

综合组:投标经理兼任组长并向公司负责整个投标阶段的总体管理和协调,编制投标计划,供各组实施,代表整个投标团队与业主方联络,如现场考察,标前会议、谈判安排、审查招标文件/合同中双方的权利、义务、担保责任、索赔、仲裁等条款的均衡性,并对整个合同的风险作出正确的评估,供公司决策;汇总整套投标文件,确保技术标与商务标的一致性,以及投标文件的完整性,并向业主提交投标文件,主持投标阶段内部会议以及中标前的对外合同谈判。

技术组:研究招标文件的技术部分的要求,会同综合组进行现场考察,并提出相关质疑,要求业主解答,会同综合组、商务组,确定工作范围,基于上述情况提出总体设计方案,提出工程实施所需的设备、材料、人工时估算,提出总体施工方案,以及施工设备选型和数量,提出分包项目以及对分包方式的推荐意见,负责技术标的编写以及初步评审,派员参加各类内部审核会议以及对外谈判。

商务组:分析项目的资金筹措情况,并作出风险分析报告;包括业主价格条款和支付条件,以及提出付款保证建议,该工程项目的支付以及开支的货币种类、汇率等,研究税法,确定各项税款,采取措施进行合理避税,研究合同保险条款要求和保险市场,提出投保要求和条件,保险询价,基于技术组提出的工作范围、方案、工程实施条件,进行设备、材料、采购或租赁的价格数据,采购和租赁风险评估,根据综合组对合同风险的建议,估算工程风险费;基于上述工作并考虑利润额度,编制初步报价估算;编制商务建议书,供投标经理和公司领导决策,派员参加各类内部审核会议以及对外谈判。

其他机构(略)。

二、项目信息收集和社会调查

1. 调查项目

(1)对招标方情况的调查

调查本工程的资金来源、额度、落实情况;本工程各项审批手续是否齐全;招标人员是第一次搞建设项目,还是有较丰富的工程建设经验?在已建工程和在建工程招标、评标过程中的习惯做法,对承包人的态度和信誉,是否及时支付工程款、合理对待承包人的索赔要求?咨询工程师的资历,承担过监理任务的主要工程,工作方式和习惯,对承包人的基本态度,当出现争端时能否站在公正的立场上,提出合理解决方案等。

(2)对竞争对手的调查

首先了解有多少家公司获得本工程的投标资格,有多少家公司购买了标书等,从而分析可能参与投标的公司;进而了解可能参与投标竞争的公司的有关情况,包括技术特长、管理水平、经营状况等。

(3)生产要素市场调查

实施工程购买所需工程材料,增置施工机械、零配件、工具和油料等的市场价格和支付条件、价格的变化情况、供货计划等;同时了解可能雇到的工人的工种、数量、素质、基本工资和各种补助费及有关社会福利、社会保险等方面的规定。

2. 参加标前会议

(1)通过标前会议加深对标书的理解

标前会议是招标人给所有投标人的一次答疑的机会,有利于加深对招标文件的理解。在标前会议之前事先深入研究招标文件,并将在研究过程中发现的各类问题整理成书面文件,在标前会议上予以解释和澄清。

(2)标前会议主要澄清问题

对工程内容范围不清的问题;招标文件中的图纸、技术规范存在相互矛盾之处;对含糊不清、容易产生理解上歧义的合同条款等要进行澄清。

3. 现场勘察

在现场勘察前,对现场勘察需要收集的资料进行了详细的研究统计,主要有以下几个方面:

(1)Y国当地政府关于火电厂在环保方面的要求或文件,如烟气、废水、废渣等的排放处理要求,对水土保持、绿化方面要求,对设备、厂区各区域噪声的要求;

(2)当地的交通运输条件,铁路或公路的运输能力能否满足设备、材料的运输要求;

(3)厂区的地形地貌,周围的环境条件,总体布置,生产临建和生活临建的位置;

(4)项目所在地的物资材料的价格、产量、质量、供应方式等;

(5)该国的劳动力价格及保证情况;

(6)其施工企业的施工能力及技术状况。当地制造加工企业加工能力;

(7)通信能力及保障情况如何;

(8)当地的医疗卫生情况,有无流行性疾病;

(9)工程项目所在地的大气污染状态;

(10)需要缴纳税费种类,各种税费的税率;

(11)在当地承包工程需要购买的保险等;

(12)其他与项目实施需要调查取证的资料性文件等。

4.向项目所在国承包类似项目的X国兄弟公司学习

我公司虽为首次进入Y国市场,但X国多家电力公司和三大动力设备集团公司等已在该国承建了数个电站项目,他们有丰富的实战经验。所以,我们多次派人到这些兄弟单位学习取经,使我们对该国电建市场情况、风土人情、社会环境、潜在风险等有了更详细的了解和更深刻的认识。

5.招投标书的研读

在取得标书后,根据投标组织的分工,各投标小组按分工要求,对本组负责的工作范围的标书内容再进行细化,落实到人,分开认真细致地进行研读,真正理解招标书的内容和业主的目的。对发现标书中的问题及时记录。按计划各组研读完标书后,标书经理召开专题汇报会议,由各小组将标书内容中存在的问题、对标书的理解等——进行全面汇报和介绍。通过会议使全体投标人员对整个招标文件内容有个全面了解,同时对招标书中的疑问、矛盾、不清楚等问题进一步讨论、澄清、做出处理等。

三、项目的风险分析

1.查找项目的主要风险因素

为了既达到进入该国电力工程市场、又能够尽可能规避或降低各种风险的目的,首先对可能发生的主要风险因素进行挖掘、探研和分析。通过统计分析,项目团队认为本项目主要存在以下主要风险因素:

(1)国家、地区的社会环境风险问题;

(2)政府工作部门办事效率及流程方面;

(3)当地有关工程的配套能力;

(4)电力市场的基本状况;

(5)市场准入相关的法律法规条例制度;

(6)当地人力、机械等社会资源欠缺率;

(7)自身人力资源能力因素;

(8)业主经济实力;

(9)金融危机所带来的影响面;

(10)税收变化;

(11)政治、政策、法规等变化;

(12)物价上涨因素;

(13)汇率变化及其对该工程项目的影响;

(14)技术性能和标准;

(15)自然灾害、战争、恐怖事件等不可抗力及不确定因素;

(16)其他相关方面。

2.风险因素分析

通过上述工作,收集了大量的信息和资料并进行了归纳、整理,对照各种类风险因素进行有针对性地分析和研究。

(1)国家、地区的社会环境问题:经调查,Y国为多民族、多宗教信仰的国家,有10个大民族和许多小民族,主要包括印度斯坦族、泰卢固族、孟加拉族等民族,各族居民主要信奉印度教,约占该国总人口的82%,其次为伊斯兰教和基督教,分别约占国家总人口的12%和2.3%;各信仰和宗教之间存在各种矛盾。但近几年在该地区没有大的社会动乱;受英国殖民统治的影响,加之公民民主意识比较强,但地方工会时常组织罢工,向企业和政府施压,对项目的顺利进行会造成一定的影响;当地由于产煤炭,电厂等企业较多,所以村民对企业施压很有经验,经常集体闹事,向企业索要钱财和工作,阻碍工程的进展;邦首府所在地布巴内斯瓦尔市号称神庙之城,所以当地信仰多,地方节日也比较多,比如当地的菩嘉节日非常隆重;综合以上因素,对工程工期和工程费用都可能造成较大的影响。

(2)政府效率方面:经过调查,Y国大部分政府部门工作效率相对比较低,但经过业主协调和我们自身努力,对工程项目的执行影响不会太大,在工期和工程费用上可作少量考虑。

(3)当地配套能力:Y国国内有一些较大的机械设备、建材、电气设备和材料等加工制造商,但当地生产厂家少、价格较高、生产周期长、质量没有保障等,除少量建材、地材和小型设备可以从当地采购外,大部分设备、钢结构、管道等都要考虑从Y国国外采购,所以报价需考虑相关费用。

(4)电力市场状况:目前Y国当地电力非常紧张缺乏,拉闸限电现象比较严重,用电价格较高,有大批电厂正在建设或正准备建设,所以要考虑电厂建设期间各种资源短缺、电力供应不足等对工期和价格的影响。

(5)市场准入法律制度:Y国与X国近几年虽在贸易方面逐年增加,但由于Y国本国人口众多,就业困难;大部分设备制造业技术落后、生产效率低、成本高等,在国际市场上竞争实力不够;Y国在发展经济和对内保护上处于一种矛盾的心态;另外我们虽为邻国,但互相了解并不是很多,文化差异比较大,所以在对待C国的政策上,各阶层、各方面的想法更是复杂,存在着一些戒备、排挤或恐惧心态;因此,C国企业进入Y国市场始终受到人员工作签证限制和进口关税高的约束等,这些严重影响着项目执行的效率和顺利实施,无形中延长了工程工期,加大了工程成本。

(6)当地人力、机械等社会资源情况:当地从事一般体力劳动的人员很多,Y国电站项目近几年才不断增加,所以从事电站建设安装的熟练技术工人和工程专业管理人员非常匮乏,所以造成买方市场每年的施工安装人工费用都在以15%~20%的速度上涨;同样施工用大型机械设备也非常短缺,不能满足目前的市场需求,大部分需要从国外进口或租赁;Y国施工机械化程度较低,工人劳动效率也很低,再加上当地工会和劳动法的影响及当地的风俗习惯等因素,使得劳动效率只相当于C国的0.5~0.7。

(7)自身人力资源因素:作为我们国内企业最普遍的缺点是既懂专业又外语好的人才少,对Y国法律了解不够、对当地的规范标准了解少等,所以在项目执行管理上存在一定的困难。

(8)业主经济实力:GMR集团公司在该国是一家比较有名气的私人公司,公司有50多年的历史,拥有糖厂、矿业、机场、航空、电力能源等多产业,目前正在运行的电站装机容量有80多万kW,正在投资建设的装机容量有230多万kW。经济实力比较强。

(9)金融危机的影响:本项目投标阶段正处在全世界经济危机爆发阶段,危机对本项目的影响有多大程度当时还不很明朗,但是从业主对该项目的推进速度上也感觉到确实有一定的影响,我们怀疑项目融资可能遇到了一定的困难,项目的工期可能会有些调整。

(10)税收变化:由于Y国贸易保护主义的作用,从以往的经验考虑,Y国政府对某些进口商品的税收进行提高的可能性很大,所以在报价时必须考虑。

(11)政治、政策变化:该国国内由于宗教、党派之间的矛盾始终存在,存在着内部各派之间发生争执的可能性,但最近几年虽有各种动乱发生,但影响不是很大;该国与C国之间这几年一直因为边界问题和其他一些因素影响,经常听到一些不合时宜的声音,对两国贸易带来一些负面影响;但从两国高层的互访和频繁沟通情况,认为大趋势是贸易额在不断增加,两国之间贸易政策近几年出现大的变化的可能性不大。

(12)物价变化:我们投标阶段正受经济危机的影响,物价相对较低,整个项目建设周期为三年多,经济危机过后物价上涨是必然的,究竟涨多少是不可预测的,但作为EPC总承包商必须预测出一个比较适当值。

(13)汇率变化:最近几年人民币升值而Y国币贬值一直存在,考虑当地币主要用在该国国内,所以对我们影响不大;而如果在该国外部分的工程款采用美元报价的,人民币升值对我们的报价影响比较大,必须考虑。

(14)技术性能和标准:由于本项目与X国国内主要有以下不同:一是该国煤质差,热值低、灰分高;二是该国煤质化学成分特殊,燃烧后灰分不易用电除尘吸附,电除尘效果差,达不到环保要求;三是当地气候炎热,机组冷却效果差,效率低,煤耗高;四是由于气候和煤质的影响,各辅机功率增加,造成用电提高。

(15)自然灾害、战争、恐怖事件等:自然灾害、战争、恐怖事件等虽对我们存在潜在的风险,但是我们无法预测和控制,是不可抗力,我们只有做好各项应急预案,当事件发生时尽一切可能避免或减少损失。

3.关键风险因素的确定和采取的防范措施

经过上面详细的调查、分析、研究,认为该项目存在如下关键风险:

(1)汇率变化,当地币和美元贬值、人民币升值,如果投标报价考虑不足,将可能亏损,此点非常重要。

(2)物价上涨,该国和C国等情形差不多,物价上涨幅度超出预策值及国际规定的警戒线。

(3)税收变化,该国的地方税收和进口关税的提高或X国的出口税收提高。

(4)该国劳动力效率低,电厂建设队伍力量薄弱,施工工期长,可能造成脱期罚款。

(5)技术性能和标准方面,因该国煤质差、灰分高,采用电除尘难于达到除尘环保要求,由于煤质差和气温高,而造成常用电和性能参数降低,可能造成罚款。

针对以上经营风险,我们采取如下措施:

(1)报价采用固定人民币报价,或固定汇率报价对汇率增加单独报价;最后业主同意固定人民币报价,避免了汇率风险。

(2)根据物价上涨趋势测算出物价可能上涨率,适当调整报价。

(3)Y国境内税费由业主承担,C国国内税收由我方承担,双双分担风险。

(4)针对Y国队伍效率低、素质差等各种因素,对工期有较大的影响,所以在工期上与业主协商做适当加长,同时与业主协商,业主同意提前支付部分设计等项目启动资金,加快设计进度。

(5)将电除尘改为除尘效率高的电袋除尘,将厂用电率适当提高,并适当提高机组单位千瓦煤耗等,适当调整机组保证性能参数,避免罚款。

四、项目投标方案的策划

由于本项目是我公司第一个进入该国市场的项目,业主是个私人公司,参加投标的单位有Y国公司和X国公司六家,业主聘用的咨询公司是德国拉玛亚公司在Y国的分公司。为了中标本项目,我们采取了如下策略:一是技术方案上采用多方案方式,首先完全响应业主要求做一套方案,然后做一套优化推荐方案,避免因设计方案变化太大,而使业主咨询公司直接拒绝,因招标方案是咨询公司提供的;二是在报价上,采用选项报价方式,首先按业主招标方案报一个报价,再按优化方案报一个报价。主要方案和措施如下:

1.项目投标技术方案的确定

为了使方案既能让业主接受,又能充分表达自己的观点和显示自己的实力,我们确定在投标时采用多方案方式:一是完全响应标书要求的方案;二是我们自己优化后的方案;三是采用三维动画对方案给业主做一个全面介绍。

方案优化的原则是站在业主的角度,在充分为业主着想,不伤害业主利益,保证电厂的质量和安全可靠的基础上,能降低工程造价、展现我们的实力、提高竞标能力,进行各项优化。通过对原招标设计方

案调查、研究、分析发现,如果按原方案设计,如输煤栈桥设计不合理备用太多,煤场布置在低洼河沟上,除尘设备和炉底除灰设备等选型不合理,机力通风冷却塔布置与一高压线路相碰,灰场、运煤铁路布置占地面积大,电气、机务控制等多处设计技术落后、造价高,浓缩除灰布置不合理等,导致工程费用高、工期长、厂区占地面积大、部分设备性能指标可能难于达到标准要求,工程施工难度大等。因为在投标时,如果不响应标书,技术标的评标分数可能打低或成为废标;如果采用业主方案,确实存在很不合理的地方,工程造价高的太多。所以我们就采取了同时报两个方案的办法,按标书要求报一个方案,同时报一个我们的建议方案。

我方建议的方案为:(1)输煤设计优化,减小输煤栈桥长度和数量;(2)煤场布置调整位置和方向,减少工程量;(3)灰场、铁路布置优化减少占地面积约60hm^2;(4)对机力通风塔布置进行优化,避免了与高压线路的相碰,节约了费用和缩短了工期,减少了用地;(5)将电除尘改电袋除尘,除尘效果好、价格低、占地小、生产周期短;(6)对除灰由水力喷射除灰改为刮板捞渣机,电气厂用电三个电压等级改为两个电压等级,机务高低压加热器小旁路改为大旁路、控制直接硬接线控制改为DCS控制等;(7)浓缩除灰布置位置调整等。通过设计方案优化,使电厂布置合理、技术先进、工程造价大大降低。

为了进入Y国市场,作为第一个项目,把利润降到较低值。因为汇率、Y国境内的各项税收,存在诸多不确定因素,报价低可能会有很大风险,报价高难于中标,我们采用选项报价;对优化设计方案后的报价,也作为选项报价,如果业主坚持标书要求方案,就选择按标书要求作技术方案的报价;如业主愿意接受我们推荐的方案,就选择优化方案后的报价,这样更进一步提高了我们的竞争实力(图1)。

2.投标方案的澄清和合同的签订

我们按上述投标技术方案和投标报价方式将标书报给业主,业主对我们的标书产生了极大兴趣,很快通知我们进行标书技术澄清和商务谈判。通过澄清和谈判,除铁路因Y国的特殊原因没接受我们的建议,煤场布置根据铁路布置作了适当调整之外,业主基本上全部接受了我们的其他优化方案。通过方案优

案例分析

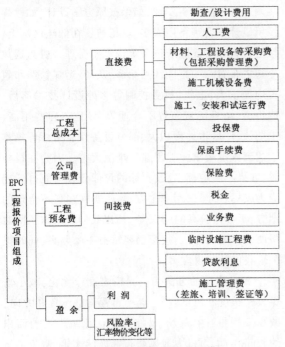

图1　EPC工程报价项目组成

化,不仅为业主节省了20多 hm^2 的占地,而且使工程费用大大降低;机力通风冷却塔布置的改变,解决了业主为高压线路改道需要做的大量工作。

在商务谈判过程中,业主同意承担Y国境内的各种税费,对于Y国境外的费用采用固定人民币报价,业主承担人民币升值带来的汇率风险。

最后双方都非常满意地签订了该项目的EPC合同。

五、项目实施方案策划和执行管理

为了执行好本项目,我们从业主对项目的目标和承包商对项目的目标以及项目管理的流程图,对项目进行详细细致的分析,在业主目标和承包方目标间找到一个合适的平衡点,对目标进行分解,找出项目各环节应控制的关键点,然后制定出切实可行的措施和方案,在执行过程中将拟定好的措施和方案逐步落实(图2)。

1.项目实施方案策划

合同签订后,我们立即建立了正式的项目实施组织机构,对项目合同最后确定的方案进行深入分析研究,进一步细化、完善、补充投标书制定的各项方案和措施。

(1)项目实施组织机构建立

根据本项目合同要求、工程特点和社会环境条件等各种因素的影响,最终确定了本项目实施的组织机构,如图3所示。

(2)项目实施方案确定

由于Y国国内在设计和大部分设备、材料制造上不能满足技术、质量、供货期等方面的要求,所以设计、主要设备、部分材料的分包商选用X国的企业;部分材料和小型设备,Y国能够满足要求,选用Y国的厂家;还有一部分,两国都不能采购到的材料,如大口径高温高压管道,选用其他国家产品;X国采购的设备、材料选用X国国内的知名运输公司。

因Y国对外国企业职工进入Y国有严格的限制,所以在施工管理上我们采取,一方面雇佣部分Y国工程技术人员,另一方面在Y国选择实力强的施工企业作为分包商。

由于Y国分包商的实力和业务技术水平比较低,所以我们采取加大培训指导,一是现场通过图片、文字、动画、影音等方式进行培训;另一方面请有关工程技术和管理人员到X国参观学习。

针对Y国工程管理落后、不规范等,我们编制了全套的管理程序,对我们聘用的工程技术、管理人员、

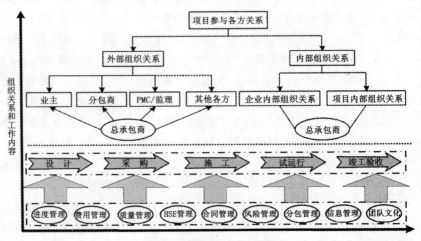

图2　项目管理程序与流程

分包商进行培训；培训工作邀请业主和业主咨询公司的有关人员参加，使其能够适应和配合好我们的管理，同时也能够及时发现和纠正我们做的不完善的地方。

(3)项目实施主要工作准备

在项目合同签订后，首先做了以下准备工作：

1)按组织机构设立，列出人员组织计划，按计划要求，人员逐步到位。

2)进行合同、法律及相关内容的培训，使有关人员达到合格要求。

3)制定详细的项目执行方案，比如：项目计划、人力机械资源配置、项目管理程序、设计管理、采购管理、施工管理、施工临建设计、"五通一平"方案等。

4)设备和材料采购信息收集。

5)有关税务、进出口等手续和证件的办理。

6)分包合同等资料的准备。

2.项目实施的重点管理

为了执行好本项目，在项目管理上我们把以下几个方面的管理工作作为重点：

(1)设计管理

设计管理是EPC承包成本和质量控制的关键，设计是合同技术要求的主要体现，同时也是整个项目进度控制的关键。为了把好设计这一关，我们首先选择了实力强、有在Y国设计同类型机组经验的设计单位作为设计分包商；在设计分包合同中明确规定设计标准和必须满足EPC合同的要求；同时我们对设计分包单位进行了EPC合同技术规范书的培训；要求设计分包商根据EPC总承包计划制定出设计计划和设计管理程序；为严格控制好设计，在设计图纸和资料报业主审核之前，我们的工程技术人员和聘请的有关专家从合同的符合性、采用标准和规范、总平面布置、标高、结构形式、建筑装修标准、机械选型、管道布置、电缆的选型和布置、机组的安全性、经济性和可靠性等方面先进行严格细致的全面审核；另一方面要求设计单位严格按合同要求和有关规范标准规定编写详细的设备技术规范书，同时要求设计单位参与设备的招标技术澄清，确保设备满足技术性能要求；为保证设计和设备的接口清晰、相互提供的资料准确及时，我们各专业设专人负责对设计和设备厂家间的联络和协调，并且不定期地召开设计、设备联络会，及时解决设计和设备厂家存

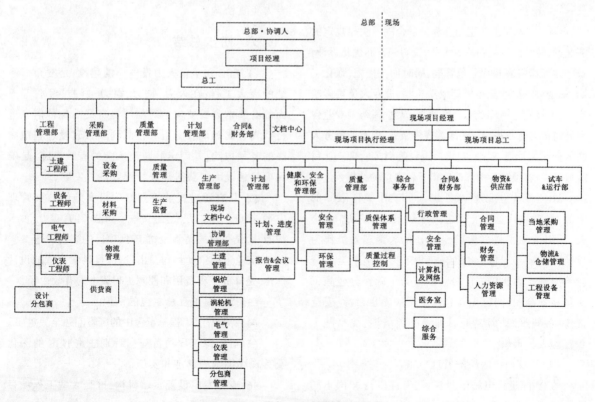

图3　项目实施的组织机构

在的问题。

(2)采购与物流管理

设备和材料的采购价格和质量控制,是整个项目成本控制和质量控制的关键。在设备和材料采购管理方面,我们首先编写了采购管理程序,建立了采购招标小组,对潜在分包商进行严格审核,选取出合格分包商,在设备和材料采购时重点控制合同、标准、参数、范围、包装、质保期等的符合性;先由设计单位根据EPC合同和设计要求编制设备技术规范书,经专业工程师审核后提交业主审批,按批准后的技术规范书的技术要求选定设备;设备制造质量控制从设备厂家采购的原材料开始,按照质量检验计划确定的质量验收项目,对相应工序进行检查验收,对重要检验或试验项目邀请业主工程师参加。

物流管理首先通过招标选择了一个有经验的实力强的国际运输公司,并买了保险,确保设备材料的运输安全;同时在设备材料采购合同中明确规定好包装要求,保证运输过程中不被损坏;另外做好X国国内的出口检验、备案、退税等和Y国国内的报关、清关、运输、储存、保管等工作。

(3)经营与施工管理

为了在不损害业主利益和符合合同、法律规定的情况下,使承包项目利益最大化,我们一方面优化设计,另一方面严格采购和分包管理;同时加大措施,强化工期、安全、质量、性能指标等风险控制;设专人负责索赔管理;由经营管理部负责合同管理;从Y国聘用专业咨询公司负责财务、税务、法律等咨询服务;由专业财务人员负责付款计划、现金流、出口退税等财务管理。从目前情况看,各项经营指标都取得了较满意的结果。

由于受Y国政府对外国人员工作签证限制的影响,本项目只能从X国进入Y国最多不超过40个人,所以采取了从当地聘用部分技术管理人员作为我公司的职工,同时将建筑安装工程的施工全部分包给当地实力比较强的分包商。为了确保分包施工质量和安全,我们首先在合同中明确质量目标、安全责任、签订奖惩办法;同时加强各种培训,提高施工和管理人员素质。

(4)认证与合法性的管理

在Y国进行电站项目建设,有许多与X国不同的法律规定和要求,比如锅炉等压力容器必须通过Y国的IBR认证;消防、环保、起重机械等必须满足Y国当地的标准要求等。这些是我们在设备采购、设计方面必须遵守的,否则就面临罚款甚至通不过竣工验收的风险,因此压力容器设计、制造、安装工作我们请了专业咨询公司给培训指导,消防分包给Y国专业公司进行设计和安装。

(5)项目管理团队和伙伴关系建设

与X国不仅在语言不通、风俗、信仰、思想、观念、处事方式、生活习惯等都差别很大,所以,无论与业主和业主工程师之间,还是分包商之间,以及当地有关政府部门间等,加强沟通,尊重对方的信仰和习惯,多从对方考虑,培养双方的感情是非常重要的;就是因为我们能够事先对职工加强有关方面的教育和培训,才使得我们在设计审查等诸多方面与业主很快达成共识,取得了良好的效果。明确通信和联络方式、渠道,指定各方联系人,为加强沟通建立了良好的桥梁;建立会议制度,利于沟通和各方协调。作为EPC承包商协调好设计单位和厂家关系非常重要,对工程设计制造的进度和质量影响非常大,所以我们采取定期开设计联络会,并指定专人负责协调。

六、初步总结

(1)EPC总承包火力发电厂的建设,是复杂而系统的庞大工程,在人力、物力、财力、资质、经验等方面都有非常高的要求。对与项目有关的各种信息进行认真收集和调查分析,预测到项目建设过程中潜在的各种风险,并制定好防范风险的有效措施,是确保项目建设承包获得较好经营效益的关键。

(2)只有通过提前策划好项目实施的各项管理方案、措施、方式、方法,建立一个和谐、富有实力、善于沟通、团结一致的团队,才能确保项目的顺利实施。

从业主的角度和利益出发,进行科学合理的设计优化,是降低工程费用和控制工程成本的有效途径。

(3)提升对工程总承包的认识。

(4)妥善解决工程总承包中的风险问题至关重要。

(5)对能源工程项目应当特别注重HSE的深化及其现场细则的制定和实施。

(6)应当专门设置索赔机构,这是大型工程项目必不可少的一项重要工作。

珠海咸期应急供水工程施工项目动态管理

谢 东

(中建—大成建筑有限责任公司，北京 100048)

1 工程背景

珠海市因地处西江入海口，每年的枯水季节往往出现海水倒灌现象，尤其是近些年来，受气候变化、流域取水等多种因素的影响，咸潮越来越频繁，日益严重地困扰和影响了珠海和澳门两地人民的生产、生活和社会经济的正常发展。国务院和省、市政府对珠海咸潮问题非常关心和关注，温家宝总理亲自批示要求尽快解决这一问题。

经国务院特批珠海咸期应急供水工程 2006 年 4 月开工，当年 12 月咸潮来临之前完工运营，此时间必须保证，政治性很强。

整体工程分为 12 个标段，包括平岗泵站从磨刀门西岸上游平岗泵站引水至磨刀门东岸广昌泵站，管线全长23.8km，以及扩建取水能力 24 万 t/d 的平岗泵站为 124 万 t/d。

业主：珠海市供水总公司
设计：中国市政工程中南设计研究院
监理：上海华申工程建设监理咨询有限公司

1.1 项目概况

工程概况主要指标　　　　　　　表 1

开工时间		2006年4月30日
完工时间		2006年12月20日
合同金额(人民币元)		43281295.91
结算金额(人民币元)		48360259.79
工程内容	PCCP 铺设(DN2400)	4468m
	钢管铺设(DN2400)	596m
	沉管(DN2400)	206m(4段合计)

1.2 项目经理部组建

中国建筑工程总公司承接的是其中第三标段和第七标段，委托中建-大成建筑有限责任公司派出管理团队，组建项目经理部实施项目管理。

虽然是两个标段，但是按照一个项目进行内部管理的，机构设置见附图项目管理组织机构图。

1.3 施工重点

- 工作线长且 2 个标段分离，涉及范围广，现场组织很重要
- 工期要求条件高
- 与周围环境协调任务重，保证原有管通、路通、河通
- 大直径大重量 PCCP 管道的吊装作业
- 沟槽边坡安全的控制
- 抗变形能力差的 PCCP 软基地基处理
- 施工过程中的沉降观测
- 穿越耕地、鱼塘、河渠的环保问题
- 雨期施工
- 不同管材接头
- 沉管工程水下作业

1.4 项目管理

遵循公司管理体系，程序化管理，包括环境健康与安全管理、商务与合同管理、进度与成本管理、质量管理、行政与人力资源管理五个方面，主要的控制手段见附图表：

- 项目管理记录控制清单
- 项目管理流程图

- 项目职业健康安全、消防管理流程图
- 项目技术管理流程图
- 项目成本管理流程图
- 项目进度及统计管理流程图
- 项目现场劳动力管理流程图
- 重大事故处理应急预案流程图

2 施工项目动态管理

2.1 项目影响要素

工程施工管理作为系统而言,其内外部环境相关联的各影响要素是在不断变化的,对施工单位而言,这些要素包括:

图1 项目主要影响要素

其中内部因素是施工企业自己可以掌控的,可以通过自生性的策划——措施——监测——纠偏来预期和保障,这正是项目管理体系的元功能。

外部因素具有外生性和强制性,不以施工企业的意愿而决定,也是施工企业无法通过自己的管理系统改变的。

2.2 要素变化对项目的两类影响

- 影响项目的过程
- 改变项目的目标

第一种,是最普遍的,所有要素的变化都会对项目的进程产生影响。

第二种,不普遍,主要源自于外部要素中的"自然条件"、"政治政策"和"业主意愿"三个要素,而其中前两个要素是绝对的,无法抵抗的,重大的,但也是小概率的。"业主意愿"比较复杂,有大有小;可以是单项的,例如时间、标的物、造价的,也可以是综合的,有时候影响较小,有时候甚至是会推翻合同的。

2.3 动态管理

并非所有的影响因素都是可以在工程初期的策划阶段能够被完全识别和预测的,因而需要在施工过程中不断的调整计划和方案以适应新出现的状况和较初始变化了的条件。

内部要素由于其自生性特点,其变化基本都是管理体系内部发生和解决,所以本文不过多讨论。

外部要素大多是施工单位难以左右的,尽管有详尽的策划和管理程序也必须要面对这些要素的变化,而且很大程度上还需要业主、设计、监理乃至政府等工程相关方的支持和配合才能得以解决。

调整可以掌控的内部要素以适应不断变化的外部要素,这是施工项目动态管理的实质。

3 本项目主要的外部要素变化识别

本项目在实施阶段,外部要素变化突显,成为了影响施工的关键。

3.1 影响目标的要素

(1)时间目标要素

a)工程征借地补偿问题上业主与地方村民的协商难度较大,很多段落未能按计划及时提供施工用地,尤其是7标段全段受村民阻工困扰,开工装管70m就开始停工,直到9月5日才实质性开工,实际工作时间只有原工期的40%。

b)3标段E0+140~E2+400段,由于在一组民宅前通过,居民不理会我方和设计方提供的安全数据证明,强行阻止施工。

c) 占3标段60%多的E0+280~E1+700段交工运行时间由12月20日提前到9月20日(提前向月坑水库补水),相当于提前1/3的时间。

(2)产品目标要素

7标段3条河涌原计划可以断流埋管,但进场后村民因生产需要不能断流。

3.2 影响过程的要素

a)雨期施工,台风较往年多。

b)泵站路作为整个工程PCCP管材的唯一运输通道,必须保证每天12h以上的畅通时间,以保证兄弟标段的材料供应;所以不可能夜间施工。

c)钢材价格波动频繁且幅度较大。

d)紧邻3标段泵站路管道原有一条正在运营的DN2000主力供水钢管,绝对不能停运,但与本工程的中心距离(5 500~7 500)很多段小于设计提供的距离7500。

4 应对

这些要素的变化大多是随工程展开而新发生的,在工程初期并不存在,因而原先的计划和准备工作都不能适宜新的条件,必须作大量的强针对性的调整工作,克服由于变化而衍生的具体困难,才能够满足工程需要,满足业主及业主所代表的珠澳人民的用水需要。

就本工程而言,最大的问题就是工期问题,由于咸潮原因,业主对12月20日交工时间的要求严格,不会因任何影响而顺延。因此所有的时间索赔都是不被接受的。但具体到本工程的意义,关系珠海、澳门两地的民生问题。涉及社会责任,作为施工方我们完全能够理解和接受。

只是为完成此目标确实需要承担超乎常规的压力,需要超常的精心周密的部署和超常艰难而繁杂的操作。

4.1 加强沟通说服并依靠业主和政府

3标段E0+140~E2+400过民宅段,经过洽商,当地政府治安管理办公室集中了100多名干部在现场维持秩序,3天3夜不间断施工,顺利通过了这个段落。

4.2 施工方法改变

(1)跳跃施工

改变管道顺序安装的常规作法,跳开局部征地未解决的段落,解决了再回头做。这样增加了接头处理的难度,增加了半成品保护的工作量,但减少了停待工,争取了时间。

(2)充分运用钢板桩方法

在3标段泵站路的施工中,经与业主和设计共同讨论,果断改变了穿越鱼塘段落"填土——砌挡土墙——开挖铺管"的工序,简化为"打拔钢板桩——开挖铺管"的工序,大大缩短了施工周期,同时绝对保障了DN2000主力供水管的安全运营。

(3)改生石灰搅拌桩为水泥搅拌桩

经与设计专家慎重论证,作用是:

a.桩的作用强度从90d提前到28d,尤其是早期强度从28d提前到3d,同时检测时间也从45d提前到28d。

b.避免了潮湿气候下生石灰易钙化为熟石灰,解决了大批量备料问题。

c.海堤段海相沉积淤泥中适宜于石灰搅拌桩的蒙脱土类矿物含量少,更宜采用水泥搅拌桩。

(4)改善施工场地

由于勘查阶段地表被农作物覆盖,无法判断地表强度,进入7标段海堤段原状淤泥土的设备都陷机瘫痪,业主先行修筑的临时路只能解决交通,而无法解决施工场地,我们分别采用垫方木、垫钢板、引排水等措施,均未能解决,最后决定不惜代价,全段铺填80cm厚碎片石,方才可以开工。

(5)24h不间断抽水

提前降水,避免发生沟槽浸泡,保证了装管进度。

(6)搭建临时雨棚

保证钢管焊接可以24h全天候作业。

4.3 人员机械调度

为了适应工期突然压缩和不均匀施工,人员机械进行紧急调配。

在7标停工期间原计划配备的人员和机械调集到3标,增加工作面抢工E0+280~E1+700(提前向月坑水库补水)段。

4.4 采购材料

钢材,尤其是钢板的价格变化对项目成本的影响是巨大的,按照初始进度计划,本项目1 200t钢板最适宜订货的时间是6月10日前后,一次性大批量采购。但是由于市场和政策导向的变化,结合工程时

人员机械调配表　　　　　　　　　　　　　　表2

时间段		4月20日	5月20日		9月5日		9月30日~	
		工作面配置	工作面配置	调配关系	工作面配置	调配关系	工作面配置	调配关系
工作组配置	3标	1组PCCP	2组PCCP		1组PCCP		1组钢管	
		1组钢管	2组钢管		1组钢管			
	7标	1组PCCP			1组PCCP		2组PCCP	
		1组钢管			1组钢管		2组钢管	增加

钢板采购计划表　　　　　　　　　　　　　　表3

阶段性质	时间	采购数量	采购价格	理由
观察	4月21日~6月10日	0	0	工序安排、资金运作需要
时间换效益	6月10日~7月21日	0	0	铁矿石谈判预期价格非理性上涨
效益买时间	7月10日	200t	3950元/t	工序时间要求
效益实现	7月21日	1000t	3400元/t	非理性暴跌到底
忽略效益	12月2日	80t	3800元/t	不确定的尾量

间的变化和资金利用率的需要，钢板的采购分为5个阶段（表3、图2）。

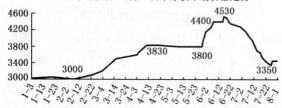

图2　2006年1月3日~7月31日中厚板市场价格走向

4.5 适应环境要求

(1) 埋管改沉管

7标段3条过河涌埋管不能断流，为了保护周边群众利益和对环境的保护，我们紧急采取了沉管法施工的措施，既符合了当地政府和村民的要求，又比断流、导流法节省了时间。

(2) 租地

7标段工期太紧，业主提供的临时路根本无法满足6个工作面同时进行"土方挖运——管材进场——吊装管道"的需要，我们只能就近堆放土方，减少转运土方的时间和对道路的占用。

但同时，施工场地距离周边耕地太近，为了避免对耕地的污染，我们自己把全线沿管道外侧5m范围从村民手中租借下来，用后复耕并给予补偿，充分保护了环境也避免了因施工产生纠纷而影响工程进度。

5 收获

顾客（业主）的需求是项目的前提和宗旨，也是所有要素中最根本的，偏离这一点谈管理是无意义的，深刻理解并围绕这一点实施管理的手段才是有效和顺畅的。

附图表：

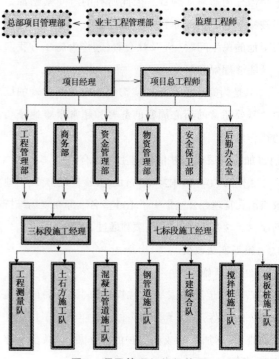

图3　项目管理组织机构图

项目管理记录控制清单　　　表4

序号	记录名称	记录编号	负责部门	保存期限
环境、健康与安全管理				
1	环境因素调查表	BG-ZH-27	……	……
2	危害因素调查表	BG-ZH-28	……	……
3	环境因素识别与评价台账	BG-ZH-29	……	……
4	危害因素识别与评价台账	BG-ZH-30	……	……
5	重大环境因素清单	BG-ZH-31	……	……
6	重大危害因素清单	BG-ZH-32	……	……
7	在施项目顾客满意度测评表	BG-ZH-33	……	……
8	竣工项目顾客满意度测评表	BG-ZH-34	……	……
9	特殊工种人员登记台账	BG-XM-03	……	……
10	环境、健康安全管理不符合项登记台账	BG-XM-47	……	……
11	伤亡事故登记台账	BG-XM-48	……	……
12	员工职业病登记台账	BG-XM-49	……	……
13	废弃物处理统计表	BG-XM-50	……	……
14	施工用水、电消耗台账	BG-XM-52	……	……
15	施工噪声测定原始记录	BG-XM-53	……	……
16	施工噪声测定报告	BG-XM-54	……	……
17	环保宣传函		……	……
18	废弃物清运协议		……	……
19	运输分承包方环境保护协议书		……	……
20	施工分承包方环境保护协议书		……	……
商务、合同管理				
21	工程项目实施方案表	BG-XM-02	……	……
22	重要施加影响单位管理协议		……	……
23	工程回访计划	BG-XM-41	……	……
24	工程回访记录	BG-XM-42	……	……
25	顾客满意度分析报告	BG-ZH-35	……	……
26	分包商资质预审表	BG-XM-55	……	……
27	分包方案表	BG-XM-56	……	……
28	分包商分析比较表及选择会签单	BG-XM-57	……	……
29	合同谈判纪要	BG-XM-58	……	……
30	业主合同评审记录	BG-XM-59	……	……
31	分包合同评审会签单	BG-XM-60	……	……
32	合同发放表	BG-XM-61	……	……
33	合同交底记录	BG-XM-62	……	……
34	合同变更评审	BG-XM-63	……	……
35	合同变更(终止)通知单	BG-XM-64	……	……
36	退场通知单	BG-XM-04	……	……
37	材料合同会签单	BG-XM-05	……	……
38	分包工程结算协议书	BG-XM-31	……	……
39	材料供应/租赁付款单	BG-XM-32	……	……

续表4

序号	记录名称	记录编号	负责部门	保存期限
40	材料供应/租赁结算协议书	BG-XM-33	……	……
41	可向业主提出的索赔事件参照表	BG-XM-66	……	……
42	分包商评估表	BG-XM-79	……	……
43	邀请招标登记单	参照地方建委编号	……	……
44	拟选投标人名单	参照地方建委编号	……	……
45	招标文件备案登记表	参照地方建委编号	……	……
46	劳务工程交底报备表	参照地方建委编号	……	……
47	招标评标评委计分表	参照地方建委编号	……	……
48	评标专家抽取申请表	参照地方建委编号	……	……
49	评标委员会名单	参照地方建委编号	……	……
50	投标邀请书	参照地方建委编号	……	……
51	投标资格预审结果登记表	参照地方建委编号	……	……
52	开标记录表	参照地方建委编号	……	……
53	专业工程标底报备表	参照地方建委编号	……	……
54	招标评标得分统计表	参照地方建委编号	……	……
55	招标投标情况书面报告	参照地方建委编号	……	……
56	中标通知书	参照地方建委编号	……	……
进度与成本管理				
57	综合施工月报		……	……
58	分包工程完成形象进度表	BG-XM-30	……	……
59	月度物资需用计划表	BG-XM-06	……	……
60	物资采购计划表	BG-XM-07	……	……
61	物资采购资金计划表	BG-XM-08	……	……
62	供货方资格预审表	BG-XM-09	……	……
63	合格供货方名录	BG-XM-10	……	……
64	供货方报价选择分析表	BG-XM-11	……	……
65	物资进场日报表	BG-XM-12	……	……
66	不合格物资处置记录表	BG-XM-13	……	……
67	材料耗用汇总表	BG-XM-14	……	……
68	工程物资选样审查表	BG-XM-15	……	……
69	工程物资进场报验表	BG-XM-16	……	……

续表 4

序号	记录名称	记录编号	负责部门	保存期限
70	材料、构配件进场检验记录	BG-XM-17	……	……
71	物资供货方评估表	BG-XM-18	……	……
72	业主提供物资清单	BG-XM-19	……	……
73	设备配备申请单	BG-XM-20	……	……
74	设备租赁/采购计划	BG-XM-21	……	……
75	机械设备管理台账	BG-XM-22	……	……
76	单位工程资金月报表	BG-XM-25	……	……
77	单位工程资金回收台账	BG-XM-26	……	……
78	请付书	BG-XM-27	……	……
79	货币资金月度收支预算	BG-XM-28	……	……
80	分包工程付款单	BG-XM-29	……	……
81	项目分包成本预测表	BG-XM-67	……	……
82	项目材料成本预测表	BG-XM-68	……	……
83	项目机械及措施费成本预测表	BG-XM-69	……	……
84	项目现场管理费成本预测表	BG-XM-70	……	……
85	项目目标成本汇总表	BG-XM-71	……	……
86	项目产值、成本计划表	BG-XM-72	……	……
87	项目成本汇总表	BG-XM-73	……	……
88	项目分包工程款明细表	BG-XM-74	……	……
89	项目材料费明细表	BG-XM-75	……	……
90	项目机械及措施费明细表	BG-XM-76	……	……
91	项目现场管理费明细表	BG-XM-77	……	……
92	( )年( )季度成本分析表	BG-XM-78	……	……
93	分包工程付款单	BG-CW-02	……	……
94	物资采购付款单	BG-CW-03	……	……
95	支出预算申请表	BG-CW-04	……	……
质量管理				
96	内部审核检查表	BG-ZH-37	……	……
97	现场审核记录	BG-ZH-38	……	……
98	不符合项报告	BG-ZH-39	……	……
99	纠正与预防措施表	BG-ZH-41	……	……
100	监视测量设备管理台账	BG-XM-24	……	……
101	工程深化设计图纸策划表	BG-XM-34	……	……
102	工程深化设计图纸评审记录表	BG-XM-35	……	……
103	现场试验场地、设备检查记录	BG-XM-36	……	……
104	各种试验台账	BG-XM-36-01	……	……
105	重要工序施工前鉴定记录	BG-XM-37	……	……
106	重要工序质量连续监控检查表	BG-XM-39	……	……
107	工程维修通知单	BG-XM-43	……	……
108	工程保修记录	BG-XM-44	……	……
109	不合格品登记台账	BG-XM-45	……	……
110	工程整改通知单	BG-XM-46	……	……
111	施工机械监督检查记录表	BG-XM-51	……	……
行政与人力资源管理				
112	项目经理部解体申请会签表	BG-XM-01		
113	CI形象管理手册			
114	参观接待策划表	BG-XZ-25		
115	请假申请单	BG-XZ-02		
116	固定资产登记表	BG-XZ-03		
117	办公设备申请表	BG-XZ-04		
118	固定资产转移单	BG-XZ-05		
119	办公用品领用登记表	BG-XZ-06		
120	车辆报修单	BG-XZ-07		
121	修车登记表	BG-XZ-08		
122	行车单	BG-XZ-09		
123	派车单	BG-XZ-10		
124	计算机软硬件申请表	BG-XZ-11		
125	设备借用登记表	BG-XZ-12		
126	信息备份登记表	BG-XZ-13		
127	软件登记表	BG-XZ-14		
128	计算机信息表	BG-XZ-15		
129	出差申请单	BG-XZ-16		
130	差旅费报销清单	BG-XZ-17		
131	盖章申请表	BG-XZ-18		
132	项目合同专用章保管及使用申请单	BG-XZ-19		
133	公司印章借用登记表	BG-XZ-20		
134	文件资料移交清单	BG-XZ-21		
135	卷内目录	BG-XZ-22		
136	案卷目录	BG-XZ-23		
137	档案鉴定与销毁审批表	BG-XZ-24		
138	培训需求调查表	BG-RS-1		
139	项目部年度培训需求计划	BG-RS-2		
140	年度培训计划	BG-RS-3		
141	培训申请	BG-RS-4		
142	培训方案	BG-RS-5		
143	培训评估调查表	BG-RS-6		
144	培训总结	BG-RS-7		
145	培训服务协议	BG-RS-8		
146	人力资源需求计划	BG-RS-11		
147	员工阶段工作鉴定表	BG-RS-14		
148	离职面谈记录	BG-RS-16		
149	员工离职手续表	BG-RS-17		
150	员工内部调动单	BG-RS-19		
151	考勤情况说明单	BG-XZ-01		

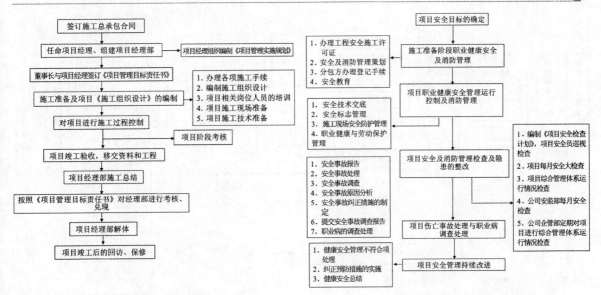

图4 项目管理流程图

图5 项目职业健康安全、消防管理流程图

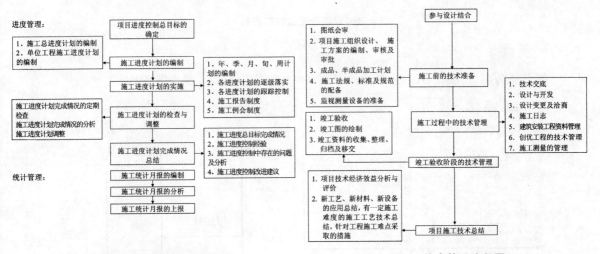

图6 项目进度及统计管理流程图

图7 技术管理流程图

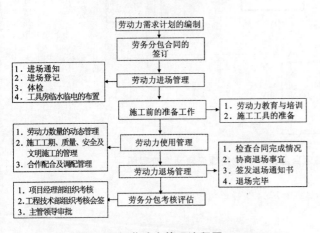

图8 现场劳动力管理流程图

案例分析

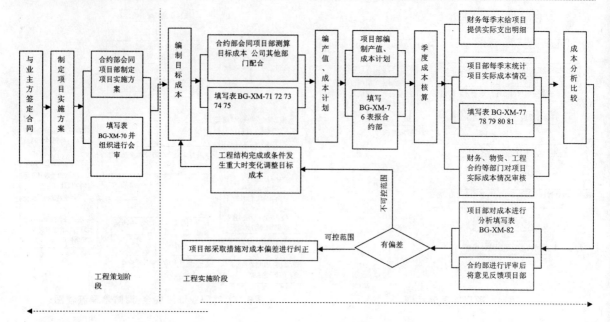

图9 项目成本管理流程

紧急服务电话：匪警110、紧急救护120、999、交通事故122、供电服务95598

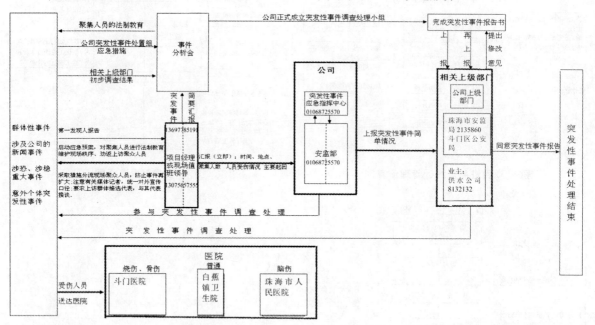

图10 中国建筑工程总公司珠海项目部重大事故处理应急预案流程图

企业管理

建筑集团企业内部经营业绩考核的难题及对策研究

李丽娜

(中建一局,北京 100161)

摘 要:集团企业的内部经营业绩考核是引领所属企业实现协调、可持续发展的重要手段。目前,国内建筑集团企业的经营业绩考核普遍存在着经营者薪酬收入水平与其承担的风险和贡献不相称、考核内容过于侧重财务成果、短期业绩等问题,未能有效地将资本质量、技术创新、人力资本等有利于提升企业长期竞争力的关键因素纳入经营业绩考核体系当中。本文是笔者根据自身经营业绩考核管理的经验,通过实例,探析建筑集团企业内部经营业绩考核的症结所在,对如何建立一套与企业实际相符合、能够助推企业长远发展的考核体系提出建议。

关键词:建筑集团企业,经营业绩考核,措施

建筑企业的经营特点是面广、点多、分散,管理链条长,管理难度大,项目建设周期长、资金占用金额大、时间长且多为举债经营、项目的不确定因素多。这些特点形成了建筑集团经营业绩考核工作特有的复杂性和艰巨性。目前,国内大部分建筑集团的经营业绩评价手段仍然是以目标管理为重点,业绩考核的指标有待进一步优化,业绩考核的功效有待进一步挖掘。笔者将结合在建筑企业的工作经验,以集团为单位重点探讨如何对集团下属单位经营班子成员进行考核和评价,并针对目前业绩考核中的关键和难点问题进行研讨,提出国内建筑企业内部经营业绩考核改进的方向和主要措施。

一、建筑集团企业内部经营业绩考核的关键和难点问题

目前,多数建筑企业经营业绩考核工作仍然存在一定难点问题需要解决和完善,充分剖析和理解企业经营业绩考核中的难点和关键问题,有利于建立一套与企业实际相符合,能为企业长远发展助推的考核体系,有利于正确引导和规范企业的经营行为,推动企业走效益型、内涵式的发展道路。

1.经营业绩考核如何与企业发展战略相融合的问题

建筑集团的经营业绩考核主要是对当期业绩进行评价,激励手段偏重于短期激励。很少有企业能够紧密结合自身未来发展战略,建立一套系统的考评体系,中长期激励措施也未真正实施,无法通过业绩考核来实施战略管理。而且,短期激励注重以效益指标作为考评的核心,强调利润,追求短期目标。一方面,助长了部分经营者急功近利的思想,将企业有限的资金投入到了垫资项目、追求规模和眼前利益的"短期效应"中;另一方面,不愿进行可能会降低当前盈利目标的技术创新等投资去追求长期战略目标,忽视长远发展。

2.科学、合理经营业绩考核目标值的确定问题

经营业绩考核需要预先确定考核目标值作为考核的标准,考核目标值引导失误,会导致整个业绩考核激励政策的失败;目标值缺乏竞争力,有可能导致企业负责人经营管理目的只是完成既定的目标,缺乏与国内同行业优秀企业甚至是大型跨国企业进行

竞争的动力,从而丧失了企业快速发展的机遇;目标值可望而不可即,会造成经营者的自暴自弃,有可能诱发经营者采取极端的造假措施。面对新经济时代,经营环境的影响因素越来越多,企业经营成果的不确定性越来越大,目标设定过程中难免出现博弈和主观判断,这都将导致设定目标困难重重。因此,如何确立有竞争性的预算目标、有可比性的历史标准和行业标准数据是建筑业经营业绩考核的难点问题。

3.经营绩效考核中财务指标和非财务指标的平衡问题

目前,多数企业绩效考核指标过分依赖财务指标。财务指标有其易取得、易计算等优势,但其缺陷也同样明显。一是作为计算财务指标基础的考核数据在权责发生制下有可能出现人为操纵企业利润的情况;二是财务指标是一个相对滞后指标,只能反映企业过去取得的经营成果,对驱动企业向前发展的特殊性质的无形资产等非财务指标却没有得到体现,从而没能全面地反映企业负责人的经营业绩。建筑企业在招投标中,企业的资质等级、工程业绩、公共关系资源、项目获奖情况、雇主的评价、各项施工新工艺、新技术、各项专利等无形资产,成为资格预审、评标、中标的重要内容,也是判断企业是否具有除价格之外竞争优势的重要依据。但许多企业没有建立衡量无形资产价值和收益的评价体系,导致经营者重视表内资产而轻视表外的无形资产,使得企业内既难以计量又无法入账的无形资产大量流失。

4.经营业绩考核目标与薪酬体系相对称的问题

长期以来,尤其是国有建筑企业经营者薪酬收入与其承担的风险和所作的贡献不相称,既挫伤了经营者的积极性,又造成逆向寻求各种补偿的现象大量存在。尽管企业在提高经营者薪酬收入方面采取了一些改革,但从总体上来看,仍处于较低的水平,因此,制定合理的有差别的业绩考核和薪酬体系,对调动企业经营者的积极性十分迫切,也十分必要。此外,在企业经营业绩考核目标与管理者薪酬体系设定上容易出现忽视企业业绩基础差异的情况,一些原本就处于比较劣势的企业与原本处于比较优势的企业划归为同类企业考核,考核结果难免出现"强者恒强、弱者恒弱"局面,一方面难以体现考核的公平性,另一方面可能会造成考核目标失效。

5.企业所承担的社会责任如何考核的问题

大型建筑集团企业多数是国有建筑单位,因历史因素形成的大量社会问题和社会成本依然在影响着企业的效益,从构建和谐社会大局出发,即使是严重资不抵债的企业依然无法破产,依然要由上级单位承担全部责任。笔者所知的某一建筑单位不在岗人员多达3 300人(其中内退人员1 100人),每年投入无效人力资源成本约7 000万元。但这些成本与现任的经营者本身业绩并无实际的关系。另外,国有企业在关键的时刻还要承担国家予以的社会责任,如农民工的稳定问题、自然灾害的救助、新技术、新方法的应用等方面的责任。如果企业所作出的贡献不能通过当前的经营业绩考核体系体现出来,就可能导致国有企业负责人为了应付经营业绩考核而忽视企业应该承担的社会责任。

6.经营业绩考核过程影响力和控制力不足的问题

我国现行的经营业绩考核体系是对企业经营决策和经营结果进行的一种综合性的事后评价。基本上是以会计期末的财务指标来判断企业经营业绩是否得到改善或有所下降,但不能适时了解到业绩提高或下降的动因,考核过程往往忽视采取有效的沟通和协调机制,更不利于及时采取有效的措施来解决问题。尤其是那些对经营业绩具有重要影响却又难以量化的因素,对企业经营行为的过程引导和控制作用不是很大。

7.经营业绩考核结果的有效运用问题

这个问题主要表现在两个方面:一是考核中存在重激励轻处罚、重形式轻结果的情况,往往以考核奖励为主要手段,缺乏负向的考核处罚,尤其是对考核评价结果较差的单位,往往因各种原因,未采取有效的惩治措施,不但在一定程度上未形成警示作用,相反还会挫伤业绩优秀经营者的积极性。二是对考核结果缺乏有效的分析和评价,多数建筑单位的主要负责人往往关注合同额、营业收入和利润这些简单的量化经营指标,而对其他业绩考核内容和考核结果缺乏详细的研究分析和论证,没能通过业绩考核来找出集团及下属单位经营中存在的主要问题，未实现对企业经营管理的提升作用。

二、建筑企业完善内部经营业绩考核体系对策和措施探析

大型建筑集团企业正由"目标"管理逐步转向"价值"管理和"战略"管理。站在价值管理的高度，就要全面彻底把握经济增加值的考核理念，按照既定的战略规划，制定配套的考核体系。2010年，国资委开始正式实施的《中央企业负责人经营业绩考核暂行办法》，重点考核资产经营效率、资本回报水平和价值创造能力。针对这些要求，大型建筑集团企业可以采取以下主要措施完善内部经营业绩考核体系。

1.建立以发展为主线的经营业绩考核制度体系

一方面，健全考核管理体系。企业首先应建立相应的组织管理机构和考核管理流程，明确相关组织机构和人员在企业经营业绩考核流程当中的职责，建立起自上而下管理畅通的工作平台，推动经营业绩考核工作的贯彻实施。并根据自身经营管理的特点，全面借鉴国内外先进的考核体系，大胆探索和创新，不断完善自身考核体系。达尔文说：得以幸存的既不是那些最强壮的物种，也不是最聪明的物种，而是最适应变化的物种。业绩考核体系的生命力也须在与时俱进中才能保持效力。

另一方面，健全财务分析和预算管理体系。做好经营业绩考核评价工作的第一个关键点就是要健全企业的财务分析和预算管理体系。这套体系的完善和准确程度，将会直接影响企业经营业绩考核目标值的确定和考核目标的可实现性。这套体系还应重点对企业的盈利能力、营运能力、资本现状、现金流量、发展状况、预算实现程度、战略目标、风险状况等定期进行实证分析和判断，不断提出可行性的管理建议。

2.建立以提高考核质量为目标的经营业绩"发展线"和"底线"考核体系

企业需要建立有竞争性的考核目标，突出经营业绩考核的作用，可引入业绩发展线和业绩底线即"二条线"管理理念，在考核指标体系中实行下有底线、过程中有发展线、上不封顶的目标考核模式，对被考核人分别设定业绩发展线和业绩底线二类指标考核线。发展线一般是比率指标，以集团的战略发展速度为设定标准，考核年度集团某些主要指标(如营业收入、利润额)的增速。底线指标以考核年度的主要预算目标或上年度的实际完成情况作为对被考核人的最低指标要求，被考核人对下达的底线指标中有一项未能达到底线管理的要求，将执行淘汰制，可对被考核人进行经济处罚的同时予以留用察看、降职或免职等行政处罚。对达到业绩底线目标，但没有达到发展线目标的企业，集团可对被考核人采取调研、约谈等措施，协助其解决主要矛盾，鼓励其健康、快速发展。

3.建立以快速发展为主线重点突出、可量化的考核指标体系

集团企业要以考核为手段，引导下属企业充分利用社会资源、人力资源、资本资源、技术资源等有利条件和因素，促使企业在保持一定增长速度的同时，推动企业经营结构的不断优化和经济效益不断提升。因此，在进行业绩考核指标选取及实际考核过程中要重点考虑以下五种情况：

一是考核指标的选取要考虑行业发展目标和企业所处的发展阶段。对成长初期的单位要重点对其资源的储备、企业资质的完善、管理的健全、市场占有率等方面进行考核；对成熟期的企业要重点考核其投资回报、稳定运营、创新发展和控制风险等指标；对衰退期的企业要重点考核其工程清理、工程结算、资金回收和风险控制等指标。

二是考核指标的选取要以"必要控制"和"经营灵活"为目标，要充分考虑考核指标在激励被考核单位和个人发展过程中的作用点和作用效果，排除或弱化一些在业绩考核过程中限制企业发展的指标。

三是考核指标的选取要合理分配经营业绩指标与非经营业绩指标间的考核权重，突出考核重点。

四是考核指标要有针对性，企业对不同的下属单位要根据其经营特点单独设置符合其特殊要求的考核指标，以提高考核的针对性和实效性。

五是要坚持考核的公正性，对部分企业存在的历史包袱多、社会负担重、潜亏挂账数额大等问题，在考核时，要积极引导被考核单位采取深化改革、主

辅分离、改制分流、分离办社会职能等措施来解决根本问题,消化的历史包袱和潜亏挂账部分,在经过审核批准的基础上,可视同当期业绩。

4.建立业绩考核与企业发展战略有效衔接的目标考核体系

成功的业绩考核系统能够将企业整体的发展战略目标落实到对被考核单位的年度目标中,在企业战略管理的各个阶段发挥重要的连接纽带作用,并反映企业战略规划的重点。一方面可以通过业绩考核来引导和约束企业战略的实施。另一方面可以对企业的经营业绩状况作出科学、准确的判断,可以更深层次地为企业挖掘出发展过程中的优势和劣势因素,使企业获得长远的发展。在实践中,首先是要先从战略重点目标中找出成功关键点和重点指标,如企业的净利润、经济增加值、净资产收益率等;其次是要由企业引领各单位确定各自的重点目标,并制定明确的发展目标和绩效标准,逐年确定当年的考核目标;最后考核目标的选取要有竞争性,考核目标值的设置要在正确的判断和估计行业市场形势的基础上结合企业的实际情况确定,企业也可采取"标杆管理法"的方式制定考核目标值,如可设定合同额、营业收入或利润额在集团内排名第一、在企业所在城市市场占有率排名前三等指标,并找出关键的竞争单位予以重点关注,引导企业增强标杆意识,加强与先进企业的对标,全方位对照先进找差距。

5.建立年度考核和任期考核相结合的考核体系

为更好地解决短期目标与长期战略的冲突,企业要根据市场形势、施工能力、各单位潜能等现实状况,统筹考虑企业当前和未来发展的需要,将当期考核与任期考核有效结合,鼓励企业既要积极实现当期考核目标,又要为未来的发展创造有利条件。可以按照"三年为任期,一年为当期"的原则,执行短期绩效决定当期主要薪酬,长期业绩决定升迁和部分奖励薪酬的政策。通过实施年度业绩考核,引导被考核人加强管理,降本增效,提高当期效益;通过加强任期业绩考核,引导被考核人及时解决影响企业可持续发展的主要矛盾,强化资源储备、技术储备、人才储备和项目储备,为实现可持续发展奠定更加坚实的基础。

6.建立科学、可行的无形资产评价和考核体系

为鼓励建筑企业建立长期的可持续发展的业绩考核体系,需要对企业的品牌价值、技术创新、业绩与资质、信誉、质量和安全等方面进行有效的分析和评价,建立系统的确认和考核体系。如:

对工程质量和创优体系:可下达省部级优质工程数量、结构长城杯工程数量、"精品杯"工程率等指标。

对研发和技术创新:可下达获得专利或发明的数量、科研经费投入占营业收入或利润总额比例、无形资产投入占净资产总额比例等评价指标。并按照一定的权重确立其在经营绩效评价指标中的权重。

对安全体系:可通过下达一定比例的亿元施工营业额工亡人数、发生3人以上"较大"生产安全事故"零目标"的方式进行考核和评价。未达到安全考核标准的项目及公司主要经营者实行一票否决、兑现奖励和评优的方式予以考核。

对出现损害企业品牌价值的如挂靠、重大不良诉讼等行为可通过负向激励的方式予以处罚。

对出现增加企业品牌价值的如新进入重要战略发展领域、获得重要战略合作伙伴、获得重大技术突破、社会荣誉等情况,可由各相关业务主管部门提名审批后予以特殊的一次性奖励。

7.建立动态监控的经营业绩考核评价体系

为做好经营业绩考核中的动态监控工作,首先需要健全企业的考核信息管理体系,建立配套的风险防范和财务信息监测体系以畅通信息渠道,加强经济运行动态分析和财务监督工作,确保企业财务信息真实可靠,提高考核质量和考核水平。实际工作中,企业需把总体目标分解,细分为若干阶段性目标,采取多种措施确保考核目标的实现。建议可采取如下措施加强动态监控:

(1)定期报告和研讨制度。企业既要要求所属单位定期汇报主要指标的完成进度和计划采取的措施,还应针对业绩考核指标完成过程中出现的偏差,采取专题分析会、现场点评会等形式,及时发现经营管理中的薄弱环节,督促所属企业采取更有效的措施,努力完成全年经营业绩考核目标。

(2)约谈制度。集团可对规模、效益增长偏慢或出现其他不确定性因素的下属企业主要负责人逐一谈话,督导改善,来层层传递考核压力。

(3)季度考核分析评价制度。对考核中的重点指标如营业收入、利润、毛利率、借贷资本率、带息负债总额等指标实施季度动态考核,并将季度目标完成情况纳入年度考核计分体系。集团企业每季度可对下属单位目标完成情况进行排名、通报,对连续两个季度完不成任务的企业,给予领导班子公开警示,连续三个季度完不成任务的进行诫勉谈话。没有完成年度主要考核目标的领导班子予以"黄牌"警告、撤免等处罚。

8.建立激励和约束有效结合的经营业绩奖惩和责任追究体系

经营业绩考核的目的是为了通过必要的激励和约束机制,促使主要经营者想方设法推进企业发展,因此,要通过细分管理要素、量化考核指标、强化绩效责任,来建立有效的"强激励,硬约束"的考核奖罚体系,明确地奖惩和损失责任界定要求,严格按照考核结果予以奖惩到位,严格执行监督和控制工作,对作出重大贡献的要予以重奖,对不胜任岗位要求的要予以调整,对因重大决策失误而造成重大资产损失的要追究责任,坚决维护业绩考核工作的严肃性和权威性。

三、如何构建建筑集团企业经营业绩考核体系的实证分析

根据建筑企业完善经营业绩考核体系的分析,对大型建筑集团企业的业绩考核评级体系可考虑按照当期经营业绩考核评价体系、任期经营业绩考核评价体系和季度综合分析评价体系三部分,当期考核评价体系以协同集团发展目标,创造良好的经济效益,引导企业适应新形势的发展为重点,以年度为考核周期;任期考核体系以贯彻整体发展战略,实现企业可持续发展为重点,并坚持考核与评价并重的原则,以三年为考核周期;季度综合分析评价体系是对考核中的重点指标实施季度动态分析和评价,避免年度考核的滞后,强化考核的过程监控和预警,以季度为考核周期。以上考核结果均根据不同考核内容设定不同权重综合评分的方式,考核评价根据得分情况分为A、B、C、D四个级别(图1),其中:

A级为115分(含)以上;

B级为100(含)~115分;

C级为85(含)~100分;

D级为85分以下。

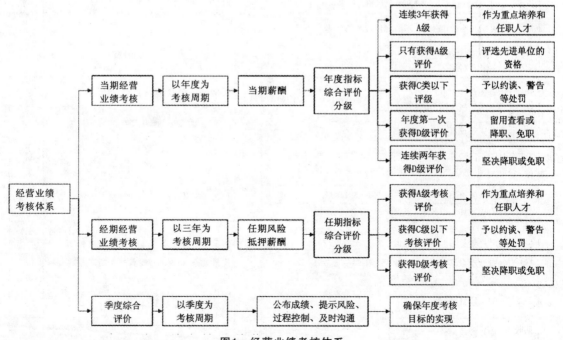

图1 经营业绩考核体系

企业管理

1. 当期经营业绩考核评价体系设计

(1) 指标体系设计

当期经营业绩考核指标可分为基本指标、综合指标、修正指标、定性奖励指标四类。

基本指标以创造价值为核心,从推进企业平稳增长的角度出发,在使用净利润、净资产收益率、收入净利润率、主营业务利润率等资本市场所关注指标的同时,要逐步加大经济增加值的权重比例,以强化资本成本和资本回报意识,提升企业的价值创造能力和可持续发展能力。

综合指标为行业特色指标,可参照建筑业特点、同行业排名综合评价要求及企业当期工作重点,设

大型建筑集团企业考核指标设计参考方案　　　　表1

指标	分类	指标设置	目标值的确认原则	占整体权重	基本分及得分标准	加减分范围及标准参考值	大型建筑企业部分		
							优秀	良好	平均
基本指标(50%)最高分65分封顶	盈利能力	净利润	根据整体发展形势及大型建筑企业增长速度设立,不低于上年的实际值和集团的战略目标值	15%	实际值等于目标值获基本分15分	增长率每增减3%,增减0.5分,最高±4.5分			
		经济增加值	参考净利润增长速度设立,不低于上年实际值和战略目标值	15%	实际值等于目标值获基本分15分	增长率每增减3%,增减0.5分,最高±4.5分			
		净资产收益率	参考大型建筑企业标准设立,并不低于上年实际值	10%	实际值等于目标值获基本分10分	增长率每增减2%,增减0.5分,最高±3分			
		收入净利润率	目标值不低于上年实际值	10%	实际值等于目标值获基本分10分	增长率每增减0.5%,增减0.5分,最高±3分			
		主营业务利润率	参考大型建筑企业部分数值设立,目标值不低于上年实际值	5%	实际值等于目标值获基本分5分	增长率每增减1%,增减1分,最高±1.5分			
综合指标(50%)最高分65分封顶	经营规模	营业收入	根据整体发展形势及企业增长速度设立,不低于上年的实际和集团战略目标确定的发展速度	10%	实际值等于目标值获基本分5分	增长率每增减5%,增减0.5分,最高±1.5分			
		营业收入增长			实际值等于目标值获基本分5分	增长率每增减5%,增减0.5分,最高±1.5分			
	市场占有	合同额	根据整体发展形势及大型建筑企业增长速度设立,不低于上年的实际和集团战略目标确定的发展速度	5%	实际值等于目标值获基本分3分	增长率每增减5%,增减0.3分,最高±0.9分			
		大项目个数占比	不同规模设置具体考核数量		实际值等于目标值获基本分2分	增长率每增减3%,增减0.2分,最高±0.6分			
	科技投入	获得专利或发明的数量	不同规模设置具体考核数量	4%	实际值等于目标值获基本分4分	每超额增减一项,增减0.2分,最高±0.4分			
		科研经费投入占营业收入或利润总额比例	根据企业实际情况确定,特级资质企业要求不低于1000万元的科研经费投入			增长率每增减5%,增减0.2分,最高±0.8分			
		无形资产投入占净资产总额比例	根据企业实际情况确定						
	质量创优	精品杯率	不同规模设置具体考核数量	4%	实际值等于目标值获基本分4分	增长率每增减5%,增减0.1分,最高±0.4分			
		省部级优质工程数量	根据企业实际情况确定			每超额增减一项,增减0.2分,最高±0.8分			
		结构长城杯工程数量	根据企业实际情况确定						
	资金控制	借贷资本率或带息负债总额	不高于上年实际值或企业战略目标值	15%	实际值等于目标值获基本分6分	增长率每增减5%,增减0.3分,最高±1.8分			
		经营性现金流入量占营业收入的比例	不低于上年实际值或达到100%的要求		实际值等于目标值获基本分9分	增长率每增减3%,增减0.3分,最高±2.7分			
	结算、资金回收	竣工项目结算率	根据企业实际情况确定,或不低于50%	12%	实际值等于目标值获基本分8分	增长率每增减3%,增减0.3分,最高±2.4分			
		应收款项回收率	根据企业实际情况或不低于100%为目标		实际值等于目标值获基本分4分	增长率每增减2%,增减0.2分,最高±1.2分			

续表

指标	分类	指标设置	目标值的确认原则	占整体权重	基本分及得分标准	加减分范围及标准参考值	大型建筑企业部分		
							优秀	良好	平均
修正指标30%（减分项，最高30分封顶）	安全生产	亿元产值工亡人数控制在一定比例内	根据企业实际情况确定	3%	实际值等于或低于目标值不扣分	实际值高于目标值扣减1分			
		3人以上"较大"生产安全事故零目标	不超过3人			实际值高于目标值扣减2分			
	节能减排	综合能耗降低	根据企业实际情况和政府要求确定	2%	实际值等于或低于目标值不扣分	实际值高于目标值扣减2分			
	催收清欠	应收款项占营业收入的比重	根据企业实际情况确定或不低于上年实际数值	3%	实际值等于或低于目标值不扣分	增长率每增长3%，扣减0.5分，最高扣减3分			
		应收款项零增长指标	零目标值	8%	零增长不扣分	增长率每增长1%，扣减1分，最高扣减8分			
	资金管理	资金集中率等指标	根据企业实际情况确定或不低于上年实际数值或一定的比例如95%	2%	实际值等于或高于目标值不扣分	实际值低于目标值扣2分			
	消灭亏损	消灭亏损企业和亏损项目	零目标值	7%	零目标不扣分	每出现一个亏损项目至少扣1分，最高扣7分			
		定性处罚考核		5%	每违反一项定性管理规定，至少扣减0.5分				
		定性奖励指标（加分项，最高20分封顶）		20%	每符合一项奖励加分规定，增加1分				

注：表中"大型建筑企业参考值"的确定可采取多种方式予以考核评价，参照标准一："优秀值"国内同行业上市公司标杆企业上年完成值或本期预计完成值（下同）；"良好值"国内同行业上市公司具备一定竞争实力企业数值；"平均值"国内同行业上市公司平均值。参考标准二：以企业内部可比单位的最高值作为优秀值，以本企业的战略目标值或集团完成的平均指标为良好值，以预算目标值作为平均值。

置部分个性化指标。

修正指标采用负向激励的方式设立，可分为定量和定性两部分，定量指标可由催收清欠、安全生产、节能减排、消灭亏损企业和项目等构成。定性考核是对企业发生的违法、违规、违纪、违反组织原则、虚报、瞒报财务状况的，重大法律纠纷案件给企业造成重大不良影响或者造成资产流失的，以及不能量化的其他管理和考核要求。集团可根据具体情节给予不同的扣分处理，并相应扣发其绩效薪金。情节严重的要给予纪律处分或者对企业负责人进行调整；涉嫌犯罪的，依法移送司法机关处理。

定性奖励指标主要是指对企业的品牌、资质、市场拓展、承担社会责任、自主创新、管理增效、促进企业发展等方面作出重大突出性贡献的，企业可根据具体情节予以不同程度的加分奖励。

上述指标是针对大型建筑企业普遍关注和适用的，企业可从中选取，并设置更加科学合理重点突出的管理指标。具体可参照表1建议的《大型建筑集团企业考核指标设计参考方案》。

(2)当期经营业绩考核的评价

考核结果即当期经营业绩考核得分，根据上述考核指标完成情况，按照不同指标对应其权重确定的方式，其中基本指标和综合指标按照5:5的原则设定，另外对基本指标和综合指标可考虑设置加分不超过30%，即30分的加分上限。修正指标作为减分项，可根据企业实际情况设置不超过30%的扣分项或不设减分下限的方式确定，按百分计算不超过30分。定性考核奖励作为加分项，可根据企业实际情况设置不高于20分或不设定上限的方式确定，企业每发生一项符合奖励加分规定的项目，增加1分。

当期经营业绩考核得分=基本指标得分×该指标对应的权重+综合指标得分×该指标对应的权重-修正指标得分×该指标对应的权重+定性考核奖励得分

(3)当期经营业绩考核薪酬、职位任免及评优挂钩方案

1)薪酬挂钩方案

以企业法人为代表的企业主要负责人的薪酬设计可按照"业绩上、薪酬上，业绩下、薪酬下"的经营

业绩考核管理理念,薪酬可包括基本年薪、绩效年薪和奖励年薪三部分。

基本年薪是企业主要负责人运作一定经营规模及经济效益的企业所应获得的,能够反映其社会平均价值的劳动报酬,设置不同的挂钩指标及年薪标准。基本年薪根据考核当年对其下达的合同额、营业收入、净利润和净资产收益率等指标的考核目标值挂钩,每项指标对应不同年薪标准,各项指标对应的金额之和,为企业主要负责人考核当年的基本年薪。基本年薪之所以采用考核目标值,主要考虑对企业主要负责人担任职位的前提是已经具备管理和运营一定规模企业的能力,同时对目标值越高对应年薪标准越高,从而实现了鼓励被考核单位快速发展,积极承担考核目标的目的。

绩效年薪是企业主要负责人凭借其经营管理能力完成对其下达的主要指标后应获得的劳动报酬。绩效年薪与当期经营业绩考核得分挂钩,每一分值对应的薪酬标准由企业每年根据集团整体发展状况、效益实现情况、职工工资平均增长、社会平均薪酬状况等因素确定。具体到集团某一个企业薪酬分值还要根据企业的规模、对集团的贡献、难易程度等因素综合设定,建议可按照如下的公式予以考虑:

某一企业的绩效年薪=当期经营业绩考核得分×企业效益系数(0.8~2)×企业规模系数(0.8~2)×企业职工平均工资系数(0.9~3)×当期分值对应薪酬

另外,为维护任期考核的严肃性,在当期考核兑现年薪时,可将其中的20%~30%作为风险抵押金,延期到任期考核结束后兑现。从而促进被考核人不因追求短期利益最大化而放弃长期利益。

奖励年薪是对业绩优秀且在自主创新、管理增效、促进集团发展和品牌提升等方面取得突出成绩的,要给予特别奖励。

2)职位任免及评优挂钩方案

年度综合评价考核结果,可作为企业主要负责人职位任免和企业评优的决策依据:

一是连续3年获得A级考核评价的单位负责人,才有资格作为下一步重点提拔和培养的后备人才。

二是只有获得A级评价的单位才有可能作为评选集团先进单位的资格。

三是对C类以下的被考核单位,集团公司将对被考核人予以约谈、警告等处罚。

四是对年度第一次获得D级评价的单位,集团公司将对其主要负责人采取留用察看或降职、免职等处罚。

五是对连续两年获得D级评价的被考核单位负责人,且无重大客观原因的,要坚决对其采取降职或免职的处罚。

2.任期经营业绩考核评价体系设计

任期经营业绩考核评价体系要更充分反映企业战略规划的重点,与企业战略目标相结合,注重从长远的角度对企业综合发展能力进行考核,杜绝追求短期效益而忽略企业发展,保证资产长期、持续的保值和增值。

(1)任期考核指标设计方案

任期经营业绩考核评价体系设计可分为持续成长能力、发展资源储备和整体战略协调程度。任期考核除设置量化指标外,更应该注重定性考核的结果(表2)。

1)持续成长能力

持续成长能力以企业回报能力增幅、经营规模和效益增幅等为考核重点,旨在对被考核企业考核期间的增长速度。

2)发展资源储备

发展资源储备可结合有利于增加建筑集团企业

任期考核指标体系　　表2

考核重点	权重	指标
持续成长能力	40%	净利润平均增长率
		经济增加值平均增长率
		营业收入平均增长率
发展资源储备	30%	建筑业资质提高情况
		专业人才储备情况
		专利证书获取情况
		经营性创效资产增长情况
		企业鲁班奖、国优金奖等获取情况
		企业战略合作伙伴建立情况
整体战略协调程度	30%	目标市场占有率
		指定区域营业规模和效益排名变动
		行业排名变动
		板块排名变动
考核奖惩	(+/-)2	根据企业实际情况设置一定的加减分项

季度综合评价体系

表3

序号	指标名称	建议权重(%)	考核目标值
1	净利润	15	以被考核范围内实现的最大值为目标值
2	净资产收益率	10	以被考核范围内实现的最大值为目标值
3	经济增加值	15	以被考核范围内实现的最大值为目标值
4	项目平均毛利率	10	以被考核范围内实现的最大值为目标值
5	营业收入	10	以被考核范围内实现的最大值为目标值
6	借贷资本率	10	以被考核范围内实现的最小值为目标值
7	应收款项增长率	15	以被考核范围内实现的最小值为目标值
8	经营性现金流入占营业收入比重	15	以被考核范围内实现的最大值为目标值

注：综合评价体系可考虑选取以上8项指标，按照不同指标设置不同权重的方式进行测算。考核得分=∑被考核单位实际实现值/考核目标值×100分×该指标对应的权重。

的发展潜力而进行的各项资源储备情况。可从企业资质增长状况、人才储备情况、企业获优情况、市场资源储备、企业创效资产储备等方面进行考核。

3）整体战略协调程度

整体战略协调程度可根据集团整体发展战略和主要目标市场占有率、机构整合效果等方面设置。

(2)任期经营业绩考核的评价

任期考核结果评价采取任期考核指标完成情况得分及三年当期经营业绩考核平均值相结合的评价方式，即任期经营业绩考核得分=任期考核指标完成情况得分×60%+任期三年中当期经营业绩考核三年平均分值×40%。

(3)任期经营业绩考核薪酬方案

任期兑现的薪酬=三年任期考核延期发放的薪酬额×(任期经营业绩考核得分÷100分)+定性奖励

对获得A级考核评价的单位负责人，予以重点关注和培养；对C类以下的被考核单位，集团公司将对被考核人予以约谈、警告等处罚；对获得D级评价的被考核单位负责人，要坚决对其采取降职或免职的处罚。

3.季度综合评价体系

季度综合评价体系作为对当期和任期考核体系的补充，重点在于加强考核的过程控制，缓解考核的滞后性及仅以兑现薪酬为目的的考核评价方式，考核结果于季度后1个月内公布（表3）。

4.经营业绩考核结果的沟通及分析

为有效发挥考核的效果，持续不断的沟通应作为企业业绩考核的必须环节，这种沟通和反馈要建立横向到边、纵向到底上下逐级沟通体制，才能够前瞻性地发现并真正解决问题。集团应每半年与被考核单位书面沟通和反馈经营业绩考核结果，通过横向与纵向、内部与外部、客观与主观、短期与长期等几个层面进行比较和分析，及时发现问题，追本溯源，总结经验和教训，采取相应的措施解决问题。通过研究被考核单位的经济运行情况，提出企业下一步的努力和发展方向。经营业绩考核结果自下而上的及时反馈，也有利于企业适时调整战略方向和经营目标，矫正战略管理偏差，以确保企业经营活动在战略上持续稳定地进行。

总之，实行经营业绩考核管理是有效落实战略目标、促进企业全面可持续发展的重要手段，有利于建立健全有效的激励与约束机制，经营业绩考核不仅仅作为一种考核工具，它更像企业管理的诊断器，可以全面诊断企业经营和发展中的问题；经营业绩考核又是企业的一把双刃剑，企业要有效利用，才能发挥应有的作用。科学的经营业绩考核体系是企业的一项长期战略任务，需要不断探索、不断实践，科学、有效的经营业绩考核体系对推动企业管理、改革和发展都具有重要意义。

参考文献

[1]张艳梅.企业经营业绩考核方法比较研究.中国总会计师,2008,(7).

[2]宋文阁,孔玉生.加快建立健全科学的经营业绩考核体系研究.现代管理科学,2008,(6).

[3]宋文阁,生甡.加快建立健全科学的国有企业经营业绩考核体系.会计之友,2008,(9).

国有企业治理结构研究

蔡建洲

(中国建筑工程总公司,北京 100037)

本文从中国国有企业治理结构现状和存在问题出发,结合国外国有企业治理的实践,对中国国有企业的治理结构进行研究,政府应该从政府定位、股东治理、董事会治理和经理层治理四个层面进行国有企业治理的改革,其中董事会治理在企业治理中处于核心地位,对经理层的治理主要是通过董事会做好激励和约束。

一、前言

1.研究的意义和目标

中国国有企业的数量多,规模大,在国民经济中占有举足轻重的地位,我们必须找到国有企业治理的成功之道,实现国有资产的保值增值,不辜负全国人民的重托。与此同时,国有企业治理是世界性难题,但还没有找到公认的有效的办法。信奉市场经济的人士认为没有最优解,国有企业的经营效率必然低下,因此私有化是国有企业的归属。因此,我们研究的目的只是寻找相对较好的治理结构,尽可能实现较高的治理效率。

2.研究的主要内容

企业治理结构主要包括股东、董事会和经理层三个层次,国有企业也不能例外,因此我们的研究主要是从这三个层次展开。股东治理结构,主要是规范控股股东的行为。一方面,控股股东要发挥建设性作用,对公司战略发挥积极影响;另一方面,股东不论大小都是平等的,要保证公司的独立性,维护中小股东的合法权益,规范公司关联交易制度。董事会治理结构主要是发挥其战略研究功能,抓好董事和经理层的遴选工作,代表全体股东的利益。经理层治理结构主要是通过任免、考核和奖惩规范经理人行为,使其以股东利益最大化为从事经营管理工作的出发点。

中国国有企业大体上可分为两种,一种是涉及国家军事和安全的特殊国有企业,不能市场化经营;另外一种是服务于民用行业和社会公众的一般国有企业,包括私人企业不愿经营的公共事业行业,都可以用市场化的方法去管理。我的研究对象是后一种,目标就是增值保值,这与私有企业是一样的。

二、中国国有企业治理改革的现状和问题

1.近几年国有企业改革的重点

近几年国有企业治理改革主要围绕上市、考核、股权分置改革和董事会改革为重点展开。通过上市乃至境外上市,强化了证券监督机构、投资者、中介机构和公众对企业的监督和促进,企业管理水平和责任意识明显加强。国资委这几年实施了制度化的业绩考核,将考核结果与薪酬挂钩,并逐步将考核与任免挂钩,业绩导向得到强化。股权分置改革主要针对国有控股的上市公司,目的是实现股份全流通和同股同权,彻底解决了历史遗留问题。董事会改革,主要是两个方面,一是全面推行董事会制度,包括国有独资企业;二是外部董事占多数,除总经理外经理层的其他人员一般不担任董事。

2.中国国有企业治理结构的现状

(1)基本建立了两层管理体制

各级国有资产监督管理委员会受同级政府委托

行驶出资人职责，主要在总体上把握国有资产经营的目标、政策、战略、计划、布局等基本方向，指导、监督和协调各方面的国有资产经营活动。国有资产经营的主体就是各个国有企业，具体负责企业的经营活动，承担国有资产增值保值的职责。

(2) 市场化得到明显加强

国有企业的市场化意识、市场竞争能力大大提高，特别是一些从事充分竞争行业的国有企业，如建筑施工、房地产等行业。企业领导人员的选择逐渐开始采用公开招聘的办法，薪酬与绩效的相关性越来越大，中基层的管理人员的任用和员工聘用已经基本实现市场化。

(3) 普遍实行了董事会制度

大多数国有企业都进行了公司制改革，建立了董事会制度，包括国有独资企业大多数都建立了董事会。不少国有企业独立董事占到了多数，管理层的董事越来越少。

3. 中国国有企业治理结构的主要问题

(1) 政企不分

国资委仍然像管理政府官员一样管理国有企业领导人，相当的行政级别仍然存在，任免和调动基本上是行政化的。国资委对企业的行政干扰还很多，常常要求国有企业服从国家政策，比如要求央企参与保障房建设等。

(2) 多头管理

巡视组、审计署、国有企业监事会、公司监事会一个不能少，在正常的治理结构之外增加了这些管理机构，不是国资委一个上级，影响了企业效率，并且国资委、发改委、商务部、财政部等对其形成了多头管理。

(3) 内部人控制

内部人控制大量存在，一方面看似政府、国资委和董事会对企业的管理较多，但由于信息不对称，这些上级单位都管不到位、管不到点，经理层控制了企业的决策和经营。

(4) 董事会发挥作用有限

董事的知识和经验不足，难以对企业的战略发挥影响。多数董事都是退休的政府高官和传统国有企业的负责人，董事的职业化程度不高，信托责任不到位。国资委对董事会的授权不够，董事会不能在董事遴选和经理层选择上发挥作用，不能制定经理层的薪酬政策。

三、国外国有企业治理的情况

1. 国外国有企业的总体情况

在许多市场经济国家，以私有经济为主体，国有企业主要集中在私人企业无法有效发挥作用的公用事业、基础设施及基础工业部门，如邮政、交通、港口、供水、供电、煤炭、石油等，这些部门投资大、回收慢，私人企业难以建设和经营。以国家集权与分权程度划分，国有企业管理体制大致可归纳为三种类型。一是，以国家集权为主的管理模式，如日本、葡萄牙、印度、突尼斯等国。二是集权与分权相结合的管理模式，如法国、原联邦德国、意大利等国。三是，以分权为主的管理模式，如瑞典、挪威等北欧国家。

虽然各国国有企业管理体制有所不同，但是总体上各国国有企业经营效率都相对较差。为改变这一状况，长期以来各国都在探索完善国有企业的管理。改革的重点包括：(1) 产权改革，包括私有化、国有民营和混合所有。(2) 管理机构变革，包括建立国有资产统一管理机构和国家控股公司等。(3) 管理体制改革，主要是减少政府干预，扩大企业经营自主权。(4) 经营机制与经营环境的改变，如取消或减少对国有企业的补贴，使企业在竞争中求发展。

2. 美国国有企业治理

美国是世界上市场经济发达且国有经济比重最小的国家之一，占国内生产总值的1%左右，主要分布在邮政、军工、电力、铁路客运、空中管制、环境保护、博物馆和公园等行业。美国国有企业大多分布在非竞争领域和自然垄断行业，替代行政机构完成公共职能。

美国的国有企业是独立经营的企业法人组织，采取的是与私人企业一样的公司组织形式，多数采用董事会决策、经理层执行的机制，与私人企业的主要区别是接受政府的审计、预算管理和行政审查。政府通过立法对国有企业实行管理,私有化是近期改革的重点。

3.日本国有企业治理

根据出资主体不同,日本国有企业可分为中央级和地方级两种。中央级的国有企业又包括政府现业和特殊法人,政府现业包括造币、印刷和国有林野三类;特殊法人是根据专门法律为特殊事项成立的企业。地方级的国有企业同样包括政府现业以及第三种形态和地方公社,地方政府现业包括自来水、有轨电车、汽车运输、铁道、电气、煤气和医院等;第三种形态是指政府和私人合办的企业,地方公社是指有地方公共团体投资的企业。

由于财政危机以及自身经营效率低下的原因,日本对国有企业进行了私有化改革,公私混合企业在各级国有企业中大量存在。

4.欧洲国有企业治理

战后欧洲国有经济大规模扩张,但从1979年开始,撒切尔夫人上台后英国开始了一场规模空前的私有化运动,西欧各国也开始了国有经济大规模的收缩。国有经济严重亏损造成沉重的财政负担是国有企业私有化的根本动因。改革的目标主要是减少国家对经济的直接参与,减少公共负债和财政赤字,提高企业效率,在垄断行业引入竞争,扩大社会资本。私有化改革后,国有企业经营绩效普遍有所提高,特别是在竞争性领域,明显减少了财政赤字和公共债务。

5.俄罗斯国有企业治理

一度苏联的国有经济比重很大,约占国民生产总值的85%,主要分布在基础工业部门。20世纪70年代苏联经济基本停滞,80年代开始全面下滑。1990年通过的《公司法》奠定了私有化的法律基础。苏联以及俄罗斯的私有化是与政治改革、经济转轨紧密相连的,制度设计不完整,造成了严重的不公平,休克疗法对俄罗斯经济造成重创。我们在中国国有企业的改革过程中,应该认真研究俄罗斯国有企业私有化的经验和教训。

6.新加坡国有企业治理

新加坡的国有企业在其独立后20年内,对奠定经济基础、对创造市场环境起到了重要作用。随着国内外经济环境的变化,1985年开始对国有企业进行私有化改革。改革的重点是挂牌上市,减少国有企业的控股比例,促进政府部门和法定机构的公司化。经过改革后,新加坡国有企业效益明显提高,但国家的控制力影响也不大。

淡马锡是新加坡最主要的国有企业,财政部拥有100%所有权,主要是任命董事会主席和董事。淡马锡每年提交经审计的财务报告供财政部审阅。财政部部长时常召集与淡马锡或其管理的相关联的公司的会议,讨论公司的绩效和计划。除此之外,财政部只在淡马锡的某个子公司股份的并购和出售的问题出现时才参与进来。

7.国外国有企业治理的共同特点

(1)专门的法律

由于国外的国有企业都比较少,设立国有企业受到严格限制,因此一般都要为特定的国有企业制定专门的法律,规定设立的目的,明确管理机构和职责。

(2)公益性和非公益性

一般都把国有企业分为垄断性和竞争性两种类型。政府对处于垄断地位的国有企业采取直接管理和间接管理相结合的方式,控制程度较高,企业的自主权相对较小。对竞争性国有企业,政府很少干预,基本上无直接控制,企业有较大的经营自主权,完全按市场经济规则运作。

(3)市场化运营

混合所有是非常明显的趋势,引入竞争,引入一般私营企业所采用的治理结构。政府对企业的直接干预一般较少,通常的主要职权就是派出董事。即使是垄断型国有企业也积极采取委托经营等办法引入市场机制。

(4)私有化改革

各国都深感国有企业效率低下、财政负担沉重,因此都在尽可能地减少国有企业的数量和规模,除非迫不得已不再设立新的国有企业,对已有的国有企业都在进行大刀阔斧的改革。

四、中国国有企业治理结构的思考

1. 政府的定位

政府的作用在于培育一种有利于公司治理结构有效发展的环境，并促成一种能够引导公司更加利用资源为整个社会创造财富的治理制度。在一个运行较好的现代市场经济中，政府和经济虽然有关系，但通常这种关系是一种"保持距离型"。政府在经济活动中主要起一个裁判者的作用而不是充当运动员。但我国的情况并非如此，在企业"内部人控制"的同时，由于长期的政企不分，政府主管部门用直接或间接的权利，影响或控制企业，形成相对于"内部人控制"的"行政外部人控制"。政府的目标就是国有资产的增值保值，而不是通过国有企业实现国家意志、实现宏观调控。国有企业需要承担社会责任，但这不是国有企业独有的，与私人企业一样，社会责任是企业发展的需要，是社会发展的要求。

2. 国有企业股东治理结构建设

(1) 要明晰政府和国资委的定位

对于市场竞争型的国有企业，政府一定要清楚自己只是一个普通的股东，并且通过国有资产监督管理机构实现股东权利，而不是直接指挥某个国有企业或对某个国有企业发挥影响力。政府只是在总体上把握国有资产经营的目标、政策、战略、计划、布局等导向性工作，不介入具体经营。

国资委是受政府委托统一管理国有资产的特设机构，代表政府行使国有资产出资人职能。国资委的设立使得原来分散在不同政府部门的管理职能统一起来，并对同级政府负责。由于中国国有企业数量巨大、经营规模庞大，国资委不可能管得太细，国资委主要是对国有资本经营预算和国有企业战略规划的管理。特别要注意所谓经营预算是国有资本的经营预算，而不是对某个企业的经营预算，重在产业布局。对具体的国有企业管到战略规划层次就足够了，剩下的交给股东会（股东大会）和董事会。当然，国有企业的战略规划是滚动计划，是按年调整的。

(2) 充分认识上市的积极意义

近几年国有企业纷纷在美国、香港和国内公开上市，现在国资委仍在推动这项工作，这对规范和提升国有企业治理起到了积极作用。在公众和公开市场投资者的监督下，国有企业的各项工作更加规范了，业绩导向更加明确了。从政府和国资委的角度看，要清醒地认识到，上市的目的不是圈钱，而是促进国有企业提升管治水平的重要手段。信息披露、公众监督、战略投资者的审核质询和小股东的脚投票等成了管理和引导管理层更为有效的手段，降低了管理层与投资者之间的信息不对称程度。上市后股东治理的渠道更多了，效率更高了。

(3) 充分认识引进战略投资者的意义

不同的股权结构对治理结构会产生不同影响。有研究认为，当控股股东对公司拥有绝对的控制权时，董事会治理和经理班子治理一般比较到位；但是会出现大股东侵犯小股东利益的行为。当公司股权高度分散时，所有者对经营者容易失控，带来内部人控制的问题。当有一个控股大股东、同时又有若干持有较多股权的战略投资者时，大股东有动力对董事会和经理班子进行监管，同时其他战略股东也会对大股东侵害中小股东利益的行为进行制衡。战略投资者还能发挥其在战略制定方面的优势，战略视野更为开阔了。

3. 国有企业董事会建设

(1) 明确董事会的核心作用

董事会作为公司的决策机构，一方面接受股东的委托，承担公司的决策职能；另一方面，又负责执行的监督和推动，在公司治理中处于核心地位。一个强有力的董事会可以促进国有企业改革，提升管理效率；而软弱的董事会会使国有企业易受大股东和政府的行政干预，也容易造成内部人控制的问题。

(2) 董事会组成要多元化

董事会成员要包括政府和大股东的代表、战略投资者代表、行业专家和管理层代表。管理层董事一般1~2名，董事会成员与经理人员不能过分重合，避免内部人控制倾向。独立董事要占多数，独立董事的遴选要采用市场化的手段,要避免将独立董事作为政府官员和国有企业高管退休的安慰。董事的职业和知识背景要多元化,形成董事会成员之间的互补和协同。

(3)强化董事会的职能

要强化董事会在战略制定、董事推荐、经理层选聘以及考核和薪酬方面的职能。要弱化董事会在日常经营决策方面的职能,否则会干扰经理层的经营,贻误商机;由于信息不对称,不能有效地进行约束和监督。与其承担法定责任但不能有效实施,还不如将经营决策的责任赋予经理层。

(4)加强董事会的专业性

董事会的专业性是保证董事治理能力发挥的关键。其主要表现在两个方面:一是专业性的董事成员;二是董事会内的专业性分工。通过专业性,可提高董事成员工作的熟练程度和专业化程度,使董事成员各尽所能,分工协作。要求董事会内部有明确分工的专门委员会,它的存在有助于董事会内部的职责分明、团队协作、客观独立、专业优势和相互制约。要把各专门委员会作为监督和决策层,非经专门委员会批准,不得提交董事会审议。专门委员会对经理层具有监督、质询的权利,经理层要配合、要提供必需的信息。

4.国有企业经理层治理

(1)经理层必须市场化选聘

董事会和经理层一同任命的做法必须废止,要把经理层选聘的职权留给董事会。

(2)经理层要有明确的核心

应设立执行委员会,董事长是执行董事时,董事长就是首席执行官;董事长是非执行董事时,总经理就是首席执行官。总之,企业要有明确的一个核心,那就是首席执行官,不能靠董事长和总经理分设达到制衡的目的。

(3)建立市场化的激励和约束机制

对经理层的管理不能是这不放心那也不放心,这要管那也要管,也不能通过经理层本身的人事安排相互制约。对经理层的管理主要是建立市场化的激励和约束机制,要靠设定目标和给予达成目标后的激励来让经理层自主地、自发地经营企业。同时审计要到位,目前第三方审计机构主要是财税制度的审计,对于党和国家的政策在企业的执行情况,还要靠审计署和巡视组来审计。长远来看,要将政策法律化,使它成为法定审计的一个部分,都纳入到第三方审计的范围,这样才能制度化、公开化。

5.其他相关机构

(1)关于党委

党委不是一个独立的企业治理机构,不能凌驾于董事会和经理层之上,要通过成为董事会和经理层的成员参与决策和管理。

(2)关于监事会

国资委监事会本是阶段性的产物,当时由于政府机构改革富余的官员早就退休了,不能再成为官员升迁的另一个通道,应该立即终止。公司法上的监事会也要予以改革。本来德国的董事会相当于我们的执行委员会,德国的监事会相当于我们的董事会。我们采用了德国监事会的称谓,又采用了美国的董事会,形成了双层结构,没有意义,事实上也没有发挥什么作用,有些企业为了省事又不违反公司法只设一名监事。因此,应该修改公司法取消监事会的设置。

(3)关于职工董事

如果监事会取消了,需要在董事会有职工的代表。理论上,这是国有企业的要求,职工是企业的主人。实践上,一方面有助于将企业与员工的利益长期结合起来,有利于缓解劳资矛盾;另一方面有助于集中职工智慧,获得一线信息,发挥职工工作积极性和主动性,加强企业的民主管理。

市场竞争性的国有企业与一般的企业相比不具有特殊性,因此这类国有企业的治理应该回归市场,那么一切问题就会迎刃而解。政府要退回到政策制定者的位置上,对于国有企业只是一个普通的股东。从长期来看,应该减少国有企业的数量和规模,通过私有化减少政府对国有资产经营的压力,通过私有化补充养老金还富于民,政府只在极少数私人资本不愿进入难以盈利的公共行业保留国有企业。

企业管理

保障房市场化运作下建筑企业BT模式的思考与探索

刘 菁

(深圳中海建筑有限公司,深圳 518006)

摘 要:住房问题关系到人民群众的切身利益。我国政府制定了一系列政策,分类解决中低收入群众住房问题。社会保障性住房建设已经成为政府干预住宅市场的一项重要政策。2011年1月26日,国务院办公厅发布"关于进一步做好房地产市场调控工作有关问题的通知"(简称"国八条"),就加大保障性安居工程建设力度作了明确规定。

随着保障性住房建设规模的不断扩大,仅仅依靠政府财政资金的投入难以满足建设需求。而BT模式作为保障性住房市场化的一种融资模式,能够有效地引导社会资本用于解决投资不足的问题。在此背景下,作者根据中海建开展保障性住房投资的已有经验,就建筑企业如何利用BT模式参与国家保障性安居工程建设进行了探索与思考。

一、选题背景及意义

1.选题背景

住房问题是关系国计民生的重大问题。加大保障性住房建设力度,进一步改善人民群众的居住条件,促进房地产市场健康发展,是党中央进一步加强民生建设的重要举措,对于改善民生、促进社会和谐稳定具有重要意义。

"十一五"期间,我国以廉租住房、经济适用住房等为主要形式的住房保障制度初步形成。通过各类保障性住房建设,五年间,全国1 140万户城镇低收入家庭和360万户中等偏下收入家庭住房困难问题得到解决。到去年底,我国城镇保障性住房覆盖率已达7%~8%,城镇居民人均住房面积超过30m²;农村居民人均住房面积超过33m²。2010年前后,各主要城市先后出台了保障性安居工程"十二五"规划和2011年工作安排,制定了前所未有的发展目标,建设规模以千万平方米计,是"十一五"期间的数倍,与中央提出的加大保障性安居工程建设力度精神充分呼应,主动建设意愿显著提高、建设步伐显著提速。

今后五年,全国将新建保障性住房3 600万套,到"十二五"末,全国保障性住房的住房覆盖率将达到20%,基本解决城镇低收入家庭住房困难问题,同时改善一部分中等偏下收入家庭住房条件,帮助更多困难群众实现"安居梦"。

2.选题意义

社会保障性住房建设已经成为政府干预住宅市场的一项重要政策,但实际操作过程中,由于资金瓶颈与政策滞后,出现了强大需求与有限供给之间的矛盾。资金来源成为社会保障性住房建设中的一个关键问题。当前,保障性住房建设的资金来源主要有以下途径:一是财政用于保障性住房建设资金和租金补贴;二是以政府信用适度举债,用于公共基础设施建设和增加公益性资本项目投入;三是房地产信托基金和住房信托基金融资。政府在大力推动住房建设的过程中,逐渐由开始的直接提供资助的角色转为协助者及促成者,最大限度地发挥市场机制的作用。

BT模式作为保障性住房市场化的一种融资模式,它集项目融资、投资、建设、政府回购等环节于一体,此模式是通过政策引导与利益驱动等杠杆相结合,从而有效地引导社会资本用于解决投资不足的问题,较好地体现了资本、技术、管理、市场以及政策等资源的有效整合。因此,BT模式作为一种有效的民间资本参与方式,在弥补政府财政能力的不足上有重要意义。

本文通过阐述保障性安居工程的定义、保障性安居工程的常见的投资建设开发模式及BT模式的内涵和对BT模式在社会保障性安居住房建设中的可行性进行分析,并通过案例分析工程实践中所采用的方法和措施。最后,总结和归纳出BT模式存在的问题和应注意的事项,对于完善社会保障性住房建设中的BT模式、指导建筑企业参与保障性安居房投资具有一定的现实意义。

二、保障性住房的定义

保障性住房是指政府在对中低收入家庭实行分类保障过程中所提供的限定供应对象、建设标准、销售价格或租金标准,具有社会保障性质的住房。保障性住房分为廉租房、公租房、经济适用房、限价房及棚户区改造安居房。

廉租房是政府或机构拥有,用政府核定的低租金租赁给低收入家庭。低收入家庭对廉租住房没有产权,是非产权的保障性住房。

公共租赁房是指政府投资并提供政策支持,限定套型面积和按优惠租金标准向符合条件的家庭供应的保障性住房,是解决新就业职工等夹心层群体住房困难的一个产品。

经济适用住房是政府以划拨方式提供土地,免收城市基础设施配套费等各种行政事业性收费和政府性基金,实行税收优惠政策,以政府指导价出售给有一定支付能力的低收入住房困难家庭。

限价房是一种限价格限套型(面积)的商品房,主要解决中低收入家庭的住房困难,是目前限制高房价的一种临时性举措,并不是经济适用房。

棚改房是指各地政府为改造城镇、国有林区、国有垦区及国有工矿区等危旧住房、棚户区,通过产权调换或者货币补偿等方式改善困难家庭住房条件而推出的民生工程。

三、保障性住房常见的投资开发建设模式

保障性安居住房开发建设受房地产开发行业的运作模式、管理体系影响较大,且各地在制定相应政策时都遵循了2007年七部委《经济适用住房管理办法》、2009年五部委《关于推进城市和国有工矿棚户区改造工作的指导意见》和2010年七部委《关于加快发展公共租赁住房的指导意见》等相关规定,建设模式地域化的差异并不突出。

1.项目代建模式

项目代建模式是我国借鉴国外的PMC(Project Management Contractor)和CM(Construction Management)等承发包模式后提出的一种适合我国大型公共工程的建设模式,其过程是:专业单位通过投标方式取得业主在建设期间各项活动的代理权,成为代建单位;代建单位以自身专业技术力量为基础,对代建工程项目进行全过程管控,并在建成后交付业主单位。

2.BOT模式

BOT,即投资建设(Build)—运营(Operate)—移交(Transfer),指社会资本通过取得政府授予的一定期限的特许经营权,进行融资建设并经营、管理某项设施,向社会用户收费以回收投资并获取回报,特许期满无偿将设施移交给政府的投资模式。

与BT模式不同的是,采用BOT,投资是否成功完全取决于对市场的判断和把握,如果未来的用户数量、用户可承受的使用费用达到或超过预期,能覆盖当初的投资和日常经营成本,则项目可实现盈利,否则损失只能由投资人自己承担,政府并不负责兜底买单。

BOT较BT有优势的地方是,BOT项目可采用项目融资方式,即以项目未来的经营现金流进行融

资,不需要股东或其他第三方提供实质融资担保,但视情况需出具完工承诺。

3. EPC、BT等总包模式

EPC模式和BT模式都是近几年国内流行的总承包模式。其中EPC又被称为交钥匙模式,常用于工业项目,是指由总承包商承担设计、采购、施工、试运行等工作,对于项目的进度、质量、造价全面负责,最终向业主交付可以立即投入使用的项目。BT模式由BOT模式变化而来,适用于基础设施项目,指的是承包商通过自行融资,建设项目,建成后政府出资买回,是一种垫资建设。这两种模式的的共同特点是:总包商责任重大,在早期参与项目并负责项目全程,业主只需对项目的基本目标、规划作决策,不过多深入项目建设过程。在保障性住房的建设中可以尝试这两类模式。

4. 房地产开发经营模式

房地产开发经营,是指在依法取得国有土地使用权的土地上,按照城市规划要求进行房屋及配套基础设施建设、销售或转让的投资建设模式。通常见到的是以"地价竞房价"、"以房价竞地价"等方式。

在这种模式下,需要以取得土地为前提,包括通过划拨或是协议出让或是"招拍挂"等方式取得土地,缴纳土地税费,办理土地权证。随后按照规划部门给定的规划条件进行规划设计、融资、建设、销售,并通过销售收入收回投资并取得投资回报。

该模式是最接近市场化的投资建设模式,其承担的市场风险、政策风险最大。当然,保障性住房的建设模式有很多,采用哪种模式最重要的选择依据还是建设模式和实际情况相吻合,各地情况不同,所需的模式可能也不尽相同,希望在以上的这些想法能够对各地探索适合当地的保障性住房建设模式有所帮助。

四、应用BT模式的可行性与必要性

BT,即投资建设(Build)—转让(Transfer),是指政府通过特许权协议,将项目授予投资人,由投资人投资、建设;项目竣工后,投资人按特许权协议收回投资及回报后将项目移交给政府。在国内,BT模式主要应用于基础设施及保障性住房等非盈利性公益建设。

BT模式有三种实施方式:(1)完全BT方式:通过招标确定项目建设方,建设方组建项目公司,由项目公司负责项目的融资、投资和建设,项目建成后由业主回购。(2)BT工程总承包方式:通过招标确定项目建设方,建设方按照合同约定对工程项目的勘察、设计、采购、施工、竣工验收等实施全过程的承包,并承担项目的全部投资,由业主委托指派工程监理,项目建成后由业主回购。BT工程总承包方式的优点与完全BT方式基本相同,主要区别在于项目建设方必须同时具备投融资能力和施工总承包资质,且一般不成立项目公司。(3)BT施工承包模式:通过招标确定项目建设方,建设方按合同约定负责工程施工及投资,项目验收合格后由业主回购。这种方式与传统建设方式的主要区别在于它是由项目建设方负责项目的资金筹措。

随着市场经济体制改革的深入,政府投融资也日益融入了市场性因素。政府相继出台的一些政策文件使得BT模式在我国获得发展,政策上的支持使大批社会公益项目和基础设施项目可以采用BT等模式开工建设。这在某种程度上拓宽了政府工程建设项目的投融资渠道,也为建筑企业提供了新的发展机遇。

第一,政府对保障性住房的政策支持。伴随着一轮比一轮严厉的房地产宏观调控措施的出台,加快推进保障性安居工程建设作为平抑市场矛盾的重要措施,其执行力度受到空前关注和督促,要求各地方采取财政补助、银行贷款、企业支持、群众自筹、市场开发等办法多渠道筹集资金,加大税费政策支持力度,落实土地供应和各项优惠政策,多渠道筹措房源,完善安置补偿政策等措施,确保保障性安居工程建设任务尽快完成。

第二,BT融资模式能缓解地方政府财政性资金的暂时短缺问题。社会保障性住房属于公共品,资金需求量大,回收期长,所以容易导致财政资金供应的暂时缺口。通过BT模式可以激发银行、财团及企业的投资兴趣,创造项目投资机会,使一些本来急需建设而因政府财力不足导致无法动工的保障性住房等社会公益项目能够早日建成并投入使用,以便满足广大人民群众的需要,促进社会和谐发展。

企业管理

第三，BT项目运作是建筑企业参与城市运营的有效方式。当前国内建筑企业仍是以单一的生产经营方式为主，采用工程总承包模式，以施工为利润的主要来源，通过激烈的竞争来抢占市场击败对手，形成经营规模。而BT模式是建筑企业突破单一施工服务，走向综合发展的有效经营模式，建筑企业可以通过BT项目介入城市建设，着眼城市运营，从而参与项目开发建设的全过程。

第四，BT模式可以提高保障性住房的建设效率。在BT模式下，社会保障性住房的建设由工程总承包企业承担，建设方负责工程的全过程，包括工程的前期准备、设计、施工及监理等建设环节，因而可以有效地实现设计、施工的紧密衔接，减少建设管理和协调的换血，从而提高投资建设效率。

BT融资模式为政府提供了运用资本运营，减轻了政府短期融资的压力，提前享用投资回报，也为纳税人提供了追求最大效益的机会，有效地加快了地方保障性住房的建设。同时，作为解决资金瓶颈的有力模式，通过吸引社会资本的加入，引导民间资本的合理投向，也有利于提高经济的可持续发展能力。

五、保障性住房建设的BT模式运作

1.BT项目的主要参与方

(1)BT项目发起方(回购方)

BT项目的发起方和回购方一般都是政府或其所属相关部门，也是项目的最终拥有者或使用者。政府的角色在BT项目中至关重要。政府是保障性住房的管理者和建设者，批准BT项目，进行公开招标和评标选定项目的投资者和承包商，给予投资者一定的贷款保证和政策优惠。在项目建设过程中，政府或所属机构对项目进行监督管理。

(2)项目的投资方

BT项目的投资方是指项目发起方通过具有竞争性的招投标程序选择出的BT项目的投资建设方，是项目投资和建设的主体。一般来说，由于BT项目涵盖工程融资和建设的环节，所以对承包商的融资能力和施工资质要求较高，因此BT项目的主要投资方往往是具备较强融资能力的施工型企业。项目的投资方在承接项目以后会成立专门的BT项目公司，并注入初始资金，然后由项目公司同项目业主方签订BT合同，按照业主的要求对项目履行融资、投资、建设任务，并且投资方需要在项目公司贷款时提供资金担保，待工程竣工验收合格后移交给发起方。

(3)项目公司

根据我国项目法人责任制的相关规定，建设项目在批准立项后，应按照《公司法》要求成立项目公司。项目公司主要负责BT项目涉及的重要协议签署、融投资、建设管理、财务回报计息、竣工验收、项目转让、资金回收、税务筹划等工作，管理BT项目所涉及的各种风险。这样可以避免投资建设过程中的资金使用与投资人自身的资金及业务混淆，使得整个投资建设过程更为清晰、透明，也便于业主的监督。

(4)金融机构(银行)

金融机构(银行)是BT项目融资的资金提供者，BT项目一般投资巨大，单靠投资承包商自身财力难以完成，所以必须有金融机构的介入，保证项目顺利进行。BT项目的贷款条件取决于项目本身的规模和经济强度、项目投资承包商的信用状况和资金状况、项目发起人为项目所提供的回购担保等。后者往往成为银行对项目投资承包商提供贷款的主要条件。

2.BT项目运作模式

(1)项目确立

项目确立即BT项目的决策。BT项目决策的正确与否决定了BT项目投资的大小。政府出台保障性安居工程发展规划后，政府有关部门委托专门的咨询公司或邀请相关专家就项目的投资估算、投资建设方式、招标方式进行论证和确定，必须对项目进行技术、经济及法律上的可行性研究，确定项目是否可以采用BT方式进行建设。

(2)项目招投标

目前国内选择BT项目的投资者多采用竞争性谈判以及招投标的方式。在项目的招标阶段，政府要选择合适的项目投资方，并签订合同开始对项目进行融资和建设。BT招标文件中应明确项目交易结构，同时将合同类型、招标范围、项目的组织结构、回购方式、价款的结算方式、合同价款的组成等问题再招标文件中予以明确。BT 项目的投标人根据招标文件的要求应标，交递投标文件和详细的项目建议书。最后由发起方按照标的的衡量标准对各投标者的表示进行评价和选择，确定中标后，由发起方与中标投资方签订 BT 合同、回购合同等，并对各方权利、义务、回购基数、回购期、回购担保等合作条件进行确定。

（3）项目建设

项目建设阶段是 BT 项目最主要的执行阶段。工程项目建设的过程是工程形象主体逐渐形成的过程，也是建设资金不断投入的过程，是建设投资实质发生的阶段，双方约定的合同义务、责任权利等主要在这个阶段体现。所以对该阶段的管理控制，是控制工程投资的重要环节，而合同则是前提，良好的合同约束可以保证工程进度、工程质量以及投资的按计划进行。

（4）项目移交和回购

按照 BT 投资建设合同的约定，项目建成并验收通过后，项目公司要将建成项目移交给项目业主，项目业主按照合同约定的回购方式和回购价格，履行项目回购行为。当项目业主将项目中所有的建设费用以及投资方的投资回报利润支付完毕后，才算完成了整个 BT 项目的回购行为。BT 项目的回购方式应根据政府的财政状况、项目本身产生现金流量的难易程度以及项目投资额大小等因素确定。对于项目业主财务状况较好或项目投资数额不太大的项目，可在项目竣工验收后一次性支付工程价款；但是对于一般性项目其投资巨大，而且项目业主资金紧张或项目本身产生现金流量难度较大，可以按项目总投资分次回购的模式进行。

六、案例分析

1. 项目名称：重庆市合川区 01 项目
2. 建设模式：BT 模式
3. 主要商务条件

（1）建安合同价定价原则

政府支付给 BT 投资人的项目建安合同价在双方认定的工程定额基础上上浮一定比例执行，人工、材料按信息价调差。

（2）财务收益利率

政府支付的财务收益分为建设期和回购期两部分，其利率按照央行同期贷款基准利率上浮一定比例执行。

4. 回购安排

（1）回购期：自每期项目工程完工之日起 18 个月内回购完毕。

建安合同价：自完工之日起 1 个月内支付一定比例；6 个月内支付至一定比例；12 个月内支付至一定比例；18 个月内支付至 100%。

（2）建设期财务收益：自完工之日起 1 个月内支付完毕。

（3）回购期财务收益：自完工之日起，政府随建安合同价的回购进度同步支付当期应付的财务收益，直至建安合同价回购完毕。

5. 回购保障

（1）人大将该项目回购资金列入人大年度财政预算。

（2）财政局出具在回购期内安排年度预算计划及拨付财政资金的承诺函。

（3）政府以指定的规划商住用地土地出让收益权质押作为投资建设担保。未来如发生政府无法按时足额支付项目回购款的情况，就以该指定土地的出让收入优先偿还。

按照这样的合作方式，综合来看，通过投资带动总承包方式参与保障性安居住房的建安总包毛利率可达到一定比例，这将高于通过公开投标竞得的房建工程，再加上一定投资财务回报，总体的利润水平是相当有吸引力的。

七、问题与展望

由于近年保障性住房建设需求加大，政府财政有限，为适应经济发展的需求，社会资本的介入是发展的必然。当前，中海建战略正经历从总承包向保障性住房投资的过渡，对于如何运用 BT 模式参与保障

企业管理

性安居工程建设，还处于初探阶段。在实践中，我们深感BT模式的运作是一个复杂的系统工程，涉及面广，操作难度较大，在操作上可能面临或者说必须注意的主要问题有：(1)政府缺乏完善的偿债机制、信用机制，没有相应地发挥有效规范政府的行为，政府对投资方作出的承诺很难在现实中实现，资金回收缓慢；(2)缺乏健全的法规体系、市场运行机制和系统的项目管理体制；(3)BT合同中双方的责、权、利不明确、不具体，易产生合同纠纷；(4)合理的回报率不易确定，在满足投资方获得合理回报的同时不能损害国家利益。

2011年是我国"十二五"发展规划的开局之年，随着国家3 600万套保障性安居工程建设规划任务的提出，标志着大规模建设保障性安居工程的时代已经开启，未来保障性安居工程的发展前景更加明确。BT模式作为吸引社会资金投资于保障性住房建设的一条有效途径，它改变了保障性住房由国家财政单方面投资的局面。在保障性住房建设中尝试BT模式，不仅符合该模式的基本特征，能发挥其优点，而且具备吸纳资金的外部环境。

总体来说，BT模式能够对拓宽我国社会公益项目及基础设施项目融资渠道起到促进作用，对繁荣我国建筑业市场具有良好的推动作用。随着保障性安居工程建设规模的进一步扩大，越来越多的房地产企业加入到保障性安居工程建设大军中来，而作为具备丰富施工经验的建筑企业应当抓住机遇，充分利用自身条件和优势积极参与到国家保障性安居工程建设中。这就需要建筑企业从总承包模式中转变过来，尽快找准自身定位，站在运营商的角度思考项目运作，及时调整企业组织结构，整合社会资源，形成项目总承包、建筑总承包、专业分包全套服务序列，形成相互依托、紧密配合的工程总包体系，以适应市场对建筑行业的服务需求。

BT项目错综复杂，开发费用高，需要对财务和技术作深入、充分和可靠的可行性研究。这就要求企业要加紧组织力量，加快步伐，充分发挥有利条件，着手一系列的基础工作，创造环境去迎接挑战。同时，要重视企业自身建设，改善和增强企业的综合实力，提高人员素质，培养锻炼大量为企业发展服务的复合型人才。在保障性安居工程的建设中，建筑企业将发挥重要作用，步入企业优化发展的快车道，开拓建筑行业更为广阔的发展空间。

建造师书苑

《业主方工程项目现场管理模板手册》(第一版)

业主方工程项目现场管理，即运用科学的管理思维、管理组织、管理理论、方法、工具和手段，对工程项目现场的生产要素，人力资源、财务及资金、物、信息流、环境等，进行合理配置与优化组合，通过计划、组织、控制与协调及激励机制等管理职能，实现优质高效、节能减排、安全按期、文明生产，最终达到业主方工程项目现场管理的预定目标。

主要内容包括：1 总则及十二项思维；2 组织机构、现场管理组织系统；3 岗位责任制及绩效考评；4 现场管理工作程序与制度；5 合同管理；6 进度管理；7 质量管理；8 费用(投资/造价)管理；9 风险管理；10 信息管理和文档管理；11 现场文化建设与管理；12 HSE 管理；13 协调管理；14 签证管理；15 建设工程项目可持续发展；16 附录。

本书适用于针对业主方、现场施工技术人员、设计人员以及在校学生使用。

企业管理

落实科学发展观
加强涉外项目的履约索赔管理

远 凯

(中国建筑南洋发展有限公司，新加坡 089315)

21世纪是充满希望和挑战的新纪元，人类社会处于一个世界大变化的时代。无论国际国内，我们都处于一个世界大转折、中国大变化的时代。在这世纪之交的关键时刻，我党全面分析了所面临的国际国内形势，科学地提出"三个代表"重要思想，并在十六大报告中作出"全面建设小康社会开创中国特色社会主义事业新局面"的号召。

而我在这关键时刻放下了繁忙的工作，有幸参加了党校集中学习。可以说，这段时间的学习给了我巨大的精神财富以及必要的精神武装：既学习了理论知识、有关的政策法规，武装了头脑，更新了观念，解放了思想，振奋了精神；同时，又根据自己的岗位职责，将所学的理论和学习中的感悟，尽量具体地应用到工作、学习、生活和社会交往中去。

尤其是我长期工作和生活在新加坡，怎样在资本主义社会落实科学发展观，弘扬党的理念？我认为：做好本职工作，最大可能地为企业争创效益，使股东利益最大化是对党、对国家、对企业、对股东的最大回报。现以一实例"新加坡安柏花园项目新电信海底电缆的索赔"来说明我是怎样在新加坡落实科学发展观，以实际行动来加强项目的履约索赔管理。

新加坡安柏花园项目是新加坡华业集团、联合工业及新加坡置地三家房地产商联合投资开发的一个中高档的公寓项目，该项目位于东海岸附近，主要包括4栋23层单体建筑与地下室结构，合同总价约1.05亿新元，合同工期为36个月，质量要求为100%实施政府质量评分(Quality Mark)。该项目已于2010年2月底交工，实际工期44个月，合同决算造价约1.15亿，562个单位质量评分均分在85分。

在该项目实施的过程中，新电信海底电缆（以下简称电缆）因其特殊性而对本项目的施工技术、造价和工期造成了一系列的重要影响，本文着重论述。

一、新电信电缆合同状态与现场实际状况的差异及分析

安柏花园是公司在2006年上半年承接、当时中标额较大的重点项目之一，其顺利实施并全面完成合同责任对公司未来几年的资金流及市场发展具有重要的意义。如同其他的合同文本一样，合同条款中也规定了关于地下管线与设施的保护、维护、维修和赔偿的责任；要求承包商在投标报价期间对现场进行调查，并要求了解与核实地下管线设施、水文和地质状况等。电缆位置在投标图示文件中标明位于地下室墙2m以外，并有业主的专业机电咨询公司的勘察与核实的记录，与政府所呈列的图示一致，也许正是由此原因，业主没有在投标文件中呈列一封重要的书信，即新电信公司对机电咨询公司关于请示迁移电缆的回复，回复书信中估算迁移两条电缆的费用为2亿新元，要求是三天内完成，如果没有完成，每一天将额外产生1 600万美元的费用。由此可见，

企业管理

这两条电缆的特殊性与重要性。

需要特别指出的是,该合同将结构与机电咨询公司从业主转移至承包商名下负责(Design & Build with Novation of C&S and M&E Consultants),也即自投标开始,结构与机电部分的设计责任风险就转移到承包商。

在2006年12月的开挖中,第一次发现并暴露海底电缆保护结构(该结构距地表约1.5m深,宽约0.8m,厚约0.8m,因施工于70年代,混凝土老化与破损严重),项目管理人员在第一时间报告机电咨询公司与业主,并着手施工区域围护、现场保护、加固原混凝土结构施工及安装测量装置,经严格测量,现场实际的电缆(2条)相当长一部分已经侵占了原设计地下室墙结构,这与投标图示中所述的电缆结构离地下室墙约2m有严重的不符。一石激起千层浪,一方面是现场施工正在进展,另一方面各方势必都将围绕此事而进行一番权衡和较量,此时想起那封书信确实别有一份滋味,因为要迁移电缆花费2亿新元的造价对业主而言根本就是不可能实现的事,因为这比整个项目的建筑造价还要多一倍。

事件发展到这一时刻,突然间变得非常突兀,因为一个干扰事件而对整个的项目产生一片阴云,是就此与业主摊牌,等业主解决好了再继续施工,还是与业主沟通,采取某种措施与策略推进项目施工进展呢?对比分析这种合同状态与现场实际状况的差异,新电信电缆的处理已不仅是单纯的技术性问题。公司在反复研究合同后,着手与业主进行第一次意向性沟通,但是第一次磋商就陷入僵局,业主以合同已将机电咨询转移到承包商名下为由,要求即使是先前的测量的偏差也应由承包商承担设计与建造的责任,业主的强势使得我方想基于事实而解决问题的意图显得异常艰难。

因为这是第一次与业主合作,在第一次磋商后,我方承担着相当的压力,后来的几次商谈业主也没有明确的指示,但是业主呈示了那封关于申请迁移电缆的回复的书信。公司及项目透过这份书信仔细分析,其实业主的压力同样存在,业主隐含地承担着必须对图纸进行修改设计的压力,因为同样的让承包商去迁移造价达2亿新元的电缆也不现实。经历了拉锯式的谈判后,业主明确提出修改建筑设计,并由我方协助业主重新设计受影响区域的建筑图纸,即将地下室墙向内侧移位约2~3m左右,结构与机电的相应设计由承包商负责,整个设计过程复杂而漫长,因为不仅要满足地下室停车位、车流通道布局的建筑功能要求,还要满足受影响区域结构相关的要求及机电设施的使用要求,更为重要的是要满足电缆的结构安全性。在新的设计修改出台及新的施工方案确定之前,由于电缆的重要性和敏感性,此区域暂停施工,这些无疑对项目的成本与工期造成了巨大的影响。

至此,新电信电缆事件才向合作的方向跨出了一步,但是涉及变更造价及工期问题,业主仍没有正面对待。鉴于此事件的复杂性和重要性,我方也不急于此刻抛出一系列的索赔问题,与此同时,针对电缆的技术处理问题也已经展开。

二、新电信电缆对技术组织与措施的影响

如此特殊而重要的电缆在以前的施工中还从没有遇到过,该用怎样的施工技术来确保施工的安全,又该用什么标准来评价施工技术的绝对安全?如果处理不当,2亿新元的经济损失将对公司的经济效益造成不可想象的打击,更重要的是,如此恶劣事件的发生,必将对公司以后在新加坡的市场开拓、经营发展带来困局。

对于业主而言,其重要性和严重性也是不言而喻的,如处置不当,项目或将因此而停建并将招致政府的高额处罚,业主也对我方处理此事的技术组织与实施表现出极大的关注,这说明业主与公司在此事件上的利益是一致的,双方需要的是共同面对,克服困难。

根据新加坡BCA与LTA的最新要求,电缆基

土振幅测量要求小于15mm,否则将威胁电缆结构的安全,公司高层及项目在充分考虑事件的后果与影响后,决定在工程中实施更加严谨、更加科学与更加专业的施工技术与措施。

(1)聘请新加坡国立大学的岩土专家Harry Tan教授专门研究、评估开挖和桩基施工对电缆结构的基土振幅的影响,并制定该淤泥质基土与施工状况下的基土振幅标准。相对于BCA与LTA的要求,Harry Tan教授提升了更加严格的基土振幅标准,即要求保持基土振幅少于5mm;并建议了施工方案与措施,如为满足临时支护系统的要求而采用环形板施工方案;要求临时支护系统中约300m长度的钢板桩只能由静压桩机压入土层且永久留置;在钢板桩与环形板的工字钢承重柱之间开挖2m的土层间距以减少振动传导等。此项研究工作历时较长,并且在保证电缆结构安全性的前提下具有施工操作性,这其中凝聚了岩土专家的心血与智慧,可谓意义重大。

(2)聘请KTP与Ecas-Ej作为我方的临时支护系统设计师与专业工程师,这项工作也是基于电缆对基土测量振幅的严格要求,并考虑到分包单位的专业性和施工成熟稳定性而确定的。

(3)为满足临时支护系统的要求,变更钢板桩支护系统而采用环形板与钢板桩共同作用的深基坑支护方案,由此方案的更改而采用"逆作法"的施工工艺。

(4)在环形板的施工作业中,为保证"逆作法"开挖作业的顺利实施,对临时加固支撑系统进行重新设计。

以上技术方案与措施有力地促进了桩基和开挖施工的顺利进展,也最大限度地保证了电缆结构的安全,经过长达24个月的基础施工,随着最后一块临近电缆区域的地下室结构板的浇筑完毕,新电信海底电缆结构的安全性基本上不再对项目的施工造成干扰。在漫长的施工过程中,业主方面也在关键的施工技术处理和管理措施方面给予了积极配合,双方在解决与处理这一事件的过程中表现出了合作与默契,对新电信海底电缆的成功处理使得双方都收获了喜悦,这为以后的索赔工作打下了坚实的基础。

三、新电信电缆对项目成本、工期的影响分析

新电信海底电缆事件对项目的建设成本与工期的影响十分明显,这些影响构成了后来成功索赔的依据,分析如下:

1.对建设成本的影响

(1)基于电缆安全性而要求采取的施工方案和措施,如环形板系统取代钢板桩系统的基坑支护的设计与施工;沿电缆区域处,将临时钢板桩更改为永久留置;临时加固支撑系统的设计与施工;还包括基槽开挖及试验孔工作;岩土专业教授及专业工程师的聘请;因开挖对电缆的投保;测量仪器安装及监测工作;临时支护系统的设计、采购供应与安装施工等。这些非工程部分的施工方案与措施增加了巨大的施工成本。

(2)因电缆非常接近甚至于侵占原设计地下室墙的位置,与投标呈现的条件相比,对永久的结构及建筑进行设计变更,比如在靠近按摩泳池的附近,增加H型钢结构桩;在挡土墙和柱位置,增加钢筋以加强地下室板结构;因钻孔桩位置在地基土内的滑移,对钻孔桩尺寸进行加级处理;对3号楼筏板基础及钻孔桩重新设计;因地下室平面布置改变而引起其他建筑设计的变更等。这些实际工程部分的变更修改也大大地增加了施工成本。

(3)因工程延期而引起的损失和费用

一是施工原材料增加成本(损失与费用),比如涉及的钢筋,因大量的重新设计而需要重新计划、协调,其价格的上涨而引起的施工成本增加,另外混凝土也由于开挖施工延期,印尼方面停止供砂而带来的混凝土价格的上涨,也使得后期施工期间成本增加;二是额外增加的间接项目成本(损失与费用),比如因设计变更而引起的工期延误所增加的项目管理费、人员工资等。

2.对建设工期的影响

(1)因电缆而导致的一系列的建筑、结构的变更修改,这些变更修改的设计时间延迟了桩基与地下室的施工进展。

(2)因建筑设计修改及因电缆的敏感程度而导致的结构设计发生大量的变更修改,这些变更修改增加的工程量需要增加工期而完成。

(3)因电缆的重要性和敏感性,在实际施工中不能也不敢大开挖施工,因此从心理上、技术上都要求渐进施工,延误了基础施工的进展。

(4)与传统的自下而上的基础施工方案比较,逆作法需要更长的施工作业时间。

(5)因环形板的设计滞后,部分的环形板都是临时结构板,需要拆除临时板和重新施工 E-deck 结构板,需花费更长的施工时间。

(6)新加坡 BCA 花费 74 天时间来研究与批准关于新电信海底电缆区域相关的施工方案。

(7)对专家及专业工程师的预约与聘请,研究、评估与设计工作均占用和延迟了工程的施工工期。

四、小　结

综合分析新电信海底电缆事件的过程与应对,以下几点值得总结:

首先是面对干扰事件,应冷静思考、沉着应对,以解决问题为出发点,认识问题的严重性和复杂性,做好心理准备;

其次要在双方共同利益的基础上,共同面对、积极跟进,逐步扭转业主强势的惯性思维,向主动和有利的局面转变;

第三很重要的一点就是,以严谨、科学、专业的技术支撑作为基础,圆满化解干扰事件带来的风险和压力;

第四也是最根本的一点就是大胆争取利益索赔。2009 年 5 月,公司高层及项目在陈总的带领下与业主进行谈判,成功索赔 925 万新元,并将工期顺延到实际需要的时间。

新电信海底电缆事件的成熟处理及专业应对促进了我方与业主的密切接触与沟通,也加深了业主对我方的理解与信任,为业主与承包商之间的进一步长期合作奠定了坚实的基础,该房地产商现已成为我公司的第二大业主和主要的项目来源。

根据以上案例可以看出:此案例从发生到圆满解决,我们始终贯彻着党的科学发展观,以理性及负责任的态度来处理事件。也只有这样,才能更好地达到"双赢"的目的;只有这样,才能最大限度地维护公司利益,使得企业能持续性发展;只有这样,才能真正在实际上实现科学发展观,体现科学发展观的实质。

不仅如此,在这次的党校学习中,还给了我以下启示,这也是我要在以后的工作和生活中要做到的:

1.勤于学习

(1)深入学习理论知识,以马列主义毛泽东思想、邓小平理论和"三个代表"重要思想武装头脑。

(2)努力提升自己的专业知识。以更有效地回报企业,回报社会。

2.勇于创新

创新是一项新的尝试,是一次新的实践。我们应认真审时度势,将个人工作与社会主义现代化建设紧密联系,追求真理的同时崇尚创新。

3.甘于奉献

无私奉献是我党一贯的优良传统和高尚精神。即使在经济高速发展的当今,我们亦要大力倡导奉献精神。

4.贯彻"三个代表"重要思想,发挥先锋模范作用

"三个代表"重要思想是马列主义,毛泽东思想,邓小平理论在新时期的传承和发展,是党对新形势做出的科学结论。它对我们党提出了新的目标新的纲领,具有鲜明的时代性。"三个代表"重要思想把发展生产力,发展先进文化和实现最广大人民根本利益统一起来。作为企业领导,我们在贯彻重要思想的同时,一定要做好带头人,发挥先锋模范作用!

从国际铁路特大事故看工程项目安全管理的重要性

赵丹婷[1]，段启扬[2]

(1.对外经济贸易大学，北京 100029；2.清华大学化工系，北京 100084)

一、引 言

2011年7月23日，甬温线铁路发生特大交通事故，致使近40人遇难身亡，约200人受伤。这起事故引发了全社会的广泛关注，除了对遇难同胞的关心外，铁路安全更成为人们热议的话题。进入21世纪，国家大力投入建设高速铁路，以缓解我国日趋紧张的铁路运输压力。在人们对这项发达国家的高科技产物投以新奇的目光时，铁轨之上频发的大小事故也逐渐为"高铁"的运营引来种种质疑。

纵观世界各国铁路的发展历程，无论是日本的轨道交通，还是德国的ICE高速列车均有重大事故发生；近年来，美、英等国也面临着铁路事故频发的问题。各国面对重大事故，妥善处理必然是第一要务，但找出事故原因、改善铁路的安全管理则具有更深远的意义。

二、历史回顾

1.日本福知山线脱轨事故

2005年4月25日早上，从大阪府宝塚市驶往同志社大学车站的城际列车在经过尼崎市时，发生了列车脱轨抛飞事故。这次事件是日本铁道公司遭遇的最严重的列车脱轨事故，事故列车有7节车厢脱轨，有的车厢撞上铁路旁的公寓，导致107人丧生，400多人受伤，为近四十多年来日本陆上交通事故人员损失之最，也打破了日本高速列车零伤亡的神话纪录。

日本国土交通省事故调查委员会的调查显示，按规定列车本应以低于70km/h的速度通过出事区域的弯道，但列车在驶入弯道时，年轻的驾驶员却并未按规定减速，依然以117km的时速前进，最终导致列车在高速驶入弯道后脱轨抛飞。调查委员会的专家们认为，事故的深层次原因在于铁路沿线没有安装监控超速行驶的自动刹车系统，未能消除人为失误的隐患，从而酿成了此次惨剧。同时，铁路公司在给列车司机进行"再教育"培训课程时，将课程安排得过于紧凑，给司机造成了较大的精神压力也被认为是司机操作失误的原因。

基于以上调查结论，经营此段铁路的JR西日本公司社长山崎正夫等公司高层管理人员及离退的前三任公司社长，因为在任期内没有妥善考虑铁路安全问题被追究责任，以"业务过失致死伤罪"遭到法院的起诉。而本次惨剧的发生亦促使日本政府和国会修改了《铁道事业法》，规定各铁路公司必须在铁

安全管理

道沿线安装"自动列车停止装置(ATS)",杜绝此类事故再次发生。

2.法国ICE高速列车事故

1998年6月3日早上,由慕尼黑开往汉堡的ICE884次高速列车,在运行至距汉诺威东北方向附近的小镇埃舍德时,列车的第一节拖车的车轮轮箍突然断裂,勾住了车站道岔的护轨,随后列车的12节拖车逐个脱轨。脱轨的车厢撞在横跨铁路的公路桥上,导致部分桥面坍塌,坠落在列车中部的车厢上,随后列车后部的车厢以巨大的惯性力冲撞在坍塌的桥体和被压的车辆上,呈"之"字形互相挤压在一起。最终这起事故共造成100人死亡,88人重伤,经济损失约2亿马克,堪称当时世界高速铁路最惨痛的事故。

由德国国家检察院和联邦铁路署官员及技术官员进行的调查显示,引发这次事故的主要原因是低噪声橡胶弹性车轮的轮箍断裂。弹性车轮轮箍适用于普通速度列车时,本可以达到减震减噪声的效果,但它在长时间高速运行的冲击下,极易由于金属疲劳导致破裂,进而引发事故。在ICE高速列车上,高强度、高速度的使用环境,最终导致轮箍比设计预期提前达到"使用寿命",从而老化、断裂,甚至引起轮套的整体脱落。

由于此次事故的根本原因是车辆设计失误,德国铁路部门下令其余ICE1型列车立即停运,将该车型的全部弹性车轮都更换为适合高铁运营环境的整体车轮。为防止类似事故出现在其他车型上,铁路部门对ICE2型列车也进行了全面检查,以期消除全部隐患。

3.美国洛杉矶火车相撞事件

2008年9月12日下午,美国洛杉矶一列载有400多名乘客从洛杉矶市区开出的城市轻轨列车与一列货车在市中心西北约50km处的查茨沃思地区发生相撞,货车有7、8节车厢被撞出轨道,客车其中一个车厢侧翻,部分车身被切开,并且燃起大火。由于事故发生时正值下班高峰时间,列车上乘客很多,许多乘客被困在变形的列车车厢中难以逃出。本次事故共造成25人死亡,一百多人受伤,其中多人伤势严重,是洛杉矶城市轨道交通系统伤亡最惨重的事故,也是美国客运列车近20年来发生的最严重的列车事故之一。

美国联邦运输安全委员会在调查中发现,出事的客运列车驾驶员错过了一个信号,在一个本应停车让行的道口闯了红灯,随后与迎面而来的货运列车相撞。随着调查的深入,安全委员会发现这位列车驾驶员在出事前一直在用手机收发短信,并相信这也是驾驶员错过信号,酿成惨剧的原因。

鉴于本次事故是由于列车司机违反安全规定的行为所致,美国Metrolink铁路系统的其他列车上很快都安装了摄像头,用来监督司机和工程师的工作状态。

三、发达国家的铁路安全管理

自19世纪初期,火车作为公共交通工具出现在英国以来,铁路安全管理的概念随之应运而生。直至1964年,日本新干线系统开通,将铁路的运营速率提高到时速200km以上,对铁路安全保障体系的要求更加严苛。虽然在运营过程中出现过不同程度的安全事故,但各国通过积极分析事故原因,揭露了铁路安全管理中存在的漏洞,也促使其针对问题不断完善铁路安全保障体系。各国在此过程中,形成了其各自确保铁路,特别是高速铁路行车安全的防护体系。而发达国家这些通过实际经验总结完善的铁路安全对策,对于刚刚涉足高速铁路运营的我国来说,都是非常具有学习价值和借鉴意义的。

1.高新技术

在列车运行速度不断提高、行车密度加大、运行间隔时间日益缩小的趋势下,要确保行车安全,就对列车的调度和速度控制等方面提出了更高的要求。

为保证类似日本福知山线脱轨的事故不再发生,针对高速列车的限速及制动问题,各国采取了不同技术以确保列车的安全行驶。目前,德国、法国、英国等欧洲国家广泛使用的是紧急列车停止装置(ATP);而日本新干线等轨道交通则普遍采用了自动

安全管理

列车控制装置(ATC)等技术。其中ATP是安装在列车内的控制程序，它可以对列车的前后车间距、行车车速、设备故障等情况进行无间断监控。一旦出现异常情况，程序将及时报警并采取紧急措施。当前后两车间的距离小于安全距离，或列车行驶速度超过区间限制速度时，这项技术可强制列车采取自动的紧急制动。而ATC列车控制设备则是按照与前方列车的间隔以及铁路线路情况（弯道、坡道等），变更代表列车可行速度的信号信息，在车内连续显示，并且按照所显示的信息自动控制列车速度。

在铁路不断提速的需求下，各国重视的不仅是能使列车速度更上一层楼的高新技术，也日益关注上述这些能够确保列车平稳地在轨道上疾速奔驰的安全技术。根据各国铁路运营的实际情况，采用适合本国国情的列车运行调度和运营管理自动化的高新技术，为高速列车安全行驶提供了必要的基础保障。

2. 防灾措施

根据线路所在地的气象、地质或运营等条件的不同，各铁路路段对安全行驶的要求也各有差异，从而铁路部门通常因地制宜地采取各种安全保障措施。

有些线路由于地质条件恶劣，不仅为施工建设增加了难度，也为线路开通后的运营安全埋下了难题。如德国的汉诺威-维尔茨堡的高速铁路中，隧道地段占全部线路总长度的1/3以上，成为列车行驶的危险地带。德国对此段线路格外用心，在工程前期就对隧道的道宽、道床和内壁等方面进行了谨慎的设计和严密的施工。为消除安全隐患，有关部门对货车上载货的加固措施立下严格规定，同时禁止载有危险货物的列车驶入隧道，并尽量减少客、货列车在隧道内会车的次数。除此之外，德国还为隧道路段专门配备了两列隧道救援列车，以保证意外出现后可得到及时有效的处理。

作为自然灾害多发区的日本，在新干线的建设中也充分考虑到了各种灾害的防护措施，以确保列车的安全行驶。根据路段所在地频发自然灾害种类的不同，新干线沿线设置了风速、风向检测系统、地震监测系统、雨量监测系统及钢轨温度检测仪器等。沿线的检测结果将被传送到邻近车站和中央调度所，在自然条件恶劣的情况下，由调度所限制列车运行速度或发布行车管制命令等。

3. 人员培训

随着高速铁路技术的日臻完善，其设备和操作已达到高度的自动化和科学性，在很大程度上可以代替人的功能——可以有效防止诸如美国洛杉矶火车相撞事件中，由于操作人员粗心大意或违反作业程序而导致的错误和事故。然而，无论多先进的技术，依旧需要人工操作监督。尤其是当机械出现故障时，设备的自动化有可能完全失灵甚至失控，需要操作者准确判断、冷静处理，作为保障列车安全运行的后盾。这就要求操作者掌握设备的性能、熟知操作程序与规定、正确判断设备运转的正常与否等高级技术。况且要熟练操控集多种高新科技于一体的高速列车，对铁路工作者的职业技能和生理、心理素质无疑都是一大挑战。因此，各国铁路不仅对驾驶者的挑选极为严格，还要经常进行业务培训和检测，以保证和提高其工作能力。

法国铁路非常重视安全生产工作，对其员工的选拔和培训都十分严格。行驶列车所需的主要工种均为定向培养。如驾驶员从技校毕业后，要先在车站或机务岗位工作两年，在进行充实的培训中，还要经过合格率只有50%的严格筛选。例如斯特拉斯堡的机务岗位的培训期为153天，培训前即讲明责任与福利，经过一年的工作方法训练后，培训实习驾驶列车108天。其间共有六次每期五天的车下学习，且每期学习都有教师评定分数，成绩合格的学员继续培训，不合格的则发回原单位工作。培训期满后，还要再用15天学习规章和维修，以及30天的上车学习。最后，进行包括书面报告、口头考试和实际驾驶三种形式的考试。通过考试的学员才能正式留用，在工作期间仍要定期培训，以确保员工的业务水平。

4. 法律法规

为创造和维护铁路安全运输的环境，各国都制定了相关的法律法规，如美国的《联邦铁路安全法》、日本的《铁道事业法》以及德国的《一般铁路法》等。内容丰富、充实详尽的法律法规保障了铁路运营有规可循，为各个环节的安全操作提供了引导和规范。

以日本新干线为例。早在新干线正式开通之前，日本政府及运输省就颁布了《关于对妨碍新干线列车运行安全行为进行处罚的特例法》及其《实施细则》。对于破坏铁路设备、在铁路上放置物品、向列车投掷物品者，可处以五年以下徒刑或五万日元以下的罚款。这些法律明确了破坏新干线安全行驶环境的法律责任，通过对民众广泛进行安全教育，使新干线的安全运行有了法律保障。另外，新干线安全的相关法规也十分完整、具体，包括：《新干线运行规则》、《新干线铁道构造规则》、《新干线运转办理细则》等。除此之外，新干线的安全运营还受普通铁道法律保护，如：《铁道事业法》及其《实施细则》、《铁道事故报告规则》、《铁道设施检查规则》等。

四、对我国高速铁路安全建设的建议

我国铁路部门长期以来都面临着运输能力紧张的巨大压力，发展高速铁路对缓解这个状况将有重大作用。但我国高速铁路运营的时间较短，几次事故的发生暴露出我国高铁建设，尤其是安全体系建设中亟待完善的问题。借鉴国际铁路建设的成功之处，认识并解决问题，可加速我国铁路安全管理的改革进程。

1.未雨绸缪，重视线路建设的前期准备工作

从线路建设初期，就要将考虑运营安全放在首位。本着"安全第一、预防为主"的指导方针，依据铁路沿线自然、人文环境的差异，选择最适宜列车安全行驶的铁路设计方案，并结合施工实践，尽早发现安全问题，将安全隐患消灭在萌芽阶段。

2.加强人员培训，建立高素质的铁路员工队伍

高速铁路的运营对员工的技能提出了更高的要求。相关职工除了必须具备一定的工作经历外，还要熟练掌握与高速铁路相关的各项高新技术。这要求相关职工熟练掌握新线路的规章制度、新设备和新技术的操作以及典型事故安全案例的原因分析和应对措施。为达到这一目标，铁路运输企业可为员工安排培训、定期考察，令员工真正掌握驾驶或调度高铁的技术水平，最终实现人工与自动化系统的协调统一。

3.健全法制，为高速铁路的安全运营创造良好的法律环境

高速铁路对行车环境的要求较为严苛，尤其是高铁运营后，轨道安全显得更为重要。在当前的基础上，我国不仅需要加大对《安全法》、《铁路法》等法律法规的宣传力度，提高国民保障铁路安全的责任意识，还要不断完善相关法律，根据当前铁路发展的需要修订和完善这部分法律法规。另外，我国还可以借鉴日本新干线的做法，根据当前高铁行驶所需要的条件，制定并采用专用于高速铁路的特殊规定。

4.明确事故调查及处理办法，杜绝悲剧重演

铁路事故发生后，在本着以人为本的原则积极救助遇难者的同时，更要深究事故发生的原因，对相关人员应承担的责任一追到底。在查明事故原因后，探寻并采取应对措施，消除铁路系统中的类似隐患，杜绝同类事故的再次发生。

参考文献

[1]中国高速铁路安全对策考察小组.日本新干线安全对策.中国铁路,1999,(12).

[2]师学斌.法国铁路的扩能与安全.中国铁路,1988,(12).

[3]刘远鹏.国外发达国家高速铁路安全技术浅析与我国建设高速铁路的探讨.哈尔滨铁道科技,2005,(2).

[4]宋文伟.东日本铁路公司对铁路安全的研究.西铁科技,2005,(1).

[5]江义.日本列车脱轨.防灾博览,2005,(3).

[6]孟庆宇.德国ICE事故回眸.铁道知识,2006,(5).

安全管理

香港建筑业安全管理制度的构建与实施

姜绍杰

(中国海外集团有限公司,香港)

摘　要:香港建筑业构建与实施了现代安全管理制度,同时注重安全文化的建设,其经验值得借鉴。

关键词:建筑业,安全管理制度,安全文化

建筑业在香港经济中具有举足轻重的地位。上世纪90年代香港政府推出新机场十大核心工程以来,建筑业出现了空前的繁荣景象,安全管理矛盾也日益突出,引起了社会的广泛关注。因此,香港政府通过修订原有法律、法规,颁布新法律、法规,加强了对建筑业的安全监督和管理。香港特区政府2000年颁布实施《工厂及工业经营(安全管理)规例》,要求企业建立以14个元素为核心的安全管理制度,并定期进行审核或核查。

与此同时,香港特区政府不断加大安全推广工作力度,每年举办一系列安全推广活动,并推行"自我规管"的安全管理理念,积极推动建造业安全文化建设。

一、《工厂及工业经营(安全管理)规例》规定

《工厂及工业经营(安全管理)规例》为《工厂及工业经营条例》(香港法律第59章)的附属法律,所规定的安全管理制度的14个基本元素包括安全政策、组织架构、安全训练、内部安全规则、视察计划、危险控制计划、意外或事故的调查、对紧急情况的应变准备、对次承建商的评核、挑选及管控、安全委员会、工作的危险分析、安全和健康的意识、控制意外及消除危险和职业健康的危害保障计划。

按照《工厂及工业经营(安全管理)规例》,雇用100人以上或工程合同额达到1亿元以上的承包商,必须按安全管理的14个元素建立安全管理制度,每六个月进行一次安全审核;雇用50人以上100人以下或工程合同额达到5 000万元以上1亿元以下的承包商,必须按安全管理的7个元素建立安全管理制度,每六个月进行一次安全查核,并提交书面报告。

安全审核要由依法在劳工处注册的安全审核员按照法定程序进行。安全审核员须制定安全审核计划,报送劳工处,并按计划进行审核工作,劳工处会进行抽查。在收到审核报告的14天内,承包商须制定改正计划,并在收到审核报告的21天内连同审核报告提交劳工处。

安全管理

二、建筑企业安全管理制度

香港政府1995年开始提出推行安全管理制度，在颁布《工厂及工业经营(安全管理)规例》前，香港的大型建筑企业基本都建立了安全管理制度。初期参照欧洲国家的安全管理模式，如英国职业安全健康执行处(HSE)出版的指南《成功的安全健康管理》，后来按照英国标准BS8800:1996，并结合企业安全及健康管理实际情况制定的。在2000年以后，香港引入职业健康和安全系列规范及相关标准OHSAS 18001及OHSAS 18002实施指南，香港的大型建筑企业纷纷结合这一标准和《工厂及工业经营(安全管理)规例》修订了安全管理制度，陆续取得OHSAS 18001认证。所建立的安全管理制度主要包括企业安全管理体系、标准工作程序和项目安全计划等部分。

1.企业安全管理体系

采用职业健康和安全系列规范及相关标准OHSAS 18001及OHSAS 18002实施指南，通过政策、策划、实施与运行、检查和纠正措施及管理评审，使建筑企业能够控制职业健康和安全风险，达到持续改善目的。

(1)安全政策

广义而言，"政策"是指一个机构的整体意向、方法及目标，以及其行动与反应所依据的标准和原则。

有效的安全政策为企业指明一个清晰的方向。该政策也是体现出企业不断改进的精神，可增进其各方面的业绩。制定安全政策的目标，是清晰、明确地表明企业的管理层就工作安全与健康所采取的方法及所作出的承诺。企业的高层管理人员应制定并以书面签署企业的安全政策。

企业安全管理委员会负责推行企业安全政策，建立并不断完善企业安全管理体系。

(2)策划

在发展企业安全管理系统上，策划是不可缺少的一个环节，企业通过分析安全政策执行情况，制定安全管理目标及指标，确立员工安全责任制，制定安全措施标准，以达到预期效果。

为了有效进行工程管理策划，通过风险评估来评估工程的整体风险状况，让企业制定风险控制策略、订出安全目标，企业安全经理负责制定安全管理计划，并订出标准及优先次序。安全计划应：

1)有清晰的管理方向和措施，让各级管理人员遵守，明确的指引，让各级管理人员携手合作，以达到安全政策的目标；

2)由高层管理人员制定，得到安全专业人员提供的意见和协助。在可行范围内，各级管理人员及工人均参与制定；

3)订明安全政策、要达到的目标及标准、要履行法定的和合同上的责任、要处理的风险及所采取的安全程序和措施；

4)有良好的成效。安全计划应列明安全责任划分、履行该等责任的安排和监察计划成效的安排。

(3)实施和运行

企业安全管理委员会负责统筹安全工作，由安全经理负责贯彻落实企业安全管理计划，定期对企业各部门和项目进行内部审核，监察整体的安全表现，使企业管理层能就企业安全承诺制定相应措施，并有效落实。为确保能按照计划取得良好成效，实施和运行工作应：

1)确立和执行工作计划，进行风险控制，遵守法律及其他有关规定；

2)提供足够和有效的监督，确保政策和计划有效地实施；

3)用文件记录，并监察政策及计划的实施进度；

4)制定紧急应变计划，维持高度的应变准备。

(4)检查和纠正措施

由安全检查小组按检查计划进行定期检查，对找出的安全问题进行分析，以便落实有效的整改措施，切实改善。企业成立内部安全审核小组，对各项目的安全计划、风险评估报告及执行措施等安全管理事项进行审核，监察项目安全表现。

(5)管理评审

企业领导层每年对安全管理体系进行全面评审,以确保其适应性、有效性,对收集到的各有关数据进行整理分析,并制定未来安全管理策略。

2. 标准工作程序

为贯彻落实安全管理体系,增强可操作性,企业制定了相应的标准工作程序,如危害识别、安全培训、内部审核、事故调查、停工整改、表现评审、统计分析与预警、分包商管理等。

3. 项目安全计划

工程开工之前,企业必须按照合同规定编制项目安全计划,报业主审批。未得到批准,工程不得开工。项目安全计划一般包括以下内容:

(1)安全政策;
(2)安全及健康法律;
(3)安全管理组织和职责;
(4)安全培训和演习;
(5)工作许可证制度;
(6)安全巡查和审核;
(7)危害识别和风险评估;
(8)个人防护用具;
(9)意外事故调查程序;
(10)紧急应变程序;
(11)安全推广;
(12)健康保障计划;
(13)分包商的选择和控制;
(14)现场控制措施。

三、企业安全文化建设

随着安全管理制度的建立以及在日本、新加坡、英国及澳洲证明行之有效的安全管理体系在香港的全面实施,香港建筑业在安全表现方面取得可喜的成绩。同时也发现,一些安全先进企业的表现已达到一个平稳阶段,难以进一步提高。有研究认为,进一步改善企业安全表现的关键在于建立企业的安全文化。

1. 安全文化的概念

关于安全文化的定义和概念有多种表述。英国安全健康委员会等机构将安全文化定义为"是个人和群体的价值、态度、观念、能力和行为方式的产物,它决定了对组织的安全和健康管理的承诺,以及该组织的风格和熟练度"。我国安全文化界将安全文化归纳为安全文化是人类在社会发展过程中,为维护安全而创造的各类物态产品及形成的意识形态领域的总和;是人类在生产活动中所创造的安全生产、安全生活的精神、观念、行为与物态的总和;是安全价值观和安全行为标准的总和;保护人的身心健康、尊重人的生命、实现人的价值的文化。

香港特区政府有关部门和机构在推行现代安全管理制度的同时,通过不断加强宣传推广等工作,一直不遗余力地推动安全文化建设。

2. 主要安全推广活动

香港特区政府有关部门和机构组织的主要安全推广活动每年有十余项,现扼要介绍其中部分安全宣传推广活动。

(1)香港职安健大奖赛

香港职业安全健康大奖是由香港职业安全健康局、劳工处等13个机构联合举办的大型安全推广活动,旨在表扬在推行职业安全健康方面有杰出表现的机构,并为行业提供互相交流的平台。参与机构可竞逐安全管理制度大奖、安全表现大奖、安全科技成就大奖、安全改善项目大奖、宣传推广大奖及香港保险业联会职安健大奖这6类卓越大奖。

(2)建造业安全奖励计划

由香港劳工处等机构联合举办的大型安全推广活动,以工程项目为单位,分为公营楼宇、私营楼宇和土木工程三类,每年评选一次,设总承建商、分包商及工人安全金奖、银奖、铜奖和优异奖等。

(3)职安健常识问答比赛

职安健常识问答比赛由香港职安局与劳工处联合举办,每年一次。进入总决赛的参赛队伍分别角逐"职业安全健康局杯"、"职业安全健康局碟"、"职业安全健康局盾"及"教育统筹局杯"等奖项。比赛实况由香港媒体进行直播。

(4) 签署职业安全健康约章

为促进、鼓励和协助劳资双方建立一个安全和健康的工作环境，香港政府在1996年9月23日举行的《职业安全约章》签署仪式上，重申对改善雇员工作安全的决定。来自政府、各大雇主团体、雇员工会及专业团体的代表均对约章表示支持。在劳工处及职业安全健康局协助下，目前香港共有近千个机构签署了《职业安全约章》。

(5) 举办建造业安全日活动

为进一步提升建造业的工作安全水平，香港职业安全健康局、劳工处等16个机构联合举办"建造业安全日活动"，每年选定一天作为建造业安全日，提醒各阶层员工注重安全，共同推动建造业的职业安全健康。在那一天举行建造业安全分享会暨颁奖典礼，入围项目在分享会上分别角逐"最佳职安健物业管理公司"、"最佳安全施工程序"、"最佳职安健维修及保养承建商"及"最佳演绎奖"。

3.安全施工程序

安全施工程序(Safe Working Cycle)源自日本，与5S(整理、整顿、清扫、清洁、修养)的工场管理一样，是一种管理工具，去解决在工作管理制度上遇到不同范畴的困难。香港自上世纪末从日本引入。

安全施工程序的概念在于制定安全管理模式，将传统的强制性执行安全措施，改为以合作态度互相配合，并明确各级人员的责任，通过前线管理人员与工人的互相信赖及直接沟通，使工人更容易接受和认同安全管理工作，最终建立良好的安全文化。

在安全施工程序中，将各定期的安全施工步骤，包括每日、每周以至每月的主要项目进行扼要地描述。期限视程序步骤的重要性和急切性而决定。当中以每日的描述比较全面及细致，每周和每月的涵盖范围则较广。

为使安全施工程序能在建筑业全面推行，香港特区政府发展局、劳工处等有关部门设立了专门的奖项，每年评比一次，并将安全施工程序纳入政府工务工程"安全支付计划"的范畴。

建筑企业除了积极参加香港政府举办的安全推广活动外，许多企业自设安全推广活动，如安全周(月)、安全工作坊、最佳分包商评选等，积极推动安全文化建设。

四、安全管理与安全文化

企业安全管理与安全文化既有其内在的联系，又有明显区别。二者是相辅相成、相互促进的有机体，缺一不可。安全管理效能的发挥，自然离不开管理的主体、对象，其最根本的决定因素是人，即管理者和被管理者，他们的安全文化素质及其安全文化环境直接影响管理的机制和能接受的方法。

安全文化是企业整体文化的一部分，也是企业安全管理现代化的主要特征之一。传统的单纯依靠行政手段的安全管理已不能适应工业社会市场经济发展的需要，营造实现生产的价值与实现人的价值相统一的安全文化是企业建设现代安全管理机制的基础。

通过实施企业安全管理与安全文化"双管齐下"的策略，香港建筑从业人员安全意识普遍有所增强，企业安全管理水平普遍提高，越来越多的建筑企业主动加大安全投入，不断改善安全设施和措施，香港建筑业工伤事故率逐年大幅度降低。

五、结　语

香港经过多年努力，基本形成了特有的安全管理模式，建筑业安全管理取得了明显的成效，其在推动建筑企业安全管理制度与安全文化建设方面的经验值得借鉴。

参考文献

[1] 罗云,程五一.现代安全管理[M].北京:化学工业出版社,2004.

[2] 姜绍杰.香港工务工程安全管理体系[J].施工技术,2006,(5).

实施战略成本管理 提升项目履约能力

罗 宏

(中建三局第二建设公司，湖北 武汉 430074)

近年来，随着国家基建投资的不断增长，建筑施工企业的规模迅速扩张，承接的特大、大型项目越来越多。仅 2009 年，中建总公司单房屋建筑工程合同额即达 3 246 亿元，三局签约亿元以上项目就有 106 个，其中 5~10 亿元项目 12 个、10 亿元以上项目 9 个，土建项目平均合同额达 2.67 亿元，项目履约的压力和风险急剧增加。据行业数据，施工企业能按合同工期完成的项目仅占 60%~70%，项目普遍存在工期拖延，随之管理费、人工费、机械设备租赁费等各项费用频频递增，企业效益递减，社会信誉受到负面影响，项目履约已逐渐成为制约企业发展的瓶颈。本文就运用战略成本管理，提升项目履约能力，化解履约风险，为最终达到获取最佳效益目标进行了初步探索。

一、工程履约风险分析

当前，工程履约风险主要表现为两大方面：一是内部资源匮乏。企业快速发展的同时，管理、技术、施工人员数量和素质难以满足合同履约的需要；劳动力紧张；部分原材料供不应求。二是外部环境压力。部分业主利用优势地位，将经营风险转嫁给施工单位，如普遍实行低价中标压缩工期，大额现金履约保证金等，一定程度上加重了工程履约的风险。

究其根本，项目履约的风险离不开"成本"二字，主要体现为五大矛盾：

(1) 生产资源与成本的矛盾。主要体现在对管理人员、科技开发利用以及对价高质优劳务队伍的选择上。

(2) 质量与成本的矛盾。确保优质的产品，就必须保持人工、材料等投入，满足工期和质量要求。

(3) 科技创新与成本的矛盾。科技可以引领生产，但同时新技术的开发或运用的成本较高且风险较大。

(4) 机械设备投入与成本的矛盾。大型机械设备的投入势必带来一定的成本压力，而且短期内看不到效益。

(5) 合作共赢与成本的矛盾。与业主、监理、设计院、分包单位、材料商等要保持良好的沟通合作；与有关政府主管部门要保持联系并承担相应的社会责任等。

我们只有真正化解或者理顺这些矛盾，才能顺利达到项目履约，获取最佳收益。

二、实施战略成本管理的必要性

"战略成本管理"最早于 20 世纪 80 年代由英国学者肯尼斯·西蒙兹提出，他认为战略成本管理就是："通过对企业自身以及竞争对手的有关成本资料进行分析，为管理者提供战略决策所需的信息。"后来，美国哈佛商学院的迈克尔·波特教授提出了运用价值链（纵向价值链、横向价值链、内部价值链）进行战略成本分析的一般方法。

传统的成本管理通常把眼光局限在单纯降低成本上，强调的是对成本的预算和执行监控，通常以利润最大化为终极目标，而忽视了企业的长远发展，容易造成企业短期行为。战略成本管理最突出特点是：在进行成本管理的同时关注企业在市场中的地位，并借助成本管理使企业更有效地适应其持续变化的外部环境。简单地说，战略成本就是用成本管理的眼光来指导企业的战略。包括两个层面的内容：一是从成本角度分析、选择和优化企业战略；二是对成本实施控制的战略。

结合公司实际，其形成有以下背景：

（1）跨越式的规模增长、项目履约吃紧的现实，使得引入战略成本管理成为当务之急。优质、快速地施工好我们承接的每一个项目，满足不同业主的需求，已成为我们前进路上的难点和关键课题。实践中，传统的成本控制方法成效在逐渐降低，且单一的成本控制带来工期不顺、产品质量降低、安全事故多发、劳务纠纷增多等风险，不仅有损企业品牌，且最终导致了大额成本支出。引入战略成本管理方法，通过快速施工，科学管理，全面履约，圆满地满足业主的需求，在主动、和谐的环境氛围中，扩大项目盈利空间，实现企业效益最大化已成为当务之急。

（2）"三大"营销方针的实践使得引入战略成本管理成为必然。推行战略成本管理是公司可持续发展的必然选择。近年来，公司主攻高端项目，放弃低端项目，承接了一批重大高端工程，要完成好大项目，战略性地资源投入必须加大。因此，对符合长期战略目标的大胆投入，其内涵有二：一是加大大型机械设备的成本投入，解决"硬实力"的问题；二是加大对劳务队伍及管理团队建设的投入，解决"软实力"的问题，使企业保持持续竞争优势。

（3）日益透明的建筑市场和国家机关对建设领域经营活动监管力度加大，企业自身的生存与发展使得引入战略成本管理成为必需。应该说，中国的房屋建筑业成本已经透明化，特别是大业主、大项目，其管理非常成熟，成本控制更是严上加严；同时国家机关对建设领域经营活动的监控力度越来越大，因此，我们不能、也不可能将实现效益的梦想完全寄托于最后的结算上，而必须全面履约，满足业主的需求，创造宽松的合作氛围，规避法律风险，将盈利目标在施工过程中化整为零，分次实现。

可以这样理解，战略成本是理念，项目履约是过程，效益是结果，我们需要的就是用理念指导过程来获得最佳的结果。

三、战略成本管理提升项目履约能力探索

IBM原董事长郭士纳的自传《谁说大象不能跳舞？》影响广泛。我们若把大企业比喻成一头大象，大象转身都不容易，更何况跳舞？很多企业壮大之后就如同一个背负着巨大身躯负担的大象，要适时地改变自己，适应环境，及时转身，该是件多困难的事。而战略成本管理的动态性让这一难题迎刃而解。怎样通过运用战略成本管理，提升项目履约能力，从而提高企业的盈利水平，我们认为要从两个层面着力。

1.企业层面，实施"三大策略"

站在战略高度，统筹规划，整体部署，不以单个项目为目标，做到"见树又见林"。

（1）实施市场营销策略，确保项目品质

一是坚持"大项目、大业主、大市场"的营销理念。在特大型项目的策划中，重点突出"扬品牌，展文化，显实力"的特色，与大客户建立长期合作关系。

二是坚持理性经营理念。从投标开始充分调查研究，稳健经营，理性承揽。针对工程特点、市场环境、业主基本情况等，对项目的履约风险进行评估，确保项目合同质量。

三是坚持品牌营销、团队营销理念。面对竞争激

烈的市场环境,不能过度依靠价格战,而是通过差异化战略,有针对地对市场进行细分,提升在建项目技术含量、优化工程质量、完善竣工服务保障体系,培养顾客对企业品牌的认同感。同时建立规范的营销体系,重点项目集团作战,整体运作,各区域互通信息,互相提携,局部服从整体利益,做到资源的共享优化。

(2) 实施优化产业结构策略,确保效益增长点

稳固、健康的产业结构是企业生存和持续发展的必要条件。作为建筑企业,一方面立足建筑做建筑,加强工程施工主业经营,同时积极发展企业上下游产业中高附加值、高科技含量、符合市场需求的房地产、大安装、设备租赁、商品混凝土等业务,延伸产业链。另一方面,发展新兴领域,加快企业朝"金融、投资、开发、设计、采购、劳务、物业"集团化方向发展,增强企业抗御风险的能力,推动企业做大做强。

(3) 实施科学调配资源策略,确保适度成本竞争

在管理上体现法人管项目的理念,通过变分权为授权,以信息化手段实现对项目"零距离"管理,对项目的重要生产要素进行集中管理,对影响项目利润的关键环节进行控制,如实行资金集中统一管理,有利于整合企业的金融资源,降低使用金融资源的成本,提高金融资源的使用效率,有效防患金融风险,增强企业盈利能力;生产要素的集中采购,既有利于资源合理流动,又有利于满足项目施工生产需要;人力资源的集中调配,便于企业内部人才的合理流动与使用。

2. 项目层面,强化"三个观念"

工程项目是企业造血细胞,项目管理是提升企业竞争力的核心环节,是企业效益的源泉和形象的窗口,项目履约能力的提升,直接影响企业的生存与发展。

(1) 推广科技创新,强化深化设计观念

技术创新是战略成本管理的重要内容,是推动成本降低的主要驱动力之一。现代工程建设对承包商的技术水平提出了更高的要求,拥有先进技术工艺的承包商往往可以以自身技术优势为突破口,取得市场的主动权,从而获得竞争优势、获得高于行业平均水平的利润。

一是培养技术人才、设计工程师,如建筑工程师和结构工程师等;二是向科技创新要效益。利用企业的科技优势,对工程难点组织联合攻关。通过技术创新,提高施工效率、工程质量,缩短工期,防止因误工、返工和返修造成的浪费;三是向工艺优化要效益。加强科技创效的策划,对新技术、新材料、新工艺的运用等进行有针对性的策划,优化施工方案;四是向深化设计要效益。近年来,一些高端工程的业主对总承包商的要求越来越高,承包范围不再局限于主体结构、初装修等"毛坯房"的内容,已经逐渐转变为主体结构工程的施工,并涵盖机电、装修和幕墙等专业管理的真正意义上的施工总承包,其间大多都包括了施工图设计。施工图设计及其深化工作已成为建筑企业潜在的利润增长点,设计优化、同性能替代等已经成为总承包商和专业分包商提高项目经济效益的有效途径。为此,深化设计应作为一项新型的技术进行强化和推广,并作为项目管理的一项重要工作贯穿整个施工过程。

(2) 推行月结月清制度,强化进度款追索观念

推行月结月清是常态化工作,是有效控制成本、防范风险的手段。通过在施工过程中对分包单位(包括劳务、专业分包、机械租赁、商品混凝土等)等生产要素按月办理结算,加强分包工程、材料的量价管理,适时掌控项目成本脉搏。同时确保及时收回工程进度款,在过程中及时化解签证中的问题。若一旦拖延到工程竣工时再结算,往往因业主人员变化、项目人员变动、资料收集取证等因素,造成项目结算久拖不结,最后给企业带来经济风险。

如何保证在"进度款"中谋求"效益",关键是做好"量"的控制与节约。"量"的控制,一是数量,二是质量。在数量方面,鼓励和倡导量的节约,采用新技术、新工艺,合理使用施工规范;重点实施"钢筋工程"的管控,专项考核,节约奖励,超耗处罚;同时,注重内部分包结算量的控制,实行"先内后外"的结算原则,杜绝量的"跑、冒、滴、漏"现象。通过一系列运

作和控制,达到项目月度现金收入大于成本的目标。

(3) 推进施工总承包管理,强化合作共赢观念

施工总承包管理是建筑市场的发展方向。由于施工总承包价值链将设计、施工、采购这几项主要的价值活动紧密联系,从而有效降低成本,使企业的利润增长点由单一利润点变成了包括设计、施工、设备采购等多个利润增长点。通过功能的整合,简化了设计、施工、采购过程,节约了企业成本。但同时施工总承包管理要求项目要有大局观、服务意识,站在企业规模经营的高度,不以短期盈利为目标,而是维护企业的长远发展,在人、财、物上服从公司的总体调配,甚至以一时的损失换取更大的收益。强调坚持一个理念,即法人管项目理念,抓好公司总部层次、总承包部层次、专业项目部层次这三个层次管理,实现"总部服务控制,项目授权管理,要素统筹采购,资金集中调度,高层定期对接,社会协力共赢"。

一是"专业及劳务招投标不仅仅是压价,而是选择战略合作伙伴"。品质与价格是相互对应的。针对高端项目多的特点,我们分别在不同项目上就"选择性增加投入"进行了实践,取得了不错的效果。如某一特大型项目,通过对拟投标劳务分包商进行资信调查与考察,最终选择了高出第二名近1 000万报价的劳务分包商,事实证明,这个选择是相当正确的,该队伍全情投入保质保量提前完成了合同中约定的每一个节点工期目标、安全生产、文明施工等得到业主及业内外各界人士一致好评。为此业主方主动向当地各大建设单位推荐施工单位,在当地又相继承接了几个大型工程,这与企业强有力的品牌效应是分不开的,企业也与劳务队伍建立了长期的合作关系。

二是"塔吊不仅仅是用来吊钢筋的,也是用来钓工程的"。一般而言,大型机械设备的投入对项目是很大一笔成本而且短期内很难收回效益,但却满足了企业发展战略需要。如公司东北地区某城市综合体项目,投标过程中,经过分析对比,投入2 540万元购入了2台先进的塔吊,不仅在承接工程方面增加

了"硬实力"和重砝码,为中标奠定难以撼动的竞争力,而且为企业施工"高、大、新、尖"项目创造了良好的硬件条件,这项收益将是长远的。

三是建立战略联盟机制。与分包互相理解、互相尊重,营造和谐友好的总分包氛围,推动总承包目标的实现,在协调服务上,站在全局立场,多为分包方提供服务,搞好协调沟通,保证分包方顺利开展工作;在资金支付上,及时按合同约定支付工程款,保证分包方有效运转,共同构建和谐共处、多赢互惠的良好格局;建立同各工程建设单位、监理、设计单位的良好合作关系,形成相互支持、共同发展的战略联盟机制,达到双赢的目的。

可以说,项目履约决定着项目效益。通过良好履约,实现向施工各环节、各价值链要效益,达到项目增效目标。

四、提升项目履约能力努力方向

推行战略成本管理,对我们来说是一项新的课题,我们进行了有意义的实践,目前重点对生产资源瓶颈问题进行了思考与探索,未来我们还将着力解决:一是人才短缺制约企业发展的瓶颈问题。加快人力资源开发,建立支撑企业发展的管理型、专家型、操作型三大人才支柱。二是创新施工总承包管理模式。以特大型、大型项目为平台,加强施工总承包管理实践,积累经验,形成成熟的管理模式,建设一流的施工总承包企业。

浅谈国际承包工程会计核算和财务管理

彭玉敏

(中建海外事业部，北京 100125)

摘　要：随着我国改革开放和社会主义市场经济的发展，许多企业都在积极实施"走出去"的战略，越来越多的大型建筑公司也纷纷走出国门，积极参与国际工程的承包，在这些国际工程建设和管理中，不可避免地要涉及会计核算和财务管理。本文结合自己从事国际承包工程会计核算和财务管理工作的实践，简要地说明国际承包工程会计核算和财务管理工作的特点和要点；对境外企业面临的账套核算体系——特别是外账核算步骤进行了描述，并对国际承包工程财务管理策略进行了浅析。

一、引　言

随着我国改革开放和社会主义市场经济的发展，党的十六大确立了"走出去"的战略方针，鼓励并支持国内有经验、有实力的优秀企业走出国门，对外进行经济活动，以增强国际竞争力。

建筑业是我国国民经济的支柱性产业，在实施"走出去"的战略中，起着不可忽视的重大作用。2009年，国际经济形势发生了重大变化，美国次贷危机引发的全球金融海啸，全球经济增长明显放缓，世界贸易和对外直接投资显著下降，国际市场上的资本活动明显减弱，经济衰退的阴影在年底笼罩各国。然而，中国对外承包工程行业在2009年增长势头不减，随着国内建筑市场的日趋饱和及企业"走出去"步伐的加快，对外承包工程企业数目日益扩大，竞争也日趋激烈，在这种形势下，财务管理水平的高低将直接影响到对外承包工程企业的竞争能力。

本文结合自己从事国际承包工程会计核算和财务管理工作的实践，对国际工程承包工程会计核算和财务管理工作的特征、重点及相关策略进行简要论述。

二、国际承包工程会计核算和财务管理工作的特点

国际承包工程，是通过国际公开招标竞争进行建设的工程项目，其最突出的特点是承包工程所处地域在境外，其业主是外国政府、组织或个人，需要经过激烈的国际投标和竞标而取得，项目业主的意念强，合同约束为刚性，承包商效益要求唯一以及受跨国经营因素的影响。

国际承包工程会计核算和财务管理，是指以国际承包工程为对象的会计核算和财务管理工作，主要内容包括：国际承包工程收入、成本的核算和管理；资金的使用和调配，以及反映国际承包企业财务

成本管理

状况、经营成果和现金流量的会计报告等。

国际承包工程会计核算和财务管理工作具有如下特征：

1. 账务系统和会计信息报告系统的双重性

一方面，由于国际承包工程的执行主体是我国的企业，所以，其账务系统和会计信息报告系统的设置、运行必须遵循我国的会计准则、会计制度和税收法规等要求；另一方面，由于国际承包工程地处国外，其业主是外国政府、组织或私人，所以，其账务系统和会计信息报告系统的设置、运行又必须遵循所在国家(地区)的会计准则、会计制度和税收法规等要求。这就要求从事国际承包工程的企业在境外进行会计核算和财务管理时，要分别适应两种不同的会计准则、会计制度等要求，以满足内外两方面对会计核算工作的要求。一般情况下，在发达国家从事建筑承包工程，由于其会计制度、税收法规等比较健全，会计核算遵循国际会计准则，通常境外企业要严格按照当地会计制度的要求进行会计核算和财务管理，即以外账核算为基础，在外账的基础上按照国内的会计准则进行调整，将境外报表调整为国内会计制度要求的国内会计报表，这种方法比较简单，可以节省相应的人力、物力，但要求中方财务人员能充分了解和掌握当地的法律和税收政策，具有很高的外语水平，能独立完成外账的核算，并能直接配合中介机构的审计和税务审查等；但中国建设企业大多数进入的是不发达国家甚至是落后的国家和地区，其财务核算的方法等尚未与国际接轨，与中国的会计准则也不尽相同，具有明显的所在国特点。因此，这就需要境外企业建立两套账务核算体系，以分别适应国内和所在国财务管理和税收法规的要求。两套账务核算体系是国际承包工程会计核算工作的一个显著特征，又是国际承包工程会计核算工作的重要基础和手段。

2. 记账本位币的外币性

我国企业会计准则规定，国内企业的会计核算统一用人民币作为记账本位币。但是，国际承包工程的业务发生在国外，外币业务占全部经济业务的大部分，为能如实反映经济事项和简化核算，一般应采用国际承包工程所在国家或地区的货币作为记账本位币，向国内母公司报送报表时再折算成人民币，按照我国会计准则规定，资产负债表一般采用报告期的期末汇率折算，损益表使用年初与报告期的平均汇率折算。

3. 外币业务的大量性

由于工程所在地是在境外，围绕工程发生的工程款收入、物资采购、机械设备购置和租赁、人员雇佣、税费交纳等一系列经济事项大都以外币来进行结算和支付。有些涉及工程所在国一国货币，有些涉及工程所在国货币、美元等几个国家的货币，人民币此时也被作为一种外币来核算。同时，由于汇率的变动(有时变动十分剧烈和频繁)，汇兑损益的核算工作也显得非常重要，这就决定了国际承包工程会计核算外币业务工作量大的特征。

4. 资金结算手段的复杂性

国内工程的资金结算主要通过银行转账、支票、汇票等结算手段来进行，比较简单、易操作。国际承包工程资金结算除以上结算手段外，一些国家和地区还采用远期支票和信用证等结算方式，程序比较复杂。特别是信用证结算，从开证申请开始，到信用证条款的审核、修订、展期、信用证兑付等各个环节都有严格的程序和规定。信用证支付是业主为缓解资金压力采用的一种结算方式，需要境外企业垫付部分资金进行施工，如果境外企业流动资金较为充裕且项目盈利空间较高的情况下可慎重考虑接受信用证付款，但一定要严格审核信用证条款，避免信用证条款的过于苛刻而影响工程款的回收，造成企业资金链条的断裂而陷于被动局面，损害企业利益。

5. 工程结算的法律性

国际承包工程不管是合同的签订还是工程价款的结算，都比较注重法律的约束力。任何经济事项的处理都要求有书面依据，境外企业一定要充分认识合同的重要性，适应国际市场上处理经济事项的方法和程序，慎重签订合同，并认真履行合同。

6.对财会人员素质要求较高

(1)对中方财务人员的要求

国际承包工程财务人员除了熟悉和了解国内会计准则和相关制度规定外,还应熟悉工程项目所在国的财经法律、法规、政策和制度,掌握境外会计核算的方法和技巧,熟悉工程合同基本条款和相关条款,要具有较好的外语听、说、读、写等能力,并遵守当地法律和尊重当地的风俗习惯等。

(2)对聘请的当地会计师的相关要求

国际承包工程在财务核算上要遵循当地税收政策,建立规范的账务处理系统,聘请当地注册会计师作为咨询师和顾问。对会计师具体要求包括具有合法的执业资格,具有良好的职业素质、职业道德;能为项目提供会计服务;具有一定的良好社会关系,特别是与税务、财政部门方面的关系;能够保守承包方企业秘密。此外,还应要求会计师为企业提供财务政策、税收政策等相关内容的文件,制定符合当地规定的会计处理办法。

三、国际承包工程会计核算的账套体系

如前所述,通常情况下,国际承包工程会计核算的特殊性,要求建立两套账务核算体系和信息报告系统,以分别适应两种不同的会计准则、会计制度、税法等法律法规,以及不同的语言文字,满足国内外两方面对国际承包工程会计核算工作的要求。鉴于两套账务核算体系在国际承包工程会计核算工作中的重要性,在此作较详细的论述。

1.两套账务核算体系的内容及其特点

第一套账务核算体系我们称之为外账。它依据工程所在国的会计制度和税法等法律法规,应用工程所在国的语言文字(或如英语等通用文字)设置和运行,目的是满足工程所在国各方面的需要。外账所使用的财务管理系统软件由工程所在国政府认可的审计部门(一般是会计师事务所或审计师事务所)推荐或者指定,其运行过程接受审计部门的审查;经审计部门审计并出具审计报告的财务报表被税务部门作为确定税收的合法依据。

第二套账务核算体系可叫做内账。它按照我国的会计制度和会计准则,应用中文建立和运行,向国内有关部门报送会计报表,接受我国的审计和财税检查,目的是满足国内各部门的需要。

内外两套账的主要区别在于,依据的会计制度不同、采用的文字不同、服务的对象不同,以及由此形成的一些账务处理形式和纳税基础计算等具体会计方法的不一致;二者的联系也很广泛,它们是针对同一经济活动而采用的两种不同形式的账务处理系统,在会计核算对象、会计核算遵循的一般原则、会计基本程序和方法等诸多方面,其实质是相同的。

比如对工程项目收入成本的确认方法,中国采用的是《建造合同》准则,即按照完工百分比确认收入、成本,而一些国家按照收付实现制确认收入成本,使项目期间利润不一致;还有,对固定资产的折旧年限和折旧方法,以及对坏账准备和存货跌价损失的计提方法等也存在着较大差异性。

必须明确的一点是:建立两套账务核算体系,绝不是说一套是真账,另一套是假账,只是为了适应两个国家不同的会计制度和财税法规,而使得两套账的语言文字、会计核算和账务核算方法、会计期间、成本范围、纳税基础等方面有所不同,两套核算体系所依据的经济业务都是真实的。因此,两套核算体系决不应该成为某些单位或个人弄虚作假、违法乱纪的借口。

2.两套账务核算体系的运行方式和衔接方法

由于内外两套核算系统进行会计核算工作所依据的各种原始凭证是统一的,所以只能有一套账可以附有各种原始凭证的原件,另一套账只能附有各种原始凭证的复印件。一般来说,国际承包工程所在国都要求各种单据以原件入账。本着"先外后内"的原则,各种原始单据的原件应附在外账,内账附复印件。

内外两套账的衔接方法和运行方式大致有两种:

(1)设立两套机构,先内后外,由内向外转的方式。在一个财务部门设立两套机构,一套机构负责内账的核算和管理;另一套机构负责外账的核算和管

理。这两套机构在组织形式、人员构成、办公设施、操作方式等方面均相对独立，各负其责，分工协作，分头开展工作。一项经济活动引起的会计核算业务在内外账之间有一个很明晰的交接程序和动作。一项经济活动发生后，先由内账机构在内账系统进行账务处理，然后，由内账人员负责将单据的原件传递给外账机构，同时，将该单据的复印件留存于内账中；外账机构接到内账传递的单据原件后，进行外账的账务处理。这样，一项会计业务方告处理完毕。

这种衔接和运行方式的优点是分工明确，交接程序严密，责任也容易划分；缺点是机构庞大，手续繁杂，如果单据传递不及时则容易造成外账的账务处理滞后。这种形式适用于业务量大的核算单位。

(2) 一套机构，同时负责内外两套账的方式。同一个会计机构，同一套财务人员，既负责内账的核算和管理工作，又负责外账的核算和管理工作。虽然机构和人员是同一的，但内外两套账务系统仍然是相对独立的，是一种由一个机构同时运行两套账务系统的形式。在这种形式下，由于机构和人员的不独立，所以没有第一种形式下那么明显的内外账交接程序和动作，但是，这一交接程序和动作并非不存在，而是发生了简化和隐化，其内外账交接运行的实质与第一种形式是相同的。对某项经济业务，会计人员先在内账系统进行账务处理，随后转入外账系统，进行外账的账务处理，并将入账的原始单据制成一式二份，原件附在外账，复印件留存内账。

这种形式的优点是机构精简，手续简便，并能保证内外两套账都能及时入账。可适用于会计核算业务量较小的单位。

一般情况下，外账的核算通常聘用当地的会计师来完成，如果中方财务人员具有外账核算能力，也可由中方财务人员自己完成；内账则完全由中方财务人员使用中文来完成。这种方式的优点：两套账不但能独立自成体系，而且能完全满足各方对国际承包工程项目财务信息的需求；由于当地会计师的参与，使得外账更能经得起当地税务部门的审查。但这种方式需要配备较多的财务人员和资源，会加大国际承包工程项目的成本费用。

内外两套账相对独立又紧密联系地运行，共同构成了国际承包工程会计核算体系的基本框架。所以，掌握了两套账制度也就为顺利开展国际承包工程的会计和财务管理工作奠定了基础。

3. 做好外账的步骤

(1) 熟悉和掌握国际承包工程项目所在国的法律、法规和会计制度，为做外账做准备。

1) 在项目追踪、投标阶段，根据当地公司法、劳工法、税法、会计准则及货币金融政策等规定，在国际承包工程项目的投标价格中充分考虑项目实施过程要承担的税负、当地员工薪酬成本等，夯实项目成本，为项目争取更大的利润空间。

2) 确定项目外账的主体资格 (即在所在国或地区的纳税主体)。

有的国家需要外国公司在当地注册成立公司才能拿到项目，并且有的国家要求所成立的公司必须要有本国公民 (或本国公司) 持有一定比例的股份，外账核算及纳税申报只能以注册公司的名义进行，东南亚的泰国、菲律宾等国，中东地区的阿联酋、卡塔尔等国家就是如此，如不成立公司，则要按非居民公司缴纳企业所得税，这样税负很高；有的国家则不要求外国公司在当地注册成立公司，而是以外国公司的名义在当地注册一个税号，项目部在此税号下进行账目核算和纳税申报即可，如巴基斯坦及大部分非洲国家便是如此。

3) 确定项目外账的会计期间，尽量能与公司总部会计期间保持一致。

有很多国家或地区的会计期间不是以日历年度计算，如纳米比亚规定的会计期间为6月1日至次年5月31日，会计年度结束后6个月内完成纳税申报；如巴基斯坦规定的会计期间为7月1日到次年的6月30日，会计年度结束后9个月内完成纳税申报。一般来说，经过项目部申请，项目所在国或地区税务部门可认可项目部按其母公司的会计年度进行核算和纳税申报，如果能这样，对项目外账工作就很有利，可随时根据项目内账核算情况，对项目外账有关核算进行掌控和审核。

4) 取得合法的可在税前抵扣的票据。

各国对发票管理和税前抵扣成本费用都有不同的规定,如:有的国家规定非本国票据不能在税前抵扣;有的国家没有统一的发票,只要对方出具载有对方公司名称、业务内容、数量、金额、对方签字等业务要件的单据即可,这往往让我们不太注重正式票据的取得,特别是有的国家规定要预扣税,如巴基斯坦(许多非洲国家也是如此)要求,单笔金额或月累计金额达到2.5万卢比(约合人民币2 000元),要按6%的税率预扣付款方所得税,并在1个月内将税款缴纳,否则,该项成本费用不仅不允许税前抵扣,还要面临罚款。

5) 精心筹划中方员工在所在国缴纳的个人所得税,避免多缴税。

每个国家都对外籍人员在本国工作取得收入缴纳个人所得税有明确规定,如不按规定及时缴纳个人所得税,则有关成本费用支出不仅不能进行税前抵扣而且还要缴纳罚款。因此,要充分了解和掌握当地的税法,根据税法规定合理安排中方人员在当地的工作期限,避免缴纳高额的个人所得税(实际上由项目成本负担)。

6) 处理好有关当地劳工的成本费用支出,避免劳工官司和缴纳高额罚款。

为了有效地控制成本费用,项目部除工程技术人员、商务人员、工程结算人员及关键管理人员必须由中方人员担当外,其他人员基本都在当地聘请,涉及当地劳工除了支付工资和代扣代缴个人所得税外,项目还要按法律规定负担相关保险费用,如养老保险、失业保险、医疗保险等,如不按规定计缴,项目部可能要面临劳工官司和承担高额的罚款。

(2) 根据需要聘请业务能力强、英语水平好的当地会计师或税务师进行项目外账处理,公司派驻国外项目的中方会计师,无论如何也达不到当地会计师或税务师对项目所在国或地区政策、法规的了解和熟悉程度。

项目所在国家或地区可能随时都会出台新的法律、政策,中方会计师不可能及时了解和掌握(中国目前的情况也是如此),因此,要聘请业务能力强、英语水平好的当地会计师或税务师进行项目外账处理,中方会计师可根据项目的具体情况安排当地会计师或税务师的工作内容,一般分为以下几种:一是从做项目外账凭证开始到记账、出报表、清缴当地税金等一系列工作全由当地会计师来完成。二是项目外账的具体工作由中方会计师完成,所聘请的当地会计师或税务师对会计报表进行审核把关,在报表上签字并负责纳税申报工作。三是中方会计师提供收入及主要的成本费用单据,由当地会计师制表,完成纳税申报等工作。

(3) 中方会计师对项目外账核算结果进行审核

及时、真实、准确地做好内账,既能满足公司总部对项目财务信息的要求,又能在内账的基础上对项目外账的核算情况及结果进行有效地审核,特别是项目外账由当地会计师独立处理时,为维护公司的利益,项目外账送审前中方会计师必须进行认真细致的审核。

(4) 做好外账的审计、纳税申报工作

聘请当地会计师事务所对项目外账进行审计,协调解决审计中出现的有关问题,及时向当地税务部门进行纳税申报,取得完税证明。

四、国际承包工程财务管理的策略

1. 加强制度建设,制定必要的财务管理制度

加强制度建设,强化内部控制制度,是实施项目的有力保障。财务管理制度是工程项目财务核算和财务管理工作顺利开展和有效运作的保证,也是项目财务管理的前提。因此应该依据我国和项目所在国的法律法规、公司的财务管理制度,以及工程项目的自身特点,制定必要的财务管理制度。

2. 加强资金管理

资金是工程项目的血液,现金流是工程项目正常运转的基本条件,因此资金管理是国际承包工程项目财务管理的重中之重,国际承包工程的财务管理必须以资金管理为中心。

(1) 积极拓展融资渠道

国际承包工程项目的特点决定了项目需要充足的资金作保证,融资的渠道有多种:公司总部统一从国内融资,从项目所在国金融机构融资,从业主处取得资金支持等。

(2) 合理调配利用资金

国际承包工程项目前期大量采购急需资金,项目后期回收大量的结算资金,合理调度使用资金是项目资金管理的关键,应选择合适的开户银行,建立资金预算制度,利用有限的资金创造更多的效益。

(3) 加强资金的风险管理

国际承包工程所在国大多是局势动荡的不发达国家,存在较大的财务风险。企业在保证项目正常施工的前提下,要尽量减少库存现金,尽量少留当地币,在可能的情况下,通过安全、合适的途径,将多余资金汇回公司总部。

3. 做好工程项目费用成本的控制和管理

工程项目的成本管理与控制,是工程项目施工全部活动工作质量的综合指标,反映了承包企业生产经营管理活动各方面的综合成果。对项目成本进行控制,要根据国际工程承包项目的特点和承包经营模式采用切实可行的成本控制办法,确定有效的成本核算和控制体系,寻求降低成本的途径。首先应由工程专业人员和财务人员共同对项目各个阶段的设备物资、零配件、人工等成本费用制定详细的预算和计划;然后落实到项目的设备物资部门、财务部门以及施工队组,明确各项资源的消耗定额和施工机械配置,明确完成的时间和质量要求,尽量控制成本费用。

4. 完善结算管理,减少项目的资金成本

工程结算贯穿于工程项目实施的始终,在项目管理中占有重要的地位,从工程项目的投标报价开始,工程实施中的每阶段,到工程竣工后的总结算,工程项目的执行过程,也就是工程款的结算过程。国际承包工程结算具有严格的法律性,承包项目的合约人员和财会人员一定要充分认识合同的重要性,慎重签订合同,认真执行合同。根据合同规定的条款,按工程进度的已完工作量或已完分部、分项工作量,编制工程结算账单,报经咨询工程师确认,再由业主审核后支付给承包商工程结算款,减少项目的资金成本。

5. 熟悉和研究税收政策,合理避税

熟悉当地税收法律法规和工程合同中有关纳税条款,避免因不熟悉法律法规和工程合同中有关纳税的条款导致项目多缴税或被罚款。认真研究各项减免税收的法律法规及会计账务处理的方法,正确选择各种合法避税和抵免税收的途径和措施,在不违反法律的情况下合理避税。

6. 重视工程索赔,做好索赔准备工作

当合同规定的索赔情况出现时,承包商应在规定时间内向咨询工程师和业主发出索赔通知,并提交索赔金额和索赔依据等详细资料。索赔一般比较复杂,需要提供大量翔实的财务资料,因此,项目从开工时就应该做好索赔的各项准备工作,特别是财务部门,从建立财务核算开始就应该着手准备索赔可能需要的财务资料。

五、结束语

国际工程承包项目的会计核算和财务管理工作,需要紧密结合承包项目所在国的特点和项目的具体模式,从项目的实际出发,从源头上严格把关,将财务风险控制于公司可承受范围之内,在项目执行过程中加强管理,严格核算,以保证实现项目的财务管理目标。

参考文献

[1] 汪浩. 国际承包工程的财务管理[J]. 中国有色金属, 2006, (11).

[2] 张翠芬. 国际承包工程中财务管理应注意的问题[J]. 对外经贸财会, 2004, (08).

[3] 车仲春. 浅谈国际工程的财务管理[J]. 石油化工管理干部学院学报, 2008, (4).

[4] 宋阳. 对外承包工程企业全面风险管理研究[D]. 北京:北京邮电大学, 2010.

"零库存"材料管理模式下材料费成本核算管理研讨

张荣虎

(北京今典集团，北京 100076)

建筑安装工程不同结构类型的材料费约占合同成本总额的 60%~70%，优质的工程材料是保证工程质量的核心，同时材料也是成本管控的重中之重。

建筑施工企业对原材料的核算，通常情况下是：材料验收入库即确认为原材料增加、应付账款增加；材料出库即确认为工程施工－合同成本－材料费增加，原材料减少。

由于建筑施工企业具有生产地的流动性，组织施工生产的项目部会随着建筑物或构筑物坐落位置变化而整个转移生产地点，而不同的工程项目现场环境和施工生产条件差别很大，对原材料的管理就会受施工现场库存和库存条件的限制。因此，施工企业的多数项目部对工程材料采用"零库存"的管理方式。

"零库存"的材料管理就是当材料采购的货物到场时，组织相关工程技术人员、材料管理人员以及分包单位材料员和技术人员到现场对到场材料的质量和数量进行共同验收，并直接进入分包单位的材料场地或仓库，由三方人员共同进行材料设备进场验收签认，采取直入直出同步办理材料《入库单》和《领料出库单》等手续，使总包单位原材料处于"零库存"状态。

在"零库存"的材料管理模式下，如何才能真实反映各工程节点或时间节点工程项目的合同成本中的材料费成本，是摆在各施工单位财务人员和材料管理人员面前的现实问题。

笔者对三亚湾红树林旅游会展度假酒店项目施工现场的材料管理、材料及合同成本核算管理，提出了定时定点对现场余料进行详细盘点，以虚退库的方式还原成本的处理方法，并在该项目的材料核算管理中得以有效实施。

一、建立完善的流程和管理制度，是实现有效管控的保障

北京今典集团所属全资子公司北京中都建筑工程有限公司，从 2011 年初以来，大抓业务流程和管理制度建设，责成财务负责人牵头对成本业务流程和成本核算管理制度制定完善。制定了完善的材料计划管理、限额领料管理、现场材料管理、材料盘点管理、材料核算管理等系统的材料管理制度，制度明确了各业务部门和各岗位的管理职责、工作目标、时间节点、操作及审批流程、信息反馈等内容，同时设置系统的工具表单，规范了各环节的业务操作和管理行为。

材料计划是在目标成本和计划成本的基础上，结合施工图纸和施工预算的材料预算用量，分解测算出各单体工程的各项材料用量，再根据施工组织方案和施工进度计划，确定各进度节点范围和各部位的材料用量计划。

限额领料是在各专业各单体工程各进度节点材料计划的基础上，结合施工进度需要制定各栋号、各专业各项材料的用料限额指标，作为材料设备部门和财务部门控制各项材料消耗量的重要依据。

现场材料管理明确各分包单位要设置专门库房，并按材料性能、形态分类，合理堆码、摆放整齐、标识明确，符合安全和文明施工管理要求，确保安全，防止丢失和损坏。定期组织对各分包单位材料管理的检查和评比，促进材料管理。

定期盘点，要求每月 26 日由材料主管组织材料

成本管理

现场余料盘点汇总表(万元)   表1

序号	材料类别	合计	6号楼	7号楼	备注
1	钢材	292	292		
2	电料	25	8	17	
3	水卫料	94	59	35	
4	其他材料	6	3	3	
	合计	417	362	55	

制表人:张三　　材料部门审核:李四　　财务审核:王五

管理人员、项目财务主管、材料会计、分包单位材料员等参与对截止25日现场库存余料进行实物盘点。

材料核算管理明确规定材料费确认的依据和方法,明确了在"零库存"材料管理模式下,月底根据现场余料盘点结果,项目财务做虚退库处理来还原工程项目的材料费成本,实现对应工程形象进度材料费成本的真实和准确。同时规定下月初全额冲回上月底虚退库的会计凭证。

二、组织到位、严格实施

为了更好地加强施工现场材料管理,真实反映工程项目材料费成本,检查现场材料管理情况,对现场余料的盘点是最重要的操作环节。

26日,材料主管组织材料管理员、材料会计、主管会计、分包单位材料员一行带上盘点表和所需的计量、计算工具前往各分包单位的材料仓库和钢筋存放及加工场地等,对各栋号现场余料通过清点、量方、计量、计算等方法逐一盘点,现场盘点后按栋号、材料分类、材料品种整理成现场余料盘点清单,报材料主管对盘存数据复核。次日将复核无误的盘点表发送材料会计确定各项材料价格。

材料会计结合当期发出材料价格,对收到的盘点余料确认价格,计算出盘存余料价值后,将现场余额盘点清单发送材料主管审核。

材料主管对复核无误的盘点资料按栋号和材料分类进行整理和汇总,分别形成现场余料盘点汇总表,并对盘点过程中发现的各分包单位现场材料管理情况形成报告,将现场余料盘点表和盘点汇总表打印后报送材料设备部门经理和财务负责人审核签字。

28日将审核无误的现场余料盘点表、盘点汇总表及现场材料管理情况报送财务部(表1)。

三、明确核算方法,还原材料费成本

财务主管依据现场余料盘点表和盘点汇总表对现场盘存余料作虚退库和成本还原的业务处理,做库存材料增加合同成本减少的会计分录:

借:工程施工-合同成本-材料费-6号楼 -362万元
　　　　　　　　　　　　　　　-7号楼 -55万元
贷:原材料　　　　　　　　　　　　　-417万元

至此,原材料科目反映的存货余额做到了与现场实际库存材料的账目相符,并且合同成本中的材料费成本与实际消耗的材料也是相符的。从而,真实反映了工程项目各单体工程的实际材料成本。

在月初的成本分析例会上,在对合同成本-材料费收支分析的基础上,对各分包单位现场材料管理情况进行总结分析,对现场材料管理中存在的问题和不足进行反馈,并提出"零库存"管理模式下对现场材料管理意见和建议,促进了现场材料管理。

根据"零库存"材料管理要求,在月末结账完成后,财务主管将月底虚退库的会计凭证原数冲回,从而真实反映了各分包单位实际领取材料情况,做会计分录:

借:工程施工-合同成本-材料费-6号楼　362万元
　　　　　　　　　　　　　　　-7号楼　55万元
贷:原材料　　　　　　　　　　　　　417万元

在有效的材料计划管理、限额领料管理和材料进场的严格验收流程,通过定时定点的对现场余料进行详细盘点和财务核算的虚退库处理,在直入直出"零库存"的材料管理模式下,既可实现减轻项目部管理负担最大限度降低管理成本,同样可以实现材料管理工作的优化和工程项目合同成本核算的真实准确。

建筑企业集团商业智能(BI)
——财务分析及决策支持系统的研究和应用

顾笑白

(中国建筑工程总公司,北京 100037)

摘 要:随着市场经济的不断发展,建筑企业集团规模不断扩大,其生产方式和管理手段发生着根本变化。财务信息化作为财务管理的新型手段,在提高管理水平、增加经济效益、提升企业综合竞争力等方面有着重要的意义。本文以我国建筑企业集团的现状为基础,研究商业智能(BI)——财务分析及决策支持系统在建筑企业集团的应用,并有针对性地提出建设思路和建设内容,以期对建筑企业集团提高财务管理水平有所裨益。

关键词:建筑企业集团,财务信息化,商业智能,财务分析及决策支持

一、建筑企业集团财务管理业务特点分析

建筑企业集团财务管理工作覆盖从基础核算、资本运营、绩效考核直至战略管理的企业全部经营过程。具体业务主要包括成本管理、预算管理、资金管理、应收款管理、基础会计核算及报表管理以及全面经营信息统计管理等方面。

财务基础核算和报表编制是企业生产经营的财务结果展现,而财务数据是企业管理层进行决策的重要依据。在当今的市场环境下,企业决策者往往需要快速果断的作出判断,所以基础核算和财务报表必须具备较强的可参考性和时效性。

财务分析是对企业历史数据及外部数据的深度挖潜的过程,将固定格式的报表数据进行提炼、加工,以直观、易懂的方式展现数字背后所反映的问题和结果。对于企业集团来讲,财务分析和各类管理报表同样需要做到实时、准确。

二、建筑企业集团财务信息化应用现状分析

建筑企业集团多数是国有企业,都是跟随国家总体经济发展步伐和改革步骤,进行过多次重组改制,具有发展快、规模大、机构层次多等特点。同时,建筑企业是完全竞争性行业,面对日趋激烈的企业间的竞争,必须提升内部管理效率和水平,企业财务管理因此面临着日益严峻的挑战和考验,传统的管理手段已不能适应企业集团的发展需求。财务信息化作为有效的管理工具的广泛应用,是企业财务管理手段的必然选择,是企业财务管理方式的重大变革。

建筑企业集团具有经营布局范围广、空间跨度大、管理链条长、股权结构复杂等行业特点,企业会计机构都是依据组织机构而建立,会计核算以项目为基本核算单位,数据收集以报表形式逐级汇总财务数据至集团总部。这种行业特点和财务管理方式为财务信息系统集中部署和建设带来难度。随着

成本管理

1993年开始的几次会计制度改革,财政部最终实行了统一会计准则,建设财务信息系统标准统一问题得以解决,再利用网络技术手段,使多层级架构企业集团财务信息系统集中建设和部署成为可能。

一般建筑企业集团电算化工作始于20世纪90年代,从手工核算向单机版软件核算转变。随着国家整体信息化发展和基础网络设施完善,进入21世纪,按照集团财务资金集中管理的要求,逐步建立BS架构的集中部署的财务信息系统,其中最核心的是建立两级部署的财务核算系统。之后逐步建立一级集中部署的财务报表系统、生产经营报表系统、产权管理系统、会计人员统计系统等。各财务业务信息系统的建设解决了公司财务管理链条过长、存在多层级会计主体、会计核算标准不统一等问题。实现财务数据、财务信息集中共享,提升数据质量,提高工作效率,加强总部监管和控制。随着系统的全面应用,积累了大量的财务、业务数据和管理信息,存储在统一服务器上,为进行深入财务分析、预测预警以及为决策支持工作提供数据基础。具备了建立商业智能(BI)——财务分析及预警支持信息系统(以下简称财务分析决策支持系统)的可能性。

三、建筑企业集团建立商业智能(BI)——财务分析及决策支持系统的必要性

商业智能(Business Intelligence)的概念于1996年最早由加特纳集团(Gartner Group)提出,加特纳集团将商业智能定义为:商业智能描述了一系列的概念和方法,通过应用基于事实的支持系统来辅助商业决策的制定。商业智能技术提供使企业迅速分析数据的技术和方法,包括收集、管理和分析数据,将这些数据转化为有用的信息,然后分发到企业各处。商业智能系统是通过建立数据仓库,利用数据挖掘,整合各系统数据,获取商业信息,以辅助和支持商业决策。商业智能软件已经在发达国家进行了广泛应用,2009年仅亚太区(不含日本)商务智能(BI)软件市场规模为4.173亿美元,每年市场增长率约为12%。国外的企业大部分已经进入了中端商业智能软件应用阶段,即利用信息系统进行数据分析。有些企业已经开始进入高端商业智能软件应用阶段,即利用信息系统进行数据挖掘。我国的企业大部分还停留在报表分析阶段。

商业智能系统是信息系统的高端应用,企业必须建立一定的信息化基础,储存大量系统数据后,才能建立商业智能系统。商业智能系统的核心是数据挖掘和商业问题建模和分析,而分析的来源大部分是财务数据。因此在企业基础财务信息系统建立和全面应用后,为避免各系统独自建设,缺乏数据联系而形成信息孤岛局面,同时满足企业在战略执行过程中,对外部环境、竞争对手和企业自身的历史与现状充分了解,对行业未来发展趋势科学把握的需求。应该建立商业智能——财务分析及决策支持系统,对企业生产经营成果进行智能分析,对所拥有的资源数量以及资源分布状况进行合理规划,以达到科学决策支持的效果。

四、建筑企业集团商业智能(BI)——财务分析及决策支持系统总体设计

1.商业智能(BI)——财务分析决策支持信息系统应用架构

建筑企业集团建立财务分析决策支持系统,系统应用架构应分为四个层次(图1):

一是应用系统层,数据源主要为企业财务业务数据,包括财务数据、生产经营数据、预算数据、宏观经济数据、行业标准值等对企业决策支持有关联的数据均应纳入分析的数据源。

二是数据中心层,建立数据仓库,这是系统的核心。数据仓库能实现各类数据源的有机整合,应包含

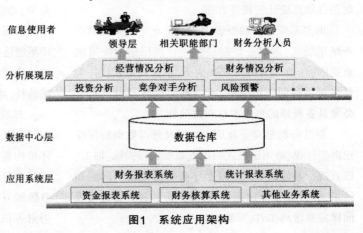

图1 系统应用架构

抽取、转换、清洗、加载功能。因为企业的信息分布在不同的业务系统,管理者要综观全局、运筹帷幄,需要迅速地找到能反映真实情况的数据,这些数据也许是当前的现实数据,也可能是过去的历史数据。因此,需要把各业务系统数据集合起来,根据管理需要,将海量财务信息筛选分类提取重要数据,通过构建数据分析模型,建立各种数据分析模板,对数据进行系统梳理,建立逻辑关系。为实现多维分析展示,需要使用多维分析工具,它的主要功能是根据用户常用的多种分析角度,事先计算好一些辅助结构,以便在查询时能尽快抽取到所要的记录,并快速地从一维转变到另一维,将不同角度的信息以数字、直方图、饼图、曲线等方式展现在使用者面前,使这些数据可以根据用户需要进行灵活的多维分析和展示。因此,数据仓库不仅仅是个数据的储存仓库,更重要的是它提供了丰富的工具来清洗、转换和从各地提取数据,使得放在仓库里的数据有条有理,易于使用。

三是分析展现层,包括财务分析、预算执行、预警预测等。系统实现的数据分析展现,不是单维的数据展现,而是根据管理需求,从不同的角度来审视业务数值,比如从时间、地域、功能、利润不同角度来看同一类数据。满足管理层分析预警和决策支持需求。

四是信息使用者,包括集团管理层、各相关业务部门、财务分析人员。这些使用者根据需求不同,确定不同的用户权限,可制作分析报表或查询管理信息。

2. 商业智能(BI)——财务分析及决策支持系统的实现内容

建筑企业集团财务分析决策系统建设的数据来源,主要是企业财务信息业务系统的数据,根据建筑企业行业财务信息化特点,通过系统建设应实现以下方面内容:

(1)企业经营情况综合分析

1)对财务报表的主要报表项目进行构成分析、影响因素分析、同比分析、趋势分析等,并以多种灵活直观的图形方式进行展示;

2)对主要报表项目的实际完成情况与预算、同行业数据等进行全面的对比分析;

3)对主要经营指标、应收款情况、现金流量情况等重点关注领域,进行多角度的专题细化分析,如按照地区、经营结构、板块、期间等角度进行分析;

4)对企业盈利能力、偿债能力、营运能力、发展能力等财务指标,进行同环比分析、同行业对比分析等;

5)通过杜邦分析、沃尔评分法等模型对企业财务情况进行综合分析等。

(2)企业经营情况异常预警

1)通过企业主要报表项目的实际完成值与预算值的对比,对差异较大的项目进行报警;

2)通过企业主要报表项目的实际完成值的同比分析,对差异较大的项目进行报警;

3)根据行业或企业经验值设定预警区间,通过企业相关经营指标与预警值的对比进行预警;主要包括经营风险预警、资金风险预警、关联方占用风险预警、专项投资风险预警等;

4)通过预警分析模型,通过对财务各项指标的分析,对公司财务状况的健康程度进行风险预警。

(3)专项预测及决策支持

1)通过预测模型,对企业未来可能面临的经营情况进行预测,如:本量利模型预测、投资预测等;

2)通过主要经营指标与预算指标、同行业指标的对比,使企业领导清楚地了解到企业目前的经营情况,以及本企业在同行业中的竞争情况;

3)通过企业综合绩效模型,对整个企业的绩效进行综合分析,全面掌控,如:央企综合绩效模型、EVA模型等。

五、建筑企业集团建设商业智能(BI)——财务分析及决策支持系统的重点准备工作

1. 建立具有数据集中、应用广泛的财务业务信息系统

启动财务分析决策支持系统的建设工作,需要在基础业务系统运行较稳定、系统功能较完善、系统应用范围广泛的前提下进行,这样才能保证数据分析展现的数据源的质量,提高系统对管理决策的支撑力度。在财务基础业务系统尚未建立和完善阶段,切忌展开财务分析及决策支持系统的建设工作,也不宜在实施财务分析及决策支持系统的同时在建设财务核算、报表系统,不仅资源捉襟见肘,数据的质量和完备问题也是不可预料的因素。建立系统是为了整合公司

成本管理

所有的数据资源,在数据资源仍在不断地变化的时候,整合这些尚未确定的资源是一个巨大的挑战。

2.梳理业务系统的业务流程,规范业务系统的数据

"商业智能是数据驱动的应用",财务分析决策支持系统建设的核心是坚固、高质量的数据基础。建立这样一个数据资料库的任务是极其艰巨的,要消耗大量的时间和资源。而企业数据的积累是伴随着各种基础信息系统的建设而进行的,同时随着管理需要,不断地对基础业务系统进行改进和优化,积累海量数据,这是一个长期的过程。因此在系统建设前期做准备工作,需要根据系统分析需要,对现有系统的业务流程进行进一步梳理和优化,统一规范各种业务数据的口径,全面提升业务数据质量,为系统建设提供有力的数据保障。

3.成立专门的数据分析部门

企业对数据进行优化的目的,是要从中找出最有价值的数据,这些有价值的数据挖掘出来后,如果没有相应的人对其进行跟踪处理,它的价值也就只停留在迅速做出报表的层面。如果可以给企业带来增值效益的数据分析被忽略了,商业智能(BI)的核心价值也就变得荒废无用。在国外,各项业务都有相应的数据分析师,他们是给企业提供决策的智囊。因此,为了保证系统建设完成后,在后续的企业经营管理中不断为企业提供有效数据分析支撑,需要成立专门的数据分析岗位或部门,承担对数据的专业分析,同时承担对系统外的数据的搜集和整理的工作,及时更新系统数据,为企业领导提供最新的经营情况、竞争对手信息及宏观政策导向信息,为管理人员提供快速的多角度分析报告,为企业的战略布局和发展目标的实现提供有效的信息支撑。

六、建筑企业集团商业智能(BI)——财务分析及决策支持系统的应用范围和应用价值

1.应用范围

单位范围:系统使用范围为建筑企业集团总部和二级单位的财务部及相关职能部门。

用户范围包括:

集团决策层领导:满足集团领导对整个集团经营情况的整体把控的要求;展示指标清晰、宏观、全面、图形化,并对相关指标做出文字说明,对相关重大事项做出预警提示。

集团各事业部、各板块的分管领导:满足对其分管业务的及时把控和分析的需要。

各级财务部领导及财务分析人员:满足对重点事项进行多角度分析的需求,同时要支持按相关项目钻取细化分析的需求,以细化问题产生的原因,增强财务部门的财务分析能力;同时,根据日常财务分析报告的模板自动生成财务分析报告。

各二级单位的领导:满足二级单位的领导对该二级单位及其所属公司的经营情况的综合分析的需要。

2.应用价值

建筑企业集团通过建立财务分析决策支持信息系统,建立多层级的分析路径对企业管理者关注的管理问题进行深入挖掘,有利于支持企业管理者进行科学的经营决策。利用系统提供的关键指标分析、主题分析内容,从企业高层管理者关注的经营问题入手,通过层层深入的路径分析全面展示与该主题相关的经营环节的信息,使管理者能够通览企业经营的全局,实现跨流程、跨部门的经营分析,分析影响该主题或指标各种因素及相互之间的关系,深入地分析和挖掘出企业管理中可能存在的问题。

系统应用范围广泛,可以在整个企业集团范围内进行使用,从集团到二级单位,甚至到末级单位,只要需要,都可以为其创建用户,让其登录决策支持系统,进行该单位数据的查询和分析。使用的方式也是非常方便的,使用 IE 浏览器登录即可。

财务分析决策支持系统可以为不同管理角色的经营者设置不同的管理范围和权限,保证其进入不同的管理领域。系统为企业的经营活动设定评价的标准,为企业经营过程中的关键指标设置预警和进度监控;形象、生动的展示方式使管理者对企业总体的运营状况一目了然;"一页式"的角色门户便捷、直观,满足管理者不同层面的管理需求。

因此,商业智能(BI)——财务分析及决策支持系统可以为建筑企业集团管理者提供一套全方位、多角度观察和分析企业的经营的方法和工具,帮助企业管理者实现经营分析的数字化,为决策的科学化提供可靠的依据。Ⓡ

施工项目管理中的质量管理小组活动

顾慰慈

(华北电力大学,北京 102206)

摘 要:质量管理小组又简称 QC 小组,是 20 世纪 70 年代初期在日本发展起来的,其目的是组织生产第一线的人员来参加企业的生产管理,解决生产中出现的质量问题,以提高产品的质量。质量管理小组的活动对实现企业的经营管理方针和目标,提高企业的效益起到重要作用。本文介绍 SF 工程施工项目管理中质量管理小组的组织活动和管理。

关键词:质量,质量管理小组

现代企业管理的特点是管理的科学化和管理的民主化,管理的科学化是指按照科学的规律和方法来组织与实施生产;管理的民主化是指要充分发挥企业每个成员的主观能动性来保证企业方针及目标的实现。而质量管理小组(QC 小组)正是企业管理民主化的一种形式,它可以发挥企业广大群众的积极性和创造性,围绕企业生产中存在的问题,在各自的工作中自我教育、相互启发,应用科学的管理方法,改进质量,提高经济效益,从而保证企业方针和目标的实现,并提高企业的素质、企业的科学管理水平和企业的综合经济效益。

本文介绍某工程项目管理中质量管理小组的组织及活动。

一、质量管理小组的组建

(1)进行宣传教育

1)宣传质量管理小组活动的意义和目的,普及基础知识。

2)教育培训

①企业经营管理的方针、目标、规章制度;

②质量管理的原理、方式和方法;

③质量管理小组活动的内容、方式和方法。

(2)在职工对质量管理活动有深刻认识的基础上,由职工自愿结合组成质量管理小组。质量管理小组可以以科室、生产班组为基础建立,也可以跨科室、班组建立。

(3)每个质量管理小组一般由 6~7 名职工组成,最多以不超过 12 人为宜。

(4)每个质量管理小组建立后,民主选举一个负责人(小组长),负责组织小组的活动。

(5)质量管理小组成立后,结合本单位生产情况,在吸取其他已获得成功的小组的经验基础上,研究并决定开展活动的内容,确定课题,制定周密的活动计划,使小组的每个成员都分配有具体的任务和明确的要求。

(6)在质量管理小组内互相沟通情况,及时讨论解决存在的问题。

(7)定期召开成果发布会,一般是半年进行一次。

(8)对发布的成果进行评比和颁奖。

二、质量管理小组的性质和组织形式

1.质量管理小组的性质

质量管理小组按其性质可分为两类,即攻关型质量管理小组和控制型质量管理小组。

(1)攻关型质量管理小组

攻关型质量管理小组是以解决某类建筑工程质量或某一分项工程和单位工程中的关键质量问题为活动目标而建立的质量管理小组。

(2)控制型质量管理小组

控制型质量管理小组是为了控制某一分部分项工程的质量或某一质量特性使之稳定和正常而建立的质量管理小组,这种质量管理小组大多存在于业务科室中。

2.质量管理小组的组织形式

对于攻关型质量管理小组,一般有下列三种组织形式:

(1)一条龙式

为了保证某一单位工程或整个工程项目的施工质量,将施工过程中的骨干人员组织起来成立一个质量管理小组,制定统一计划,分工合作,以确保工程项目的质量,这种质量管理小组的组织形式,称为一条龙式。

(2)堡垒式

为了保证某一关键工序的质量,将这一关键工序生产中各方面的人员组织起来成立一个质量管理小组,共同攻关,确保该关键工序的施工质量,这种质量管理小组的组织形式,称为堡垒式。

(3)混合式

当影响质量特性的因素很多,既涉及本工序,又涉及前一工序的影响时,为了保证质量特性的稳定和正常,将有关人员组织起来成立一个质量管理小组进行攻关,这种质量小组的组织形式,称为混合式。

三、质量管理小组的活动

1.质量管理小组活动的特点

(1)质量管理小组的活动是整个工程项目质量管理活动的一个环节或一个部分。

(2)质量管理小组的活动方式是小组内各成员自我研究和相互启发。

(3)按 PDCA 方法开展小组活动,活动连续不断地进行。

(4)运用数理统计方法进行质量分析和质量改进。

2.质量管理小组活动的内容

质量管理小组活动的内容比较广泛,可以是施工管理中的问题,技术攻关问题,提高工作质量或施工质量问题,改善工作条件或施工条件问题,保证工期、降低成本、增加效益等问题。

3.质量管理小组活动课题

质量管理小组的活动课题应符合企业或本单位的管理方针和目标,在选择课题时应接受上级质量管理部门的指导或聘请有关人员参加共同来选择,并经质量管理小组全体成员民主讨论确定。

课题的内容包括:对企业或项目部各科室的管理方针、目标的实现及其在基层落实有影响的主要问题;项目施工中的关键质量问题;施工中的技术难题、技术攻关问题或实现质量突破的问题;项目施工中的质量通病;影响工作质量、工作效率的突出问题;企业质量管理体系运行中出现的影响工程质量的问题;企业在质量控制和质量保证工作中出现的问题。

(1)分析课题选择的合理性

在课题选择后,质量管理小组全体成员要共同分析所选课题的重要性和必要性,以及该课题实施的可能性,以便小组全体成员统一思想、统一认识、统一行动。

(2)调查现状

课题确定后,要对课题所涉及的有关工程或工作质量的现状进行调查。

(3)分析问题的原因

在对问题进行调查的基础上,分析存在上述问题的原因,并从中找出主要原因。

(4)制定对策措施

根据所分析的原因制定相应的对策措施,通常用"5W1H 方法",包括:必要性、目的、地点、期限、责任者和方法,即

1)分析改进质量的必要性。

2)分析改进质量的目的。

3)确定改进质量、实施质量控制的地点、部位和工序。

4)确定完成改进质量计划的具体期限(起止时间)。

5)确定执行改进质量计划的负责人。

6)确定改进质量计划的具体方法、程序和步骤,以及应达到的具体标准。

(5)实施计划

严格按所制定的改进质量计划实施,在实施过程中经常进行检查,并认真做好记录。

(6)实施效果确认

计划实施后,对已完成的工作或施工内容进行实施效果的调查,质量管理小组要认真全面和准确地取得自检数据,并经专业质量检查人员复核确认后作为检测数据,然后对照标准要求进行分析和评价,确定实施的效果。

(7)制定巩固措施或标准化措施

对确认实施效果好的有关措施加以总结归纳,制定巩固措施,以便今后得以继续推广;对于那些通过实践证明行之有效而被肯定,并对以后循环或其他同类工作有指导作用的,应制定成标准或形成制度,以便今后工作中遵循。

(8)确定遗留问题

将未很好解决或实施效果不理想的问题加以归纳,并明确列示出来,以便转入下一循环,在新的循环中再进行解决。

(9)制定下一步活动计划

在一个课题完成,问题得到基本解决后,再选择新的小组活动课题,并制定出相应的活动计划。

(10)报告质量管理小组活动成果及发布成果

在每一个课题完成以后,质量管理小组要及时对小组的活动情况和活动成果进行总结,并按规定要求写出报告,呈报有关部门,经有关部门审查通过后进行成果发布。

四、质量管理小组的成果发布

1.质量管理小组成果发布的内容

质量管理成果发布的内容主要包括以下几方面:

(1)基本情况

1)质量管理小组的基本情况

①质量管理小组的建立时间;

②质量管理小组的成员及其平均年龄、所属部门;

③质量管理小组成员的文化程度、技术等级或职称。

2)质量管理小组活动的内容

①工作内容或施工内容;

②工作量;

③质量标准及要求。

(2)选题内容及选题理由

1)选题的题目;

2)选题的内容,包括选定的问题的内容;

3)所确定的管理目标;

4)选题的理由。

(3)活动的基本内容

1)现状调查;

2)原因分析;

3)影响质量的主要因素;

4)所采取的对策措施;

5)改进质量计划的实施过程及情况。

(4)活动成果

1)改进质量计划实施后工作或施工对象所取得的最终质量效果;

2)所取得的经济效益;

3)与本单位历史水平或同行业先进水平比较和使用单位的评价结论。

(5)巩固措施

所采取的巩固措施,包括所制定的技术、操作、管理、文明施工等方面的标准化制度和规定。

2.质量管理小组成果的发布

由质量管理小组代表用简洁的语言、清晰的图表、准确的数据、生动的事例代表小组进行发布,一般不超过15分钟。

3.质量管理小组活动成果的评价

质量管理小组活动成果评价的目的是为了分析和确定质量管理小组活动成果的正确性、先进性和推广的可能性,并指出其不足之处和今后的努力方向。

质量管理小组活动成果评价的主要内容包括一般性评价和先进性评价两个方面。

(1)一般性评价

1)选题情况

①选题是否符合企业的管理方针和目标;

②选题的确定是否通过充分的调查研究和质量管理小组成员的充分讨论;

③选题是否为工作或施工中的关键问题。

2)原因分析

①原因分析是否应用了调查的资料和数据;

②原因分析是否清楚、正确、条理分明;

③数理统计工具的应用是否恰当和正确。

3)对策措施情况

对策措施是否根据主要原因制定,是否符合实际,是否合理、正确。

4)对策实施情况

①对策是否已全面、正确地实施;

②对策实施过程是否有准确、齐全的记录。

5)效果检查情况

①效果的检查方法是否正确,实施效果是否达

到预期目标；

②效果是否通过实践验证，是否经有关部门审查、鉴定和确认。

6)巩固措施情况

①对行之有效的对策措施是否制定了巩固或标准化制度；

②是否正确和具体地确定了遗留问题，并将其安排进下一循环。

(2)先进性评价

先进性评价的内容主要包括：

1)课题对企业管理方针和目标的现实作用；

2)课题的难易程度、质量水平和经济效益；

3)先进质量管理方法和数理统计工具的应用情况及其效果；

4)活动记录和质量资料的完整性和准确性；

5)标准化制度推广的可能性及其推广范围；

6)质量管理小组活动的持续性和认真态度。

图1所示为质量管理小组活动流程图。

五、质量管理小组的管理

质量管理小组的管理内容包括：组织管理、教育培训、活动指导、成果发布会的组织与管理、表彰和奖励。

1.组织管理

(1)设置管理机构

设置企业(公司)和项目部两级管理机构，负责质量管理小组的管理工作。

(2)注册登记

由各业务部门或施工班组中成员自愿结合组成质量管理小组，并选举出一名有一定业务能力和组织能力的人担任小组长，负责组织小组的活动。质量管理成立后，应在企业(公司)的管理机构注册登记，当质量管理小组中的人员有变动时，应重新注册登记。

(3)登记注销

当质量管理小组较长时间停止活动，则其登记予以注销。

2.教育培训

(1)企业应制定对质量管理小组成员的培训计划，培训的内容主要包括：

1)质量管理的原理和方法；

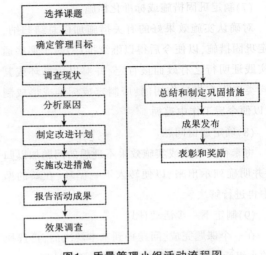

图1 质量管理小组活动流程图

2)质量检查和检验的方法；

3)常用的数理统计工具和方法；

4)有关的新材料、新技术和新工艺；

5)技术质量标准；

6)技术操作规程。

(2)企业应制定定期对质量管理小组长的培训计划，培训的内容包括：

1)国家有关的方针政策；

2)企业的管理方针、目标，有关的规章、制度；

3)先进的质量管理经验。

3.活动指导

质量管理机构要对质量管理小组的活动进行指导，组织有经验的技术和业务管理人员指导和帮助质量管理小组正确地进行课题的选择和活动的开展。

4.成果发布会的组织与管理

为了及时总结经验和相互交流质量管理小组的活动成果，推动各单位质量管理小组的活动，企业各级要定期召开质量管理小组活动成果发布会。

质量管理小组活动成果发布会由质量管理机构负责组织，并组织有较高技术和业务管理水平的人员组成评审组，负责对质量管理小组的活动成果进行评价。

5.表彰和奖励

企业要制定优秀质量管理小组奖励办法，对质量管理小组活动开展得好和成绩突出的小组、组长、员和有关的领导干部及技术人员进行表彰和奖励。

英美法系下施工索赔的法理依据研究

刘 晖[1],徐卫卫[2]

(1.广东大鹏液化天然气有限公司,广东 深圳 518048;2.湖北宜昌三峡电力职业学院,湖北 宜昌 443000)

施工索赔是一个涉及多学科,多知识领域的工程技术经济方面的管理工作,同时也是维护施工合同双方合法权益的正常的法律行为。因此,作为一个法律行为,从法律的角度探讨施工索赔的相关问题显得尤为重要。此外,一方面,以北美、英国等普通法系发达国家为主的工程市场是国际工程承包的主要市场,但是,我国目前占有的发达国家国际工程承包市场份额很小,随着我国综合实力的提升,对外工程公司整体实力的加强,必将大力开拓发达国家市场;另一方面,即使是在发展中国家展开工程承包,其工程合同大都采用国际通用合同条件,而目前国际上比较通用的合同条件,如FIDIC、ICE等,在国际法系方面均属于普通法体系。所以,笔者认为,要进一步开拓国际工程市场,在国际工程市场中占据有利地位,有必要研究在普通法系下施工索赔的法理依据。

一、英美法系国家工程索赔研究现状

英美法系,溯源于英国中世纪的普通法,它包括普通法和衡平法两个部分。在世界范围内,除英国本土、爱尔兰和美国(路易斯安那州除外)外,普通法法系主要包括曾经作为英国的殖民地、附属国的国家和地区,有:加拿大(魁北克省除外)、澳大利亚、新西兰、印度、巴基斯坦、孟加拉国、缅甸、马来西亚、南非、塞拉利昂、加纳、尼日利亚、肯尼亚、乌干达、坦桑尼亚、中国香港等。

英美法系国家有关工程索赔的研究由来已久。下面笔者从文献和内容两方面分析其研究现状。

1.文献分析

英国学者Hudson的著作《建筑及土建工程合同》第一版出版于1891年,迄今为止已出版了11版。在该著作中提出了用于在工程索赔中确定总部管理费的著名的胡德森公式(Hudson Formula),因此,可以说工程索赔的研究在英美法系国家至少也有上百年的历史。经过一百多年的发展,工程索赔的研究在英美法系国家已经相当成熟了。尤其是20世纪90年代,涌现了一大批经典的著作。

通过美国工程信息公司(EI)的《工程索引》(Engineering index,简称EI)数据库,采用主题法并限定关键词为"claim*"进行检索,发现在文献来源方面,主要有美国的两大协会为主的期刊和会议记录,这两大协会包括美国土木工程师协会和美国费用工程师组织。

2.研究的内容

英美法系国家工程索赔的研究涉及工程技术、法律、经济管理、信息技术等多方面的领域。笔者重点对索赔的概念和分类、索赔原因和补偿以及索赔争议解决等方面进行了现状分析。

(1)索赔概念与分类。Bunni按照法律依据将索赔分为五种类型:合同上的索赔、合同法上的索赔、侵权法上的索赔、应付款索赔和通融索赔。

(2)索赔原因及补偿。索赔原因及由此产生的责任与补偿的情形是比较复杂的,英美法系国家一些学者对此进行了定性和定量两个方面的研究。并提出了解决这个问题的四种方法:Davlin法、主导原因法、举证法、类似侵权法。在定量研究方面,例如,生产率降低损失补偿。一些著名公司、机构也对生产率降低损失进行了定量研究,并取得了一定成果,可用于生产率损失索赔的分析和计算。

工程法律

(3)对于索赔争议解决方式的研究。英美法系国家的学者不仅对索赔理论实体方面的研究作出了巨大的贡献,而且还非常重视"程序"方面的问题。很多学者对索赔争议解决方式进行了多样化的探索。Bunni 对协商(Negotiation)与调解(Conciliation)的有关问题进行了研究;Tackberry 比较了调解与斡旋的区别;苏黎世仲裁委员会最先提出了小型审理(Mini-trial),Henderson 则对小型审理在索赔争议中的运用做了全面的总结;争议评审团(DRB)的方式出现后,很多国际著名工程法律学者著文支持 DRB 在工程索赔中的运用。本文从普通法的角度出发,并从英美法系下索赔权的法理来源着手,具体分析各类法律依据下的施工索赔的法律性质、特点以及种类,并结合国际惯例和国际通用合同范本以及英美判例研究具体索赔事项的法理依据以及索赔范围。其创新之处有以下几点:

一是从工程索赔法律关系这个层面出发,提出了工程索赔权的法理来源是施工索赔法理依据研究的关键这个观点,并根据工程索赔权的法理来源,将施工索赔分为合同规定之索赔、合同法之上的索赔、不公平得益之上的索赔、侵权法之上的索赔以及通融索赔。

二是根据法律性质的不同,将合同规定之索赔分为依合同变更条款之索赔、依合同终止条款之索赔、依一般违约性条款之索赔和依风险分配条款之索赔,并结合 FIDIC 合同范本详细分析了这几类索赔的法律性质。

三是从英美法系下不履行合同划分为两类的思路出发,将合同法之上的索赔分为落空或不可能履行之索赔和合同违约救济之索赔,并结合英美判例详细分析了相关的法律问题。

四是按照得益成为不公平的因素,将不公平得益之上的索赔分为非自愿转移引起的返还索赔、自由接受引起的返还索赔以及其他因素引起的返还索赔,并结合英美判例详细分析了相关的法律问题。

五是从英美侵权法对合同权益的保护出发,将侵权法之上的索赔分为违约责任与侵权责任竞合时的索赔和第三人侵害债权时的索赔,并结合英美判例详细分析了相关的法律问题。

六是提出了伙伴关系是通融索赔的实质来源的观点,并从业主关系管理的角度,提出了提升通融索赔成功可能性的措施和建议。

二、英美法系下工程索赔权的法理来源分析

英国的工程学者 Hughes 对工程索赔则是如此定义的:(1)要求或者,如果希望用语不太强烈,请求或者申请某项事项;(2)对于该事宜,承包商(正确或者错误地)认为、相信或者力争其应有的权利;(3)但是尚未达成协议。由此可以看出,对于工程索赔,Hughes 的定义是指承包商正确或者错误地认为、相信或者力争其应有的权利而且与业主尚未达成协议,由此而提出的要求、请求或者申请。

从实质上来讲,索赔就是根据权利提出的要求,只要具有权利义务关系的行为人,在某一产生法律关系的行为过程中,对非由自己的过错而是由于法律关系相对方所应承担责任的事由造成的损失,就可以根据合同、法律以及惯例的规定进行索赔。

三、普通法系下工程索赔权法理来源分析

在英美法系下,调整工程索赔法律关系的法律主要是民商事法律,这方面的法律主要包括合同法、返还法以及侵权法。合同则是当事人之间的"法律",因此,合同自然是调整工程索赔法律关系的最重要的"法律部门"。此外,基于伙伴关系而产生的道义和商业考虑在一定情况下也会触发工程索赔法律关系。

作为工程索赔法律关系的内容的一个重要构成要素,索赔权的法理来源与调整工程索赔法律关系的法律部门是一致的,因而,索赔权的法理来源主要包括工程合同、合同法、返还法、侵权法以及伙伴关系。

1.工程合同

在英美法系下,合同是一个或者一系列被违反时法律给予救济或者被履行时以某种方式认定为义务的允诺。《美国第二次合同法重述》第一条规定"合同是一个或者一组允诺(Promise),违反该允诺时,法律给予救济;对允诺的履行,法律在某种情况下将其视为一种义务"。英国《大不列颠百科全书》对合同所下定义是:"契约是可以依法执行的诺言。这个诺言

可以是作为,也可以是不作为。"

工程合同是当事人之间的法律,"有约必守"是一条古老的民商法基本原则。工程合同中规定了当事人的权利义务关系,而索赔权利义务关系自然也经常出现在合同中。由于工程的特殊性,工程合同履行过程中,索赔是一件再正常不过的现象,因此,工程合同中也存在大量的涉及索赔权利义务关系的条款,如FIDIC通用合同条件中大量存在的索赔条款。由此可以看出,工程合同是工程索赔权的最重要的法理来源。

2.英美合同法

英美法与大陆法在对合同的理解上走了完全不同的两条路,在大陆法下,合同作为债的原因而存在,基于这一理念,或者说是基于这一理论抽象,大陆法的民法体系将合同与侵权、无因管理、不当得利等沟通起来;而在英美法里,合同只是有法律强制力的当事人之间互有联系的承诺而已。

在英美合同法中,对价是个核心概念。对价的作用在于使诺言对诺言人产生约束力,使诺言人不能收回已经做出的许诺。对价的价值不必与诺言的价值相称,对价制度的基本作用在于使仅由合同一方对他方承担义务的恩惠性质的合同归于无效。法律引入对价这一概念是要做出这样的推定:即当事人因其诺言而获得了相应的利益,所以他本身是愿意遵守其诺言的,在这里对价转变成了诺言人愿意遵守自己诺言的证据而已。此外,在英美合同法中,合同一方不履约可因另一方的不履约、履行不能、目的落空而免责。当然,如果没有免责的原因,则受损害方可获得以下的权利和义务:一是中止履行的权利;二是给违约方自行补救机会的义务;三是解除或中止合同的权利。

从渊源上说,美国合同法是由判例法和制定法共同构成的。然而,判例法的发展是美国合同法发展的核心环节,判例法构成了美国合同法的主要渊源。英国的合同法渊源主要是议会的制定法、判例法、习惯和近年来新增加的欧共体法律。

合同法是调整合同关系的法律。合同法规定了一系列对违反合同的当事人予以制裁等救济方式。在某种意义上,这种救济是国家协助私人协议的执行的意愿的明显例证,并因此表现了国家意志在私人领域和社会经济活动方面的重要作用。合同不可能穷尽所有事项,总有规定空挡或模糊,从而产生由合同法调整的机会。因此,合同法是除了合同以外最为重要的工程索赔权的法理来源。

3.英美返还法

英美法系的返还法,亦称不公平得利法,过去曾以默示返还合同为依据,因此亦称准合同法。正如大陆法系民法中的不当得利制度处理不当得利的相关法律问题,返还法是调整不公平得益产生的法律关系。

正如合同与侵权行为是触发法律反应的事件,即合同触发合同法之上的义务,产生合同之债,而侵权行为则触发侵权行为法上的义务,产生侵权之债一样,不公平得益是触发返还法或准合同法之上的义务,从而产生受损方的返还请求权。也正如买卖、借贷、抵押等种概念是合同,错误清偿、在强迫之下清偿、自由接受的得益的种概念是"在使原告遭受损失之下的不公平得益",简称为不公平得益。在这里,"不公平"不是援引抽象的公平概念,而是以判例和成文法为依据,即得益是发生在判例认为要求予以颠倒过来返还给原告的情形下才是"不公平的",因此,应该紧密地以判例为依据解释"不公平得益"。

英美法系下的不公平得益制度发挥着与大陆法系下的不当得利基本上相当的作用。大陆法系下的不当得利与合同一样都属于债的范畴,并且存在不当得利制度的一般原则。但是,在英美法系下,不公平得益是附属于其他的部门法,是判例法的产物,不存在法律上的一般原则。不过,基于不公平得益与不当得利的法律效果相当,不公平得益也是承包商施工索赔产生的重要因素。

4.英美侵权法

根据美国法律学会会长William L Prosser的定义,侵权法是一种对由于一个人因违反法律规定的责任而对他人的人身或财产权益造成的损害提供救济的法律机制,其实质是针对民事过错行为进行的补偿。

侵权法所调整的是造成他人人身伤害和财产损害而应当承担的责任。由于人们所进行的每一项活动都可能成为他人请求人身伤害赔偿或财产损害赔偿的依据,侵权行为囊括了人类的全部活动。没有一项规则或一组规则能够调整如此广泛的领域,只要

工程法律

你感到自己的权益受到了损害,即使不确定究竟属于哪一个法律保护的哪一种权益,侵权之诉也几乎总能提供给你合适的诉由。

在英美侵权法中,所有的侵权行为均可纳入以下三种侵权行为之一:故意侵权行为、未尽注意义务的侵权行为、适用严格责任的侵权行为。这三种侵权责任存在于当今英美法系的任何法域。

侵权行为法与契约法同为英美法系的精髓。侵权行为是主要产生于法律运作而非当事人违约的行为;它是对未清偿行为的一种典型性赔偿;而且,它不是专门性的违约,或专门性的信托,或其他衡平的责任或一种犯罪的结果。随着社会关系的复杂化,侵权法的调整范围在不断地扩张,目前英美法系普遍接受侵权法对合同权益的保护,包括侵权责任与违约责任的竞合,第三人侵害债权等。工程当事人是在工程合同的背景下实施工程的,因此作为调整范围在不断扩张的侵权法自然也就成为工程索赔权的法理来源之一。

5.伙伴关系

伙伴关系,确切地说不是工程索赔权的法理来源。基于伙伴关系产生的工程索赔权,通常又称为道义索赔或通融索赔。它正是由于承包商在法理依据上缺乏,但是业主方基于一种实质是由伙伴关系而产生的道义、商业考虑等,而赋予承包商的索赔权。因此,在双方合作愉快的情况下,伙伴关系也有可能给承包商带来索赔权。

四、合同规定之索赔的法律含义分析

国际工程大多数都是规模大、工期长、结构复杂的工程项目。在施工过程中,由于前述特点,工程很容易受到水文气象、地质条件的变化影响,以及规划设计变更和人为干扰,在工程项目的工期、造价等方面都存在变化的因素。由此,为了减少工程合同履行过程中发生争议,合同需要提前对一些重大的不确定性作出预警性规定,而合同中规定的大量的索赔权和索赔程序就是这类预警性规定。合同规定之索赔是最重要的一类索赔,这种索赔一般不容易发生争端,处理起来比较容易。国际通用的工程合同范本,如FIDIC、ICE合同条件等均对索赔作出了很多明确的规定。

因此,合同规定之索赔是指合同中明文规定在某合同事实发生后,承包商具有相应的索赔权,依此类合同条款对业主方提出的索赔。

五、合同规定之索赔的种类及法律分析

英国土木工程师学会1995年11月出版的《工程施工合同》(ECC合同)包括核心条款、主要选项、次要选项、成本组成表、合同资料以及附录。ECC合同将承包商可以向雇主索赔的事件称为"补偿事件"(Compensation Events)。补偿事件是指并非因承包商的过失而引起的事件。补偿事件在核心条款、选项条款和合同资料中列出。主要补偿事件(1)~(18)列于核心条款第60.1条中。方志达教授将这18种主要补偿事件归纳为:雇主风险事件;雇主未履约的事件;项目经理/监理工程师的指令引起的事件;实际施工条件/气候条件变化引起的事件。

国际咨询工程师联合会(FIDIC)1999年出版的新红皮书对索赔条款有了若干修改和补充。刘世蓉在《新版FIDIC施工合同条件中明示和隐含的索赔规定》一文中整理出新红皮书中明示的索赔条款35条,隐含的索赔条款18条。关于FIDIC合同条件范本中合同规定的索赔,梁鑑将其分为施工现场变化索赔(Adverse Physical Conditions,APC)、工程师的工程变更指令索赔、业主风险索赔、业主违约索赔。

Bunni N G.在 The FIDIC Form of Contract 一书中将合同规定的索赔分为事由索赔和违约索赔,事由索赔则又划分为工期索赔、经济索赔及其他索赔[4]。

在此则按照合同规定的索赔事件的法律性质的不同,对国际工程通用合同范本中的一般性规定的索赔事项进行重新分类,归纳为依合同变更条款之索赔、依合同终止条款之索赔、依一般违约性条款之索赔、依风险分配条款之索赔。下面作一简述。

六、依合同变更条款之索赔

合同的变更含义有广义和狭义两种。广义的合同变更包括合同内容的变更和合同主体的变更。所谓合同内容的变更,是指在不改变合同当事人的前提下,改变合同的个别具体内容;所谓合同主体的变更,是指在合同内容不变的情况下改变合同关系的主体,即以新的债权人、债务人代替原来的债

权人、债务人。本论文所称合同变更特指狭义的合同变更,即合同内容的变更,是指在合同成立以后,尚未履行或完全履行以前,当事人就合同的内容进行修改和补充。

英美法系的传统普通法认为合同也可以变更,但基于其"对价理论",要求该变更有新的对价。美国《统一商法典》则突破了这一不能适应现代商事交往活动的原则,于2-209(1)条明确规定:改变现存合同的协议,即使无对价也具有约束力。

合同的变更主要依当事人的约定而产生。当事人约定变更合同有两种方式:一是由当事人达成变更合同的协议;二是当事人在订立合同时即约定,当某种特定情况出现或某一方认为有必要时,一方当事人有权变更合同。

在国际工程合同的变更中,合同的变更主要体现为工程的变更,所以合同变更之索赔又称为工程变更之索赔。国际工程参与主体多,工程复杂,牵涉面广,工期长,因此各种不确定因素比较多,再加上项目固有的渐进清晰的特点,项目在前期是比较模糊的,无法一一确定所有工作范围,所以项目在施工过程中经常发生规划设计的调整、现场条件的变化等引起的变更。由此,为了顺利实施工程,保障业主利益,国际通用的合同条件也大都赋予业主方工程变更权。例如,NEC工程施工合同(ECC)核心条款14.3规定:项目经理可以向承包商发出指令变更工程信息。FIDIC新红皮书第13.1[有权变更]详细规定了业主方/工程师变更合同的权利以及变更程序。

因此,依合同变更条款之索赔,是指在国际工程合同中,合同明文规定当某种特定情况出现或业主方认为有必要时,可以变更合同,但并不实质性改变合同权利义务关系,同时赋予承包商就变更内容的索赔权,承包商依此提出的索赔。

在国际工程实施中,按合同变更产生的原因不同,合同变更又可细分为业主方原因导致的合同变更、承包商原因导致的合同变更、外在客观原因导致的合同变更。

1.业主方原因导致的合同变更

业主方包括业主、工程师、设计方。业主可能增加或减少合同中包括的任何工程项目的数量,或者取消任何上述项目,也可能改变原合同工期,由此引起工程变更;工程师的指令可能导致工程变更,工程师工作上的失误和协调能力的欠缺有时也引起工程变更,工程师针对现场的实际情况,进一步完善设计的局部小修改同样也会引起工程变更,又或工程师为了协调相邻标段承包商的作业引起工程变更;以及设计人员的错误或遗漏引起工程变更。

FIDIC新红皮书涉及"业主方原因导致的合同变更"的明文条款,主要包括4.6[合作]、4.12[不可预见的外界条件]、5.1["指定分包商"的定义]、7.2[样品]、7.4[检验]、7.6[补救工作]、8.8[暂停工作]、8.9[暂停的后果]、10.2[部分工程的接收]、11.2[修复缺陷的费用]、11.6[进一步的检验]、11.8[承包商调查]、12.4[删减]。

2.承包商原因导致的合同变更

国际工程中,承包商一般不能擅自进行工程变更,但是在业主或工程师的同意下,也经常发生最先由承包商原因导致的工程变更。如承包商为了施工方便,提出对其有利,且更加经济、合理的设计,同时征得业主同意而引起的工程变更;由于承包商技术和管理方面的失误引起的工程变更;又或承包商无法履行或不能完全履行合同,而由承包商提出补救措施的变更。

FIDIC新红皮书中涉及"承包商原因导致的工程变更"的明文条款,主要是第13.2[价值工程],依该条规定,承包商可以提交价值工程建议,如果获得工程师批准,则按变更处理。

3.外在客观原因导致的合同变更

外在客观原因导致的合同变更是指非合同双方原因造成的,由外在客观原因等造成的,并且根据合同规定依此可以进行变更调整的一类合同变更。

外在客观原因实际上是风险事项。但是并不是所有风险事项的发生,合同都规定允许合同变更或调整。国际工程通用合同范本一般都有规定允许工程变更的风险事件,这类风险事件一般体现在法令变更和物价变动上。其他风险事项,如不可抗力、不同现场条件也可能导致工程变更,但合同中一般不直接规定导致工程变更,而是更多地涉及风险的分配问题。

FIDIC新红皮书中涉及"外在客观原因导致的工程变更"的明文条款,主要包括第13.7[因立法变动而调整]和第13.8[因费用波动而调整]。

七、依合同终止条款之索赔

合同解除是指在合同有效成立之后,因当事人一方或者双方的意思表示而使基于合同发生的债权债务关系归于消灭的行为。在英美法系中,合同解除的含义相当广泛,既包括单方面的合同解除,又包括因协议而解除、因履行而解除、因违背合同而解除以及因受挫失效而解除等。关于合同解除的效力方面,英国普通法认为,解除合同并不具有溯及既往地消灭合同的效力,只是解除双方当事人合同项下尚未履行的义务,已经履行的部分原则上不能恢复原状。

一般地,英美法系下,合同解除包括协议解除、约定解除、法定解除三种形式。

协议解除,是指合同成立之后、未履行或者未完全履行完毕之前,当事人双方通过协商而使合同效力归于消灭的行为。英美法系肯定协议解除。《英美合同法纲要》的作者高尔森说道,合同经过双方同意而缔结,因而,只能经双方同意而解除,这是不言而喻的。

约定解除,是指于合同成立之时,当事人双方在合同中或者在合同成立后另行约定保留解除合同的权利的行为。如FIDIC新红皮书第15.2[业主提出终止]规定了业主可以终止合同的情形;第15.5[业主终止合同的权利]规定,业主可以随时通知承包商,终止合同;第16.2[承包商提出终止]则规定了承包商有权终止合同的情形。

法定解除,是指合同成立后,没有履行或者没有履行完毕以前,当法定的条件具备时,根据当事人一方的意思表示,使合同效力归于消灭的行为。在英美法系下,法定的解除条件有违约行为和落空或不可能履行。

本节所讨论的合同终止条款正是基于约定解除。依合同终止条款之索赔是指合同中有这样一些明文条款,规定在出现某一种情况或预定的某一情况未出现时,合同便自动解除或由某一方予以解除,或赋予一方随时有解除合同的权利,与此同时,赋予另一方相应的索赔权,承包商依此类条款提出的索赔。

FIDIC新红皮书中涉及"依合同终止条款之索赔"的明文条款,主要包括15.5[业主终止合同的权利]、16.4[终止时的支付]、19.6[可选择的终止、支付和返回]、19.7[根据法律解除履约]。

八、依一般违约性条款之索赔

英国法律把违约分为"违反条件"和"违反担保"两种,违反条件是指违反合同主要条款,违反担保是指违反合同次要条款;美国法律把违约分为重大违约和轻微违约。重大违约是指当事人一方违约损害了对方主要利益,轻微违约是指一方当事人违约使对方遭受轻微损害。"违反条件"、"重大违约"时受损方有权解除合同并索赔损失,"违反担保"、"轻微违约"时,即一般违约时,受损方只可索赔损失。

国际工程大多工期长、施工复杂、涉及因素多,所以合同履行过程中经常发生违约情形。对于"违反条件"和"重大违约",受损方有权终止合同并且索赔损失,如前述"依合同终止条款之索赔"一节所涉及的业主重大违约。但是,在工程履行过程中出现的大部分行为是"违反担保"或"轻微违约",这种一般性违约很难避免。为了减少一般性违约情形发生后争端的产生,国际工程通用合同范本大多规定一些工程实施过程中容易发生的违约情形,并赋予受损一方索赔权,以明确双方权利义务,从而减少违约情形发生后争端的产生。

这种在合同中直接明文规定,在某一般性违约行为发生时,承包商依此享有索赔权的条款,笔者将其称之为一般违约性条款,而相应的索赔就称为依一般违约性条款之索赔。

FIDIC新红皮书中涉及"依一般违约性条款之索赔"的明文条款,主要包括1.9[延误的图纸或指令]、2.1[进入现场的权利]、4.2[履约保证]、4.7[放线]、10.3[对竣工检验的干扰]、14.8[延误的付款]、16.1[承包商暂停工作的权利]。

九、依风险分配条款之索赔

国际工程往往规模大、投资多、技术复杂、涉面广,构成工程的技术、经济和法律风险;业主、承包商、供应商、分包商的资信和管理构成工程的合作者风险;地质、水文气象、政治、经济、法律的变化构成工程的环境风险。本节所涉及的风险主要是指合同双方均无法控制的,由外在客观原因造成的风险。通过合同条款的规定将这类风险的分配原则定义下来,就形成了合同风险分配。

依风险分配条款之索赔是指依据合同中明文规定的风险分配条款,在风险事件发生后,承包商依据风险分配条款具有索赔权。其与"依外在客观原因导致的合同变更索赔"不同之处在于后者在风险事件发生后,依合同条款之规定,可直接以既定方式和程序发生合同的变更或调整,从而承包商可依据合同变更进行索赔;而前者则是承包商依据风险的分配进行索赔。

合同双方在合同中可以利用风险分配条款来分配合同风险,在风险事件发生后,合同双方一般应遵守合同分配条款的规定,但是某些条款可能在英美法系下没有法律效力,得不到法律的保护,又或者合同没有明确的合同风险分配条款或规定不明确,因此在《合同法之上的索赔》一节中还将探讨英美法系下的合同风险分配制度。

合同风险分配涉及工程的造价和工期,以及合同双方的权利义务,因此合同各方都极为重视。Jesse B Grove 教授曾经提出,在有关各方之间进行风险分配时,首先应当考虑下列问题:

(1)对于可能产生风险的事件,哪一方更有能力对其进行控制?

(2)在风险发生的时候,哪一方能够更好地应付?

(3)发包方是否愿意参与控制风险?

(4)在遇到不能人为控制的风险时,哪一方应当承担由此产生的不利后果?

(5)承担风险的一方什么时候能够接受投保所需的保险费?

(6)风险发生时,承担风险的一方是否有能力承受风险事件所造成的后果?

(7)在发包方将风险转移给承包方承担时,某种不同性质的风险是否同时由承包商转移给发包方?

在《风险分配》(Risk Allocation)一文中,Max Abrahamson 所进行的分析研究被推崇为"风险分配的公式"。他的观点主要包括以下几点:

(1)合同各方应当对自己的行为负责,即应对由自己的故意或者过失造成的风险承担后果。

(2)承担风险的一方应该能够对风险进行投保,并且由另一方支付保险费。这是风险管理最经济最实用的方案。

(3)承担风险的一方能够从管理风险中得到经济上的利益。

(4)风险分配必须符合提高效率的要求(包括策划、激励和创新等方面),并且其长期效果应有利于建筑业的发展。

(5)当风险真的发生时,首先应当由事先约定的责任方承担由此造成的损失,同时根据上述四项原则,应明确执行风险负担的其他有关规定,责任方不得试图将该种风险转移给合同另一方。

FIDIC 新版合同以其合理的风险分配而被工程界倍加推崇。新红皮书在业主和承包商之间分配风险时主要遵循了如下基本原则:风险共担原则,即在分配风险时,业主和承包商应该合理分担风险,而不应要求任何一方承担全部风险;最具控制力原则,即在分配风险时,业主和承包商各自承担他们最具控制力的那些风险;损失和收益同时承担原则,即在分配风险时,如果要求某方承担某投机风险可能带来的损失,则该方应该有权享受该投机风险可能带来的收益;诚意合作原则,即在分配风险时,充分考虑承包商的风险承受能力,积极主动地承担那些潜在损失巨大、承包商又无法控制甚至无法投保的风险。

FIDIC 新红皮书中涉及"依风险分配条款之索赔"的明文条款,主要包括 4.12[不可预见的外界条件]、4.24[化石]、17.4[雇主的风险造成的后果]、19.4[不可抗力引起的后果]。

十、合同法之上的索赔的法律研究

作为调整合同法律关系的法律部门,合同法自然成为合同之外双方当事人最为重要的法律依据了。合同法之上的索赔自然也是除了合同规定的索赔之外最为重要的一类索赔。

十一、合同法之上的索赔的法律含义分析

笔者在上节探讨了合同规定之索赔,以合同为依据进行索赔是最重要也是最常见的索赔。由于合

同中有此类索赔的条款,因此当相应合同事实发生后,对于承包商提出的索赔,在索赔权这个原则问题上一般双方不会出现大的争议。但是,任何一份合同都不是百分之百完整的,合同条款难免出现不完整、不严密、错误或疏漏。退一步讲,即使从理论上来讲合同是可以完整的,但是那只不过是在设计完整的基础上进行投标承建,投标文件准确无误,并且在施工过程中不发生任何变更或更改的情况下的一种理想化的合同,而实际上因工程建设固有的特点,完整的合同是不可能存在的。因此,在某合同事实发生后,双方的争议无法依据合同来解决或依据合同出现争执时,就有必要寻求其他的解决依据,如合同法、侵权法或准合同法,而作为工程合同,处理合同相关问题的合同法是除合同本身外最为重要的争端解决依据。张水波教授和何伯森教授在《FIDIC新版合同条件导读与解析》一书中关于第1.3条款[通信联络]的解析比较能清晰地看出合同与合同法的关系。该条款解析中谈到,假如工程师一拖再拖,不给承包商所要的批准或同意,也不给予决定或证书,承包商可以利用这一条款保护自己。但此时,要鉴定是否是"无故扣发或延误"不太容易,工程师和承包商可能对此有不同的看法。可以说,承包商利用隐含规定来进行索赔相对比较困难,此情况下,他可以借助适用的合同法的相关规定来进行索赔。

合同法之上的索赔是指在工程合同履行过程中,发生的索赔争议在合同中没有相关的条款依据或相关条款规定不明确、不严密,承包商根据合同法相关法律规定而提出的索赔。

十二、合同法之上的索赔的种类及法律分析

在英美法系国家,每一个合同交易都被认为是一个有着时空维度的、由一组事实构成的历史进程,包括缔约前的尝试性接触、初步谈判、要约与承诺以及在各回合谈判中渐次达成的许多协议、合同一部分或全部地履行或不履行、合同的强制执行及其他救济等,学者称之为合同的"生活史"。于是,英美合同法将合同关系发展过程中的一系列要素,都归结为一个统一的合同法的调整范畴。与合同关系发展历程相对应,合同争议也将在合同订立、合同生效、合同履行、合同变更与转让、合同担保、合同解除等过程中发生,由此也产生相应的责任制度,如禁止反言(注:事实上发挥着大陆法系中的缔约过失责任,旨在保护缔约当事人信赖利益)、违约救济等。工程建设的争端主要发生在合同履行过程中,所以笔者在本章的探讨主要集中在合同履行过程中。

根据英美合同法,不履行合同包括两种情况:因不可归责于当事人的原因不履行合同和违约。当前一种情况发生时,不履行合同的当事人并不因此而对另一方当事人承担违约责任;当后一种情况发生时,不履行合同的当事人要对另一方负违约责任。工程合同履行过程中,不履行合同的情况同样包括上面两种情况,即履行受挫和违约。国际工程通用合同范本中一般都有一些对这两种情况的条款规定。比如,在履行受挫方面,FIDIC通用合同条件有不可抗力、不可预见的外部条件等条款,比较合理地分配了合同双方的风险。但是,正如上面所探讨的,合同不可能百分百完整,合同条款也有可能跟合同法的规定相抵触,所以有必要在合同法之上探讨这两种情况。与这两种不履行合同的情况相对应,承包商的索赔包括落空或不可能履行之索赔和违约救济之索赔。下面,笔者将结合一些案例详细分析这两种索赔的法理依据。

十三、落空或不可能履行之索赔

落空或不可能履行是属于因不可归责于当事人的原因不履行合同的一种常见的情形。当这种情况发生时,不履行合同的当事人并不因此而对另一方当事人承担违约责任,但是会引起一系列的法律后果。本节详细探讨了英美法系下落空或不可能履行的法律制度及在工程领域由此产生的施工索赔。

1.落空或不可能履行的含义和由来

按照早期的合同法,合同一旦缔结,即使以后所发生的情况使合同不能履行,承担义务者也必须按违约负赔偿之责。这项基本原则直到英国1863年泰勒诉考德威尔一案才有所改变。从这一判决起,就开始形成了一项叫做"不可能履行(Impossibility of Performance)"的原则,即在合同缔结后,如果发生了双

方均不应负责的事故而使合同不可能履行，该合同便告解除。这一原则问世40年后，英国1903年克雷尔诉亨利一案又确定了"目的落空(Frustration of Purpose)"的原则，即合同双方缔结合同的目的既然落空，合同便告终结，双方所承担的义务均应解除。"目的落空"和"不可能履行"是相类似的。事实上，"目的落空"只是因"不可能履行"而解除合同的一个原因。但是，在英国，近几十年来，"落空(Frustration)"一词已经成了一个总标题，它包括了一切不可能履行的案件。

美国合同法先后接受了"不可能履行"和"目的落空"的原则，但与英国不同之处在于：美国把"不可能履行(Impossibility of Performance)"作为这一类案件的总标题，而把"目的落空"作为其中的一个组成部分，或者二者并列。例如，《第一次合同法重述》第十一章的标题就是将两者并列。不过，美国《统一商法典》则用"无法实行 (Impracticability of Performance)"一词来包括"不可能履行"。美国《第二次合同法重述》也按照《统一商法典》采用"无法实行"一词。但美国法院极少以"无法实行"作为判决原则，一般仍然奉行"不可能履行 (Impossibility of Performance)"的原则。

综上所述，"落空(Frustration)"是英国合同法上的总括概念，"不可能履行 (Impossibility of Performance)"则是美国合同法上的总括概念，但是具有基本相同的法律含义。

2.落空或不可能履行适用的范围

英美法上的使合同受挫的事态实际上涵盖了大陆法上情势变更和不可抗力两项制度下的事态。即无论是社会经济情事的重大变化，如通货膨胀、物价暴跌、经济政策变化等，还是重大自然灾害如水灾、旱灾、地震等和重大的社会事件如战争、军事封锁、暴乱、革命等，都适用合同挫折的法律规则和处理措施。

英美法关于合同落空或不可能履行的案例不胜枚举，Mcbryde W W 在 The Law of Contract in Scotland 一书中将判例中出现的挫折事态分为以下几类：

(1)法令变化，如合同订立后原约定履行成为违法(Supervening illegality)；

(2)政府行为，如船舶被政府征用；

(3)合同标的物损毁或灭失(Explosion or destruction)；

(4)合同当事人一方死亡、疾病或失去履约能力；

(5)特别反常的迟延或拖期(Abnormal delay)。

高尔森在《英美合同法纲要》一书中则将挫折事态分为下列几类：

(1)合同标的物的毁坏或无法利用

如果履行合同所必需的事物被毁，而且并非出于任何一方的过错，合同的履行自然成为不可能。

(2)法律的改变

一个合同在缔结时合法，但由于政府颁布新的法律、法令或行政命令使其成为非法，此合同应予解除。因为，法院绝不可能强制当事人履行非法的合同。不过，如果法律的改变并未从根本上触动合同的目的，而仅仅是要求一个合同暂时停止履行，那么，这一合同就不应解除。同时，如果法律的改变仅仅使合同的履行更加困难或推迟，而并非使其非法，则所承担的合同义务也不能给予解除。

英国认为，外国法律的改变同本国法律的改变在解除合同方面具有同等效力。美国《统一商法典》也作了如是的规定。但是，美国少数法院仍然认为，外国法律的改变不能解除合同的义务。

(3)合同一方死亡或无履约能力

在提供个人服务的合同中，提供服务一方的死亡或丧失履行合同的能力，合同便告解除，双方的权利与义务就此终止。

(4)罢工

罢工经常被合同当事人当做合同落空或不可能履行的理由，并因此要求解除合同。但英美法院在审理此类案件时，并不一律按当事人的请求准许解除合同，而是遵循下述两条原则判决。其一，须视罢工者是否是合同义务承担者本人所雇的人员。如果罢工者是合同义务承担者的雇员，英美法院一般不准许按合同落空或不可能履行的原则解除其合同义务，而要求合同义务承担人对罢工者作出合理的让步，或另雇人完成合同义务。如果罢工者系第三方的雇员，法院则常按落空或不可能履行的原则准许解除合同。其二，如果罢工已动用暴力，即使罢工者是合同义务承担者的雇员，一般都倾向于按落空或不可能履行的原则允许解除合同。因为，英美法院认为，在已出现暴力的情况下，一般性的让步与另外雇人都是不可能的。

3. 对落空或不可能履行原则的限制

英美两国对于落空和不可能履行原则都有一些限制，也就是说，如出现某种情况，当事人便不能按照这项原则要求解除合同。

(1) 落空或不可能履行与当事人故意或过失有关

如果合同一方有意造成某一情况，并借此请求按落空或不可能履行的原则解除自己所承担的合同义务，这一请求则将被法院驳回。如果当事人的行为并非出于故意，而是出于疏忽，美国法院认为，合同当事人不能按不可能履行或落空的原则请求解除合同。英国法院的态度与美国有些不同，倾向于按落空原则进行判决。

例如，美国联邦巡回上诉法院在 2001 年审结的 Randa/Madison Joint Venture III v. Dahlberg 一案中，正是由于承包商自己的过失导致本应胜诉的现场条件变化索赔最终败诉。本案的案情是这样的：原告是承包商，与被告 (The United States Army Corp of Engineers) 签订了一个工程合同，合同内容主要是由原告承担一个泵站基础的挖掘排水工作，基础的深度为 ±0.00 以下 40 英尺。值得注意的是合同关于 DSC 是直接引用了《联邦征购条例》(Federal Acquisition Regulation 简称 FAR) 提出的标准 DSC 条款，同时合同中有关于要求承包商自己到现场踏勘并确认由被告提供的有关工程现场的勘查资料和土质样本等资料满足工程要求。遗憾的是原告在投标报价前，没有进行现场踏勘和检查由被告提供的土壤级配曲线等实验结果和土壤、岩石样本是否满足要求。工程开始后，原告发现自己低估了工程作业难度，导致在泵站挖掘排水现场遇到了极大的困难。从而发生了超过原告投标报价金额的额外费用 (Additional Expenses)，原告向被告提出，由于地下水过多构成 DSC (现场条件变化)，要求被告增加合同价金，被告拒绝。原告向军工合同纠纷仲裁委员会 (Armed Services Board of Contract Appeals，简称 ASBCA) 投诉，ASBCA 拒绝了原告的索赔请求。原告向美国联邦巡回上诉法院提起上诉，认为由于 DSC 导致合同挫折，要求被告对额外费用给予补偿。联邦巡回上诉法院认为由于原告自己的疏忽和消极 (即指原告在投标报价前，没有进行现场踏勘和检查由被告提供的土壤级配曲线等实验结果和土壤、岩石样本)，使其无法证明自己确实遇到了足以引起合同挫折的 DSC。

(2) 自愿承担风险

如一方对于自己是否能完满地履行合同义务并无确实的把握，但却签订了合同，这就是自愿承担风险。因此，在其不能履约时，就不能按落空或不可能履行原则请求解除合同。

如英国 Davis Contractors v. Fareham UDC 一案。在该案中，某一建筑商与人订立合同，答应在 8 个月内修建数所房屋，合同金额为 94 000 英镑，但是由于缺乏劳力及建筑材料，这一工程花了 24 个月的时间，并花费了 115 000 英镑的费用。法院认定这并不构成合同落空。在这类合同中，承包人允诺以固定价格承揽某项工程，那么他就要承担费用超过预期的风险。

(3) 预知将会落空

如果合同一方预知或应当预知在合同缔结后将会发生导致合同落空或不可能履行的事件，但仍签订了此项合同；而另一方对此却毫无所知。在合同不能付诸履行或不能继续履行时，预知此事件的一方不能要求法院按落空或不可能履行的原则准许解除合同。对于双方均预见到合同将会落空或不可能履行的这一类案件，英美法院一般也认为不可引用落空或不可能履行的原则。在预知将发生导致落空的事件这一案件中，还常有下述一种情况，即双方在合同中预先规定，当发生妨碍合同履行的某一事件时，双方的权利义务应当如何调整。如果后来果然发生了所设想的事件时，由于对双方的权利与义务已经作了安排，所以，就不能引用落空或不可能履行的原则要求解除合同。不过，如果后来所遇到的并非原先所设想的事件，那么，则可以按落空或不可能履行的原则解除合同。

例如，甲是一个建筑承包商，同意为乙造一间房屋，接近竣工时，该屋被焚，而且双方对火灾均不应负任何责任，按常理，造屋合同事实上已不可能履行。但是，按合同法，甲的合同义务并未因此解除，甲仍应为乙重新建造一间新屋。因为，既为承包商，就应当预先估计到有发生火灾的可能性，并保火险。如甲不保火险，又拟在发生火灾时解除自己的义务，唯一的办法就是在合同中明确规定，在发生火灾等意外情况时，合同应按不可能履行而解除。

4.落空或不可能履行的法律效果

在一个合同按"落空"或"不可能履行"的原则予以解除后，在如何处理双方的权利与义务这个问题是上，英美两国是不同的，美国的处理原则简单明确，英国则比较复杂。

在美国，各级法院普遍认为，当一个合同因不可能履行或落空而被解除后，双方必须各自退回从对方取得的利益，也就是说，双方均退回到缔结合同以前所处的地位。为了准备履行合同而支出的款项有时也应退回。如一合同仅部分地不可能履行，则应当履行其有可能履行的部分，另一方亦应接受部分履行。

在英国，长时期以来，对于因落空而解除的合同的基本处理原则，一直是权利与义务随着合同的解除而自动终结，既往不咎，尚未履行者不究。但是，按此基本原则，案件情节相同，判决却迥异。因此，此处理原则一直受到很大的争议。1943年，英国颁布了《法律改革（履行受挫合同法）》，这一法律的目的是废除既往不咎，尚未履行者不究的原则。此法规定：第一，在合同落空前所收到的钱款，即使已提供了部分对价，也应归还；第二，合同落空前到期未付的款项应停付；第三，应退款的一方为履行合同而所作的支出可以扣除；第四，在合同落空前因合同而得到巨大利益的一方应付给合理的代价。

5.运用落空或不可能履行原则进行索赔的局限性和可行性分析

(1)局限性分析

合同落空的补救措施过于僵化了，合同落空的结果就是终止合同，当事人的权利义务必须恢复到起始的状态。但是当事人所希望的可能只是对合同作某些必要的调整，而不是解除合同，这点对于工程合同来说尤其明显。这完全是一种既合法又合理的商业要求，但是合同落空却不能满足这一要求。

建设工程通常都比较复杂，就现实而言，即使发生一些通常看来很严重的合同争端，合同双方通常还是不采取合同解除这个极端手段。因此，很多索赔即使在工程结束后仍没有解决，而只好在工程结束后继续寻求争端的解决。而在合同已经履行完毕并且合同中的所有工程都已经完成的情况下，仍主张合同落空，这种诉讼请求无疑是有些奇怪的。

鉴于合同落空原则的局限性，不可抗力条款就被广泛应用了。因为不可抗力条款在出现未曾预见到的意外困难时，常常能够为合同提供某些适当的调整，而不是完全解除合同。

(2)可行性

沈达明教授在《英美合同法引论》一书中就合同落空的法律效力方面提出了自己的看法。他认为：合同落空对合同双方当事人的效力，应区分已产生的权利，尚未产生的权利和随后的履行加以分析。

1)已经产生的权利。合同落空的主要效力为终止将来的履行义务，但也影响合同项下已产生的权利。按照合同应支付的款项，不再应该支付，已经支付的，得根据准合同法要求返还。一方为履行合同，在合同解除前已支出的费用，法院得作出由他保留已经付给他的款项的全部或一部分或者向他支付这笔款项的判决。

2)尚未产生的权利。一般说，一方当事人没有提供完毕的合同项下的劳务或得益，没有清偿的义务。一方只是在合同全部履行时才应清偿，或者就可分成几种不连续的债务的合同，对已经履行的才应该清偿。但是如果在合同解除前，合同的履行已给予一方相当大的得益的，法院得命令得益的一方支付不超过得益价值的金额。因此，在合同落空时，一方对对方所提供的劳务，只应该支付一笔合理的金额，而不是合同价格的百分之几。如果提供劳务的一方的支出超过另一方从劳务得到的得益，前者得到的金额可能低于他的支出。

3)随后的履行。造成合同落空的事态发生之后的履行，将不按照合同规定进行清偿，而是按照法院确定的合理金额清偿，这样，就可能对环境根本改变之后进一步地履行义务，按低于或在大多数情形下高于合同的价格进行清偿。换一个角度，概括言之，合同落空应该产生两种交替的效力，第一种是作为不履行的理由，第二种就是作为合同不适用于当事人已完成的履行的理由,从而使提高或降低合同价格成为可能。这里所提到的第二种效力正是承包商需要关注的。

在前面提到的英国 Davis Contractors v. Fareham UDC 一案中,建筑商在合同价格迅速超过其所预期的价格时,并没有撕毁合同。他继续履行合同,将房屋修建好了以后,然后诉求合同落空。在这种情况下,诉求合同落空的目的就是请求支持其索取比合同约定价格更高的价款。只要合同不变,则所有的工程都只能按合同价格支付款项,但是,如果建筑商能够说服法庭认定合同落空,则能够以一种"合理"的价格获得补偿性的付款。当然,这一诉讼请求被驳回了。其中一个合理的解释正是上面提到的:在合同被履行并且合同中的所有工程都已经完成的情况下,仍主张合同落空,这种诉讼请求无疑是有些奇怪的。然而,在某些情况下,这可能是一个正当过程。如1982 年澳大利亚的 Codefa Construction Pty Ltd v. State Rail Authority of NSW 一案中,承包商的合同落空诉求就得到了高等法院的支持。在该案中,原告为被告承建部分地铁工程,由于施工中产生噪声被他方起诉,因而收到法院禁令。以致承建接轨的第三方工期被耽搁,致使原告承担的工程更为繁重,且工期受到延误。高级法院认定合同人所承担的工作与其最初所意图承担的工作有重大的不同,因此他有权获得完全不同的报酬。因此,这一合同被认定为合同落空。

由以上可以看出,即使合同已经履行完毕,工程已经结束,承包商提出合同落空的诉求还是有可能获得支持的,从而获得完全不同的报酬。

十四、合同违约救济之索赔

合同法规定了一系列对违反合同的当事人予以制裁等救济方式。在某种意义上,这种救济是国家协助私人协议的执行的意愿的明显例证,并因此表现了国家意志在私人领域和社会经济活动方面的重要作用。在讨论合同违约救济之前,我们先来了解一下英美法系下的工程合同义务。

1.英美法系下工程合同义务的种类

理论上,合同当事人如果愿意,可以非常精确地规定和约定他们各自的义务。在这种情况下,法院的职能只是实施当事人自己选择施加的义务。这就是当事人约定的合同义务。

但在实践中,法院的职能被合同完全限制的情形是极少的。主要有以下原因:首先,法院必须解释当事人所使用的语言;其次,当事人自然会期望履行合同而不是违反合同,因此只是在一些复杂的和法定起草的合同中才约定违约救济问题,如笔者在"依一般性违约条款之索赔"中提及的 FIDIC 通用合同条件中有关违约救济的条款。但是,当事人不可能如此详细地界定他们的义务以至于没有一般规则适用的空间。在这种情况下,在发生合同履行纠纷时,法院不得不决定有关约定不明的条款。这就产生了非当事人约定的合同义务。

基于上述两种合同义务,笔者接下来探讨一下英美法系下的工程合同义务。

(1)当事人约定的工程合同义务

工程合同比较复杂,所以通常都采取书面合同形式。但是即使是采用书面合同形式,认定合同条款还是非常重要的,因为并非任何明确的书面陈述都构成合同条款,所以有必要区分被视为承担义务或者约定事项的合同条款和并未列入合同条款的陈述。

例如,常用的标准合同文本都要求承包商制定进度计划。如 JCT98 第 5.3.1.2 条要求承包商在合同实施之后,尽快提供两份总进度计划的副本;ICE 的第六版和第七版第 14 条要求,承包商应该在授予合同之后 21 日内,向工程师提交进度计划以便批准;FIDIC 新红皮书则在第 8.3 条款[进度计划]规定承包商应在收到开工通知后的 28 天内向工程师递交一份详细的施工进度计划。但是,进度计划本身并没有被列入合同文件中。

鉴于界定合同条款的重要性,国际通用合同条件一般都规定了合同的含义,以及对合同文件的准确界定。以 FIDIC 新红皮书通用合同条件为例,其在第 1.1.1 款[合同]中准确定义了合同的含义以及每个合同文件的含义,并在其后的第 1.5 款[文件的优先次序] 规定了合同文件的解释规则以及合同文件的优先次序。通过这些规定,合同当事人就可以通过合同文件准确地看清己方的权利义务。

(2)非当事人约定的工程合同义务

正如前面所述,在很多情况下,明示条款并不是合同的全部条款,在明示条款之外,实际上还存在着未经写明的默示条款,即还存在着非当事人约定的合同义务。在英美法系下,默示条款可分为以下三类:

第一,法律所规定的默示条款。就法律所规定的默示条款而言,除非当事人明确排除这些条款,否则法院将适用这些法律所"默示"的条款。但是,这个限制条件也并不总能被适用,因为根据英国《不公平合同条款法》的规定,当事人并不总是能通过约定排除条款。

例如,就有关误期违约金条款的效力问题,如果规定的误期违约金被裁定为属于罚款,则该条款无效,业主只能收回他可以证明的、而不是预定的损失赔偿金。Dunedin 法官在英国 Dunlop Pneumatic Tyre Co Ltd v. New Garage and Motor Co Ltd(1915)案件中对违约金是这样讲的:罚款的实质是支付一笔费用,以此规定作为对犯错误方的一种恐吓;而误期违约金的实质是一种真实的、契约化的对损失的预估金额。如果该金额与能够令人信服地证明与违约有关的最高损失相比是过高的和不合理的,那么它将被视为一种罚款,将不具备强制性。

再如,如果业主方付款未能按期支付,承包商是否有权依法撤出现场?对于这个问题,在 1998 年 5 月 1 日生效的英国《住宅许可、建造和重建法 1996》规定,即使合同中没有设立规定了这种权利的条款,承包商仍然可以在业主方付款未能按期支付的情况下,有权依法撤出现场。

第二,法院所加入的默示条款。英美法院认为,如合同双方确实打算在合同中列入某一条款,但因疏忽而未加入,或者,按合同内容应当含有某一条款而实际上并未列入时,为了使合同得以履行或弄清双方的权利与义务,法院有权将此条款作为默示条款列入合同。

例如,正常情况下,建筑师和工程师难免出现设计错误。承包商是否有义务提请注意这个设计错误?在英国 Equitable Debenture Assets Corporation Ltd v. William Moss and Others(1984)案例中,法庭裁决,合同中默示了承包商应该报告他们发现的设计错误。

第三,习惯所规定的默示条款。在英美,凡是某个地方或某个行业所通行的做法,即使合同双方未在合同中明文规定,也应视为双方必须遵守的默示条款。不过,按习惯所加入的默示条款如与合同中一项明示条款相抵触,则无效。

例如,如果合同条件中没有明示条款,设计人,无论是建筑师、工程师或其他设计人员,都有默示义务,运用合理的技能和谨慎,履行自己的设计责任,其检验标准是所展现的技术水平是否达到一个声称并运用具备该项技能的一般技能人士的标准。而在承包商承担建造责任的同时还承担设计责任时,如果合同中没有明示条款,应该存在一项默示义务要求设计应该合理地满足其使用功能要求。当然,某些标准合同文本减轻了承包商应满足使用功能要求的责任,如 ICE 的设计与施工合同条款第 8(2)条要求承包商在履行其设计责任时,应该:"运用所有合理的技能和谨慎。"

2.违反工程合同义务的法律后果

无论是当事人约定的工程合同义务还是非当事人约定的工程合同义务,它们都应得到履行,否则违约方将赔偿另一方的损失。但是,违反某些合同义务可以使受损方终止合同并索取赔偿,而违反另外一些合同义务则只能索取赔偿而不能解除合同,这取决于所违反的合同条款的重要性。

在"依一般违约性条款之索赔"中,笔者曾提到了英国法律下存在两类合同条款,一类是条件条款,另一类是担保条款。违反这两类合同条款分别承担不同的合同责任。这两类合同条款的性质,取决于订立合同时的状态,而与违约本身的性质并不要紧。例如,国际上通用的合同条件正是基于这两类合同条款而出现了两种不同的索赔条款,即终止性索赔条款和一般违约性索赔条款。在合同争端产生后,工程合同当事人可以根据这两类索赔条款比较顺利地解决争端。

但是,在实践中,法院经常会考虑违约的效果,以决定受损方是否可以终止合同。法院现在已认识到将合同条款划分为条件和担保两类是不全面的,还存在着第三类条款,违反该类条款既可能让受损方有权解除合同,也可能让他无权解除合同,这取决于违约的性质与效果。这类条款具有这样的效果:某些违约仅对随后的合同履行产生轻微影响,而另一些违约却可能使合同无法履行。如为前者,受损方有权索赔,但仍有义务履行属于他的合同义务;如为后者,他则有权索赔及终止合同。此类条款一般称为中间条款。

在这方面,美国法律则比较简单。美国法律把违约分为重大违约和轻微违约。重大违约是指当事人一方违约损害了对方主要利益,轻微违约是指一方当事人违约使对方遭受轻微损害。因此,美国法律下,违反合同条款的后果更侧重考虑违约的效果。

3.英美合同法违约救济的种类

英美合同法对违约的受损害方提供的法律救济包括多种手段:实际履行、禁令、撤销合同和损害赔偿,而贯穿其中的一项基本原则是,采用任何一种救济手段均应当避免对违约方施加惩罚的结果。下面笔者针对工程合同探讨相关的合同违约救济。

(1)实际履行

实际履行是指由法院强制被告按合同规定履行其应尽义务。在英美两国,依约履行是衡平法对违约的救济方法,依约履行令的发布与否完全由法院裁决。总的说来,只有在不可能采用损害赔偿的方法对违约进行救济时,法院才会颁发依约履行令。同时,由于损害赔偿是英美最常用的违约救济方法,因而,颁发依约履行令在英美是比较少的。

对于建筑工程合同,英美法院一般不作实际履行的判决,只有在极特殊的情况下才会被强制执行,因为法院对这种合同的履行难以进行监督。例如,在美国约南诉栎树公园联邦信用社一案中,被告拒绝履行一个包括要求建造一个商业建筑的合同,初审法院责令被告支付一笔数额相当于该商业建筑的费用。原告对此不满,要求伊利诺斯州上诉法院改判由被告自己来建造该建筑。上诉法院则作出维持原判的裁决。

(2)禁令

禁令是英美所特有的对违约的一种救济方法,其目的是禁止被告从事某种行为,即强制被告执行合同所规定的消极义务。禁令同依约履行一样,也是衡平法对违约进行救济的方法。而且也同依约履行一样,只有在损害赔偿不足以补偿受损害一方所遭到的损失时,法院才会发出禁令。

在建筑工程合同中规定有大量的不得从事某种行为的义务,在损害赔偿不足以补偿受损害一方所遭到的损失时,可以考虑要求禁令救济。

(3)撤销合同

按英美合同法,当合同一方违背合同的主要条款或发生重大违约行为时,另一方有权撤销合同,并可请求法院予以确认。同时,撤销合同并不妨碍要求损害赔偿,这两者是可以同时进行的。

(4)损害赔偿

按英美合同法,当合同一方违约时,不论该合同是否已解除,另一方均有权起诉索取损害赔偿。损害赔偿是英美对违约进行救济的最主要的方法。其主要方式是用金钱赔偿,赔偿的结果是使受损害的一方的经济状况相当于合同履行后所应有的经济状况。如果一方的违约并没有给另一方造成实际损失,法院则往往责令违约的一方付出名义上的损失赔偿费,以表示对其违约行为的惩罚。

4.合同违约救济之索赔的含义

从上面笔者对合同违约救济的种类的探讨中,我们知道损害赔偿是最常见的方法。实际履行和禁令只有在损害赔偿不能采用时才适用,撤销合同则并不排斥损害赔偿救济,所以损害赔偿是最主要的。笔者正是基于损害赔偿救济来探讨合同违约救济之索赔。

笔者所指合同违约救济之索赔是指,在业主方违反合同义务时,承包商依英美合同法上的损害赔偿救济就因业主方违约而蒙受的损害从而对业主方提出的索赔,其主要方式是金钱索赔,也可以是工期索赔。

5.合同违约救济之索赔的范围分析

合同违约救济之索赔的范围是指因业主方违约而蒙受损害的承包商一方有权获得赔偿的损害的范围。涉及损害赔偿的范围,英美合同法确立了一系列原则和具体规则。

(1)恢复受损害方的地位

违约损害赔偿的最基本原则之一是,使因违约而受到损害的一方在经济上处于合同得到履行时他本应处在的地位，但赔偿应以该方在订立合同时能够合理地预见到的由该违约造成的损害为限。

在一个合同诉讼中，作为一般原则，受损害能否同时就"期待利益"的损失和"依赖利益"的损失向违约方索赔？期待利益是指合同当事人依合同而有理由产生的期待所具有的经济价值，不过，受损害方在主张期待利益时必须从中扣除为实现这种利益必须扣除的成本。例如，在一个房屋扩建合同中，承包商许诺的扩建后的房屋的价值与原有房屋的价值的差价，同时扣除扩建成本，就是期待利益。依赖利益是指受损害方的地位因合同的订立而发生了改变，其原有地位与现有地位之间的差价。例如，同样在一个房屋扩建合同中，由于承包商的疏忽导致了一个豆腐渣工程，则该豆腐渣工程的价值与原有房屋的价值的差价就是依赖利益。根据"恢复受损害方的地位"这条一般原则，是可以同时主张期待利益和依赖利益的损失。

例如在工程建设中，除了费用损失（依赖利益），如果承包商可以证明，因为相关合同的条款中规定的某一或某些事件的直接后果，他被妨碍在他开展正常业务的情况下从其他途径挣得利润（期待利益），他有权要求补偿利润损失，这在英国 Peak Construction (Liverpool)Ltd v. Mckinney Foundation Ltd (1970)一案中得到了确认。但是，这种利润的金额，即使经过证实，也不应超过通常的预期水平。可能在其他项目上挣得的异常的利润并不会得到赔偿，除非业主在签署合同时已经知晓这个事实。这点则可以从英国 Victoria Laundry (Windsor)Ltd v. Newman Industries Ltd(1949)一案中得到确认。

然而，例外的是，有些标准合同文本在费用或开支的定义中特别排除了利润。如，ICE 第6版和第7版第1(5)条规定，措辞费用"不包括利润"。同样，在FIDIC 新红皮书第1.1.4.3款[费用]规定不包括利润。随后，在通用条件的其他有关索赔的条款中，可能只含有费用，而没有利润的措辞。

(2)不得通过违约而获利

英美法院在准许因违约而蒙受损害的一方获得其要求的赔偿之前，一般要求该方证明双方在订立合同时能够预见到该损害是违约的很可能发生的结果。这种举证责任增加了受损方获得赔偿的难度。然而，在决定是否让受损方获得赔偿时，法院还要考虑另一个重要因素，即违约是不是故意的。法院如果发现违约方曾故意违约，因为该方认为给予一定的赔偿比履行合同更为合算，就可能作出不利于违约方的判决。其中所贯彻的政策是：不应让违约方通过违约而获利。

正是基于"不应让违约方通过违约而获利"的法律理念，英美合同制度中均产生了恢复原状的赔偿请求。在美国，恢复原状是对违约进行救济的方式之一，而在英国，恢复原状也被视为一种救济方式，但并不是针对违约，而是在合同一方全部或部分地履行了自己的义务，而另一方则未相应地履行义务的情况下，已履行义务的一方有权要求恢复原状。

在美国，由于恢复原状请求是对违约进行救济的方式之一，所以提出该请求必须证明有合同存在并发生了违约。而在英国，由于恢复原状请求并不是针对违约，而是基于对价，所以提出该请求时，他只需表明其未因其支付金钱而获得任何东西，从而使案件变得非常简单。例如，业主方将部分工程从合同中删除，并雇佣其他人来实施，而且因节省了费用而获利。在美国法律下，承包商可以就业主方的违约根据"恢复受损害方的地位"索取期待利益和依赖利益（如果有），或者就业主方的违约根据恢复原状请求索取业主方所获得的利益。在英国法律下，承包商同样可以就业主方的违约根据"恢复受损害方的地位"索取期待利益和依赖利益(如果有)，但是，承包商也可以不考虑业主方的违约性质，直接提请恢复原状请求。

(3)受损害方减轻损失的义务

根据合同法的一般规则，当合同的当事人一方违反合同时，另一方有付出合理的努力减轻因违约而引起的损失的义务。美国《第二次合同法重述》第336条规定，当合同当事人一方违约时，另一方负有减轻该违约造成的损失的义务，但法律并不要求另一方在减轻损失时冒过大的风险，付出过多的支出或蒙受过分屈辱。换言之，另一方的义务是付出"合理的"努力减轻损失，即在不使另一方付出过大的代价的前提下尽可能地减轻损失。

很多标准合同文本都要求承包商始终尽最大努力防止延误。例如，JCT98 第 25.3.4 条规定，承包商在工程施工过程中应该始终尽最大努力防止延误。FIDIC 新红皮书第 19.3 款[有责任将延误降低到最小限度]的措辞则略有不同，它规定若发生不可抗力，各方应尽最大的努力，将该事件造成的延误降低到最小限度。

如果合同要求承包商尽最大努力防止延误，就是期望他将任何可能造成延误的事件的影响控制到最低，以减小或可能消除任何影响。如果延误是建筑师/工程师或业主的责任，承包商不需要花费大量的自有费用来减少延误。这点在英国 Terrell v. Maby Todd and Co(1952)一案中得到确认。在该案中，法官裁决，尽最大努力的义务只是要求当事人去做商业上实际可行的事情和在这种情况下可以合理做到的事情。

(4)损害赔偿不应导致经济上的浪费

如果采用损害赔偿的一般原则，即让由于违约而蒙受损失的一方在经济上处于合同得到充分履行时该方本来应处的地位，会导致经济上的浪费，就应放弃这一原则，而代之以一种较为经济的救济方法。

1932年的《合同法重述》第346(1)条规定，金钱赔偿的目的是使受损失的一方处于合同得到充分履行时他本来应当处于的地位。但这并不意味着他应切实地处于同样的特定地位。在许多情况下，在违约发生后，完成的产品的价值比生产该产品的成本低。有时，不将一座已完成的建筑物拆掉并重新建造，该建筑物中的瑕疵就无法得到切实的补救，而支出这样的成本将是轻率的和不合理的。法律并不要求以一种导致经济上浪费的方式去衡量损失。

例如，如果使某一建筑符合合同的规定会导致经济上的损失，计算损害赔偿金的依据就应当是，合同规定完成的建筑的价值与实际建造该建筑的价值的差额，而不应当把为使该建筑的完成符合合同的规定而支出的成本作为计算赔偿金的基础。

(5)无损害不赔偿

损害赔偿的目的是对一方当事人违反合同给另一方当事人造成的损失或损害提供补偿，而不是惩罚违反合同的当事人。所以，如果一方当事人违反合同并未给对方当事人造成损失或损害，即使违反合同是故意的，受害方也不能获得实质性的损害赔偿，而只能获得名义赔偿。因为受害方只能就他实际发生的损失获得补偿。但是，该规则也受前面笔者提到的"不得应违约而获利"规则的限制。

在工程领域，很多标准合同文本都有误期违约金条款。那么，如果承包商延误竣工没有给业主造成损失，业主是否有权扣除违约金？回答通常是肯定的。误期违约金的实质是一种真实的、契约化的对损失的预估金额。

例如，在英国 BFI Group Companies Ltd v. DCB Intergration Systems Ltd (1987)一案中，合同采用的是 JCT 的小型工程文本，涉及一个办公室和车间的改建和装修。所发生的纠纷涉及违约金问题而被提请仲裁。仲裁员裁定存在竣工延误，但是拒绝裁定误期违约金，理由是业主没有遭受后果性损失。仲裁员的裁决被提起上诉，法官 John Davies QC 进行了开庭审理。他判定，在承包商竣工延误时，误期违约金条款将自动生效，不需要证明在合同方面的合理性，并且业主也不需要证明自己已经遭受损失。

不过，有时候即使存在误期违约金条款，在没有造成损失的情况下，可能也得不到实质性赔偿。如美国哈蒂诉拜伊一案表明，美国俄勒冈州同加利福尼亚州一样，对合同中的预先确定损害赔偿金的条款通常不予承认，除非对可能发生的损失是无法确定或很难作出估计的。进一步讲，即使法院认为，鉴于合同订立时的情况，当事人有必要在合同中加入这样的一个条款，但是违约发生之后，法院发现该违约造成的损失并不难确定，法院也会拒绝执行该条款。所以，在这两个州，如果没有造成损失，即使存在误期违约金条款，也不能得到实质性赔偿。

十五、不公平得益之上的索赔的法律研究

工程建设有期限长、施工复杂、涉及面广、不确定性大等等特点，决定了围绕工程建设的各方当事人之间的争端经常有合同、合同法以及侵权行为法所无法解决的，这就使得返还法或准合同法成为补救的可能。英美法系下的返还法和准合同法正是调整不公平得益所触发的返还权利义务关系。

十六、不公平得益之上的索赔的法律含义分析

不公平得益是触发返还法或准合同法之上的义务,从而产生受损方的返还请求权。英美法系下的不公平得益与大陆法系下的不当得利内涵相当,但是,毕竟英美法系是判例法居于主导地位的,不公平得益仍然需要判例的解释才能运用。在这里,"不公平"不是援引抽象的公平概念,而是以判例和成文法为依据,即得益是发生在判例认为要求予以颠倒过来返还给原告的情形下才是"不公平的",因此,应该紧密地以判例为依据解释"不公平得益"。

不公平得益之上的索赔是指业主方在使承包商遭受损失的情形下得益,此得益是发生在判例认为要求予以颠倒过来返还给原告的情形下发生的,承包商根据返还法或准合同法对业主方提出的返还请求权。

十七、不公平得益之上的索赔的种类及法律分析

在前面提到,"不公平"不是援引抽象的公平概念,而是以判例和成文法为依据,这是用来表示大量的返还案例中的一些因素的共同点,这些因素一旦与得益结合,就要求返还。英国学者 Birks 分析大量的英美判例,总结出下面三种使得益成为不公平的因素范畴,即非自愿的转移、自由接受与其他,其他是指各种杂项。

非自愿转移,就是原告没有使被告得到有关金钱或其他得益的意思,是原告不想要的转移。原告可能绝对不想要转移的发生,或者他想要在某些事件发生之时发生,而不是在实际发生的事件之时发生。但是,自然的非自愿性,即法律界以外的人士的常识结论,仅仅是出发点,尽管有时候给人的印象是非自愿转移,还得查阅判例去弄清楚法律是否认为这是要求返还的非自愿转移。

自由接受,是指凡是被告在他知道不是无偿提供的环境情况下受领一项得益而且有拒绝的机会,仍然予以受领。对于承担风险的自愿者,非自愿转移与自由接受的相反的方向性特别重要,对他来说,排除前一种的请求权,但有援引自由接受的某些希望。

其他因素,属于这一类的情况应该是很少的。这里假定一个自愿转移的原告对并没有自由接受的被告提出的请求,但是依据判例或成文法,得益是不公平的。

与这三种使得益成为不公平的因素相对应,笔者将不公平得益之上的索赔分为非自愿转移引起的返还索赔、自由接受引起的返还索赔以及其他因素引起的返还索赔。下面笔者结合判例详细分析这三类不公平得益之上的索赔。

十八、非自愿转移引起的返还索赔

对于援引非自愿转移引起的返还索赔,笔者认为承包商可以主要关注下面两种情况,其一是承包商按要求提交了投标书,但是投标书未给予考虑;其二是业主在接受投标书之后,取消了工程。

1.投标书未给予考虑

承包商经常担心他们按要求提交的投标书将得不到考虑。原因有很多,比如业主已经有一个愿意承担此项工程的公司,投标者被邀请投标仅仅是为了对该公司施加压力,以压低他们的报价,或邀请投标者仅仅是为了形式上满足国家或金融机构对招投标的要求。在这种情况下,承包商的损失是否可以索赔?回答通常是肯定的。

以正确的方式提交投标书的投标人享有一项权利,那就是他的投标书应该被开启并且给予考虑。投标人投入在投标书中的费用就是为了获取这项权利,也就是获取一个机会,如果投标书未给予考虑,则他丧失了这个机会;而招标人在确定投标人名单以后,他就已经获得了一项得益,那就是对其他投标人报价所施加的压力,从而获得一种由于竞争导致的报价的降低所带来的收益。因此,如果以正确方式提交的投标书没有给予考虑,则可认为招标人是在使投标人遭受损失的情况下获取得益。另外,这种得益的转移也是非志愿性的转移,因为投标人只有在投标书能够被考虑的情况下,他才会允许招标人把他列入投标人名单并提交投标书。因此,招标人所获取的这项得益是不公平得益,投标人可以根据准合同法或返还法提出索赔。

在英国 Blackpool and Fylde Aero Club Ltd v.

工程法律

Blackpool Borough Council(1990)一案中,被告即委员会对经营机场的娱乐航班的特许经营权进行招标。在招标书中,被告附加了一项投标的条件,即如果晚于一个特定的日期或是期限才收到投标书,则此投标书不再列入考虑范围。原告的投标书是在规定的日期之前寄出的,但是不幸的是,被告的邮箱没有定期的清理,导致被告收到原告的投标书时已经过了期限,因此,原告的投标书没有被列入考虑范围。法官在判决中给出了很多理由,其核心是把招投标行为划分为两个合同的订立行为。一个是对于招投标的标的而言,双方关于经营项目订立一份合同;另一个是对于投标书本身而言,双方关于审查投标书订立了另外一份合同。在本案中,招标人的招标是要约,而投标人递出投标书便是承诺,因此法官裁决原告有权利因被告违约而请求损害赔偿。

笔者对该案则有自己的一些想法。即使的确存在第二份合同订立行为,但是,投标人提交投标书以后,合同本应该成立,可是由于招标人根本没有考虑投标书,也即完全没有提供合同对价,在这种情况下,投标人提出违约损害赔偿是很奇怪的。笔者认为,在这种情况下,应该适用非自愿转移中的"一方当事人在合同对价完全无效下支付的金额"的规则,即在某合同的对价完全无效的情况下,如当事人一方已经支付了金额,也可产生不公平得益,从而引起准合同关系。

2.接受投标书后,业主取消工程

承包商经常在合同签订之前就开始实施工程。原因有很多,比如为了按照计划签署的合同要求帮助业主,或者确保工程能够迅速启动或保证重要运作不间断进行。有时候,在这种情况下,业主决定取消工程,而承包商没有得到合同利益,他们希望得到所做工作的付款,而业主经常拒绝承担任何义务。在这种情况下,承包商可否收回与投标有关的费用?回答通常是肯定的。

在英国 British Steel Corporation v. Cleveland Bridge and Engineering Co Ltd(1981)一案中,法官裁定,双方当事人都坚信正式合同最终将签署。在这种情况下,为了合同的履行,一方要求另一方加快实施合同工程,对方也满足了这项要求。如果后来合同如期签署,工程按照要求实施,也被视为是根据合同实施的;如果情况与预期相反,合同没有签署,那么实施的工程无法归到可以确定付款条件的合同中,这时法律可以直接赋予提出要求的一方一项义务,对按照要求已经实施的工作支付合理的费用,这项义务可以认为是准合同的,或者我们现在提到的实际成本的归还。

但是,如果谈判目的是签署合同,包括明示条款规定,各方可以随时和不受任何约束地退出谈判,一方在为达成目标合同的准备工作中所发生的费用应该自担风险。而如果承包商在没有合同的情况下,按照指示要求实施工程,根据恢复原状原则业主方应该进行付款。

十九、自由接受引起的返还索赔

经常存在的一个问题是:合同中存在有效的变更条款,但是承包商没有符合条款规定的所有要求,尤其是没有获得变更令。原因有很多,如在施工过程中,业主方面的领导人员或咨询工程师经常口头指示承包商进行某种施工变更。在这种情况下,承包商是否还有可能取得变更工程的付款?回答是,如果公平在承包商这一方,则是有可能。

目前,国际工程界承认并应用可推定学说(Doctrine of Constructive Terms)来解决上述的合同争端。可推定学说源自美国,最早是由"可推定的工程变更"理论而来。在美国一个关于是否属于工程变更的诉讼案件中,承包商以工程变更为由提出索赔要求,业主认为并未发变更指令,未构成"工程变更",双方争执不下。法官裁决时认为:该项工程变更事实上已经发生;在进行工程变更工作时业主亦知晓,已经形成事实,虽然当时业主未发变更指令,但从合同管理的角度看,应承认为符合合同条款的工程变更,即"可推定的工程变更"。

就"可推定的工程变更"的法理依据而言,其中一个理由是英美合同法中的弃权理论。尽管变更不符合合同变更条款的要求,但对方对变更条款要求的放弃就使索赔方可以得到变更工程的付款。在美国汉堡王公司诉丹宁家族公司一案的裁决表明,如果合同一方的行为表明,他并不要求另一方严格地依照合同条款的规定履行特定的义务,他就等于放弃了再要求后者依该合同条款的规定履行其特定的义务的权利。以下情况通常表明业主放弃了对一个有效书面变更令的要求,可以考虑认定业主对工程变更默许。

(1)当业主一直注视着施工的进行,而又知道承包商将该工程视为额外工程并相信将得到合理的付款,那么就可以认为他放弃了合同的要求。

(2)另外一种情况是,当业主出席了工作会议,听到了没有被授权的人在口头指令一个变更工程,而且业主有能力否决该项指令但却没有否决,这时也应当认定为业主已经漠视或放弃了合同对书面变更令的要求。

(3)再有一种情况是,业主根据口头变更令支付了工程进度款,并且没有提出任何异议,也表明业主放弃了对变更令的书面要求。尽管合同规定工程师没有签发变更令的权利,但业主持续对工程师指令的变更工程付款可以视为业主放弃了合同对工程师权限的限制。

弃权理论是建立在合同的基础上的,但是在"可推定的工程变更"中,尽管合同双方均知晓并已形成事实,但这并不表明双方有合意,业主有时候可能并没有要给付对价的意图。因此,从这个角度而言,笔者认为不公平得益原则比弃权理论更具有说服力。

在前面提到,不公平得益之所以是不公平的,其中一个充分要素是自由接受。业主方在他知道不是无偿提供的环境情况下,仍然接受承包商实施的工程变更,也即受领了一项得益,并且业主方随时有拒绝的机会,但仍然予以受领,这足以构成不公平得益。根据返还法或准合同法,承包商有返还请求权。

二十、其他因素引起的返还索赔

其他因素使得益成为不公平是很少见的。当发生这类因素时,当事人不能援引非自愿转移或自由接受,但是依据判例或成文法,得益是不公平的。在工程建设领域,这类因素也非常少见。下面,笔者以应付款为例分析此类索赔。

应付款是当事人承认的债务,根据英美法系国家法律,这应该是适用其他因素中的"当事人承认债务"的规则,即根据英美法系国家法律,当事人亲笔写

下的欠条,甚至是一般性陈述债务均视为对其债务的认诺,由此形成返还或准合同关系。表现在工程实施中,应付款是指工程师或建筑师签发的支付证书。由于工程师或建筑师是业主方的代理人,因此其签发的支付证书也代表着业主方对工程实施某一期间发生的账务往来的承认,也即对债务的承认。业主方没有理由扣留这笔款项,扣留这笔款项意味着不公平,因此承包商有权根据返还法或准合同法要求偿还。

本来业主不折不扣地兑付工程师或建筑师的付款证书一直是习惯做法,这也符合返还法的返还规则,但是,根据最近的判例法,如果发生了涉及付款证书准确性方面的真正的纠纷,业主可以在提请仲裁时扣留应付款项。这一做法在英国 CM Pillings and Co Ltd v. Kent Investments(1985)案例中首次被打破。在该案中,业主拒绝兑付建筑师的付款证书,他使法庭相信,这是一个涉及准确性的真正的纠纷。法庭裁定暂缓对核准的金额的即决审判的申请,以便提请仲裁。

另一个涉及相同原则的裁决是英国 John Mowlem and Co plc v. Carton Gate Development Ltd (1990)案例。在该案中,工程师签发了两份中期付款证书。在应该支付工程款期限的最后一天,工程师致函承包商,函中提到,其作为合同条款规定的通知,该条款授权建筑师可以在任何区段工程延误竣工的情况下从已经签发的中期付款证书中做扣除。此后,业主提出反索赔,他根据建筑师的上述通知在付款之前扣除了付款证书中的一半。承包商因此申请即决审判,理由是这里并没有涉及债务的纠纷,是业主方已经承认的债务,按照准合同法或返还法有权提出索赔。而业主则争辩,申请停止有关此事件的法庭诉讼,以便进行仲裁。不幸的是,法官 Bowsher 决定支持业主的主张。法官认为即决审判的目的是在十分明显的不存在辩护理由的情况下,让原告得到快速审判。法官因此拒绝批准承包商的申请,以便提交仲裁。

另外,按照1996年的英国仲裁法,如果合同中包含仲裁条款,法庭无权审理有关的纠纷。因此这个对业主非常有利,根据这个法律,有关法庭审理将被中止而提交仲裁。现在对承包商来说,唯一有利的可能就是最终将裁定从付款证书规定的应付款之日开

工 程 法 律

始计算的利息。

二十一、侵权法之上的索赔的法律研究

目前,在英美法系下,侵权法的调整范围在不断地扩张,其与合同法的界限已经变得越来越模糊,这就使得侵权法调整合同关系成为可能。

侵权行为法是通过债权责任来实现其保障民事权益的目的。侵权行为法虽着眼于民事主体法定民事权利之保护与补救,但在客观上却能够起到平衡社会利益之功效。这种功效是通过判决赔偿以及确定赔偿数额的方式实现的。行为人实施侵权行为侵害他人人身、财产造成损害的,就要承担侵权责任。侵权责任是行为人实施侵权行为的后果,它是对侵权行为的一种制裁,同时也恢复被侵权行为破坏的财产关系和人身关系。从侵权责任的承担方式可以看出,侵权责任形式不限于财产责任,它还包括有一些非财产责任。这些非财产责任方式相对于违约责任而言,就有利于对受害人权利受损的全面救济。

作为一般原则,侵权行为侵害的对象一般是物权、人身权、知识产权等绝对权,不包括合同债权等相对权。但是,到了20世纪20年代,情况发生了变化,经济损害也有可能获得侵权行为法的救济。在英国的一个1921年的案件中,法官提出这样的问题:"一个被法律视为合法的行为,会中断原告所从事的贸易权利吗?"由此,被告非法地、故意地或者恶意地行为可以构成一种经济侵权行为。一旦以侵权行为法来保护合同债权,就可以完全避免违约责任的上述不足,如侵权责任可以对非财产利益进行赔偿,赔偿的范围也不受"可预见性"的限制,也有多种非财产的责任方式等,而对于第三人侵害债权的行为也可以按侵权行为来处理。

笔者正是从侵权法对合同权益的保护着手,详细探讨了在工程领域侵权法之上的索赔的相关法律问题。

二十二、侵权法之上的索赔的法律含义分析

在英美法系下,保障合同权益的民事救济制度最主要的是违约救济制度,违约救济制度正是为了保护合同权益、制裁违约行为而涉及的专门责任制度。但是,违约救济制度所保护的合同权益的范围仅限于"可预见的"财产利益,而对于超出合同当事人订立合同时可预见的权益损害,违约救济制度不能给予补救,而且在第三人侵害合同权益的情况下,基于合同的相对性原则(即合同的权利和义务只能由合同的当事人各方享有和负担),债权人不能直接从侵害人那里得到任何补偿。事实上,以上违约救济制度难以有效保护债权人的利益都在侵权责任的保护范围内。也就是说如果能够突破侵权行为法与合同法严格划分的界限,尤其是突破合同的相对性理论的束缚,适当地将侵权法引入合同权益保护制度的范畴,上述问题将迎刃而解。而实际上,这种理念已经在英美法系国家得到了尝试,它们主要表现为违约责任与侵权责任竞合的处理以及允许第三人侵害债权的成立。

体现在工程建设领域,合同法中的违约救济制度是工程合同各方当事人最主要的合同权益保障机制。但是正如在"合同违约救济之索赔"一节中所探讨的,违约救济制度所保护的范围仅仅是使受到损害的一方在经济上处于合同得到履行时他本应处在的地位,并且赔偿应以该方在订立合同时能够合理地预见到的由该违约造成的损害为限,对于超出合同当事人订立合同时可预见的权益损害不予考虑。此外,还有"损害赔偿不应导致经济上的浪费"以及"无损害不赔偿"等违约救济制度规则的限制。因此,很多情况下,仅靠合同法中的违约救济制度,承包商的合同权益无法得到有效的保障。笔者正是基于此提出侵权法之上的索赔。

侵权法之上的索赔是指承包商在遭受非己方原因造成的损失后,根据合同以及合同法的相关法律规定无法得到足够的救济或无法得到救济,而依侵权法向责任方提出的索赔。

二十三、侵权法之上的索赔的种类及法律分析

前述提到,侵权法对合同权益的保护主要表现为违约责任与侵权责任竞合的处理以及允许第三人侵害债权的成立。笔者基于此,将侵权法之上的索赔

分为在违约责任与侵权责任竞合时承包商的索赔以及在第三人侵害合同权益时承包商的索赔。

二十四、违约责任与侵权责任竞合时的索赔

违约责任与侵权责任的竞合，是指行为人实施的某一违法行为，具有违约行为和侵权行为的双重特征，从而在法律上导致了违约责任和侵权责任的共同产生。从权利人(受害人)的角度来看，因不法行为人的行为在法律性质上的多重性，使其具有因多重性质的违法行为而产生的多重请求权，因而也同时产生了请求权的竞合。责任竞合现象的存在体现了违法行为的复杂性和多重性，但竞合的根本原因是合同法与侵权法既相对独立，又局部重叠所造成，因此，责任竞合现象是不可避免的。一个不法行为符合数个法律责任的构成要件，是责任竞合产生的前提条件。但不同的法律责任对行为人有着不同的法律后果，所以这数个责任之间既不能相互吸引，也不应同时并存。

从英美法系国家各国立法和判例来看，在处理违约责任和侵权责任的竞合方面，采取的办法是有限制的选择诉讼制度。英美法原则上承认责任竞合。根据英国法，如果原告属于双重违法行为的受害人，则他既可以获得侵权之诉的附属利益，也可以获得合同之诉的附属利益。然而，在英国和美国司法实践中对于选择之诉规定了严格的限制：只有在被告既违反合同又违反侵权法，并且后一行为即使在无合同关系的条件下也已构成侵权时，原告才具有双重诉因的诉权。

二十五、第三人侵害合同权益时的索赔

1.合同相对性原则的弱化和侵害债权制度的产生

合同相对性原则是古典契约法理论的基石，其基本含义是：非合同当事人不得请求合同权利，也不必对合同当事人承担义务。在英美法中合同的相对性原则被严格地确认和执行。阿蒂亚在《合同法导论》一书中指出：作为英国法律的一项基本原则，合同的权利和义务只能由合同的当事人各方享有和负担。

但是合同对第三人不具有任何效力的原则，随着社会经济的发展开始暴露出它明显的局限，纷繁复杂的社会关系远远超出了这一传统理论的预想。合同毕竟是一种事实，一种社会事实，它不能孤立地存在；当两个人分别成为债权人和债务人时，这一事实就不可能与第三人无关；这主要表现为合同必然要对第三人产生对抗力，同时当事人因合同而享有的权利应得到第三人的尊重。所以从近代以来，合同相对性原则不断受到现实的挑战，也因此逐步走向了衰落。正如阿蒂亚所言：尽管合同的相对性原则仍然有效，但是相当多的例外已经逐渐把"合同的权利和义务只能由合同的当事人各方享有和负担"蚕食光了。这是一个有趣的法律现象的例证——名义上是"一般原则"，而实践中却不再是一般原则。英美法系各国在司法实践中越来越感觉到，如果绝对地坚持合同的相对性原则，在有的时候必然会导致极端不公正的结果，尤其是在由于第三人的故意行为导致债权人的债权不能实现或受到损害。

侵害债权制度的产生，拓宽了侵权行为法保障的权益范围，也使侵权法和合同法的联系更为密切。侵害债权是指债的关系以外的第三人故意实施或与债务人恶意通谋实施旨在侵害债权人债权的行为并损害债权人。这一制度的确立往往是在判例和学说中首先得到认可，并对于这种行为直接适用有关侵权行为的法律依据。

2.英美法系下的侵害债权制度

英美法不存在侵害债权的提法，因为它们没有债的概念。但是对于第三人妨害合同权利或合同关系，从近现代以来，也一直视为侵权。美国《侵权行为法重述》第766条规定："缔结合同并从合同的履行中获取利润是受法律保护的财产权利。无论是阻止合同的订立或者是干涉合同履行的行为一般成为干涉预期经济利益实现的侵权行为。"

在英美法系，侵害债权被称为干涉合同关系，有时候被称为"引诱违约"的侵权责任。"引诱违约"的含义是，被告因为其引诱的行为或者实施了引诱行为，从而使合同一方违反了他作为一方当事人的合同，结果导致原告的损害，被告因此承担侵权行为责任。从现在的英美法系情况来看，侵权行为法既保护

已经确立了的合同,也保护未签订合同的商业关系和预期的经济利益。

二十六、通融索赔的法律含义分析

通融索赔是指由于承包商的责任引起的损失以及由于承包商缺乏索赔依据,业主出于同情的立场,考虑到双方的合作关系和有利于工程的需要,给予承包商的实际损失补偿。这种经济补偿,称为道义上的支付,或称优惠支付(Ex-Gratia Payment)。因此,通融索赔又称为道义索赔或优惠索赔。

通融索赔是建立在业主对承包商高度信赖的基础之上,也是基于承包商完全履行了合同义务,业主对工程实施感到满意的前提下才能给予的补偿。承包商一方面应该尽量减少自身的失误和工作的缺陷,增加业主对工程的满意度;另一方面则是应该加强业主关系管理,营造良好的合作氛围,并努力营造双赢的状态。只有这样,承包商在确实遇到较大的损失时,业主才有可能给予通融索赔,其中最主要的原因就在于业主认为其失去承包商的良好合作比付出一定的优惠支付更难以接受。

二十七、关于业主关系管理与通融索赔

尽量减少自身的失误和工作的缺陷,增加业主对工程的满意度是不言而喻的,这也是履行合同义务本身的要求;关键是如何加强业主关系管理,营造良好的合作氛围,这是承包商容易忽视的一个方面。下面笔者重点探讨一下如何加强业主关系管理,提高通融索赔成功的可能性。

在实践中,承包商和业主在履行合同过程中经常存在如下一些问题:

(1)彼此不够信任。相互之间没有感觉到对方在履行合同义务的过程中是可靠的,彼此存在防范心理。这提高了大家的紧张程度,增加了"交易成本"。

(2)缺乏及时有效的沟通。沟通的渠道显得迂回曲折,不够直接。当承包商的工作人员发现问题,要与对方相关工作人员沟通时,本来只要一步就可以解决的问题,却可能要三步才能完成。这产生了两种消极的影响,一是信息沟通的速度降低,影响到问题的及时解决。二是双方的工作人员在发现问题时,会懒于沟通,觉得不太重要的问题就不去沟通了,长期积累下来,会造成双方信息的不对称。

(3)责任界面不够清晰。由于刚开始WBS等工作都没有深入进行,双方在签订委托合同时不可能将责任矩阵划分得很具体。在履行合同的过程中没有及时将责任矩阵细化,使一些责任处于灰色地带,多头领导和无人管理的现象经常出现。这影响了项目管理工作的质量,也影响了彼此的相互信任感。

(4)资源没有充分共享。双方当事人死抠合同,看似严格遵照合同来区分责任,实际上是在给双方合作扣上死环。实际上,合同双方可以资源共享,业主技术力量强的方面,业主可以派人员配合承包商进行特定的工作。承包商技术力量强的方面也可以与业主共享,让业主对承包商的工作多一些了解和理解。长期合作下去,双方都会提高到一个较高的水平层次。

(5)冲突的解决不够有效。承包商和业主来自不同的单位,在不同企业文化下双方处理问题的方式、对特定问题的看法都会产生分歧,双方的立场也不一样,这些都为冲突的产生埋下了伏笔。冲突如果得不到很好的处理和化解,就会产生对抗的情绪,工作的成效显然就会下降。

从上面的分析可以看出,承包商和业主之间的关系面临诸多的挑战。只有很好地解决了这些问题,承包商与业主才能建立起互信关系。当承包商和业主之间的关系达到一种和谐的状态,承包商和业主之间的合作才能产生最大的效益,双方对项目满意度才能提高。如何达到这种和谐的状态是承包商和业主都应深入考虑的问题。"伙伴关系"的优点很好地弥补了两者间关系上的不足,它强调相互沟通、相互信任、资源共享、责任清晰、冲突及时解决,当承包商和业主之间建立起真正的伙伴关系后,他们之间的关系就会趋向于和谐,就会出现承包商和业主都希望看到的合作产出效果最大化。美国建筑业协会(CII)对"伙伴关系"的定义是:为了达到一种特殊的商业目的,两个或更多的组织使各自的资源实现最大化效用的长期行为。这要求改变传统关系,打破组织界限,营造一种共享的文化。这种关系是建立在

信任、致力于共同目标、了解各自的期望和价值的基础之上的。受中国传统文化的影响,承包商和业主之间的组织界限往往划分的很明确,资源上力求自力更生,信息上相对保密,合同上从过去的不讲合同到现在的严格按合同办事,这些都将是建立伙伴关系前必须改变的状况。

伙伴关系对于项目的正面影响很大,对于承包商加强与业主的关系具有巨大的影响力。伙伴关系的成功建立最主要取决于以下5个因素。

(1)充分的交流。交流在问题的发现和解决方面发挥着很大的作用。双方要通过不同的渠道,进行全方位沟通。鼓励双方不同层次的人员进行各种形式的沟通。要改变采用单一的书面文件和凡事都要有双方领导参与才能沟通的状况。通过双方的充分沟通,建立起冲突解决的流程和步骤,使双方意见上的分歧能够得到及时的统一。

(2)各参与方积极共享资源。双方要以项目整体的最优为目标,打破组织间的界线和壁垒,使用一切能够让项目获得最大成功的资源,使得双方的合作产生 1+1>2 的效果。

(3)明确定义双方职责。双方要能够了解项目的组织使命,并且知道跟自己工作的联系。在工作中随着工作不断开展,将责任矩阵不断深入和细化。在遵守合同的前提下责任划分要兼顾到结果最优原则,谁能更好地完成这部分工作,就将这部分工作分配给他,由他负责。

(4)建立共赢的思想。共赢思想是伙伴关系概念的精髓,平等是其重要的条件。各方要本着平等的原则进行合作,不能利用承发包上的优势地位来压制另一方。业主和承包商都是平等的项目参与方,为项目的成功共同努力,最终实现共同收益。

(5)伙伴关系建立过程的控制。双方工作的进展情况都要有可以衡量的标准,严格过程控制。定期对工作进行总结,发现偏离共同目标的行为,要及时纠正,确保伙伴关系的健康和稳定。

伙伴关系的成功建立将使承包商和业主的关系真正进入双赢状态,也将使业主不会轻易地放弃与承包商的良好合作。由此带来的一个直接影响就是,在承包商履行合同过程遭受了己方原因造成的巨大损失后,业主基于合作上和商业上的考虑,有可能出于道义上的责任帮助承包商摆脱困境,而在一定情况下给予通融索赔。因此,承包商应该尝试与业主建立伙伴关系,建立起共赢的状态,由此在通融索赔事项发生后,才能有一定的主动权和提高索赔成功的可能性。

二十八、对我国国际工程承包企业和从业人员的建议

在英美法系下,按索赔权的法理来源不同,索赔可以分为合同规定之索赔,合同法之上的索赔,不公平得益之上的索赔,侵权法之上的索赔以及通融索赔。在合同规定之索赔中,根据索赔条款法律性质的不同,又可分为依合同变更条款之索赔、依合同终止条款之索赔、依合同一般性违约条款之索赔以及依合同风险分配条款之索赔;在合同法之上的索赔中,根据不履行合同的种类,则可分为落空或不可能履行之索赔和违约救济之索赔;在不公平得益之上的索赔中,根据得益成为不公平的因素的不同,又可分为非自愿转移导致的返还索赔、自由接受导致的返还索赔以及其他因素导致的索赔;在侵权法之上的索赔中,按照侵权法对合同权益的保护的方式的不同,又可分为侵权责任与违约责任竞合时的索赔和第三人侵害合同权益时的索赔;在通融索赔中,则从业主关系管理的角度,探讨了业主关系管理与通融索赔的关系。

据此,从合同权利义务的理解、索赔依据的把握、形式要件的合法化、法律适用以及合作双赢等方面出发,兹提出下列建议:

1.理解合同,明晰权责

工程合同当事人的权利义务包括了当事人约定的权利义务和非当事人约定的权利义务。

当事人约定的合同权利义务的外在表现形式是合同文件。承包商尤其需要注意工程合同中有关合同的定义、范围、解释规则以及优先顺序的规定。承包商的管理人员应该理解所有的合同文件,这不仅是避免履约瑕疵而导致违约的必要工作,也是承包商保障己方权益的必然要求。按照国际工程的一般惯例,进度计划和会议记录等并不构成合同文件,它

们是并未列入合同条款的"纯粹称述",因此没有任何法律效力。但是,有时它会产生不得自食其言的抗辩效果,特别是如果证明其是不真实的,经常给予无过错方解除合同的权利。因此,对于非合同文件的一般陈述性文件,承包商仍然应该给予足够的重视。

非当事人约定的合同权利义务则主要是指默示条款。前面笔者谈到默示条款包括法院添加的默示条款、法律规定的默示条款以及行业惯例产生的默示条款这三类。作为国际工程承包商,应该了解工程所在国家或合同规定的司法管辖区的法律,尤其是经典的工程判例,以及熟悉国际工程惯例,这样才能对合同权利义务有更透彻的理解。

另外,承包商的合同管理人员也应该有意识地识别哪些合同条款是条件条款,哪些是担保条款,又或哪些是中间条款,以便更好地保障承包商的权益。

2.合同为主,全方位兼顾法律

一方面,合同是当事人之间的法律,其自然成为合同当事人之间最重要的权利义务关系的法律依据;另一方面,目前国际上有很多相当成熟的国际工程通用合同范本,在这些合同范本里规定了非常详尽的权利义务关系,大多国际工程也采用这些合同范本,从这个角度看,合同也是当事人之间最重要的权利义务关系。因此,承包商应该以合同为主,加强对自身利益的保障。

但是,国际工程项目复杂,牵涉面广,合同难免有所疏漏,因此,承包商还必须学会用法律来拓展自身的权益保障范围,同时,在产生争执时,也可以引用更多的法律依据,增强索赔权的说服力。比如,在有关无书面变更指令下的工程变更的争执中,承包商可以引用国际工程界经常适用的可推定变更指令的惯例,但是,从国际工程适用情况来看,该惯例的成功率只有50%左右,并不是100%成功的,在这种情况下,承包商就可以引用其他法律来论证其索赔权,比如引用英美合同法中的弃权理论或返还法中的不公平得益理论,从而增强说服力。再如,合同法在保护合同权益方面有一个"可预见性"的限制,而侵权法在保护合同权益的强度上则要比合同法来得大,它并没有"可预见"的限制,因此,承包商如果能够证明业主方的侵权行为,则可以用侵权法来更好

地保护己方的权益。

3.实体权利与形式要件相统一

承包商在合同管理过程中,不仅要强调实体权利,还需要兼顾形式要件的合法化。比如,还是书面变更指令问题,尽管如果正义在承包商这边,承包商引用前述方法论证索赔权可能可以获得补偿,但是,毕竟承包商在此情况下是相当被动的。因此,承包商还必须兼顾形式要件的合法化。工程建设方面,这类要注意的主要包括口头指令的书面确认,索赔通知的及时发出,索赔报告的及时提交等。

4.判例优先,法理为辅

英美法系的精髓是判例法。这不仅仅是因为判例法是英美法系的最主要部分,还在于判例的优先适用地位。在英美法系,尽管有很多成文法,但是,它们的规则的适用必须服从判例,也就是说,必须用判例来解释成文法。如,不公平得益,不公平可能是一个伦理上的概念,在普通人看来,某个事实可能是不公平的,但是,在英美法系下,不公平一词必须用判例来解释,只有判例中认定为不公平的事实才是法律上的不公平。

因此,承包商在从事国际工程时,在对相关的法律原理有所了解的基础上,应该注重收集相关的判例和索赔案例,建议有条件的公司可以建立索赔案例库。在索赔时,承包商如果能够引用相关的判例,则根据英美法系的遵循先例原则,索赔权的论证将更具有说服力。

5.诚信履约,合作双赢

承包商必须诚实信用地履行工程合同,这不仅仅是合同的要求,也是保障承包商权益的前提。一方面,目前的国际工程市场,已经存在着一批良好信誉的国际工程承包商,它们在竞争中获得了很大的比较优势,因此,我国的对外承包企业应该有长远的眼光,从树立企业信誉着手,才能真正地在国际工程市场中立足;另一方面,承包商的诚信合作将使业主受益,业主不会轻易地放弃承包商的合作。因此,在承包商遭受己方因素造成的损失时,业主基于合作和双赢的考虑,有可能给予相应地补偿。因此,承包商应该秉承"诚信履约,合作双赢"的理念开拓国内外工程市场。

试论建筑工程合同风险防范

孙 南[1]，柳颖秋[2]

(1.北京理工大学，北京 100081；2.北京建筑设计院，北京 100045)

摘 要：建筑工程是集经济、技术、管理等方面的综合性生产活动，它在各个方面都存在不确定性和风险性。建筑工程最大的法律风险就是合同管理问题，很多建筑工程纠纷都出自于对合同管理不善。如何将建筑工程中可预测的风险降到最低是目前在建筑工程领域亟待解决的问题。

关键词：建筑工程合同，合同法律风险，风险防范

一、引言

随着利比亚局势的紧张，我国建筑企业在利比亚的投资项目，也受到了牵连。据报道中国铁建在利比亚共有3个工程总承包项目，合同总额42.37亿美元，未完成合同额35.51亿美元；中国建筑在利比亚从事工程承包项目，累计合同金额约176亿元，未完成工程量近半。此外，在利比亚投资的还有中国铁道建筑工程总公司、中国水利水电建设集团等9家企业[1]。虽然官方公布战争仅会产生提前中止或延迟建设的可能，不会产生后续大量亏损的情况。但是随着利比亚冲突升级，我国大量工程、人员以及财产都处于不安全状态。中国驻利比亚使馆近日证实，中国华丰公司在利比亚的建筑工地于2011年2月20日被抢，上千名中国工人连夜逃离，还有中交、中建、中铁、中水等大型中资企业的项目工地都发生了遇袭案[2]。如果战争继续，中国建筑工程行业的风险损失就会继续扩大。由此可知，随着全球经济一体化的推进，世界各国建筑行业的关联度越来越大的同时，风险也不断扩大，不仅有合同管理引发的风险，还有战争因素引发的风险，如何防范这些风险是急需解决的问题。

二、建筑工程合同风险分析

（一）建筑工程合同内容条款不清

建筑工程合同实质内容条款含糊不清往往导致实践中无法操作，引发合同纠纷。《建筑法》第七条规定："发包人应是经过批准能够进行工程建设的法人，必须有国家批准的项目建设文件，并具有相应的组织协调能力；承包人必须具备法人资格，同时具有从事相应工程勘察、设计、施工的资质条件。"另外，《中华人民共和国招投标法》（简称《招投标法》）第九条规定："招标项目按照国家有关规定需要履行项目审批手续的，应当先履行审批手续，取得批准。"以下几种情形常常导致合同无效或部分无效。(1)承包方不具备我国《建筑法》关于建筑工程单位从事建筑安装的条件，主要是建设单位内部非法人的下属机构作为发包方；施工企业的分支机构订立合同、借用营业执照和挂靠关系取得建筑工程施工的等等。(2)变相挂靠。实践中表现为不具备从业资质的施工单位通过向有资质的建筑施工企业，以所谓合作的方式挂靠在其名下从事建工程的承包，给法院的认定带来困难。(3)违法肢解工程。非法转包，分包。(4)行政性报批手续不齐备。有的施工单位和

建设单位不按国家规定要求,不履行事先报建报批手续,造成工程停工待建,停工停建,导致纠纷不断。

(5)合同自身必备条款缺失。

(二)承包人为了排挤竞争对手,不计成本压低价款

根据《招投标法》第三十三条规定:"投标人不得以低于成本的报价竞标,也不得以他人名义投标或者以其他方式弄虚作假,骗取中标。"实践中,承包方为了中标,以低于成本的价款参与招标,中标以后,结果通常有两种,第一种,承包方感到没有利润空间,向发包方协调价款,变更合同[3]。第二种,承包方为了赚取利润,降低成本,选取低价材料,导致豆腐渣工程逐渐增多。例如,在铁路工程建设项目中,大部分被中铁建、中铁等这些与铁道部关系密切的系统内公司竞得。2009年的公开资料显示,中铁建、中铁签订铁路项目合同约为3 000多亿元,中交股份签订480亿元铁路合同。中国水利集团、中国建筑集团、中冶集团以及地方的铁路建设公司也纷纷加入项目竞争[4]。在这样的垄断格局下,铁路系统外的建设公司要想中标非常困难,即使是体制内的国企,彼此之间竞争也非常激烈。为了中标不计成本压低价款,中标后,层层转包、分包,最后包工头为了赚取蝇头小利,只有偷工减料,以次充好,比如拱架的间距,仰拱的方数,二衬的厚度,钢筋数量,锚杆的长度,小导管的数量,喷锚的厚度等等。最后导致高铁事故频发生,如:7.23甬温线铁路特大事故。

(三)合同主体权利和义务严重失衡

《合同法》第三条规定:"合同当事人的法律地位平等,一方不得将自己的意志强加给另一方。"但在工程承包实践中,业主与承包商在合同中权利和义务失衡现象经常出现。当前的建筑市场对于承包方来说竞争激烈,个别业主倚仗着这种优势,在签订合同时,对承包方强加不平等条款,提出种种苛刻条件,使得业主与承包商在合同中的权力和义务明显失衡。例如,业主可以要求工程变更,而在合同中却没有承包商就此索赔的条款;合同中有误期损害赔偿费的条款,却没有提前竣工获得奖励的条款等。如果承包商在拟定合同条款时同意这种不合理的要求,就会给自己在合同履行过程中造成巨大的风险损失。

(四)欠付工程款问题

"目前全国累计拖欠工程款大概有3 670多亿元,截至去年年底,全国共有12.4多万个竣工项目,拖欠总金额是1 756亿元,政府项目拖欠占了36.7%。"[5]这是建设部黄卫副部长在2004年全国建筑业改革与发展经验交流会上所讲的我国建筑行业现状,截至2011年,虽然我国拖欠工程款案件数量有所降低,但是在建设工程合同纠纷中,拖欠工程款仍然是主要问题,产生这些问题的原因有:(1)建设单位负债开工建设,缺乏资金保证和持续支付能力,导致建筑工程款久拖不付。(2)建设单位不提供不配合施工企业审核施工单位有关工程决算造价,不能按照合同规定厘清工程造价数额、拨付进度和方法,导致发承包方纠葛不断。(3)建设单位往往以工程质量存在问题作为拒付或延付工程款的抗辩理由。

(五)建筑工程担保市场尚未建立

我国的担保主体尚不健全,提供服务领域不够充分。目前,我国主要以银行为主体,借助其遍布的网点和雄厚的资金实力,拓展工程领域的保函业务,没有形成银行、担保公司、同业公司三足鼎立的主体格局[6];险种少、费率高、保单形式单一、缺乏建筑业特点;中国海外投资保险的覆盖面非常低。2010年,我国对外直接投资累计净额约3 047.5亿美元,而海外投资保险的承保责任余额为173亿美元,承保占比仅为5.68%。我国对利比亚大型项目投资合同金额达到188亿美元,而中国在整个中东北非地区的中长期出口信用保险和海外投资保险承保金额仅35亿美元,可见中资企业在利比亚工程的投保额严重不足[7]。

(六)缺乏建筑工程领域的中介代理机构

目前我国建筑工程领域,缺乏工程保险经纪人、代理人和工程保险管理咨询机构,由于承包商缺乏必要知识,社会性的担保咨询服务不普及,若没有专业代理机构为其代理风险后的索赔业务,投保人将很难保护自己的合法利益。另外,工程咨询服务机构的从业人员的业务素质普遍不高,如果从业人员达不到熟悉施工程序,严谨细致的要求,就很难发现施工中的问题,结果不仅损害建设单位利益,而且影响工程咨询服务机构的权威性和声誉。因此,推动和发展工程风险管理中介机构,是开展工程风险管理的保证条件。

三、建筑工程合同法律风险防范措施

(一)建立发包单位、承包单位资信系统

对于承包人来说,最大的风险往往来自于发包人,实践中,大量存在发包单位拖欠工程款、携款潜逃等情况。所以在施工合同谈判前,要深入了解发包人的经营作风,是否具备了法律、法规规定的资质条件以及工程的资金到位率,而发包人也需要知道承包人的资信,以防止承包人因偷工减料而造成建筑质量不过关;转包主体工程、分包给不具有资质的承包人,导致合同无效的情况。所以在全国范围内建立统一的发包单位与承包单位资信系统是解决以上问题的有效方法。该系统详细记录双方单位的注册资本、信用、是否具备相应资格、条件、是否受行政处罚或刑事处罚等等。只要利害关系人登入该系统查看,双方情况一目了然,降低合同风险。

(二)设立风险识别项目

早在20世纪70年代中期,美国就建立了识别风险项目,即在工程招标前,就先找出影响投资主要风险的因素,包括工程技术风险,设备质量风险,工程可靠性风险,工程资料不全面,物价、汇率、税率的变动,自然灾害,社会政治风险等等。然后对可能发生的风险进行分析、调查并进行量化,模拟分析后,风险专业人员或风险测试公司将有关数据提供业主,业主根据上述数据,对风险提前考虑采用防范措施。如果风险很大无法避免或转移,便放弃投资;如果风险可避免或转移,则在总造价中列不可预见费或单列一笔风险费,并确定将风险转移给承包单位或向保险公司投保[7]。

(三)订立合同规范化

1.提倡使用合同示范文本

目前,我国建筑工程示范文本有1999年颁布实施的《建设工程施工合同示范文本》,2003年颁布实施的《建设工程施工专业分包合同(示范文本)》(GF-2003-0213)、《建设工程施工劳务分包合同(示范文本)》(GF-2003-0214),三者配套使用,初步形成了施工合同系列化。提倡合同双方按照示范文本来签订合同,有助于当事人熟悉有关法律、法规,使建设工程合同的签订符合法律规范的要求,避免建筑工程

合同无效情形的出现。如果有其他约定应在专用条款内详细列出,不能使用不确定的用语,前后条款不能互相矛盾。

2.明确风险责任条款

特别是业主免除责任的条款,承包方应认真研究,以免在合同履行过程中业主引用免责条款推卸责任。

3.明确违约索赔条款

在订立合同中,明确违约索赔条款可以有效避免给施工企业造成经济纠纷和经济损失。例如:合同一方对非由于自己的过错,而是属于合同双方造成的且实际发生的损失,也可以向对方提出给予补偿或赔偿的要求。

(四)完善立法

现有的法律、法规有些不适合工程建设风险管理,完善法律法规是规避建筑工程风险的最有效的途径。

1.建立完善的工程保险法律法规

可以在保险法中设立专章规定工程保险内容。(1)增加建筑工程保险险种,降低风险,除了实行建筑、安装工程一切险以外,还要增加承建商险、安装工程险、工人赔偿险、承包商设备险、机动车辆保险、一般责任险、职业责任险、产品责任险、环境污染责任险。(2)对于关系到人们生命财产和国家重大经济利益的工程实行强制保险。(3)规范建设工程保险理赔的程序。由于建设工程险种内容多,专业性强等特点,笔者建议对建设工程理赔的程序用法律将其明确、具体化;保险公司聘用复合型人才来负责理赔,才有助于缩短理赔时间,减少工程纠纷。

2.完善担保法

在我国《担保法》中增加建筑工程保证、担保的相关法律法规及规避风险的机制,要求工程各方主体进行工程保证担保的具体措施。增加履约担保、预付款担保、付款担保、差额保证等工程保证措施。

3.完善建筑法及其建筑工程合同有关的法律解释。

明确招标人未获审批情况下招标的法律责任;明确监理过失行为导致损害的法律责任;禁止施工一方利用优势地位签订严重损害另一方利益的施工合同条款,并明确法律责任;明确拖欠工程款得法律

工程法律

责任,对拖欠工程款的单位实行"双罚制",既对单位判处罚金,又对直接负责人或单位负责人判处罚款、吊销资质证书等处罚措施,构成犯罪的,依法追究刑事责任;对于受贿的评审委员会专家加重处罚并给予公告等等。

4.提倡采用ADR方式解决建筑工程纠纷

ADR特指诉讼制度以外的纠纷解决程序或机制的总称,包括当事人借助第三方达成的协商和解、行业性及专业性纠纷解决机构的裁决、民间调解、行政机关裁定等传统方式,以及近年来产生的调解与仲裁相结合、调解与诉讼相结合、小型审判与和解会议相结合等方式。由于建筑工程合同案件涉及诸多领域,专业性强,审理周期长,仅仅依靠正式的司法程序难以满足社会对解决建筑工程纠纷的多元化需求,此时增加调解和仲裁这两种方式可以灵活、有效的解决纠纷,保证施工方及时收到工程款,农民工及时获得劳动报酬,从而降低建筑工程合同法律风险。

(五)建筑工程其他风险措施

1.购买工程保险

风险贯穿于工程实施的全过程,但是在我国仅有《建筑法》第四十八条规定了:"建筑施工企业必须为从事危险作业的职工办理意外伤害保险,支付保险费。"对于大型建设项目而言,工程保险是降低建设风险的有效手段,工程保险是利用有限的保险费的支出(保险成本的支出一般占项目总成本的比例不超过0.8%)为承包商的设备和材料,自身人员人身安全,提供保障。在美国的建筑工程行业,为建筑工程承保的范围不仅广泛而且种类繁多,涉及到工程项目的保险种类有承建商险、安装工程险、工人赔偿险、承包商设备险、机动车辆保险、一般责任险、职业责任险、产品责任险、环境污染责任险等。此外,保险公司还承担保证担保业务。包括投标保证担保、预付款保证担保、履约保证担保、付款保证担保、不可预见费保证担保、质量保证担保等形式[8]。对于涉外建筑工程项目,提倡向海外投资担保机构投保,以避免战争、政治风险导致的损失。

2.加强中介机构的作用

美国的建筑工程中介咨询行业十分发达,其主要有保险代理人、保险经纪人和工程保险咨询公司。保险代理人除了销售保险单、收取代理费外,还代表保险公司提供风险咨询。工程保险经纪人对被保险人服务贯穿于风险管理的整个过程。包括:识别及评估风险、设计风险项目、保险计划、检测风险管理、洽谈风险公司、协助管理索赔。工程风险咨询公司存在方式一般有专业工程风险咨询公司、工程造价咨询公司等。工程风险管理咨询公司从事风险管理技术的研究开发、工程风险管理技术陪训和风险咨询[9]。在我国无论是保险机构还是中介咨询机构,还不够专业和普及,吸取国外经验,加强保险机构、中介机构的作用,不但可以使建筑工程风险降低,更能使整个建筑工程行业体系化、专业化。㊣

参考文献

[1]谭庆连.投资业务与风险管理全书[M].北京:中国金融出版社.1994,12-19.

[2]姚小冈,凌传荣.工程项目决策阶段的风险管域[J].技术经济与管理研究,2000,(2):45-56.

[3]Stephen Hagg,Maeve Cummings and Jane Dawings. Risk Management and Construction [M]. Flanagn,R. Norman,G,Blackwell Scientific Publication,1993, 35-58.

[4]Kenneth C.Laudon,Jane ELaudon.Multinational Risk Assessment and Management[M]. Wenlee Ting Quorum Books,1998:11-12.

[5]姚耀龙.投资项目风险管理问题初探[J].陕西省行政学院学报.2000,17(2):19-21.

[6]Kluenker,CharlesH.Construction manager as project integrator.Journal of Management in Engineering[M]. 1996,12(2):17-20.

[7]钟晓东,王林辉.建设工程合同法律风险防范(上)[J].仲裁研究,2011.

[8]李晓波.建筑工程风险管理存在问题以及防范[J].中国科技博览,2011,11.

[9]王绪域.保险学[M].北京:经济管理出版社,1999,1-5.

[10]吴秀荣.对建设工程施工合同纠纷案件的调查分析[EB/OL].参见东方法眼网.http://www.dffy.com/sifashijian/sw/200811/20081124151250.htm,2008:11-21.

海外巡览

印度国际劳务输出的发展现状对中国的启示

朱 娜[1]，刘 园[2]

(1.中南财经政法大学，湖北 武汉 430073；2.对外经济贸易大学，北京 100029)

在经济全球化的推动下，国际分工和国际合作不断深化，生产要素在全球范围内的流动和整合成为发展的必然趋势。劳动力资源的流动形成了世界劳务市场，世界劳务市场强烈地影响着世界经济尤其是各国国际贸易的发展。亚洲国家作为新兴的经济实体，随着市场经济的发展和社会人口结构的优势逐渐发展起了具有本国特色的国际劳务输出模式。其中，印度经过几十年的劳务输出政策发展已经初具成效并且逐渐向高水平劳务输出模式转型，这对我国的劳务输出具有重要的借鉴意义。

一、印度国际劳务输出的现状与经验

印度的劳务输出政策由来已久。早在几个世纪以前，印度人就到东南亚和波斯湾各地打工，当时到达海外的劳工人数稀少且环境恶劣，但并未改变他们走出国门、开辟新生活的愿望；随着英国对印度的殖民统治，每年都有大批印度劳工被输往殖民宗主国用于工业制造的需要。1947年，印度推翻了英殖民获得民族的独立和解放，输出国外的劳务人数猛增，可以到达更远的地方如斐济、牙买加、圭亚那等地方，比较近的地方是东南亚、南亚各国。经过50多年的发展，印度已经形成了具有本国特色的国际劳务输出模式。

1.新时期印度的国际劳务输出历程

印度独立之后的国际劳务输出总体上可以划分为三个阶段：

第一阶段：初步形成阶段（1950年初~1970年中）。在取得独立后印度的国际劳务输出主要集中于主要的工业化国家，如英国、美国、法国等。大批有技术的高层次人才被输送到发达国家，并对本国经济社会的发展产生了重大的影响。据统计，早在1971年，已经有9 000名医生和6 000名科学家迁出印度，其中有80%左右迁往美国，构成了第一批在美印度裔技术移民。在这一时期，印度更多表现为海外移民特点而非劳务输出。

第二阶段：快速成长阶段（1970年中~1980年初期）。1973年第一次石油危机之后，中东国家急需大量石油工人和家政服务人员，大批的印度人到达中东并在80年代初期达到顶峰。最多时达到年均18.8万人，其中沙特的劳务人员最多。在这一阶段中，国际劳务输出表现出三个特点：第一，输出数量巨大，印度每年向中东产油国输出的劳务人员通常占到了当年总劳务输出的80%左右；第二，工作时间较短，中东国家不允许海外劳务人员移民入籍，劳工通常在国外工作一两年之后便返回印度，人员流动性强，工作时间比较短暂；第三，劳工受教育水平较低或技术水平较低，因而工资收入也普遍偏低。

第三阶段：稳步发展阶段（1980年初期~现今）。随着1980年初期印度派往海外尤其是中东国家的劳工数达到最大之后，国际劳务输出逐渐呈现减缓的态势，虽然海外劳工总量有所增加，但增加速度有所下降。但是在这一阶段，劳工的主要输出地依然是以中东和非洲等需要大量劳动力的地区国家为主。同时，在现代国际市场的要求和推动下，印度政府逐渐注重提高海外劳工技术水平和教育水平，但非技术工人仍然占了主要地位。

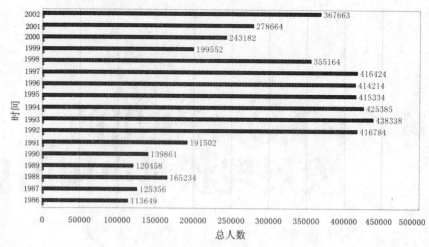

图1 1986~2002年印度海外劳工人数统计

根据世界银行数据统计显示，印度受雇海外劳工从1986年113 649人增长至2002年367 663人，在1993年达到顶峰为438 338人，如图1所示。

2.成功经验借鉴

尽管在进行海外劳务输出的过程中可能出现涉及政治、文化和社会的种种问题，但是对于发展中国家而言，尤其是现阶段我国面临着经济增长方式的转变具有十分重要的意义。进行海外劳务输出一方面能够解决我国国内劳动力市场中的剩余劳动力，充分利用"人口红利"的积极作用；另一方面在增加我国外汇收入的同时通过提高劳务人员的技术水平促进我国劳务市场的结构调整，实现可持续发展。因此，印度在劳务政策和进程的演变过程对我国的劳务发展具有现实的借鉴意义。

（1）政府将发展海外劳务作为一项基本国策

印度十分重视海外事业的开展，早在20世纪印度独立运动的领导人包括甘地、尼赫鲁、夏斯特里、克里帕拉尼等就为海外事业定下了基调：一方面鼓励印度海外移民与当地主流族群处理好关系，争取所在国和主流社会的认可；另一方面强调保护海外印度人的合法权益，鼓励他们回国支持印度的经济发展。为了提高印度人对海外移民所作出的贡献的肯定和支持，2001年8月27日印度海外移民委员会提交了设立"海外印度人节"并通过了讨论，此后每年的1月9日就定为"海外印度人节"，这充分表明了印度政府对海外劳务地位的肯定，不再将劳务输出视为简单的劳动力出卖。印度独立后，为了促进本国经济的发展，印度政府采取了相当宽松和鼓励的政策支持和培育本国海外劳务的发展，由政府主导配合相关机构管理，且制定一系列劳务保障法律和发展规划，以行政和经济层面给予许多支持帮助。

（2）成立专门政府机构推进劳务输出

印度政府将对海外劳务的培训、派出和权益保障等相关工作交予劳务局进行统一管理，并在劳务局下设国际劳务所负责海外劳务人员的权益维护和同劳务派出国的交涉和沟通。劳务局下设多个职能部门包括就业培训局、咨询服务局、劳工福利组织、劳工法庭等为海外劳务的健康发展提供有效的配套，也正是这种较为完善的职能机构的建立才能从制度和执行力上维护劳工的权益、保障劳务制度的发展，如图2所示。

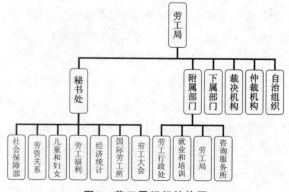

图2 劳工局组织结构图

（3）制定完善的法律体系并加强执法监督

法律是制度执行的基石，印度政府通过不断的法律条例构建和调整形成了现在充分维护和促进海外劳务体系的法律框架，为本国劳务输出保驾护航。1983年，印度颁布了《移民法与移民规定》管理劳务输出和劳务人员的合法权益，该法规对于海外劳务移民的条件、程序、担保等内容作了详细的规定和要求；此外，法律还对劳工的工资条件、医疗和住宿等权益作出了明确的解释和规定。这部法律既为管理依约赴海外工作的印度人提供法律依据，也同时保障了印度劳工的权益和福利不受侵犯。在随后的发展中，印度政府不断针对劳务颁布法律条例和规定，分别从9个方面对劳工权益和义务作出了规定，总计55项主要法规①。印度政府通过明确的法律规定和严格的执法监督，将劳务纳入法制轨道的管理中来，不仅有效规范了劳务市场的运作和发展，同时将责任与义务进行了明确的划分，保障了在外印度劳务人员的权益，有利于印度海外劳务政策的健康、可持续、合规的发展，这在一定程度上也有效地避免了海外工作中印度人与当地工作人员的纠纷，降低了政府及相关机构与外国的沟通调解成本。

（4）专门的技术服务培训体系，对全民受教育程度投入巨大

印度劳工在海外十分受欢迎的原因主要有三：能够流利地使用英语、具有较高的教育水平或专业技能和较为廉价的雇佣成本，这些特点与印度长期坚持的教育理念和方法是分不开的。印度向来十分重视对国民的教育培养，每年投入巨大的资金用于支持教育领域的发展，将英语作为官方语言之一，

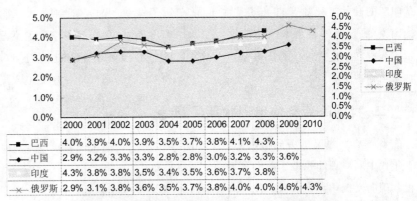

图3　金砖四国公共教育支出占GDP比重数据比较

也是为了培养国民的国际化意识和水平。自1986年印度国家教育政策颁布以来，为了满足21世纪对人才的需求，印度政府相继启动了几个教育计划。根据统计，印度在2008年的公共教育支出占到了GDP的3.8%，如图3所示。

由图3可知，印度每年的公共教育支出都明显高于我国并且在近几年有不断增加的趋势。巨大的教育经费支出目的在于提高国民的受教育水平和入学率，随着越来越多的高级人才如律师、医生、电脑专家等人群流向海外，这正证明了印度教育理念发展的成功。

在正规教育体系之外，印度还开展了一种针对技术工人和服务人员的职业教育计划——技工培训计划（Craftsman Training Scheme），共有1895家政府培训机构和3358家私营企业培训中心参与培训，为70多万印度人提供为期6个月至3年不等的技术培训。专业性的培训项目使得印度的劳务人员一般具有较高的技术水平，这大大增强了其在国际劳务市场上的竞争力。近些年来，印度将劳务输出的重点放在了高技术人才方面，不断提高高等教育水平人才的构成比例以适应新全球信息化产业化的发展要求。总体而言，非熟练技术工人的比例和总量有所下降，熟练工人、技术人才和各专业人才比例不断上升，主要有教师、工程师、医生、会计师等人员。尤其

---

① 这55项法规属于中央劳工行为规定，分别从劳资关系、劳工工资、工作时间和服务条件、妇女权利和平等、社会贫困和弱势群体、社会保障、劳工福利、就业和培训以及其他9个方面进行了法律体系的构建，共计55项法律条规。其中，工会法、工资支付法和工人赔偿法分别于2001年、2005年和2010年进行了再次修订。资料来源于中央级各劳动法名单http://labour.nic.in/act/welcome.html。

海外巡览

是印度的软件工程师等IT人员受到美国、英国等发达国家的青睐,不仅为本国外汇收入的增加作出了贡献,也在一定程度上为印度软件业的发展输送了技术和知识。

二、我国的劳务输出现状及问题

我国真正意义的劳务输出源自于20世纪五六十年代中国对亚非拉地区的经济援助。通过承包工程我国向受援国派遣大量的技术人员、医生和工人等进行了包括工业、农业、交通和军事在内的约1000件工程的援助。虽然这一阶段的劳务输出具有强烈的政治意义而非经济动因,但它成为了以后我国进行海外劳务输出发展的基础和基石。改革开放以后,随着对外劳务合作重要地位的确立,我国的劳务输出进入全面的发展阶段。在我国对外经济合作框架下,劳务输出主要通过对外承包工程和对外劳务合作两种渠道进行。对外承包工程是中国企业或单位承包境外建设工程项目的活动;对外劳务合作则是向国外企业、单位或个人提供以工资计价的服务活动的一种劳务形式。在1990年前后,我国的劳务输出进入了快速发展时期,年对外经济合作总额不断增长、劳务输出人数迅速扩大且行业分布广泛,中国的外经公司也逐渐向着国际化、规模化、制度化的方向发展。经过30多年的发展,我国的对外劳务输出体系已经初具规模且进入了逐步调整的阶段。

1.我国的劳务输出的四个特点

(1)整体规模不断扩大,总量有所增加且增速加快

从中国对外经济合作情况(表1)来看,我国的

中国对外经济合作情况统计表(1976~2010年) 表1

年份	合同金额(亿美元)	分项统计(亿美元)			完成营业额(亿美元)	分项统计(亿美元)			外派人数(万人)
		对外承包工程	对外劳务合作	对外设计咨询		对外承包工程	对外劳务合作	对外设计咨询	
1976~1988	105.95	89.00	16.95		60.91	49.70	11.21		
1989	22.12	17.81	4.31		16.86	14.84	2.02		6.71
1990	26.04	21.25	4.78		18.67	16.44	2.23		5.79
1991	36.09	25.24	10.85		23.63	19.70	3.93		8.98
1992	65.85	52.51	13.35		30.49	24.03	6.46		13.10
1993	68.00	51.89	16.11		45.38	36.68	8.70		16.51
1994	79.88	60.28	19.60		59.78	48.83	10.95		22.26
1995	96.72	74.84	20.07	1.81	65.88	51.08	13.47	1.33	26.43
1996	102.73	77.28	22.80	2.65	76.96	58.21	17.12	1.64	28.54
1997	113.56	85.16	25.50	2.90	83.83	60.36	21.65	1.82	33.33
1998	117.73	92.43	23.90	1.40	101.34	77.69	22.76	0.89	35.19
1999	130.02	101.99	26.32	1.71	112.35	85.22	26.23	0.90	38.18
2000	149.43	117.19	29.91	2.33	113.25	83.79	28.13	1.34	42.49
2001	164.55	130.39	33.28	0.88	121.39	88.99	31.77	0.63	47.47
2002	178.91	150.55	27.52	0.85	143.52	111.94	30.71	0.87	48.89
2003	209.30	176.67	30.87	1.76	172.34	138.37	33.09	0.88	52.37
2004	276.98	238.44	35.03	3.51	213.69	174.68	37.53	1.47	53.41
2005	342.16	296.14	42.45	3.57	267.76	217.63	47.86	2.27	56.35
2006	716.48	660.05	52.33	4.11	356.95	299.93	53.73	3.29	67.38
2007	853.45	776.21	66.99	10.26	479.00	406.43	67.67	4.90	74.30
2008	1130.15	1045.62	75.64	8.88	651.16	566.12	80.57	4.48	74.00
2009	1336.82	1262.10	74.73		866.17	777.06	89.11		77.80
2010	1431.20	1344.00	87.20		1011.00	922.00	89.00		87.40

资料来源:中国统计年鉴2010对外经济合作部分及商务部对外投资和经济合作司统计数据整理。

对外经济合作在承包工程、劳务合作和对外输出人员数量上都取得了稳步的增长。改革30年来,我国的对外经济合作总量增长了60倍,2010年我国对外承包工程业务完成营业额922亿美元,同比增长18.7%;新签合同额1 344亿美元,同比增长6.5%。对外劳务合作完成营业额89亿美元,与上年持平;新签合同额87.2亿美元,同比增长16.8%。全年累计派出各类劳务人员41.1万人,同比增长4%,年末在外各类劳务人员84.7万人,较上年同期增加6.9万人。劳务输出在总量稳步增大的同时还取得了增速上的上升(图4和图5)。

(2)人员结构以普通劳工为主,部分省市的高级劳工人数有所上升

我国劳动力资源长期富裕,进行劳务输出是解决剩余劳动力安置和合理配置资源的良好途径。在外派劳务人群中,非技术人员占了大部分主要以下岗工人、农村剩余劳动力、一般海员等普通劳工为主,技术水平差、英语能力低下,劳务构成不好,只能从事附加值低、脏粗重的工作和劳动。虽然我国的劳务输出已经在行业上取得了一定程度的转变,从传统援建工程向工业、服务业、建筑和科技等多个领域发展,但是劳工的主要构成仍然是非技术工人。

长远来看,随着世界经济和科技的发展,劳务市场的需求偏好逐渐转向智力型和技术性人才,非技术人才会面临着需求总量的下降甚至在将来被淘汰的现实。对此,近年来我国开始调整人员层次情况,逐步培养和增加高层次人员的比例情况以适应国际劳务市场的需求,增加市场竞争力。现阶段,部分省市已经出现了一批医生、高级技工、律师等智力型和技术性输出人才,如上海、江苏等地的软件工程师、高级厨师、医师等"三师"在海外劳务市场走俏,上海高级劳务输出已经超过其总劳务输出的30%,并且

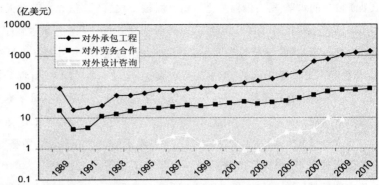

图4 中国对外经济合作变动趋势图(1989~2010年)

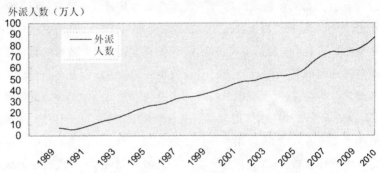

图5 我国外派劳务人数变动情况(1989~2010年)

还在增加。

(3)亚洲市场为主要输出地,其他国家市场比例有所增加

近年来,我国的劳务输出市场依然维持着"亚洲为主体"分布格局,亚洲的主体地位并没有动摇。亚洲市场在对外经济合作营业额上逐年处于上升状态,但所占份额有下降的痕迹。根据统计,2008年亚洲市场共完成3 251 025万美元的营业额(包括承包工程、劳务合作和设计咨询营业额),占全球市场约为50%的份额;到了2009年亚洲市场共完成4 317 381万美元的营业额,占全球约为48%的市场份额,较比前一年下降2%,比例上有微调。其他市场主要是非洲、欧洲和拉丁美洲地区,比例都有所上升,这主要得益于在非洲、拉丁美洲开建的众多大型承包建设项目。

2.存在的主要问题及缺陷

我国的对外劳务输出经过30多年的发展虽然取得了巨大的成绩和突破,但是,作为世界上劳动力最为丰富国家,我国的劳务输出数量一直在世界市场

上处于较少的水平,所占份额一直不到1%。输出规模小、总量偏低是制约我国对外贸易和对外劳务发展的重要因素。要改善这一限制性问题需要突破一系列瓶颈,概括起来主要有以下四个问题需要解决:

(1)外部环境不完善,个别劳务市场存在市场准入或歧视问题

受美国金融危机的全球性影响,各国多家工厂、企业倒闭或破产,全球性的裁员使得国际劳工的需求量大幅下降,尤其是非技术人员。同时在最受挫的行业中,建筑业造成国际劳务流动总量大幅缩水,我国的本行业输出人员也相应减少。同时,在国际劳务市场上由于政治或经济原因,个别国家对海外劳工存在歧视问题或制定了限制性措施以保护本国劳工利益,这对于我国非技术人员的流动形成了巨大的障碍。如英国规定当本国国内劳务供给不能满足劳务需求时,英国用人单位必须首先从欧盟国家中招募人员,当没有获得合适的人员时才能够向欧盟以外的国家开放招收劳务人员。这种隐形的贸易壁垒在很大程度上限制了我国劳务人员的市场准入。

(2)劳务人员整体素质偏低,国际市场竞争力不强,高级劳务人员储备不足

提高对外劳务人员的整体素质、优化劳务输出结构是我国实现健康、持续、有力的对外经济合作的重要保障。当前,我国的劳务人员普遍表现出整体素质偏低的窘境,这严重制约了贸易发展的动力,降低了抵御国际突发事件的能力,在国际市场上难以适应更高标准的要求和需要,难以跨过部分劳务市场的准入原则。我国大部分劳务人员存在英语能力差、技术能力差、适应能力低下等问题。劳务人员大多来自下岗工人、农村剩余劳动力等社会弱势群体,由于前期培训和指导不够,往往在国外工作和服务时面临了难以适应文化差异、语言沟通困难和技术能力不达标的问题。在派出劳务最多的前三个省份(山东省、江苏省、河南省)中,据抽样调查显示①,这三个省份6岁以上人口中受教育水平高中及其以下的人口比例都达到了90%以上的水平(表2),这说明我国对外劳务人员存在教育程度偏低的情况。同时,我国目前只有部分省市能够输出高层次的劳务人员,国际储备明显不足,只有极少数人员能够胜任管理或设计等工作,面临国际市场需求时常常力不从心。

(3)劳务管理体制存在弊端,多头管理易造成漏洞

对外经济合作既需要对外经济上的管理,也需要充分利用劳动力资源,对劳务人员进行开发和合理的安排。在我国,对外劳务的管理一直以来只依靠政府的行政手段和各规章条例进行管理和规制,商务部、公安部、外交部等多个部门各管一方,在现实工作中常常面临相互间沟通不畅、做法迥异甚至相互"打架"的现象。多头管理实质上仍然是对对外劳务的管理,但由于管理体制上的弊病大大增加了管理过程中的成本,极易产生失误,甚至影响劳务人员的按时出国工作或是劳务公司的正常运行。对外劳务面对多个管理部门,常常产生管理过程出现真空同时对合法经营对象干预过多的尴尬局面。

(4)立法制度不完善,对外劳务输出支持保障不全面

改革开放以来,我国政府针对对外劳务相继制定了一系列法律、法规和部门规章,主要有《中华人民共和国对外贸易法》、《中华人民共和国居民出入境管理法》、《对外经济合作企业外派人员出国手续办法》和《外派劳务人员培训工作管理规定》。但是,因为长期依靠行政手段和部门规章管理对外劳务,我国现今还未正式出台一部专门性的法律对劳务输出进行规定和保障。制度上的不规范使得现实中常出现非法雇佣劳工、夸大用工条件、非法中介等的出现,既损害了我国劳动人员的利益也造成了劳务市场的混乱和不稳定。同时,我国的法律和部门规章缺乏适应性,不能够及时针对国际劳务市场要求和经济形势作出合适的调整,法律调整存在滞后性。

---

①此抽样调查是2009年全国人口变动情况抽样调查,抽样率为0.873‰。

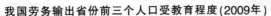

我国劳务输出省份前三个人口受教育程度（2009年） 表2

地区	6岁以上人口	未上过学	小学	初中	高中	高中及其以下总人数	所占比例(%)
山东	78 686	5 917	21 705	35 933	10 402	73 957	0.939
江苏	64 329	4 473	17 778	27 275	9 808	59 334	0.922
河南	77 706	5 278	19 769	38 264	10 389	73 700	0.948

资料来源：中国统计年鉴2010。

三、印度劳务政策对我国的启示

结合印度对外劳务的发展经验和现阶段我国在劳务输出上存在的问题，我们从以下几个方面对我国的劳务体系提出建议：

1.加快我国劳务输出立法进程，改革劳务管理体制

立法是制度执行的根本，只有健全的法律体系才能够清晰明确劳务输出的相关程序、内容，同时保障劳务输出人员的合法权利和福利。印度在正对劳务方面进行了大量的法律制定工作，在近60年的改革过程中共计立法55项，其中包括专门性立法和相关的法规调整，正是这种较为健全的法制体系才使得印度在发展海外劳务的过程中有法可依、执法必严、违法必究。结合印度在法律体系和管理制度上的经验，我国的劳务体制可以从以下几方面进行努力：第一，加快专门针对对外劳务出台法律制度的步伐，在全国范围内建立起一套专门的健全的法律规章制度并下发至地方严格执行，全国只有一部劳务规章；第二，减少对外劳务对口部门，由中央政府确立统一的管理部门协调管理中央和地方的劳务事宜，由该机构统一制定劳务管理章程、监督劳务输出过程并负责收集劳务信息、人员培训、输出渠道拓展、劳工健康等一系列劳务输出过程，避免多头管理体制下的混乱和管理中间地带的出现；第三，弱化政府的行政职能，强化政府的管理职能，政府部门应该转换其职能位置，由统管统抓转向监管宏观层面劳务输出，放小微观方面的管理，鼓励市场经济主体的能动性如劳务经济公司的经营能力和主动性，只有这样才能形成政府主导市场自负盈亏、自主经营、自我发展和自我约束的健康发展道路。

2.加快劳务人员培养体系的建立，不断提高劳务水平和技能

印度政府针对不同的劳务主体制定了分层次、分区域的培养方式，以全民普通教育体系为主体旨在提高全民的受教育水平，同时辅以多个不同阶段的技工培训计划主要针对需要提高技能水平和服务能力的人群，正是这种全面性、有针对性的培养方式使得印度劳务人员在国际劳务市场上具备了较强的市场竞争力。因此，我国也应该从人员培训方面进行相应的改革和治理。第一，由中央到地方设立统一的专门的培训教育机构，负责对全国对外劳务人员的统一培训和教育，包括法律知识、劳务技能、英语能力和心理辅导等多方面的出国前培训，将我国劳务人员向"专业型、全面型"的劳务特点转变；第二，努力提高高层次劳务人员的数量，避免高级技能人员短缺的窘境，可以通过对高级技工、医生、律师等人群采取相关优惠政策，以鼓励地方政府在高级劳务人员数量和构成上有所突破，弥补我国高端劳务人员后备不足的现实。

劳工培训和再教育是一项长期的进程，需要各部门和相关主体的积极配合、严格执行。培训管理不能流于形式必须严格执行和落实，要密切监督培训实施进程，严防地方政府由于经济支出等原因而疏于管理和培训的"短视"行为的出现。

3.进一步发挥政府部门的积极主动性，扩宽劳务输出渠道和途径

印度政府一直以来都将对外劳务放在一个战略发展的高度，政府的重视和态度决定了本国劳务的发展前景。为进一步充分发挥政府的主动性，要求政府加强其涉外职能的运用，政府及其相关部门应该努力同劳务输出国加强联系和沟通，通过双边或多变劳务合作政策的签署，保障我国对外劳务人员的海外权益，增加其就业机会，消除国别歧视或劳务壁垒，创造更为积极和安全的海外劳务环境。

扩宽劳务输出渠道和途径，要求政府、市场和政策的相关配合。第一，政府部门需要放开对劳务输出

的经营权限制,在管理宏观政策走向的同时,也鼓励包括集体、民营企业或公司等市场经济主体的积极参与,鼓励具备资格且能够自主经营、自负盈亏的劳务经济公司的出现,以实现多元化、多渠道、直接有效的对外劳务输出。第二,在劳务输出的管理上应该及时更新劳务信息和走向,扩大劳务信息的来源和涉及范围,并在劳务输出管理上给予地方或个体机构相应的指导和帮助,扩大劳务输出范围解决现阶段对外劳务渠道狭窄的现状。

4.建立统一的劳务输出网络

劳务输出网络的建立要求政府部门从信息化、动态化、完备化三个方面着手。

信息化是对现代化信息网络建立的要求。政府部门必须充分利用现代化网络通信,通过和国内、国外就业服务信息中心等的联系将最新、最及时、最全面的劳务就业信息发布在网络上,由专门部门负责管理对外劳务网站的运行,除了就业信息,还应包括就业指导、法律政策、文化介绍、法律援助等多方面内容在内的信息公布。

动态化要求管理部门对世界劳务市场的变化要及时更新公布,严密监测劳务政策的变化,同时甄别劳务就业信息的真假。

完备化则是对我国对外劳务抵御风险能力的要求,这一方面我们可以参考印度政府对劳务发展设定的阶段性发展规划,设立人员信息登记以储备劳务人员,不断优化劳务输出结构,必要时由国家统一配用。

四、结 语

我国作为全世界劳动力资源最为丰富的国家,在对外劳务输出上却面临了输出总量偏低、质量不高的窘态;印度作为世界第二大人口国在劳务输出上却一直处于高歌猛进的状态,属于世界劳务输出大国之列。对比两国的劳务发展方向、发展进程和发展措施,虽有相同但在管理体制、设计规划等方面确实存在差异和不足。

虽然对外劳务是在我国改革开放后才逐渐发展起来的新兴行业,但是劳务输出却具备了促进个人收入提高、增加国家外汇储备、解决社会剩余劳动力、提高劳动者素质以具备国际化视野等的经济和政治双重意义,应该放在国家发展的战略高度上。通过借鉴印度对海外劳务人员的管理和培训相关经验,我国在求同存异的原则上应该更好、更快的发展我国对外劳务体系的完善和调整,升级优化对外劳务输出行业的机构,实现劳务人员由低级向高级的过渡,使我国的劳务输出向国际化、标准化的方向前进,以最终通过回国劳务人员创造更大的社会财富。

参考文献

[1]周凌峰.我国劳务输出现状及发展研究.西南大学硕士学位论文,2006,(08):7-35.

[2]高子平.印度技术移民与劳务移民的比较研究.四川大学学报(哲学社会科学版),2008,(04):83.

[3]夏雪.印度海外移民政策的嬗变及其对中国的启示.八桂侨刊,2010,(09):50.

[4]中华人民共和国国家统计局等.金砖国家联合统计手册2011.北京:中国统计出版社,2011:50.

[5]余瑞晗.新时期我国对外劳务输出的现状及发展对策研究.山西财经大学学报,2010,(03):20-32.

[6]中华人民共和国商务部对外投资和经济合作司. http://hzs.mofcom.gov.cn/date/2/dyncolumn.html.

[7]彭洪斌.论中国对外贸易的可持续发展.北京:北京大学出版社,2005.

[8]中国统计年鉴2010,对外经济贸易,对外经济合作,按国别(地区)分完成对外经济合作营业额. http://www.stats.gov.cn/tjsj/ndsj/2010/indexce.htm.

[9]Desai MihirA,Devesh Kapur,John Machale.The Fiscal Impact of High Skilled Emigration Flows of Indians to the U.S.the Weather head Center for International Affairs.Harvard university,2003.

[10]The World Bank.http://data.worldbank.org/country/india.

[11]Government of India,Ministry of labor and employment.http://labour.nic.in/iwsu/OrgChart.pdf.

"黄祸"论:扩大中俄劳务合作的绊脚石

林跃勤

(中国社会科学院,北京 100732)

中国和俄罗斯两个伟大邻邦,一个人口众多,劳动力就业压力严重,一个地广人稀,劳动力匮乏。按照经济学上的比较优势原理,彼此合作,可以双赢。但现实情况远没有 1+1=2 如此简单,更没有获得 1+1>2 的溢出效应!两个战略协作伙伴,政治、外交、军事和经济等多方面的合作顺利,唯独中俄人员与劳务合作深陷 1+1≠2 甚至 1+1<2 的怪圈!问题出在何处呢?俄罗斯"黄祸"论是一个挥之不去的阴影!

一、中国人正在悄悄入侵俄罗斯吗?

俄罗斯是世界幅员最为广袤的国家,单位国土/人口比为世界平均的 5.3 倍,而与中国接壤的远东地区人口密度几乎接近每平方公里 1 个人。90 年代俄罗斯人口"亏损"900 多万人,并且,衰减趋势还在延续。人口衰减不能不动摇劳动力供给基础,而且与俄经济复苏和增长对劳动力的需求落差越来越大。俄移民局负责人波夫斯塔夫宁在 2005 年底宣称:"仅仅为了维持目前的经济发展水平,俄就需要补充数百万劳动力。"而俄远东地区 1989 年之后减少了 150 万人(约 20%),其经济发展与劳动力不足之间的矛盾就愈加突出。劳动力严重过剩与严重不足是中俄两国开展劳务合作的坚实物质基础,尤其是远东与中国之间有 3 000 多 km 边界线,人员流动完全可以与货物交换一样便捷。那么,最近十多年间,中国向俄罗斯人员流动和劳动力补血情况如何呢?自上个世纪 90 年代初开始,中国人较大规模进入俄罗斯,但各方面的估计出入较大,如格利布拉斯教授的调查数据是,在俄长期居住的中国人约为 20 万~50 万人,而俄官方机构的统计表明,90 年代初以来每年大约有 250 万~500 万人(次)进入俄罗斯,而比较固定地在俄经商、劳务、生活和学习的人数在 20 万~25 万,其中,从事商贸、中介、餐饮、开厂等占 80%,留学生近 2 万人,而劳工人数较少,按中方统计,截至 2002 年底,中俄累计签订外派劳务合同额 15.3 亿美元,完成营业额 7.9 亿美元,向俄派出劳务人员约 17 万人次,2003 年末在俄劳务人数1.45 万人,2004 年中国共向俄派出劳务人员约 1.2 万人次,2005 年年底在俄人劳务员仅为 1.1 万多人。据国际移民组织材料,华人在俄外来人口中的比例仅为4.9%,不仅远低于乌克兰人(27.9%),也低于越南人(6.6%)。赴俄人员长期滞留和定居者寥寥无几,获得俄国籍的中国人大约只有 500 人!华人在俄外来人群中确实是个弱小"族群"。

二、俄罗斯"黄祸"论风洞何在?

虽然在俄广阔的土地上中国人的足迹并不多见,但中国人在俄罗斯还是被戴着有色眼镜甚至放大镜来解剖并不时刮起中国人口"扩张"、"黄祸威胁"等恐华、仇华和限华声浪。各种骇人听闻的论调充斥俄媒体:"中国人没有武器,但极度危险"、"'大兄弟'把手伸向我们"、"远东地区正在沦为中国的殖民地"、"我们为什么把岛屿割让给中国?"等。甚至普京在谈到远东问题时也说,再过几十年,远东的老百姓说的将是日语、华语和朝语了。同时,对中国人采取严厉的入境、居留和务工政策。近年来,俄罗斯对中国人从入境人数、入境和居留签证手续、劳动保险权证和费用等多方面提高门槛,甚至对双边经济合作项下中方劳务人员自用生活物资和生产资料也要征收高额关税等。同时,对雇佣中国人干活的俄罗斯单位和个人要求提交繁杂的文件、等待很长的时间和征收高昂的税费。最近俄移民局宣布,给予 100 万独联体非法移民获得合法身份甚至加入俄罗斯国籍,并将大大简化独联体公民进入俄罗斯并获得劳务许可和落地签程序,但优惠政策不赋予中国人!俄移民局官员在向杜马汇报战绩时称,近 10 年间俄方赶走了 4 万多中国人!黑龙江缘何成了中国人难以逾越的界河呢?

第一,"俄罗斯人的俄罗斯"民族主义情绪泛滥。

90年代经济转型以来,俄罗斯广大居民谋生竞争压力增大,对外来人口就业的恐惧和妒忌感不断上升,使在前苏联时代养尊处优惯了的俄罗斯人产生了怨天尤人和对外来人的抱怨。"拯救俄罗斯全靠我们自己!"的横幅一度遮蔽了莫斯科繁华大街的天空!民族主义思潮迅速发酵。民意调查显示,在1989年之前,俄罗斯族居民具有公开的排外意识只占20%,到1996年上升到33%,而到2005年则更攀高到59%!第二,"黄祸论"根深蒂固。俄罗斯疑华、限华、逐华由来已久。沙俄政府自那时就采取了从俄中央地区移民远东和遏制中国移民的政策。30年代苏联"大清洗"让远东地区的中国人也未能幸免于难。90年代以来中俄经济发展走势的差异和综合国力的消长,让一直稳坐大哥位子的俄罗斯倍感失落。第三,一些政府官员别有用心。转型时期剧烈的社会动荡和困窘的物质生活增添了俄罗斯人的焦躁情绪,一些阴险的政客和宣传家有意误导俄罗斯人的宣泄方向,以转移视线。"中国威胁论"正是被一些势力引导俄罗斯人宣泄恶劣情绪的阀门。如某些政治势力和利益集体通过"中国威胁论"作为攻击对手、转嫁矛盾、吸引观众眼球的炮弹。个别地方政府官员煽动居民说,是中国人抢了我们的饭碗、运走了我们的资源和赚走了我们的钱。第四,西方政治势力和舆论的推波助澜。西方政治势力和商界、甚至台湾势力极力利用各种渠道通过他们对俄亲西方官方人士、学者和媒体记者的利诱和影响,通过散布中国商品、人员对俄罗斯的"威胁"来挑拨中俄关系,以达到打压和排挤中国商品、企业和人员在俄的存在、扩大对俄市场独占之不可告人的目的。第五,中国商品整体形象与一些中国人行为欠佳。90年代俄罗斯处于匮乏时期,中国劣质商品涌入,让许多百姓吃亏上当,中国货=质次价低,"不售中国货!"在一些俄罗斯人心中扎了根!同时,一些人通过人头公司进入俄罗斯淘金并逾期不归,成为俄警察和媒体对中国人特别"关照"的由头。大多数到俄经商、学习和工作的中国人受教育程度低,不懂俄语,其中一些人行为不检点、拉帮结伙、制假售劣、吃喝嫖赌、敲诈勒索,给俄罗斯恐华、仇华论者提供了素材。

三、补血俄罗斯:需要做什么?

俄罗斯经济快速发展与人口下降和劳动力不足的尖锐化,使俄罗斯从中国输血的客观基础更加牢固。但从目前情况看,要使中俄人员交流与劳务合作真正迈上新台阶,需要越过包括消弭"黄祸"论之影响在内的诸多坎坷。

首先,制定人员交流战略和法律框架。从全球化实践看,人员与劳务跨境合作远比商品交换和投资难度要大,在俄"黄祸"论影响较大情况下,更需要根据两国经济发展和经贸合作总体战略规划,制定出人员和劳务中长期合作计划,消除俄方担心和戒心。同时,制定出人员交流和劳务合作法律调节规范,做到有法可依,其纳入可控轨道。目前,中国对外劳务合作尚无国家立法,只是依靠商务部门颁布的部门规定进行管理。因此,加强立法和执法必不可少。其次,强化沟通工作,消除俄方担心。要让俄罗斯用中国人的积极性,必须打消俄罗斯人对中国人"入盟"的戒心。中国政府、企业和公民需要加大宣传力度,增进俄政府和人民对中国企业和劳动者的好感与信赖,使其充分了解合作两利,不合作则双输,使"黄祸"论失去市场。再次,加强规范引导,注意有礼有节。目前,中俄劳务合作有省级、自治区级、边境市(县)级多个层次,劳务合作缺乏统一规划和宏观管理,稳定性较差。政府和企业应该避免急功近利,成立跨省区、跨部门劳务合作协调中心,对劳务输出进行统一部署,对出境人员和外派劳务进行资格审查、教育、培训,提高素质技能,将对外投资与人员输出结合起来,把在俄发展工程承包、建筑、种植、并购、贸易等与输出劳务人员、把派出劳务与吸引俄专家来华工作结合起来。同时,建立有效的人员和劳务外派服务体系,对俄投资和劳务项目审批、财税、融资、外汇管理等方面给予支持,建立对外投资风险基金和境外投资保险,促进人民币跨境流通和结算,简化劳务人员往来手续,建立劳务信贷制度,减轻出国劳务人员的负担等。最后,提高自身素质,成为受欢迎的人!正如普京所说,"我们需要的不是禁止和阻挠,而是高效的移民政策。这种政策应当于国有利,与人方便。"俄还要鼓励"有用移民"进入需要行业和需要地区。显然,俄需要合法、有序、可控地输入。按俄罗斯的标准,"有用移民"应符合懂俄语、受过高等教育和经过良好的职业培训这三条要求。关键在于让到俄罗斯去的中国人努力做俄罗斯需要的和受欢迎的人,而不要不服水土。

建造师风采

代表中国为安巴"充电"
——北京建工国际建设安巴30兆瓦电厂纪实

刘 垚

(北京建工集团宣传部，北京 100055)

今年9月上旬，随着满负荷试运行一个月后的顺利交付，中安两国建交28年来的最大经济技术援助项目安巴电厂正式投入运行。对于承建方北京建工集团来说，这是首个境外EPC成套工业项目，也是该企业第一次参与国家优惠贷款项目的建设。经过北京建工国际公司两年的建设，安提瓜和巴布达——这个位于加勒比海、面积仅400多 km^2 的岛国的电力供应得到了显著提升，而北京建工集团也在该项目两年的运作过程中有了双重收获。

寻求突破 为自身"充电"

承建政府优贷项目，各方面要求都比较高，但另一方面，按照标准的优款模式承揽工程不但可以利用政府资金打入市场，还能提升企业的整体商务能力，因此可以说是风险与收益并存。

2009年，当安巴政府有意以中国政府援建模式建设一个发电厂时，北京建工国际公司根据安巴政府的需求向安巴政府提供了解决方案，在还没有技术规格书的情况下，充分地对所要承接项目进行可行性研究并对中国援建政策进行了深入的理解，将各专业分包单位的相关运作造价转换成境外造价。

这个报价估算必须既要得到我国政府部门审批通过，也要让安巴方面可以接受，既不能因为过高而导致项目无法进展，也不能因为过低而损失利润。"就和新姑爷上门一样，要让各方都满意太难了，况且这还是我们不熟悉的领域，所以承接这个项目就是我们的一大突破。"负责电厂报价的负责人说。

作为一家以工程承包为主业的建筑公司，北京建工集团长期以来都是以施工总承包为主要运作模式，近几年大量承接的EPC项目也没有离开施工总承包的范畴。而安巴电厂项目的另一大突破就是它是第一个按照项目总承包的模式将运作延伸至项目全过程的交钥匙工程，而该模式也是目前国际建筑市场最高端的承包模式。

"两年前，我们从安巴政府那里得到的所有信息就是"修一个30兆瓦的电厂"这个概念和项目选址，而我们最终要向业主拿出的是一个能够生产出符合业主要求标准的产品的整个项目。"北京建工国际副总经理杨青介绍。

在项目实施过程中,北京建工集团充分利用专业分包的技术支持,邀请华北电力作为项目设计方,内蒙古电力建设三公司负责设备安装,西川重工研究院负责设备集成,陕西柴油机厂负责提供柴油机,北京建工国际自行完成土建施工任务。

最重要的是,北京建工国际发挥作为项目总包方在成套工业项目中负责系统工程的总体管理与协调作用,安巴电厂项目从最初提出方案到地质勘探,再到设计、土建施工、设备采购与运输,最终到设备安装、调试、移交,全部由北京建工集团以总包身份负责完成。

在取得成功中标和顺利完成项目建设这两个突破后,北京建工国际实现了自身的"充电"。"今后,我们在此类工程承包方面就不会有专业限制了。"北京建工国际总经理邢严说。

代表国家 为安巴"充电"

安巴当地电力设施严重老化,仅靠20台委内瑞拉提供的小型发电机发电,几乎每天都要拉闸限电。北京建工国际承建的这座30兆瓦电厂几乎成为改善当地电力供应能力的全部希望,也是中国无私援助友好国家一贯举措的又一重要例证。

项目意义重大,但困难也是巨大的,运输难题便是其中之一。项目所需的6台柴油发动机总重量达到516t,由于这6台柴油机超高、超宽、超重,运输起来十分不便,经过项目部、后方人员与厂家的沟通,后方人员拆除了一些可以在柴油机在前方就位后再复装的部件以满足公路运输的限高要求。由于安巴当地没有大型运输设备,如果从第三方租赁,费用太高。北京建工国际缜密计划,在货物抵港前已经协调包括安巴港务局及安巴海关、清关公司、船代、业主、运输分包等各单位进行事先准备。同时,他们采用了在国内订做平板运输车,在前方租用牵引车头的方式,最终将这6个从天津港起运的"大块头"精准地在安巴就位,并节省了大笔费用。

"潜水精神",这是北京建工国际全体员工在项目施工阶段创造出的新词汇。由于安巴电厂项目已经超出了公司土建施工领域的专业知识,北京建工国际从项目负责人到一般员工潜下心来,深入学习专业知识,在短时间内掌握了电厂工业项目的基本工艺流程和主要系统设备及模块的组成及工作原理。每次各专业分包在进行设备安装、调试等参数检查时,项目部都会有人进行旁站,一边检查情况,一边学习知识。

"我们项目部上虽然没有许三多,但涌现出了很多'刘三多'、'王三多'。"说起对EPC成套工业项目领域从陌生到熟悉的过程,项目部员工赵迈不忘幽默一把。

经过不断钻研,项目部的员工各个儿对整个工艺流程烂熟于心。在处理电厂冷却方式时,项目部认为合同中的方案风险很高,经过前期分析,建议并说服业主选用电厂发动机配套厂商生产的空冷平台,集中形成电厂的冷却处理,从而规避了原方案的技术、成本风险,同时也使得电厂的冷却系统得到成熟空冷技术支持。

安巴当地时间8月1日6:46,安巴电厂项目正式进入到项目履约的最后一个节点——满负荷试运行。当6台发电机成功启机运转后,项目部全体员工举杯相庆。"那个时刻,机器的隆隆声就是最美的交响曲。"赵迈说。

在安巴电厂正式交付运行前一天,当地官方权威媒体《每日观察》(The Daily Observer)以头版头条报道安巴电厂项目的建设和落成,标题是"我们将有充足电能"。

北京建工集团代表中国为安巴带去了足够的电能,从此,当地人民的生产生活将发生巨大改变,同时,企业也收获了境外EPC成套工业项目的完整运作经验。

为玉树援建护航

——记建工集团援建青海玉树工程建设前线指挥部党支部书记兼副指挥李长晓

今年春节之前,刚刚做完腿部手术的李长晓,毅然决然地远离家乡和亲人,奔赴玉树隆宝镇援建第一线。在那儿,还有近10名集团援建管理人员和200余工人正在热火朝天地战斗在集团援建玉树砖厂的建设之中。

建工集团援建的玉树隆宝镇为4.14地震中海拔最高、受灾最为严重地区。高寒、缺氧,时间紧,任务重,语言交流不便,劳动力紧张,建材供应困难,是此次援建的难点。结合援建工作实际,李长晓与隆宝镇党委紧密联系、相互支持,确定"联创共建"活动主题,联合开展创先争优,共同促进灾后重建工作的顺利实施。在活动中,李长晓以机制作保障,推动活动的顺利进行。李长晓就援建中遇到的实际问题随时与镇党委领导及时举行联席会议,沟通情况、研究对策,提供科学及时的决策。在李长晓和镇党委的提议下,前线指挥部与隆宝镇党委、政府的全体共产党员统一佩戴印有藏汉双语字样的"共产党员"标牌,以"亮出身份、发挥作用、展示形象",在实际工作中接受群众监督,发挥模范作用。李长晓还结合北京市前指"以首善标准按时高质量完成玉树援建任务"的工作目标,要求每名党员提出两条承诺,并上墙公示,接受群众监督。同时,双方还共同组织开展了"隆宝镇环保日"活动,使当地民众树立了环保意识,促进环保援建;在建立感情沟通上,他组织开展了"心向北京看建工"旅游参观活动,使从未出过远门的藏族同胞第一次走出高原。

为全面开展宣传工作,整体打造援建文化氛围,全力展示北京国企形象,援建伊始,李长晓从树立北京建工爱心援建、政治援建的形象做起,为充分体现出首都人民心系玉树同胞、北京建工重建崭新隆宝的决心和意志,在李长晓的策划下,从进入隆宝镇的红土山垭口开始,在沿途各个建设点和重点地段设置了15块北京建工援建的大型公益广告牌,成为进入隆宝镇一道靓丽的风景线。特别是海拔4 600m红土山垭口的那块"首都人民心系玉树同胞,北京建工重建崭新隆宝"和308省道沿途"北京建工,不辱使命,援建玉树,众志成城"大型宣传牌,使所有进入隆宝镇的人们眼前一亮,一股暖流、一份责任、一份豪情油然而生。

李长晓患有胃病和腿部静脉曲张,有时胃疼起来,浑身出虚汗;腿疼起来连走路都不方便。可是,他为了援建工作硬是咬牙坚持。为打好2011年玉树援建攻坚战,李长晓春节期间放弃与家人团聚的机会,率领援建将士投入到北京建工集团援建玉树灾后重建制砖厂的建设之中。此时的玉树隆宝镇白天最高气温已降至零下15度,夜间最低气温已低至零下30多度,空气含氧量也跌至年度最低值,只有北京含氧量的1/3,由于含氧量极低,刚刚做完腿部手术的李长晓身上就像背负了30公斤的东西在行走。由于缺氧,剧烈的头痛、恶心、胸闷、呕吐、彻夜难眠,成了李长晓与援建将士的"必修课";狂风暴雪中,李长晓穿着大衣还打哆嗦。在李长晓的带领下,2011年2月15日,北京建工集团援建青海玉树灾后恢复重建砖厂建设任务成功告竣。目前,两条生产线已经形成日产20万块砖的生产能力,满足了工程建设需要,为圆满完成今年援建政治任务奠定了坚实基础。(张炳栋)

建造师论坛

用科学发展观探索民用建筑EPC的发展之路

张代齐

(四川西南工程项目管理咨询有限责任公司，四川 成都 610042)

"EPC"是英文"Engineering, Procurement & Construction"的缩写，是建筑业一种工程的承包方式。根据EPC合同，承包人对项目进行设计、采购所需的设备材料并建造项目，自己完成也可以分包的方式，以固定的价格承包同时伴有时间进度及预算的风险。就是我们通常所说的工程总承包或者交钥匙工程模式，这种承包模式在国际上应用非常广泛。在我国专业建筑领域运用已很成熟。但由于民用建筑行业其多样性及不确定性，目前还处于探索阶段。近几年国家出台了一系列政策和规定促进EPC在民用建筑行业快速发展。我院(中国建筑西南设计研究院有限公司)近几年在成都地区对该业务作了一些尝试，取得了一定的成绩，也遇到了诸多问题。本文试图从科学发展观的角度，为民用建筑行业尤其是以建筑设计企业为龙头发展EPC作一些探讨。

一、科学发展观的基本内涵和精神实质

科学发展观，是对党的三代中央领导集体关于发展的重要思想的继承和发展，是同马克思列宁主义、毛泽东思想、邓小平理论和"三个代表"重要思想既一脉相承又与时俱进的科学理论，是发展中国特色社会主义必须坚持和贯彻的重大战略思想。

科学发展观的内涵极为丰富深刻：它的第一要义是发展。它不仅不排斥发展，而且是以发展作为根本前提的。坚持科学发展观，其根本着眼点是要用新的发展思路实现又好又快的发展；它的核心是以人为本。以人为本，就是主张人是发展的根本目的，把人民的利益作为一切工作的出发点和落脚点，坚持以人为本是科学发展观的本质和核心；其基本要求是全面协调可持续。协调发展，就是要统筹城乡发展、统筹区域发展、统筹社会经济发展、统筹人与自然和谐发展、统筹国内发展和对外开放，推进经济、政治、文化建设的各个环节、各个方面相协调；可持续发展，就是要促进人与自然和谐，实现经济发展和人口、资源、环境相协调，是一种注重长远发展的经济增长模式；统筹兼顾是科学发展观的根本方法。注重统筹兼顾就是要认识和妥善处理事物发展中的重大关系和相互联系，处理好当前利益和长远利益的关系，以充分调动事物发展中各方面的积极性。

大到一个国家，小到每个行业、企业，都需要用科学发展观的理论和方法指导发展的战略和途径，唯有以科学发展观为基础，各个行业和各自企业才能在发展过程中实现长期的持续、和谐和稳定。

建造师论坛

EPC建设模式与传统建设模式优缺点对比

表1

建设模式	业主工作	责任主体	主要参建单位	优点	缺点	备注
传统建设模式	决策、实施	业主	业主、设计单位、监理单位、造价咨询等服务机构、施工单位、材料供应商等	1.分阶段分别管理，业主对项目建设的过程及现状清晰明了。2.管理人员均为业主指派人员，相互配合熟悉，在一定程度上有利于项目管理。3.有利于业主管理人员积累管理经验。	1.管理机构庞大，管理成本较高。2.管理人员工作效率较低，易造成人力资源和社会资源浪费。3.管理人员的专业化不高，易出现超投资、超工期、低质量情况。4.部分管理人员权力集中，易滋生腐败现象。5.业主承担项目的全部风险。	决策和实施均由项目业主完成，要求业主具有工程建设相关专业技术水平和综合管理协调能力
工程总承包（EPC）模式	重大决策、成果验收	总承包企业	总承包企业、监理单位及总承包企业根据自身实力进行分包选定的其他参建单位	1.在设计阶段加强设计优化，有利于限额设计的实施，节约工程投资。2.利用总承包企业的专业优势，提前解决设计阶段与施工阶段的冲突，有利于减少变更、缩短建设周期，提高工程质量，节约建设资金。3.减少工程参建单位，有利于降低协调难度、明确各方责任、减少索赔。4.由总承包企业承担建设期全部风险，有利于降低业主风险。	1.工程总承包目前在国内房建项目中应用较少，可以借鉴的经验不多。2.目前国内具有较强综合实力的总承包企业不多。大部分施工企业目前设计能力和人员素质尚不能满足工程总承包的要求。3.设计单位虽然具备较强的技术水平和高素质的人才，具有向工程总承包方向发展的人员和技术条件，但尚需要转变观念，加强对施工过程的管理能力。	对业主的专业技术水平几乎没有要求，但对总承包企业的技术水平、人员素质、管理能力都有较高要求

二、EPC建设模式的优势及民用建筑行业EPC的现状

通过表1的对比，EPC建设模式比传统建设模式有非常明显的优势。

2004年建设部《关于培育发展工程总承包和项目管理企业的指导意见》和《建设项目工程总承包管理规范》以及《建设工程勘察设计资质管理规定》等文件相继出台。由于其多样性及不确定性，EPC业务在国内建筑设计企业开展得不多，之前四川地区几乎没有。为加快我院做强做大的战略目标，7年前院领导审时度势成立了项目管理公司，提出以设计咨询为主业、以工程项目管理带动工程项目全过程服务的经营理念，为我院开展工程总承包打下了坚实的基础。

2008年12月底，经过5年多的工程项目管理咨询的探索与总结，并伴随着"5.12"灾后重建工作的启动，我院与中建总公司及中建西勘院组成联合体（以我院为牵头单位），通过公开招投标承接了"彭州市通济镇灾后重建配套工程及统规统建房建设项目勘察—设计—施工一体化承包工程项目"的工程总承包业务。本工程投资约5.5亿元，面积约45万m²，目前已竣工验收交付使用。获得了政府及相关部门尤其是住户的一致好评，并获得了2009年全国人居经典建筑规划设计方案竞赛规划、环境双金奖。初次尝试EPC业务，我们取得了不俗的战果，随后又一鼓作气以同样方式与中建各工程局合作获得了成都市工业职业技术学校、成都市第二人民医院外科综合大楼、成都市东区音乐花园等7项工程总承包业务，目前各项目正在如火如荼地进行。

几年来我们获得了25亿元的合同额，近10亿元的收入，近两年合同额和收入数据占我院总量的30%。应该说我院开展的EPC业务开启了以建筑设计企业为龙头发展EPC的先河，成为国内建筑设计企业为龙头发展EPC的排头兵，对我院的快速发展作出了较大贡献。

三、以建筑设计企业为龙头发展EPC存在的问题

1.政策面的问题

目前国家虽然在大的方针政策上大力鼓励支持以设计院为牵头方的EPC模式，但相关的管理规定及实施细则却无法与之配套而是沿用工程承包传统模式的相关规定，导致EPC模式节约项目实施时间

的优势发挥不出来。

传统建设模式规定在相关勘察、设计单位完成其工作并经政府职能部门审查，又由具有造价资质的单位完成工程量清单和控制价，按核准的招标方式确定施工单位，在取得开工许可证后方能进场施工。

而工程总承包的实质就是发挥联合体的资源优势，在概念方案的基础上通过公开招标方式确定总承包单位后开展各项工作，把相应的工作通过合理的方式分包给有相关资质的单位来完成，许多工作是平行进行的。设计与施工同时进行，各方紧密配合，减少中间环节，以达到加快工期、控制成本的总体目标。在整个过程中其责任主体只有一家——就是工程总承包单位。

因此EPC最大的优势就是各项工作平行进行，最大化地节约项目实施时间。然而目前存在的问题是按传统模式必须在设计施工图审核后才能取得项目开工许可证。EPC项目一旦中标，本可立即实施的场地平整、临设搭建、临时给水、临时用电等工作，由于流程与传统模式冲突，导致安检、质检、城管等部门不能介入各项工作，以致工作无法正常开展。该项规定成了EPC项目发展中制约项目进度的主要问题，并因此产生一系列因素影响项目正常开展。

2. 人力资源方面的问题

民用建筑采用EPC的承包模式在国内尚少先例，在行业内可以借鉴的经验很少。同时工程总承包对懂勘察、设计、施工及合同、采购的综合管理人才的需求量相当大，现有的人才远远满足不了实际工作的需要。我们公司具体负责我院EPC业务的实施，承担总承包业务的人员由初期的10人发展到现在的60多人，但仍然满足不了需要。

3. 业主与总承包商之间及总承包商内部各分包的矛盾较为突出

业主想花较少费用又好又快地建成工程，然而作为企业的总承包商却想通过各种合理的渠道赢得更大的利益。同时总承包商内部各分包单位之间因观念不同以及自身的利益产生了许多矛盾。以前各方都是独自面对业主承担其相应的业务以及承担相应的责任，然而在EPC模式下，所有其责任都由总承包商承担，各分包单位之间的矛盾不再由业主管理协调，而是由牵头单位负责，这对牵头方——建筑设计企业提出了很高的要求，它不再是以前完成设计图纸、处理一些现场的技术问题的单一角色。

作为总承包商牵头单位的设计企业内部也存在设计与造价、采购招标及现场管理之间的矛盾。仅仅满足规范要求的设计不再是最合理的，设计负责人要对整个总承包合同内容非常熟悉，工程的进度会对设计的方案产生较大影响，成本也由单一的建安成本变成了综合成本的控制。设计工作量比以前单独承担设计工作大大增加。对加快工期、综合成本控制提出了更高要求，对传统的设计方式、观念与管理提出了许多新的要求。

4. 总承包商的经营风险较难控制

由于工程总承包在业内实施还经验不足，经营过程中存在着诸多风险点：如政策不配套、市场规范程度不高、业主资金准备不够充足、确定工期不科学、市场劳务准入要求太低、管理不规范，同时在总承包商招标时只有一概念方案图，无详细施工图，技术要求和材料设备档次不太明确，招标控制价确定较粗。而这一切所带来的风险基本都要由总承包企业承担。风险控制难度很大。

四、坚持以科学发展观探索民用建筑EPC的发展之路，解决EPC发展中存在的诸多问题

（1）科学发展观的第一要义是发展，EPC实施过程中出现的问题，我们通过发展的眼光，在实施的过程中探索解决的办法，在实施的过程中促进制度的完善。

EPC业务发展在我国尚处于起步阶段，通过我院EPC模式项目的成功实施，让政府看到此种模式的巨大优势，作为国内发展EPC的排头兵，我院也在实施项目同时配合政府完善相关制度，目前政府正组织相关部门在全国范围分组考察调研，并到我院了解情况。例如：为解决总承包商在中标后第一时间内快速开展各项工作，节约项目实施时间的问题，政

府出台了EPC模式项目安检、质检、城管等部门可提前介入工作,待施工图完成后完善施工手续的政策。相信EPC业务发展在政策方面存在的问题会逐步得到解决。

(2)以科学发展观"以人为本"的核心思想对待人才问题。

国家对EPC大力发展所需人才的培养也将出台一些具体办法。相关部门举办了多期EPC项目经理培训班,并将尽快出台其资格认证办法。我院在EPC项目实施过程中,大力加强人才培养,在相关企业和高校邀请了多位专家来院讲课培训,同时着手制定相应的人才培养教育计划,并将有潜质的人员派往正在实施的具体工程中锻炼成长,同时在职称评定、收入、发展空间等方面给予政策倾斜。随着正在实施工程的完成,一批合格的EPC人才将在我院脱颖而出。为我院EPC业务发展壮大打下坚实基础。

(3)要用统筹兼顾的根本方法解决EPC业务中存在的矛盾。

在实施过程中既要考虑国家利益,同时也要兼顾企业的利益。作为牵头方的设计院要同时考虑勘察、设计、施工三方的利益,充分了解各方工作的重点与难点,相互密切配合。要让各方充分认识到大家是同一责任主体,实施工程中出现的所有问题都是共同的责任,相互推脱责任的传统观念与做法是行不通的。在EPC业务的发展中既要考虑当前利益,更要考虑长远利益,充分调动各方面的积极性。特别是要加强工程局与设计院之间的战略合作,充分发挥总公司的资源平台,以"合作共赢"的理念实现工程局、设计院和谐的战略合作,最终保证总公司全局利益的实现。

同时在设计院内部也要协调好设计与造价、招标及现场管理之间的矛盾。要转变我们的设计观念与管理方式,各专业、各工种之间统筹兼顾、无缝对接。在EPC管理模式下,各付其责和协调配合是工程运行得以顺畅的必不可少的条件。而作为设计院,相关部门应该尽快落实与EPC业务配套的管理办法与奖惩措施,以制度管人、管事,减少协调成本。

(4)用可持续发展的观点面对EPC发展中的风险问题。

对EPC发展中的面临的各种风险我院也进行了一些探索,例如:对设计企业发展EPC面临的最薄弱环节就是施工过程的材料采购、劳务管理风险,我院采用与总公司各工程局合作方式,利用工程局丰富的施工管理经验来控制风险。对业主可能出现的工程款支付风险,我院仅参与政府投资的医疗、教育、保障性住房等领域发展EPC项目,保证工程款能及时收取。对EPC项目可能出现的招标前未确定,招标后业主技术要求高导致造价难以控制的风险,我们要求业主在EPC招标前应委托一家咨询机构,对工程功能定位、材料设备档次提出明确技术要求作为招标文件的内容。总之随着国家的不断发展,建筑市场的规范,业主对工程中各种矛盾认识的提高,并随着一大批懂勘察、设计、施工及合同、采购的综合管理人才的成长,EPC发展中的风险会得到有效控制。

五、结束语

尽管EPC模式的发展还存在很多问题,但它是我们民用建筑业发展的方向,也有着广阔的前景。随着国家经济的不断发展,政府相关配套政策的落实,以及企业观念的转变和认识的提高,内部管理体制的健全和完善,只要我们以科学发展观的态度来面对EPC这样的系统工程,我们有理由相信"EPC"模式将在建筑业尤其是建筑设计行业取得更宽广的发展!

参考文献

[1]侯少文.基本理论精读.北京:中共党史出版社,2009,3.

[2]攀成德.项目管理者联盟.2008.

[3]2004年建设部《关于培育发展工程总承包和项目管理企业的指导意见》和《建设项目工程总承包管理规范》以及《建设工程勘察设计资质管理规定》.

建造师论坛

对市政咨询业学习与创新的几点思考

马卫东

(中国市政工程西北设计研究院有限公司,甘肃 兰州 730000)

摘 要：创新是民族进步的灵魂,是一个国家兴旺发达的不竭动力,创新推动生产力的发展,促进生产关系和社会制度的变革,推动人类思维和文化的发展。本文着重以温故而知新的思路探讨市政设计发展历史启迪,剖析学习与创新这个新时代赋予我们的历史使命,在尊重客观规律的基础上充分发挥主观能动性;重点研究怎样培养员工科学的思维方法、勇于发现、勇于创新、不断地提出新观点、新思想、新理论的创新精神;针对市政咨询行业工作和经营特点,提出如何提高行业核心竞争力的方法供大家参考。

市政工程咨询是技术密集型行业,国外较我国发展晚数世纪,但目前国外同行的理论水平、设计理念、技术装备等都处于国际领先地位,我们的经济数据也远不及他们;如何提高国际同行的认可度和尽快缩小两者差距的问题就呈现在我们面前,本文以此为切入点从市政领域技术历史发展、学习与创新、创新意识培养、如何提高核心竞争力这四个方面浅析市政咨询业创新发展的重要性。

一、市政工程咨询公司的历史发展

中国城市建设有悠久的历史,远在三四千年前就已营建了宏伟的城市、辉煌的宫殿、优美的园林,创造了举世瞩目的伟大成就,积累了丰富的实践经验,成为中国和世界建筑文化宝库中的一份珍贵遗产。

近代的市政、公用事业的科学概念与管理机构设置,始于具有革命传统和接受外来影响较早的广州。现代市政公用事业概念中的给水、排水、道路、桥梁、燃气、供热等工程盖源于此。

新中国成立到60年代中期,市政工程设计多为学习模仿时期,主要是在学习苏联经验基础上进行的。中国共产党十一届三中全会以后,大力发展市政公用事业,发扬人民城市人民建,人民城市人民管的独立自主、自力更生精神,摸索出一条切合实际,符合国情的建设路子。各级政府主管部门改变了过去的"市政公用设施是非生产性福利设施"的老观念,认识到市政公用设施是城市生产和人民生活中必不可少的物质基础,是发展城市经济和对外开放的基本条件。市政工程设计出现了一个新的局面,设计院实行技术经济体制改革,重视科学实验研究,科研面向生产,引进和消化国际先进技术,从而促进了设计技术创新,市政工程开始进入了电气化、机械化、自动化的新时期,出现了大批优秀设计。1981年由原国家城建总局组织了第一次全国城建系统70年代优秀设计评选活动,共评选出32项优秀设计。其中:上海市长桥水厂扩建工程、武钢二号水源泵站、北京市煤气厂扩建工程等设计获一等奖。1984年,由建设部组织了第二次优秀设计评选活动,共评选出47项优秀设计。其中,水上水厂、杭州赤山埠水厂、引滦入津等工程设计获一等奖,此后,每三年组织一次优秀设计评选活动,促进设计技术进步。

给水工程设计方面,取水工程规模最大的武钢二号取水工程,取水量达45.5m³/s,折合每日取水量约400万m³。经过多年生产运行证明,工艺设计合理,设计质量良好,供水安全可靠。泰山核电场和上海石油化工总厂的海水取水工程设计规模很大,取得了较好成绩。1983年建成全国规模最大、距离最长的引滦入津工程,引水管渠总长234km,每年向天津供水10亿m³,工程质量良好。水厂布局紧凑合理,净化工艺先进,实行全部自动化操作,净化后水质优于国家规定标准。

排水工程设计方面,管渠设计已发展到直径5.0m以上的钢筋混凝土管,8m×4m以上的装配式钢筋混凝土暗渠。顶管设计也发展到直径3 000mm的混凝土管。大型水泵站设计规模，最大污水泵站达15m³/s，最大雨水泵站达44m³/s。设计和建设了一批新型现代化的城市污水处理厂，如首都国际机场污水处理厂，采用了一些先进工艺，节省工程造价，降低处理成本，出水水质良好，被评为部级优秀设计一等奖。北京高碑店污水处理厂，设计规模100万m³/d，是全国最大的一座现代化二级处理污水厂，处理工艺先进，污泥消化后产生的沼气用于发电，体现了污水资源化与污泥处理综合利用的发展方向，被评为国家级优良工程。

从这些市政工程的发展轨迹来看，无论是工程规模、工艺、技术，还是工程质量、社会效益等，都在逐步提升，而这些成就的取得，与学习与创新是密不可分的。

二、学习与创新

学习是在认识和实践过程中获取经验和知识、掌握客观规律，是接收和继承；创新是利用已存在的知识和资源进行的再创造，可以认为是对旧有的一切所进行的替代、覆盖。从定义不难发现，学习是对丰富经验和知识的积累，是量变，为不墨守成规和标新立异的创新打下坚实的基础；创新是借鉴学习的积累的基础上有所独创，是质变，是学习的自我超越和升华，成为了新一轮的学习的动力。在一定程度上讲，学习和创新有着充分必要的辩证关系。

学习是创新的基础。一般讲，没有学习就没有经验和知识的积累。纵观古今，每个人的一生都是在学习中成长成熟，社会的每一次进步无疑是学习和创新推动的必然结果，人类社会的文明发展都是以不断学习和创新为动力的。中国现代数学之父华罗庚曾说过："在寻求真理的长征中，唯有学习，不断地进习，勤奋地学习，有创造性地学习，才能越重山，跨峻岭。"了解过去方可预知未来，只有以学而不息持之以恒的毅力去了解前人的经验，对现有事物的认知不断深入和提升，才有了创新和进步的可能。"学以致新，会心于行"，要勤于思考，勇于质疑，敢于突破，标新立异，并重于综合实践，方能摒弃不合时宜的认识、观念，有所创新，取得更进一步的革新和发展。学习是生产力的缩影，它的不断提高必将导致生产关系的变革，这也是不断积累创新的结果。因此，认真学习勤奋思考是创新的源泉，是与时俱进的根本保证。虽说有

广博的知识未必可以创新，但离开了学习的创新便是无源之水无本之木，虚无缥缈不切实际。

创新是学习的目的。创新是从学习开始，也是学习思考的目的。温故知新，我们之所以要持之以恒地学习，是为了继承前人又不因循守旧，借鉴别人而不人云亦云，舍糟粕取精华，融会贯通地应用知识，对未知领域有所探索和创造性地发展。福特公司创始人亨利·福特说过这么一句话"不创新，就灭亡"。在市场竞争激烈，产品生命周期不断缩短，技术突飞猛进的今天，不创新，就灭亡，创新是企业生存的根本，发展的动力和成功的保障。当今世界，创新能力已经成为每个国家的核心竞争力，没有创新就难以迈出跨越式的发展第一步。但如果忽略了对已有知识的学习和对现有科技成果的了解，所谓的创新也必将是盲目行事，闭门造车。创新又为更进一步的学习钻研提供了新的推动力。创新推动了社会生产力的发展，创新推动了生产力和生产关系的变革，创新推动科学技术的进步，创新推动人的思维和文化的发展，创新是一个国家和民族持续发展的智慧源泉和不竭动力。

从学习到创新的创新型学习，以否定和突破为标志。科学是发展的，人类认识的长河中每一个阶段性取得的成果，都是从突破开始的。以天文学为例，1543年波兰天文学家哥白尼发表《天体运行论》，推翻了长期以来教会奉为圣经的地心说，提出了日心说，翻开了近代自然科学的第一页；100年后，德国天文学家开普勒提出了行星运动的三大定律，发展了日心说；又过了100年，牛顿用万有引力定律、运动定律、微积分将行星轨道运行规律变成三个方程式，表明自然界的可定量研究和准确预测。然而，当爱因斯坦发现了相对论后，人们又认识到牛顿力学的局限性。人类就是这样不断地继承前人又突破前人的结论，这就是人类认识世界的过程。我们不仅要学习知识，还要知道知识的发展历程，知道知识总是与时俱进的。今天是对昨天的继承和突破，明天又会是对今天的继承和发展。我们不仅要学会现有知识，更要培养自己分析、怀疑和突破现有知识的能力。勇于突破书本，突破前人，突破权威，这种突破就是创新。

现今是知识信息时代，新的时代赋予我们新的使命。新的时代社会形势变化莫测，知识更新的规模和时间空前加剧，人们的观念和思维方式面临着重

建造师论坛

大的考验,只有不断地学习,才能有效克服由于自身储备不足而造成的困境,才能与时俱进,跟上时代发展的步伐。因此新的时代需要我们比以往任何时候都重视学习。与此同时,这个时代也要求我们比以往任何时候重视创新,没有创新难以促成发展,知识经济需要创新,改革发展需要创新。创新的时候,一切都是在加速变化,呈现在人们面前的是越来越多的未知领域,这都需要我们将学习的知识转化成现实的生产力,重新协调新的生产力和生产关系使二者有机统一,从而推动社会发展,使中国以新的自立自强的创新型国家的身份立于世界民族之林。

三、企业员工创新意识的培养

一个企业、一个组织,能否不断超越自己、超越过去取得的成绩,创新是至关重要的。那么,在一个运作平稳的企业中,如何培养员工的创新意识呢?我考虑了其中一点就是设计人员的专业知识的问题。(1)很多的从业人员所学的专业知识与实际应用有较大脱节。(2)即便工作多年,随着技术的发展,很多专业知识发展了,员工掌握的知识已经不足以促使自己的工作进步。(3)精于专业,才能改进工作。企业基层组织如何创新?许多的公司都将创新作为自己重要的战略任务。公司领导也会对员工创新工作提出了具体的要求,比如要求中层每年提出至少一个创新设计项目申报。我们首先应该明确的是:到底什么才是企业创新呢?在众多的基层员工看来,创新就是指的新产品、新工艺、新技术应用与研究等,这些好像是高层管理人员才能做的事,是科技质量部门和企划部门的本职工作,似乎与普通的基层业务部门,特别是普通的一线设计人员没有什么关系。所以当公司推动创新运动的时候,不少基层主管和员工要么无动于衷,要么无从下手,苦于找不到所谓的创新项目。其实,真实意义上的创新应该至少包括两个方面的内容,第一是上面提到的所谓"新东西",不但不容易找,即使发现也不太容易由基层展开,从某种意义上讲,确实是需要一定的管理高度才能触及这类问题。对基层团队和员工而言,第二个方面的内容就比较现实了,而且对企业的实际意义更为直接有效。这就是对现有工作流程、设计方法以及部门专业间协作当中"结"的清除。可以想象,越是一线的员工对工作流程的体验越深,就越可以发现当中可以改善的地方。这些工作中可以改善的地方就是"结"。这些"结"要么被紧迫的设计周期和繁杂工作所掩盖,要么被各专业之间的协作不足而忽略,所以只有推行创新才能被暴露出来,要上升成为创优项目才能被解开、被根治。由此可见,只要立足本职,人人皆可创新,所有员工都可以去挖掘身边的"结",并通过申报,最终以项目管理的方式解决它。如果一个企业内部的"结"都解决了,企业就可以上升一个层面,变得健康强壮。创新对企业健康成长有重要的战略意义,领导提出来是有一定战略眼光的,值得我们每一级主管认真思考。同时,也一定要给员工们讲清楚创新的含义,这样才能真正发动群众。要告诉他们,创新从身边开始,项目就在你我身边。

企业员工的创新意识培养可从几个方面入手:(1)在招聘员工时应结合岗位的特性招聘合适的人选,将来的方向往哪个职位发展;(2)企业内部推行内部培训,给员工提供不断学习提升的机会;(3)公司在有重大决策的时候也让员工有发言的机会,投票、座谈会、会议等沟通互动;(4)内部应设有绩效考核与激励制度,促进员工的积极上进,发挥自我;(5)企业内部应有推行合理化建议奖励制度,鼓励员工提出好的建议帮助企业不断完善;(6)合理的薪酬制度也是留住人才的一种好的激励方式,但它是其中一个方面而不是主要因素。在这样的循环中,员工自然就会寻找学习的机会不断提高自身素质,无形中就会培养创新意识,不断去深化。一个企业要有几个懂得创新的人。奖励开头,让懂创新的人扶持为中,大家自觉创新为后,你给他一个理念和平台让员工去发展,建立机制,奖励标杆。最基本的是企业文化和公司制度方面。公司有透明的机制让员工去创新,鼓励创新,让相关人等探讨创新。在思想开放的今天制度也要约束相关的思想,同时需要结合公司的具体状况去创新!创新不是培养的,而是企业是否尊重创新,是否有能力从基层员工身上发掘创新思维,是否能接受员工因为创新而延误工作,是否能汇聚有创新能力的人等。如果上面的回答是肯定的,那么后面的问题,如何把创新的不确定性降低到最小,探讨如何创新,如何挖掘有创新能力的人?举例来说,一个经验丰富的上司很容易反驳一个新员工的想法,但反驳就是上司对创新的把握么?不见得,一个新的想法往往带着一种颠覆,以经验判断颠覆其识别率能高么?我觉得企业要让员工多沟通,有什么新的好的想法要让员工说出来,并给予相应的物质鼓励,并在工作中认真地去实施。要充分发挥集体的创造性。主要是觉得企业先要找对自己的方向,他到底要怎么样的员工,这样才能去培养员工的积极性和创造性,创新意识是员工跟着企业的文化前进的。首先要公司问自己几个问题:(1)我为什么要培养员工的创新意识?(2)员工为什么要展现他的创新意识?(3)我要培养员工的创新意识具备这样的条件吗?(4)员工发挥创新意识有这样的平台吗?等一系列问题。因为好多时候我们考虑问题只是单方面考虑,或者说是一厢情愿。这样做的结果是徒劳。

当今世界激烈的知识经济竞争归根到底是人才的竞争。谁拥有顶尖技术人才和管理人才,谁就拥有最具竞争力的产品和最广阔的市场。科技型企业必须清醒地认识到这一点。同时企业在发展的过程中要敢于启用敢冒风险敢于怀疑批判具有创新意识的员工,并对他们的要求不能过于刚性,要允许他们失败,并提高他们的待遇,减少优秀人才的流动。作为政府要鼓励企业创新,同时企业要鼓励员工进行创新,这样企业才会具有旺盛的生命力。

四、如何提高市政设计核心竞争力

根据市政行业服务对象的公共性和广泛性,结合市政设计建国60多年文化与科技成果,我们的咨询业目前仍以本国和亚非地区为主营市场;通过近几年市场营销分析发现,国内许多标志性的市政规划设计业主在项目前期往往聘请欧美国家的专业咨询公司进行项目前期论证,这一现象提醒我们如何提高自身前瞻性技术水平和把握好国际宏观政策水平的能力,才能让我们的市场营销有层次有梯度地满足不同客户需求,从这个角度看不断的技术创新是我院做强做大的核心竞争力。

目前制约市政工程创新因素我认为主要有以下两个方面:(1)内部因素:市场竞争下许多项目要在很短时间内完成合同约定的各项工作。项目负责人只忙于组合成熟工艺没更多时间学习改进工艺,同时项目组内部会存在这样或那样的矛盾和分歧,长期下去就失去了核心竞争力,因此,平衡处理这些关系和矛盾也成了项目负责人的主要工作之一。(2)外部风险因素:主要是项目上得快叫停也快,为防止做无用功造成人力资源和时间上的浪费,短期内急功近利效益为先,缺乏创新的发展理念,在学习、创新、发展三者的辩证关系上更注重发展,忽略了学习创新对市政咨询公司发展具有质的影响。

通过分析市政工程发展史、学习创新与发展关系的探讨及制约市政咨询行业创新发展因素,提出以下几点建议供市政咨询行业参考:(1)应对自身不可控外部因素更要学会应用法律合同和来往文件等手段保护自己的劳动果实;特别关系到我们的核心技术方面要有保密协议,这对咨询公司知识产权及核心竞争力保护有重要意义,也是给勇于创新员工的精神鼓励。让其感受到自身的存在对企业的重要性,激励科研人员以学习创新来实现人生价值和社会成就。(2)可控管理措施:首先,解放思想切实制定激励发挥员工主观能动的长远性规划,这点在市政咨询行业历史上不难看出十一届三中全会后,该领域翻天覆地的变化。其次,提高项目负责人和设计人员执行力和话语权,并针对管理者、审定人的协调能力、技术水平、责任心等考核办法进行改革,来督促我们的技术创新,真正实现能者进贫者让庸者让的学习创新环境,让每个员工感受到企业科技进步与发展要从自己做起,靠要只能是名利双输终身遗憾。再次,在酬金分配上实行项目组负责制,解决中层、技术总负责为项目服务的主观能动性;技术等级管理上项目负责和专业院总之间在创新环节属同级讨论,在有意见分歧时应尊重项目组的意见,这样更易激发他们的创造型思维,让设计方案和创新风险降至可控范围,最终提升企业综合竞争力。

综上所述市政工程咨询业发展至今,如何更有效地促进生产力发展,让咨询行业尽快融入世界先进行列,唯一的出路就是学习加创新,学习是创新之源泉,创新是学习之升华,二者不可偏颇,没有科技的发展,就没有中国的发展,科技发展的未来决定着中国的未来,一个具有学习和创新精神的民族,才是真正有生机、有希望的民族,著名教育家陶行知先生说过:"处处是创造之地,天天是创造之时,人人是创造之人。"只有坚定这个信念,市政工程咨询业才能真正崇尚博学、自强不息、德揽世界。

建造师论坛

建筑施工企业拓展工程项目管理业务的思考

李永治

(中建六局土木工程有限公司,天津 300457)

摘 要:近年来,中国建筑业面临好的发展时期,各级企业发展很快。但建筑施工企业却面临强大的来自材料上、产业工人、竞争对手等各方面的竞争压力。传统的建筑施工企业的低利润率考验着当代的建筑施工企业,面对新的形势,建筑施工企业似乎到了寻求新的经营模式的时候,研究建筑施工企业充分利用各种资源,谋求更好的发展就是当前的具有现实意义的问题。本文在对业界发展趋势、国家政策、国际环境等各方面分析的基础上着重讨论了建筑施工企业进行项目管理业务拓展的必要性、可行性以及运作时应当注意的问题。

一、概 述

建筑业是我国的支柱产业之一,近年来我国经济持续走强,作为建筑业主体之一的建筑施工企业更是迎来了一个可以实现跨越式发展的历史机遇。然而,面对建筑市场国际化进程的加快,各项影响建筑施工企业发展政策的出台,以及新的项目承包模式的推行等变化着的形势,笔者认为,建筑施工企业应当拓展业务,适时进入项目管理服务领域,以求与时俱进,加快发展。下面就从拓展项目管理业务的必要性、可行性以及应当注意的问题等方面加以分析。

项目管理作为一门学科起源于20世纪50年代,由于大型项目实施过程复杂性、目标控制要求严格,促进了网络计划技术和项目管理技术的产生和运用。项目管理应用的领域非常广泛,在工程、教育、科研等许多领域有着广泛的应用。建设工程项目是项目管理应用的一个非常重要的领域,其基本任务是为业主、设计单位、建筑施工安装单位提供组织和管理的措施、方法,通过费用控制、时间控制、质量控制等手段,以确保项目总目标的实现,本文中所说的项目管理就是指工程项目管理。

二、建筑行业的发展,使得建筑施工企业必须拓展业务

1.建筑施工企业在整体上呈现良好发展势头的同时也面临巨大的挑战

近年,随着国家宏观调控等各项政策措施的逐步到位,在全国固定资产投资增长速度出现回落的环境下,全国建筑企业仍保持着稳健的发展态势,但是,中国建筑企业面临着压力,这种压力主要来自建筑施工企业自身以及外部环境。首先,由于技术含量低、进入门槛低,建筑业成为吸纳社会劳动力,尤其是农村剩余劳动力的主要行业,更使建筑业成为不折不扣的劳动密集型产业,处在社会分工链条的下游,生产附加值低,利润率低。知识经济时代,高新技术层出不穷,社会资金肯定会追逐那些高增长、高附加值的行业,以求投资收益的最大化。建筑企业目前的状况很难吸引资金的注入,建企发展没有资金作后盾,发展后劲不足。拓展新业务、寻求新的发展渠道是当前建筑企业应当考虑的问题。其次,国内建筑企业面临着同业主地位不对等,行业结构不合理,国内市场运作不规范,地方保护或行业保护仍然存在

建造师论坛

等问题,这都是造成行业过度竞争的原因。再者,加入世贸组织使中国的建筑业有了新机遇,当然也产生了新的挑战。中国正逐渐成为世界制造中心和商品物流集散地,国外大型的制造企业、物流企业、大财团都将大规模地涌入中国,同时,国际大的建筑承包商也将以国民待遇进入中国市场,以同等的身份同中国的建筑企业争夺本就不足的市场份额,而国外大建筑企业,不仅拥有雄厚资金实力、技术装备实力、品牌优势,更为重要的是,他们具有强大的市场运作能力,受他们的影响,国内建筑业的国际化进程必将加快,国际化的工程项目承包模式以及先进管理方法也将迅速得到推广。

2.集中度高的市场发展趋势需要航母式企业

国内建筑施工企业要在未来的市场中占有一席之地,就应当成为航母式企业,拥有施工总承包和项目管理两项资质,竭力打造两个业务平台,以适应不断变化的建筑市场。建筑业"资质管理办法"的实施,搭起了我国建筑业的行业架构,施工总承包、专业承包和劳务承包三个清晰的层次成为建筑施工市场的主体。资质管理,有利于削弱无序竞争,在市场中形成有效竞争的态势,使建筑企业进入一个良性发展的新阶段。

就建筑业而言,较高的市场集中度是有效的市场竞争态势。美国经济学家威廉·谢菲尔德曾对美国产业中的市场份额与利润率进行回归分析,就证明了集中度与利润率的正相关关系,即市场份额增长10个百分点,利润率可以提高2~3个百分点。以工业发达国家为例,美国的汽车业发达,行业集中度高达97%;日本的各行业平均集中度为60%以上。美国、日本建筑业发达,行业集中度也很高。在美国,福陆丹尼尔公司一枝独秀;在日本,建筑市场高层面的竞争就是大成、清水等有限几家。我国建筑业集中度低,目前只有4.5%,进一步提高市场集中度是建筑业发展的必然趋势。市场集中度的提高使有限的几家大建筑企业在高端市场上形成良好的竞争态势,可以使有限的资源发挥更好的作用。当然,集中度越高,企业竞争的层次越高,项目管理位于建筑产品生产链条的上游,这项业务的知识含量高、利润空间大,必然成为大建筑商争夺的重点,做强项目管理业务、占领生产链的上游,在建筑业这个完全竞争性市场中就握有了主动权。

由此可见,为了生存,国内建筑企业考虑拓展新的业务就很有必要。

三、项目管理是建筑施工企业业务拓展的着力点

1.资质管理政策条件已经成熟

1988年,建设部发文开始试行建设监理制度,其初衷是引入工程建设的第三方管理,由社会化的项目管理公司(监理公司)代表业主的利益进行项目管理。2003年,建设部颁发了《关于培育发展工程总承包和工程项目管理企业的指导意见》(建市〔2003〕30号)。至此,推行工程项目管理又一次提到日程上来,按照《指导意见》中对工程项目管理的定义,工程项目管理是指:从事工程项目管理的企业受业主委托,按照合同约定,代表业主对工程项目的组织实施进行全过程或分阶段的管理和服务。工程项目管理的主要内容是:项目管理服务,包括项目决策阶段的可行性研究及方案编制;项目实施阶段的招标代理、设计管理、采购管理、施工和验收管理等,代表业主对项目的各要素进行管理和控制;项目管理承包,包括项目管理服务及项目的初步设计等。项目管理企业要承担项目的管理风险和项目责任。

国家鼓励具有工程勘察、设计、施工、监理资质的企业独自或者同国际大型工程公司以合资或合作的方式,通过建立工程项目管理业务相适应的组织机构、项目管理体系,充实项目管理专业人员,按照有关资质管理规定,在其资质等级许可的工程项目范围内开展相应的工程项目管理业务,也允许这样的企业按照有关规定申请取得其他相应资质;并且工程总承包企业也可承担工程项目管理业务,但不应在同一个工程项目上同时承担工程总承包和工程项目管理业务,也不应与承担工程总承包或者工程项目管理业务的另一方企业有隶属关系或者其他利害关系。

《关于建设工程企业资质管理规定级标准调整修订的实施方案》的出台,也带来了一些重要的变化,一是调整修订部令,将原来工程勘察设计、施工、监理三个部令整合为一个部令,统一规范行政许可的设立、申请、受理、审批、送达等程序和要求;方便

企业申报不同类型多项资质。二是以市场为导向,按照高端开放、低端准入的原则,对高端竞争的企业,合并相应行业,扩大企业承担任务的范围和空间,促其做专做精。三是专项的设计、施工在保留原序列的基础上,设计、施工专项能合并的尽量合并,如建筑装饰设计与施工、建筑幕墙设计与施工、建筑智能化设计与施工以及消防、环境、轻型房屋钢结构的设计与施工等,为发展设计施工一体化的专业工程总承包创造条件。

这些都为建筑企业拓展工程项目管理业务提供了强有力的政策支持,政策条件已经成熟。

2.项目管理应是专业化的服务

要实现项目的目标,项目参与单位包括业主、设计单位、施工安装单位、供货单位、监理单位等,都是代表各自利益进行项目管理。尽管不同单位的项目管理的目标不同,但其原理、方法和手段等都是相同的,因此,项目管理应当由专业化的项目管理公司、事务所或工程公司、设计单位等接受业主或其他单位的委托,为之提供项目管理服务,这是生产力发展和社会分工的结果。在工程建设领域中,业主通常就是项目管理的主要服务对象。

历史上,在建设工程中设计与施工的分离是建筑产品生产过程的重大变革,促进了建筑生产的专业化。项目管理作为一种专业化的管理服务,其出现和发展也将预示着又一次重大变革的到来,也是建筑生产的一种进步。但是在目前的国内,项目管理尚处在起步阶段,应用的并不普遍,项目管理的性质是咨询,它提供的也仅是管理方面的咨询。而在西方工业发达国家,私人投资项目,委托专业化的项目管理公司进行项目管理是一种主流,建设项目的业主委托项目管理公司解决建设项目的管理问题是普遍的做法。中国的项目管理尽管还有很长的路要走,但是项目管理专业化却是发展的必然趋势。

3.代建制的强势成长使得建筑企业拓展项目管理业务获得巨大空间

委托代建源于国际上通用的工程项目总承包,是我国对政府投资的公益性建设项目进行管理模式市场化改革的重要举措,是结合国情的一项政府管理创新,但我国的"代建制"中还包括了制度的内涵,目前代建制的含义也在发生着变化。

首先,代建制是催生项目管理的动力。由于代建制不但促进了政府职能的转化,还加深了政府对投资项目的监管深度和力度,进一步规范了政府的投资行为,积累了项目管理经验,加速我国工程项目管理与国际接轨。国家把委托代建作为一项制度性改革措施,国家对社会公益性建设项目投资还会逐年大幅度增加,所以市场需求的上升速度会很快,在近两三年内会形成相当大的市场容量。随着投资主体多元化的体制改革逐步深入,委托代建的市场范围还会逐步扩大到基础设施建设领域,以及社会投资合伙人的工程建设项目之中。可以预见,代建制将在我国投资市场形成相当规模的项目委托需求,形成一个新兴的供需市场,对专业化的项目管理服务企业来说蕴含着巨大商机和发展潜力。

其次,建筑施工企业有条件抓住商机进入、占领项目管理服务市场。代建企业需要向投资人提供全过程项目管理服务,目前我国具备这种服务能力的项目管理企业很少,对国内工程咨询企业来说,需要尽快具备全过程项目管理服务的能力,建筑企业可以凭借自身的建筑工程管理经验和丰富的人才物资源,抓住难得的市场商机迅速进入项目管理服务领域。我国的建筑施工企业,尤其是大型的企业一般都拥有自己配套齐全的勘查、设计、施工能力,但是在企业内部,这些资源一般都是独立存在、独立发挥功能,并没有将这些具备一定规模的设计力量,工程管理能力有机地结合起来。面对日趋国际化的建筑市场,中国建筑企业必须改变这种状况,抓紧整合内部资源发挥一体化的协同优势,通过扩大施工承包的范围和推行项目管理模式,为业主提供高质量的工程前期、施工过程、工程竣工交付、保驾护航等全过程服务,全面提升企业竞争力,逐步在各领域实现一系列的高技术的、强控制性的、高利润的工程承包业务。

四、施工企业开展项目管理业务的途径

1.拓展项目管理服务业务的方法

从事项目管理服务业务,就必须获得进入该市场的准入证,拿到项目管理的从业资质,成立专门的项目管理机构是不二的方法。成立的方法如下:如建

筑企业利用自身资源成立方法有二，其一不成立独立的项目管理公司，只设置一个专门的项目管理机构，专门从事项目管理业务。其二成立项目管理机构，并同具有勘察、招标代理资质的其他企业，通过契约的方式联合，以统一的身份向业主提供项目管理服务。

这两种方法在操作上是可行的，也同目前还处在探索、尝试阶段的国内项目管理状况相适应，但缺少前瞻性，会使企业处在进行项目管理则不能承包工程施工，承包施工则不能承接项目管理的两难境地，这都不利于企业组合发展战略的实施。

另外，建筑企业在现有资源基础上，自发或者同国外合作者、社会法人或自然人合作成立具有法人地位的、具有报标代理资质或工程造价咨询资质的公司，由该公司具体组织项目管理。这样也可以避开政策规定的限制，通过控股企业，既可从事项目管理，亦可施工承包。

基于以上分析，比较好的拓展项目管理业务的方法是，建筑企业可以按照有关规定，申请成立项目管理公司。

2.拓展项目管理业务应当同打造具有竞争力的工程项目代建企业相结合

承担代建项目的企业需要提供全过程项目管理服务，这是业主的需求，也是国内外竞争的需要。根据资料显示国外的项目管理咨询企业通常在某些产业具备相当强的能力，而国内企业仅具有某些阶段的项目管理能力，但没有构成项目全过程管理所需的服务能力，随着向WTO承诺开放服务贸易市场的时间的临近以及业主对多元融资的实际需求增长，项目融资和工程保险方面的咨询服务将很快成为业主的基本需求。因此，国内项目管理咨询企业应早做准备，完善自身的服务能力。

五、建筑企业拓展项目管理业务应注意的问题及处理办法

1.最关键的是抛开原有的思维模式，理顺投资人、使用者、受委托人、施工方的关系

在建设项目的参与单位中，一般包括业主、设计单位、施工单位、供货单位、项目管理或工程监理单位。业主可以授权项目管理单位或工程监理单位进行项目管理，也可以不授权，仅仅将其作为顾问。

在采用施工总承包模式中，业主、项目管理(工程监理)、设计、施工总承包等单位之间的组织关系如图1所示，当项目管理单位处在实线框的位置时为授权管理关系，处在虚线框的位置时为顾问关系。

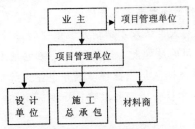

图1 施工总承包各相关单位的关系

在项目总承包模式中，项目总承包单位既要完成设计任务，又要完成施工任务，项目总承包单位可以将施工任务全部发包给一个单位完成，在这种情况下，施工总承包单位就是项目总承包单位的"分包"，实际上是项目总承包组织的一个重要合作组成部分。在此模式中，一般情况下业主都会聘请项目管理单位协助进行项目的目标控制，业主、项目总承包单位、项目管理(工程监理)、设计、施工总承包等单位之间的关系如图2所示，当项目管理单位处在实线框的位置时为授权管理关系，处在虚线框的位置时为顾问关系。项目管理单位在项目管理服务的过程中只有摆好位才能为业主提供优质服务。

2.确定市场目标，配置合适资源，调整组织结构

从前面的分析可知，委托代建应当是项目管理服务企业的一个重要市场目标，主要原因是政府及其他投资人委托代建的市场容量很大，需要具备全过程项目管理咨询服务能力的企业。所以企业资源应当根据市场目标进行配置，企业组织结构应当为所配置资源向确定目标高效转化而服务。项目管理

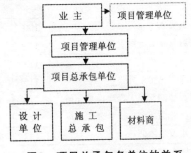

图2 项目总承包各单位的关系

企业可采用优势互补、联合投标的方式进入委托代建市场，通过合作各方的相互依赖和密切协作，形成整体竞争能力。其中，能力配套、项目管理服务的质量和协作效率应当是合作中进行资源配置和组织结构调整应当考虑的三项主要问题。

3.打造强有力的人才团队

没有人否认人才是企业最重要的资源，对项目管理公司更是如此。虽然其他资源也是不可缺少的，但人才团队是项目管理服务企业头等重要的资源，因为项目管理服务是综合知识运用加经验积累的智力劳动，是一个人同其所在协作团队的合成能力的体现。虽然我国目前的项目管理人才十分短缺，但具有某类知识和经验的人才很多。所以，只要真正实行以人为本、用人之长、报酬合理的企业用人机制，就可以聚集所需的各类人才，打造实现企业目标的人才团队。

总之，国家政策鼓励建筑施工企业进入项目管理服务领域，而市场竞争以及建筑企业生存也要求建筑企业应当拓展业务，现在建筑企业进入项目管理服务领域时机正佳。

近日，美国《工程新闻记录》(ENR)杂志发布了2011年度国际承包商和全球承包商前225强排行榜。中国内地企业进入国际承包商225强的共51家，如下表所示：

序号	公司名称	2011年度	2010年度	序号	公司名称	2011年度	2010年度
1	中国交通建设股份有限公司	11	13	27	中国地质工程集团公司	129	106
2	中国建筑工程总公司	20	22	28	中国大连国际经济技术合作集团有限公司	145	141
3	中国水利水电建设集团公司	24	41	29	中国机械进出口(集团)有限公司	151	135
4	中国机械工业集团公司	26	26	30	中国河南国际合作集团有限公司	154	159
5	中国石油工程建设(集团)公司	27	46	31	安徽省外经建设(集团)有限公司	155	179
6	中国铁建股份有限公司	29	25	32	中国寰球工程公司	158	151
7	中信建设有限责任公司	32	32	33	中国机械设备进出口总公司	162	160
8	中国中铁股份有限公司	33	53	34	新疆北新建设工程(集团)有限责任公司	163	169
9	上海建工(集团)总公司	54	89	35	沈阳远大铝业工程有限公司	168	**
10	山东电力建设第三工程公司	58	79	36	安徽建工集团	170	157
11	中国冶金科工集团公司	61	31	37	中国万宝工程公司	176	140
12	中国葛洲坝集团公司	71	84	38	中国中原对外工程公司	177	186
13	上海电气集团	78	78	39	中国海外经济合作总公司	178	**
14	东方电气股份有限公司	80	80	40	中国江西国际经济技术合作公司	183	185
15	中国石化工程建设公司	83	69	41	泛华建设集团有限公司	187	162
16	中国土木工程集团公司	86	86	42	合肥水泥研究设计院	191	137
17	中国石油天然气管道局	89	76	43	中国武夷实业股份有限公司	193	184
18	中国化学工程股份有限公司	92	124	44	南通建工集团股份有限公司	200	197
19	哈尔滨电站工程有限责任公司	95	108	45	江苏南通三建集团有限公司	202	200
20	山东电力基本建设总公司	100	101	46	中国石油天然气管道工程有限公司	203	**
21	中地海外建设有限责任公司	112	**	47	上海城建集团	204	149
22	北京建工集团	113	117	48	中鼎国际工程有限责任公司	206	207
23	中国水利电力对外公司	115	125	49	浙江省建设投资集团公司	214	217
24	中原石油勘探局工程建设总公司	118	123	50	云南建工集团有限公司	220	**
25	中国江苏国际经济技术合作公司	125	119	51	中国成套设备进出口(集团)总公司	225	224
26	青岛建设集团公司	127	133				

** 表示本年度未进入225强排行榜